普通高等教育智慧海洋技术系列教材

非线性系统与非线性控制

朱齐丹　编著

科学出版社
北　京

内 容 简 介

本书主要介绍了基于线性系统控制器设计理念的非线性系统控制器的设计思想和基于李雅普诺夫稳定性理论的直接非线性系统控制器的设计思想，共 9 章，覆盖了关于非线性系统和非线性控制发展的主要成果，并且结合作者的工程实践经历，在第 9 章给出关于飞行器、船舶等非线性系统控制器的设计案例。

本书可作为高等学校控制科学与工程及相关专业的高年级本科生、硕士研究生和博士研究生的教材，也可作为相关专业科技工作者的参考书。

图书在版编目（CIP）数据

非线性系统与非线性控制 / 朱齐丹编著. -- 北京 : 科学出版社, 2024. 12. -- (普通高等教育智慧海洋技术系列教材). -- ISBN 978-7-03-080696-3

Ⅰ. O211.6; O231.2

中国国家版本馆 CIP 数据核字第 20240192CC 号

责任编辑：余　江 / 责任校对：胡小洁
责任印制：师艳茹 / 封面设计：马晓敏

科 学 出 版 社 出版
北京东黄城根北街 16 号
邮政编码：100717
http://www.sciencep.com

保定市中画美凯印刷有限公司印刷
科学出版社发行　各地新华书店经销
*
2024 年 12 月第　一　版　开本：787×1092　1/16
2024 年 12 月第一次印刷　印张：14 3/4
字数：359 000

定价：89.00 元
（如有印装质量问题，我社负责调换）

前　言

对非线性的深入研究始于 20 世纪 80 年代，至今形成了许多实用性的技术方法，而且随着时代的进步，大量的复杂系统不断出现，如多个领域应用的复杂机器人系统、高性能的航空航天系统、高精度的医疗辅助系统、车辆和船舶的自动驾驶系统等，对非线性系统分析与综合的需求日益强烈。可以说非线性系统和非线性控制在自动控制工程中所占的比例越来越大，日益成为控制理论中非常重要的组成部分。

关于非线性系统的书籍已经非常多，中外学者所著的，如 Hassan K. Khalil 于 2002 年所著的 *Nonlinear Systems*（第 3 版）、Jean-Jacques E. Slotine 于 1991 年所著的 *Applied Nonlinear Control*、李殿璞于 2006 年编著的《非线性控制系统理论基础》、刘小河于 2008 年编著的《非线性系统分析与控制引论》等，很多都是作者这些年学习的重要资源。作者多年来从事非线性系统和非线性控制相关的教学和科研工作，主要领域包括机器人控制、船舶自主驾驶、舰载机着舰引导与控制等，逐步感受到非线性控制理论的发展离不开数学工具、控制内涵和工程需求这三条主线，主线都具有明显的时代烙印，可以说各条主线的发展相互依赖、相互渗透、与时俱进。因此，作者基于教学科研的积累和对三条主线发展的思考，形成了本书的基础，并在综合性、先进性、实用性、可读性等方面倾注了大量的心血，希望能够很好地满足读者的需求。另外，作者依托“智慧树”平台构建“非线性系统与非线性控制”AI 课程（免登录网址 http://t.zhihuishu.com/AyVMBj80），提供课程图谱、问题图谱与能力图谱等，供读者从多维度、多层面理解知识点。

课程图谱
学习演示

本书共 9 章，第 1 章绪论，后面分三部分进行讨论：第一部分是从成熟的线性系统控制的理念来分析处理非线性系统，形成了一系列有效的方法，如局部线性化思想及相应的控制器设计方法、硬非线性特性的线性化近似方法、基于微分几何的反馈线性化方法等，包括第 2~4 章的主要内容，大致体现了 20 世纪 50 年代至 90 年代的主要研究成果，在理论方面和应用方面都具有鲜明的时代特征；第二部分从对非线性系统的本质以及李雅普诺夫稳定性理论的深入认知入手，迄今为止形成了许多非常有效的非线性控制器设计方法，如基于李雅普诺夫稳定性理论的非线性控制器设计方法、基于开关控制的滑动模态控制器设计方法、自适应控制方法等，包括第 5~8 章的内容，这些方法成为当今非线性系统控制器设计的主流方法，突破了线性控制的局限性，适应了当下对复杂系统分析与综合并满足更高的控制性能的需求；第三部分是第 9 章的非线性系统和非线性控制的应用举例，主要以飞机和船舶典型非线性系统为控制对象，介绍几种控制器的设计方法。

书中的所有应用举例都进行了仿真验证，在此感谢韩帅、包政凯、王子博、孔令鑫、付威、赵天瑞、张欣蕊、徐鸿尧、周钰鹏、吴才发等对本书所做出的贡献。

由于作者水平有限，书中难免存在不妥之处，敬请读者提出宝贵的意见和建议。

朱齐丹

2024 年 6 月

前言

目　　录

第 1 章　绪论……1

1.1　自动控制理论的发展历史……1

1.1.1　经典控制理论的发展……2

1.1.2　现代控制理论的发展……3

1.1.3　智能控制理论的发展……5

1.2　非线性系统与非线性控制……7

1.2.1　非线性系统……7

1.2.2　非线性控制……11

1.3　本书的内容安排……12

第 2 章　非线性系统局部线性化及线性控制器设计……14

2.1　非线性系统局部线性化方法……14

2.1.1　非线性系统与平衡点……14

2.1.2　非线性系统局部线性化……16

2.2　非线性系统局部特性相平面分析……17

2.2.1　相平面的基本概念……17

2.2.2　线性系统平衡点稳定性分析……19

2.2.3　非线性系统平衡点稳定性分析……21

2.3　非线性系统线性反馈控制器设计……24

2.3.1　状态反馈控制与输出反馈控制……24

2.3.2　非线性系统局部线性化反馈控制……26

2.3.3　积分控制……28

2.3.4　增益调度控制……32

第 3 章　非线性系统极限环分析与抑制……36

3.1　非线性系统极限环分析……36

3.1.1　极限环的相平面分析……36

3.1.2　极限环的描述函数分析……41

3.2　控制系统中常见的非线性特性及描述函数分析……46

3.2.1　饱和非线性特性……46

3.2.2　死区非线性特性……48

3.2.3　迟滞非线性特性……49

3.3　控制系统极限环抑制方法……51

3.3.1　基于相平面分析抑制方法……51

3.3.2　基于描述函数的抑制方法……53

3.3.3　其他抑制方法简介……55

第 4 章　非线性系统反馈线性化 …… 57
4.1　反馈线性化的基本思想 …… 57
4.1.1　控制律的分解 …… 57
4.1.2　反馈线性化的概念 …… 59
4.1.3　反馈线性化的可行性 …… 62
4.2　数学基础 …… 65
4.2.1　李导数与李括号 …… 65
4.2.2　微分同胚与状态变换 …… 67
4.2.3　弗罗贝尼乌斯定理 …… 67
4.3　单输入-单输出系统输入-状态线性化 …… 68
4.3.1　输入-状态线性化的条件 …… 69
4.3.2　输入-状态线性化控制律设计 …… 71
4.4　单输入-单输出系统输入-输出线性化 …… 73
4.4.1　输入-输出线性化系统结构 …… 73
4.4.2　坐标变换的存在性 …… 74
4.4.3　零动态及其稳定性分析 …… 76
4.5　多输入-多输出系统 …… 77
第 5 章　非线性系统李雅普诺夫稳定性理论 …… 79
5.1　自治非线性系统李雅普诺夫稳定性理论 …… 79
5.1.1　稳定的概念 …… 79
5.1.2　稳定性判定定理 …… 80
5.1.3　LaSalle 不变集原理 …… 85
5.2　非自治非线性系统李雅普诺夫稳定性理论 …… 89
5.2.1　稳定性定义扩展 …… 89
5.2.2　稳定性判定定理 …… 91
5.2.3　基于 Barbalat 引理的稳定性分析 …… 96
5.3　输入-输出稳定性与李雅普诺夫稳定性的关系 …… 97
5.3.1　输入-输出稳定性 …… 97
5.3.2　状态模型的 L 稳定性 …… 98
5.4　基于李雅普诺夫稳定性理论的控制器设计方法 …… 99
5.4.1　设计方法 …… 99
5.4.2　选择李雅普诺夫函数 …… 100
5.4.3　性能分析 …… 104
第 6 章　基于李雅普诺夫稳定性理论的非线性系统控制器设计工具 …… 106
6.1　李雅普诺夫再设计 …… 106
6.1.1　再设计的概念 …… 106
6.1.2　再设计的实现 …… 107
6.1.3　非线性阻尼 …… 112
6.2　反步设计法 …… 112

6.2.1 反步设计法的概念 …… 112
6.2.2 严反馈系统 …… 117
6.2.3 鲁棒性设计 …… 119
6.2.4 多输入系统 …… 121
6.3 无源控制 …… 122
6.3.1 无源性概念 …… 122
6.3.2 无源性与稳定性 …… 125
6.3.3 无源控制 …… 127
第7章 滑模控制 …… 132
7.1 滑模控制的基本概念 …… 132
7.1.1 开关控制与变结构控制 …… 132
7.1.2 滑模变结构控制 …… 133
7.1.3 滑模变结构控制的基本问题 …… 136
7.2 滑模控制器设计举例 …… 140
7.2.1 单输入系统滑模控制器设计 …… 140
7.2.2 抖振的抑制 …… 143
7.2.3 多输入系统滑模控制器设计 …… 147
7.3 滑模控制的发展 …… 149
7.3.1 趋近律的设计 …… 149
7.3.2 滑模面的设计 …… 150
7.3.3 智能滑模控制 …… 154
第8章 自适应控制 …… 155
8.1 自适应控制的基本概念 …… 155
8.1.1 模型参考自适应控制 …… 155
8.1.2 自校正控制 …… 157
8.1.3 自适应控制器设计方法 …… 159
8.2 线性系统的自适应控制 …… 160
8.2.1 输出反馈自适应控制 …… 160
8.2.2 状态反馈自适应控制 …… 169
8.2.3 自适应控制的鲁棒性分析 …… 171
8.3 非线性系统的自适应控制 …… 173
8.3.1 线性参数化非线性系统自适应控制 …… 173
8.3.2 非线性参数化非线性系统自适应控制 …… 176
8.4 在线参数估计 …… 177
8.4.1 线性参数化模型 …… 177
8.4.2 梯度估计方法 …… 179
8.4.3 最小二乘估计方法 …… 181
8.5 自适应控制动态性能的提升 …… 184
8.5.1 复合自适应控制 …… 184

8.5.2　L_1 自适应控制 ······ 186
第 9 章　非线性系统与非线性控制应用案例 ······ 191
9.1　基于局部线性化的舰载飞机自动着舰控制 ······ 191
9.1.1　飞机纵向非线性运动模型 ······ 191
9.1.2　飞机纵向力和力矩线性化模型 ······ 192
9.1.3　飞机小扰动线性化模型 ······ 194
9.1.4　基于线性化模型的自动着舰控制器设计 ······ 198
9.2　基于非线性动态逆的飞机姿态控制 ······ 198
9.2.1　飞机 6 自由度非线性模型 ······ 199
9.2.2　角速度回路的动态逆控制 ······ 201
9.2.3　姿态角回路的动态逆控制 ······ 203
9.3　基于最小二乘的船舶航向模型辨识 ······ 207
9.3.1　船舶航向模型 ······ 208
9.3.2　遗忘因子最小二乘法 ······ 208
9.3.3　基于满秩分解的最小二乘算法设计 ······ 209
9.3.4　仿真验证 ······ 211
9.4　基于模型参考自适应的船舶航向控制 ······ 214
9.4.1　船舶航向模型 ······ 214
9.4.2　微分跟踪器 ······ 214
9.4.3　船舶航向自适应控制器设计 ······ 215
9.4.4　仿真验证 ······ 219
参考文献 ······ 225

第 1 章　绪　　论

自动控制理论是 20 世纪科学发展的重要标志，对人类社会产生了巨大的影响，是控制理论、数学基础、工程需求的完美结合过程。自动控制理论也是 21 世纪重要的高科技发展领域，随着控制工程复杂性以及对系统鲁棒性、智能化需求的日益提高，自动控制理论的技术体系也需要不断发展。

1.1　自动控制理论的发展历史

反馈是能够实现控制的核心因素，应用反馈实现系统控制的历史非常悠久，如两千年前我国发明的指南车等。能够利用反馈实现系统自动控制的历史始于蒸汽机时代，瓦特(Watt)于 1788 年前后发明了蒸汽机转速控制的飞球控制器，该控制器是公认的世界上首个自动控制装置，加速了第一次工业革命的步伐。其原理如图 1-1 所示，两颗重球作为锥摆，与下方转盘连接并保持和蒸汽机旋转速度相同，当蒸汽机转速提高时，重球因离心力往外移动，带动上方连杆向下移动，从而关闭蒸汽管道进气阀门；当蒸汽机转速下降时，运动调节过程则相反，这个机构可将蒸汽机的速度控制在一定范围内。

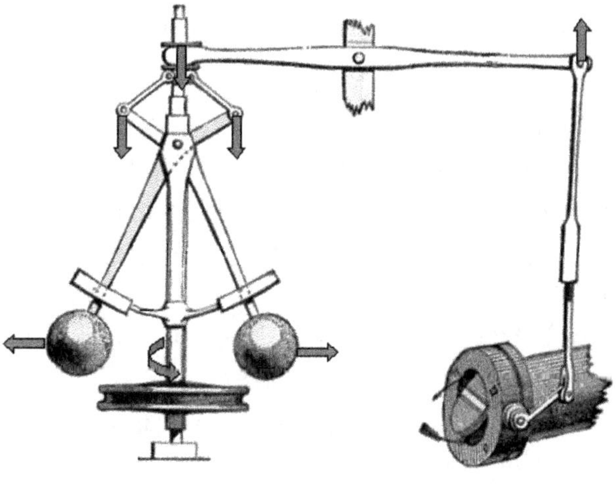

图 1-1　瓦特飞球控制器原理

飞球控制器在初期蒸汽机速度不高的情况下能够正常运行，但蒸汽机的速度提高后，飞球控制器运转出现不稳定的现象。对系统稳定性的研究引起了研究者的兴趣，拉开了经典控制理论发展的序幕。

1.1.1　经典控制理论的发展

1. 稳定性理论的研究成果

1868年以前自动控制系统的开发是通过直觉和发明，目标是追求控制精度，而没有考虑系统的暂态性和稳定性。麦克斯韦(Maxwell)是第一个针对反馈控制系统稳定性问题进行系统分析和发表论文的人，在1868年发表论文《论调节器》(*On Governors*)中，建立了调节器的微分方程，指出稳定性取决于特征方程的根是否具有负的实部，麦克斯韦提出了一个数学理论，开创了控制理论研究的先河。

1877年，劳斯(Routh)在剑桥大学主题为“动力学稳定性”的竞赛中提出了根据特征多项式的系数决定多项式在右半平面的数量的研究成果，即不需要求解特征方程就可以判断系统稳定性，该成果在竞赛中夺冠，标志着动态稳定性系统理论的建立，被后人称为著名的劳斯稳定判据。

劳斯之后大约20年，德国数学家赫尔维茨(Hurwitz)在不了解劳斯成果的情况下，在1895年也得出了同样的稳定性判定条件，因此这一稳定性判据现在也称为劳斯-赫尔维茨稳定判据，该稳定判据基本上满足了20世纪初自动控制系统的需要。

1892年，俄罗斯伟大的数学家李雅普诺夫(A. M. Lyapunov)发表了具有深远历史意义的博士论文《运动稳定性的一般问题》。但从当时到第二次世界大战之前，控制理论的研究在美国和西欧的发展方式与在俄罗斯和东欧的发展方式不同，美国和西欧采用的是频率域(简称频域)研究方式，俄罗斯和东欧采用的是时间域(简称时域)研究方式。因此，在当时频域研究方式的主导下，李雅普诺夫稳定性理论并没有得到重视，直到第二次世界大战后才开启了基于状态空间的时域研究，李雅普诺夫稳定性理论才绽放出光芒。

2. 频域理论的建立

在自动控制系统稳定性的代数理论建立之后，1928~1945年，以美国ATT公司贝尔实验室的科学家为核心，又建立了自动控制系统分析与设计的频域方法。

布莱克(Black)于1927年发明了负反馈放大器并对其进行了数学分析，但负反馈放大器的振荡问题给其实用化带来了难以克服的困难。贝尔实验室敷设长途电话线时也遇到大量技术难题，如衰减、振荡和畸变等。

奈奎斯特(Nyquist)针对负反馈放大器的研究，于1932年发表了包含奈奎斯特判据的论文，提出了著名的稳定性准则和稳定裕度的概念。

贝尔实验室的另一位应用数学家伯德(Bode)于1940年引入了半对数坐标系，使频域特性的绘制工作更加适用于工程设计。

1942年，哈里斯(H. Harris)提出了传递函数的概念，用方框图、环节、输入和输出等信息传输的概念来描述系统和性能的关系，使为研究稳定性而建立起来的频域法更加抽象化，也更有普遍意义。

伊文思(W. R. Evans)于1948年提出了根轨迹法，用系统参数变化与特征方程根的变化之间的关系来研究系统，开创了新的思维和研究方法。

对于由频率响应法和根轨迹法构成的经典控制理论，其研究的对象是单输入-单输出的自动控制系统，特点是以传递函数为系统数学模型，采用频率响应法和根轨迹法等图解分析方法，分析系统性能和设计控制器。

第二次世界大战是经典控制理论发展的最大动力，各国军队竞相开展新武器的开发和应用，如火炮自动定位系统、雷达天线自动控制系统等；各种数学理论和系统分析方法层出不穷，如积分变换、复变函数等数学工具的应用，将微分方程转化为特征方程的代数方程形式，利用复变函数理论将传递函数分解为幅频特性和相频特性的形式，极大降低了系统分析与设计的难度。另外，针对自动控制系统出现自激振荡的难题，相平面分析和描述函数分析等方法为解决这一难题提供了有效的技术手段。因此，以经典控制理论为核心的控制工程成为当时独立的重要工程学科。

1.1.2 现代控制理论的发展

现代控制理论萌芽于20世纪50年代后期，众所周知，第二次世界大战结束后迎来了人造卫星和太空时代。同时在军事上，航空航天、导弹等尖端技术的发展，对自动控制系统提出了越来越高的要求，如高精度、快速响应、低消耗、低代价等，以解决火箭和人造卫星发射入预定轨道同时消耗燃料最少或时间最短等问题。从研究对象上看，控制理论面临的系统具有各种形式的复杂性，如非线性、不确定性、层次性等，在处理的信息上表现为不确定性、不完整性和随机性，在计算上也需要数量运算和逻辑运算的混合。虽然以频域法为基础的经典控制理论在第二次世界大战后持续占有主导地位，但面对新的需求时显得力不从心。另外，1946年第一台电子计算机的诞生和迅速的推广应用，都为自动控制理论和控制工程的发展再一次注入了强有力的动力。

现代控制理论是以状态空间时域分析与设计为基础的，状态与状态变量描述的概念早就存在于分析力学和其他领域，将它系统地应用于自动控制系统的研究，是从1960年卡尔曼(Kalman)发表论文《控制系统的一般理论》开始的，状态空间的引入将系统的高阶微分方程模型转化为一阶的微分方程组模型，线性代数、泛函分析等数学方法成为状态空间分析的有力工具，促成了现代控制理论的建立。

现代控制理论狭义上是指20世纪60年代发展起来的采用状态空间方法研究实现最优控制目标的自动控制系统综合设计理论，广义上是指60年代以来发展起来的所有新的控制理论与方法，包含的学科内容十分广泛，包括线性系统控制理论、最优控制理论、非线性系统控制理论和自适应控制理论等。

1. 线性系统控制理论

线性系统控制理论顾名思义是以线性系统为研究对象的，由于许多实际系统在一定条件下可以用线性系统模型加以描述，再加上控制工程技术人员基于线性频域经典控制理论的惯性思维，因此线性系统控制理论得到优先研究和发展，形成理论最完善、技术最成熟、应用最广泛的现代控制理论的基础。

线性系统控制理论主要包括状态空间描述，能控性、能观性、稳定性分析，状态反馈，状态观测器及补偿的理论和设计方法，建立和揭示了系统的结构性质、动态行为和性能之间的关系。直到1968年前后，人们发现线性系统控制理论的研究工作没有协调起来，于是进行了系统性的总结，形成线性系统控制理论这门学科，它的方法、概念体系已为许多学科领域所运用。

线性系统控制理论存在局限性，如缺乏对参数不确定性、干扰及未建模动态的鲁棒性等。

2. 最优控制理论

最优控制理论是在给定约束条件和性能指标下，寻找使系统性能指标最佳的控制规律的学科，从数学上来讲是一个变分学的问题，但是经典变分理论只能解决一类简单的最优控制问题。在20世纪50年代末60年代初，基于最优控制理论出现了众多的新方法，有两种方法最富有成效，分别是苏联学者庞特里亚金(L. S. Pontryagin)于1958年提出的极大值原理和美国学者贝尔曼(R. Belman)于1956年提出的动态规划，二者与变分法共同奠定了最优控制的理论基础。

最优控制理论中最成熟、应用最广的是20世纪60年代初卡尔曼提出并解决的线性系统在二次型性能指标下的最优控制问题，即线性二次型(linear quadratic, LQ)问题，其成为系统最优控制研究的基础。

经历几十年的发展，最优控制理论不仅在空间技术领域取得许多成功的应用，而且已经超越自动控制理论的传统界线，在系统工程、经济管理与决策等众多领域都有广泛的应用，也是当今非常活跃的一门学科。

3. 非线性系统控制理论

人类认识客观世界和改造客观世界的历史进程总是由低级到高级、由简单到复杂，在控制领域也是这样，随着科学技术的不断发展，人们逐渐认识到任何实际物理系统都是非线性的，非线性是本质、普遍的现象，线性只是非线性在特定条件下的特殊表现形式。

在20世纪控制理论发展过程中可以看到，由于非线性因素的存在，控制工程的发展遇到了一些困难，如线性化控制的失效、出现自激振荡等，由此激发出科学工作者和工程技术人员对非线性系统复杂性的研究兴趣，并创造出新的理论和工程方法，如相平面分析方法、描述函数分析方法等，一定程度上消除了系统中非线性因素的影响。

非线性系统控制理论的发展几乎与线性系统控制理论平行，但对于非线性系统，难以找到合适的数学工具，因此非线性系统控制理论的发展相对缓慢，缺乏系统性的、一般性的理论及方法。对非线性系统的早期研究思路是将非线性系统在工作点处进行泰勒级数展开，然后在工作点的局部范围内用一阶线性近似模型代替非线性模型，以此为基础利用线性系统控制器设计手段实现非线性系统的控制。当非线性系统工作在大范围空间时，则需要对多工作点进行线性近似，并采用增益调度的方式，即根据非线性系统的某些工作参数判断非线性系统的工作点，根据不同工作点模型调整控制器参数，实现非线性系统大范围工作空间的有效控制。必须要提的是，沉寂半个世纪的李雅普诺夫稳定性理论在非线性系统控制理论研究的热潮中绽放出夺目的光彩，成为非线性系统分析和控制器设计的重要工具，至今仍是非线性系统控制理论研究的主要方向。

4. 自适应控制理论

自适应控制的历史同样始于20世纪50年代，目的是为高性能飞机设计适用于大空域飞行条件的先进自动驾驶仪，是一种处理不确定性系统的非线性控制方法。但当时得到普遍认可的增益调度控制方法仍然是研究的主流，其可以根据飞机所处的飞行环境并利用经典的线性控制方法进行控制增益的选择，而自适应控制方法由于其固有的非线性特性并没有得到重视。

20世纪50年代末，美国麻省理工学院(Massachusetts Institute of Technology，MIT)模型参考自适应控制方案(MIT方案)应用于飞机的自动驾驶仪，但由于缺乏对自适应控制特性的理解和稳定性证明，在1967年遭遇了一次毁灭性的事件，进一步削减了人们对自适应控制的兴趣。到70年代，李雅普诺夫稳定性理论成为模型参考自适应控制理论的基础，使模型参考自适应控制的稳定性得到突破，并在线性系统的模型参考自适应控制方面产生一系列研究成果。到了80年代，在存在小扰动和未建模动态的情况下，学者们提出了多种修正方案，进一步提高了模型参考自适应控制的稳定性。

自适应控制的另一种方法是自校正控制，由卡尔曼于1958年提出。从常规控制器设计出发，控制器参数由被控对象参数计算得到，若被控对象参数是未知的，可以用其估计值替代，由此构成了自校正控制器，其是由控制器和在线参数估计器耦合实现的。但自校正控制的稳定性和误差的收敛性是没有保证的，通常要求系统的信号足够丰富，才能使得参数的估计值收敛到真实值。

由于模型参考自适应控制和自校正控制都有一个内回路用于控制和另一个内回路用于参数估计，因此，在理论上将二者放在一个统一的自适应控制架构下。

1.1.3 智能控制理论的发展

随着人工智能和计算机技术的发展，人们自然会想到把自动控制和人工智能结合起来，建立一种适用于复杂系统的控制理论和技术。在实际生产中，复杂系统控制问题确实可以通过将操作人员的经验和控制理论相结合而解决。1971年，傅京孙(K. S. Fu)首次提出智能控制这一概念；1985年，在美国首次召开了智能控制学术研讨会；1987年，在美国召开了首届智能控制国际学术会议，标志着智能控制作为一个新的学科分支得到承认。

智能控制的核心是人工智能的应用，人工智能主要研究和模拟人的智能行为，人的思维活动以间接的或概括的抽象形式反映客观对象的本质和规律，思维和语言是人类意识活动的内容和形式的统一体，思维是语言的意识内容，语言是思维的物质形式。人工智能抛弃了思维和语言的具体内容，只考虑语言所表达的事物之间的逻辑关系(谓词逻辑)，并把这种逻辑关系形式化和按照规则进行逻辑代数运算，从而出现了现代思维工具。人工智能不具有人的思维的社会性，不具有人的主观能动性，因此人工智能不等于人的智能，而是人的智能的物化，既有可能性，又有局限性。智能控制的主要分支有专家控制、模糊控制、神经网络控制、进化控制等。

1. 智能控制的理论基础

1)专家系统

专家系统是一个智能计算机程序系统，内部含有大量的某个领域专家水平的知识与经验，能够利用人类专家的知识和解决问题的经验方法来处理该领域的高水平难题。专家系统的核心是知识库和推理机。知识库就是将搜集到的人类知识有系统地表达，使计算机可以进行推理、解决问题。知识库包含两种形态：一是知识本身，即对物质及概念做实体的分析，并确认彼此之间的关系；二是人类专家所持有的法则、判断力与直觉。推理机是由算法或决策来进行知识库内各项专门知识的推论的，依据使用者的问题来推得正确的答案。

专家系统是人工智能研究的主流分支知识表达与知识推理的核心成果，1965年，第一个专家系统在美国斯坦福大学问世。经过几十年的发展，目前各种专家系统已经遍布各个专业领域，如基于规则的专家系统、基于架构的专家系统、基于案例的专家系统、基于模型的专家系统、基于 Web 的专家系统等，并向分布式专家系统、协同式专家系统和大型专家系统等方向发展。

2) 模糊数学

美国学者扎德(L. A. Zadeh)于 1965 年发表了论文《模糊集合》，用来描述一些模糊概念，并用精确的数学方法来处理过去无法用数学描述的模糊事物，标志着一门新学科——模糊数学的诞生。

现代数学是建立在集合论的基础上的，一组对象确定一组属性，可以通过指明属性来说明概念。符合概念的对象的全体称为概念的外延，实际上就是集合。模糊集合是普通集合论的推广，把特征函数的值域从{0,1}扩展到[0,1]上的任意值。人脑的思维不像经典数学那样有精确性，而是具有不确定性、非单调性和模糊性，对于人类而言，一些模糊概念可以很轻松地判别，根据不同的情况做出最适合的判断。

3) 神经网络

1904 年，生物学家知晓了神经元的组织结构。1943 年，心理学家 McCulloch 和数学家 Pitts 发表了神经元模型(MP 模型)，建立了神经网络的基础。1949 年，心理学家 Hebb 提出了 Hebb 学习率，用调整权值的方法让机器学习。1958 年，计算机科学家 Rosenblatt 提出了两层神经元组成的感知器。1986 年，Rumelhar 和 Hinton 提出反向传播(back propagation, BP)算法，掀起了神经网络研究的热潮，成为人工智能研究又一新的分支。

4) 进化算法

进化算法是一系列搜索技术，包括遗传算法、进化编程、进化策略、遗传编程等，这些技术都是基于自然进化过程的基本计算模型。生物进化是通过繁殖、变异、竞争和选择实现的，进化算法是通过选择、重组和变异这三种操作实现优化问题求解的。

人们需要认识和欣赏生物启发方法，并用于设计和优化智能控制系统，一方面通过对生物的观察再现详细的机制或过程来取代经典的工程解决方案；另一方面将从生物观察中抽象出来的原理应用于传统的控制理论，循环迭代，促进智能控制的发展。

2. 智能控制与传统控制的关系

智能控制与传统控制有密切的关系，传统控制包括经典控制和现代控制，智能控制利用传统控制解决低级的控制问题，力图扩充常规控制方法并建立新的理论和方法以解决更有挑战性的复杂控制问题。

(1) 传统控制建立在确定的模型基础上，而智能控制的研究对象存在严重不确定性，模型和参数在很大范围内变动，某些干扰无法预测，传统控制难以解决这些问题。

(2) 传统控制的输入设备、输出设备与外界环境的信息交换不方便，无法接收文字、图像、声音等形式的信息。随着多媒体技术的发展，智能控制变成了多方位的立体控制系统。

(3) 传统控制系统的任务具有单一性的特点，智能控制系统的任务可以比较复杂。例如，智能机器人导航与避碰，要求系统对复杂任务具有自动规划与决策的能力。

(4) 传统控制对线性问题有成熟的理论，对高度非线性问题虽然有一些非线性方法可以利用，但不尽如人意，智能控制成为解决这类问题的有效途径。

(5) 与传统控制相比，智能控制具有人类运用知识的能力：非数学广义模型、定性与定量相结合、自寻优、自组织、自学习、自修复。

3. 智能控制面临的挑战

(1)智能控制系统需要有效地理解和应用未知环境中的信息，这要求系统具有在未知环境中快速识别、学习和记忆的能力。利用获得的信息知识进行决策，改善系统性能，依然是一个重大的挑战。

(2)面对受控对象的动力学特性变化、环境条件的波动以及运行状态的多样性，智能控制系统须具备高度的适应性。设计智能控制器，使得系统能够在缺乏精确模型的情况下，自主调整控制策略，以提高系统的可靠性和鲁棒性，依然是一个重大的挑战。

(3)在处理复杂任务和多源传感信息时，智能控制系统需要具备自组织信息和协调信息的能力。设计智能控制器，使得系统能够在不同的任务下，实现多传感器的信息提取与共享，并进行决策，提高系统的主动性和灵活性，依然是一个重大的挑战。

1.2 非线性系统与非线性控制

任何系统或多或少地存在非线性的因素，可以说所有系统某种程度上都是非线性的。在20世纪控制理论发展过程中可以看到，由于非线性因素的存在，控制工程的发展遇到了一些困难，如线性化控制方法的局部工作范围的限制、出现自激振荡等，因此激发出科学工作者和工程技术人员对非线性系统复杂性的研究兴趣。

1.2.1 非线性系统

线性与非线性是两个数学名词，线性是指两个量之间存在比例关系，若在直角坐标系上画出来，则是一条直线，由线性函数关系描述的系统称为线性系统。非线性是指两个量之间的关系不是直线关系，在直角坐标系中呈一条曲线，如一元二次抛物线方程等，简单地说，一切不是一次方的函数关系，如一切高于一次方的多项式函数关系等，都是非线性的。由非线性函数关系描述的系统称为非线性系统，如果一个系统中包含一个或一个以上具有非线性特性的元件或环节，则此系统为非线性系统。

非线性系统大致可分为两类：一类为连续的非线性系统，即存在各阶连续的偏导数，因此可以实现泰勒级数展开，进而可以实现小偏差线性化；另一类为不连续的非线性系统，或称为硬非线性系统，无法实现小偏差线性化。

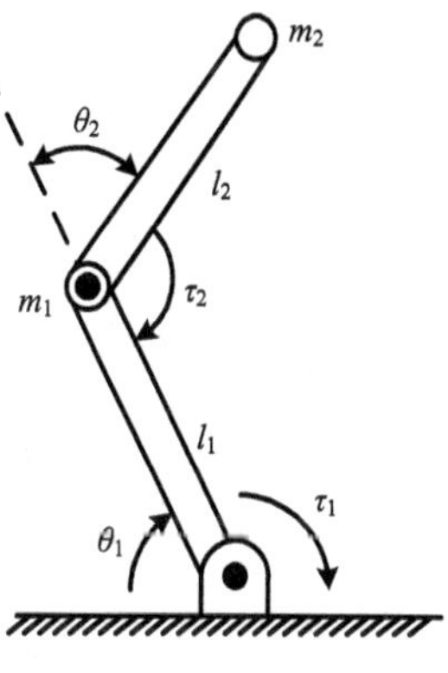

图 1-2 两自由度机械臂

例 1-1 两自由度机械臂如图 1-2 所示，假设每个连杆的质量集中在连杆的末端，可求得其动力学模型为

$$\begin{aligned}\tau_1 &= m_2 l_2^2(\ddot{\theta}_1+\ddot{\theta}_2)+m_2 l_1 l_2 c_2(2\ddot{\theta}_1+\ddot{\theta}_2)+(m_1+m_2)l_1^2\ddot{\theta}_1 \\ &\quad -m_2 l_1 l_2 s_2\dot{\theta}_2^2-2m_2 l_1 l_2 s_2\dot{\theta}_1\dot{\theta}_2+m_2 l_2 g c_{12}+(m_1+m_2)l_1 g c_1 \\ \tau_2 &= m_2 l_1 l_2 c_2\ddot{\theta}_1+m_2 l_1 l_2 s_2\dot{\theta}_1^2+m_2 l_2 g c_{12}+m_2 l_2^2(\ddot{\theta}_1+\ddot{\theta}_2)\end{aligned} \tag{1-1}$$

式中，τ_1、τ_2 分别为两个关节的驱动力矩；m_1、m_2 分别为两个连杆的质量；l_1、l_2 分别为两个连杆的杆长；θ_1、θ_2 分别为两个关节的转角；g 为重力加速度；s_1、s_2 和 c_1、c_2 分别为

$\sin\theta_1$、$\sin\theta_2$ 和 $\cos\theta_1$、$\cos\theta_2$ 的缩写； c_{12} 为 $\cos(\theta_1+\theta_2)$ 的缩写。

式(1-1)中，$\dot{\theta}_1^2$、$\dot{\theta}_2^2$、$\dot{\theta}_1\dot{\theta}_2$、$c_1$、$c_2$、$s_2$、$c_{12}$ 等项均是非线性的，因此机器人系统是典型的非线性系统。

例 1-2　神经网络拥有非常多的神经元，神经元之间通过权值连接，能够模仿人脑中的记忆机制。神经元的模型如图 1-3(a)所示，x_i 为相邻神经元的输入信号，w_i 为相邻神经元输入的权值，b 为偏移值(神经元被激活的阈值)，函数 $f(\cdot)$ 为神经元激活函数，常用的激活函数包括 Sigmoid 函数以及 Tanh 函数，表达式与曲线图如图 1-3(b)所示，神经元的输出 y 为

$$y=f(w_1x_1+w_2x_2+b) \tag{1-2}$$

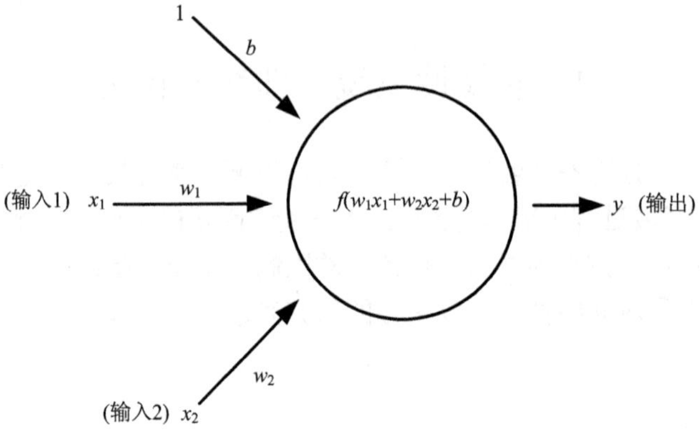

(a) 神经元结构图

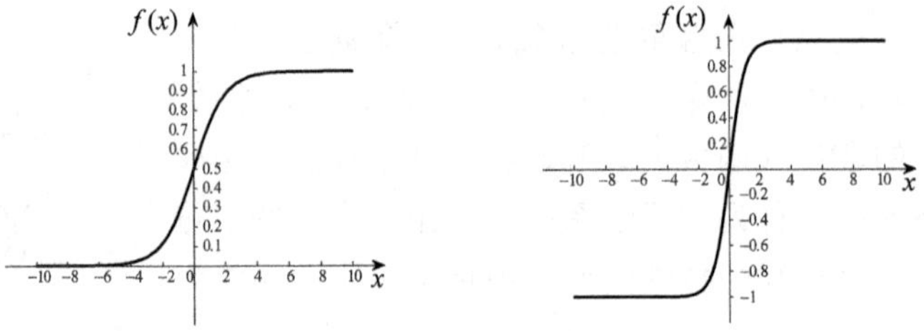

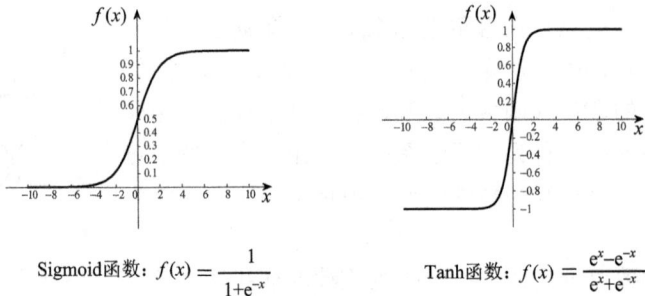

Sigmoid函数：$f(x)=\dfrac{1}{1+e^{-x}}$　　Tanh函数：$f(x)=\dfrac{e^x-e^{-x}}{e^x+e^{-x}}$

(b) 典型非线性激活函数

图 1-3　神经元模型

人工神经网络是一种类似于大脑神经突触连接结构进行信息处理的数学模型，网络的输出因网络的连接方式、权重值和激励函数的不同而不同。因为神经元的激活函数是非线性的，所以人工神经网络可以逼近任意复杂函数。理论上证明了当隐层神经元数目足够多时，人工神经网络可以以任意精度逼近任何一个具有有限间断点的非线性函数。

例 1-3　硬非线性特性一般出现在控制系统的执行器和传动机构，如常见的执行器死区特性和饱和特性、传动机构的迟滞特性等，如图 1-4 所示。

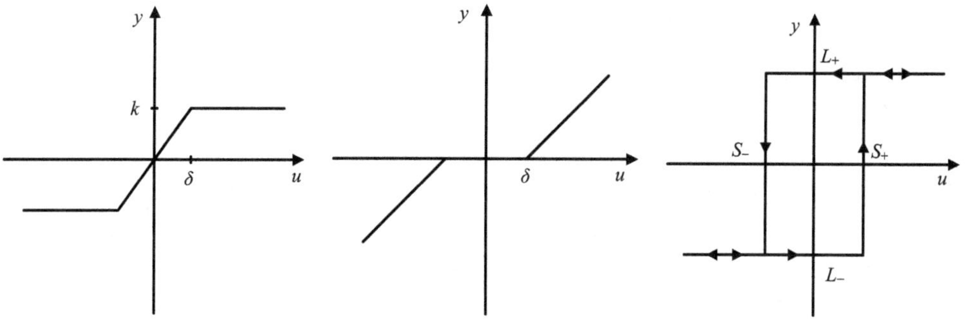

(a) 饱和非线性　　(b) 死区非线性　　(c) 迟滞非线性

图 1-4 硬非线性特性

硬非线性特性会对自动控制系统产生复杂的影响。例如，死区特性会对信号产生抑制作用从而减慢系统的响应，甚至产生振荡，使系统的控制精度下降，甚至造成系统不稳定；迟滞特性的多值性会导致系统储能，这也是造成系统不稳定或振荡的主要原因。

1. 非线性系统的复杂行为

非线性系统和线性系统的主要区别在于非线性系统不再满足叠加定理，线性系统满足叠加定理，其输出不会随时间产生剧烈变化，利用现有状态容易预测未来的变化；而非线性系统由于内部要素之间存在的非线性作用，输出与输入不再成正比，这使非线性系统的行为变得复杂，而且不可预测。

1) 多平衡点

非线性系统由于存在高于一次方的多项式函数关系，因此通常存在多个平衡点(equilibrium point)，而线性系统只有一个平衡点。例如，非线性系统 $\dot{x}=-x+x^2$ 存在两个平衡点 $x=0$ 和 $x=1$，系统的行为取决于系统的初值，即当初值 $x_0<1$ 时，系统的轨迹将收敛于平衡点 $x=0$；当初值 $x_0>1$ 时，系统轨迹将趋于无穷大，或在有限时间内趋于无穷大，这也是非线性系统的重要特征，称为有限逃逸时间(finite escape time)。这也意味着非线性系统的平衡点 $x=0$ 是稳定的，平衡点 $x=1$ 是不稳定的。

2) 极限环

有些非线性系统的轨迹不会收敛于稳定的平衡点，而是表现为固定幅值及固定周期的简谐振动。例如，没有输入的非线性质量-阻尼-弹簧系统 $m\ddot{x}+2c(x^2-1)\dot{x}+kx=0$，其中，阻尼系统是非线性的，并随着系统位置的变化而变化，当 $x>1$ 时，阻尼系数为正，表明阻尼消耗系统的能量，使系统运动具有收敛倾向；当 $x<1$ 时，阻尼系数为负，表明阻尼向系统注入能量，使系统运动具有发散倾向。因此，系统运动既不会无限增长也不会衰减到零，而是体现出与系统初值无关的持续振荡，即极限环(limit cycle)运动。极限环是非线性系统的一个重要现象。例如，飞机机翼的颤振是由流体动力和结构振动相互作用而形成的，又如常见电路中的电子振荡器等。

线性系统中也存在持续振荡，如无阻尼的线性质量-弹簧系统的临界稳定状态也表现为持续振荡，但与非线性系统的极限环有着本质不同，其一是线性系统临界稳定振荡的幅度取决于系统的初值，而非线性系统的极限环与外部激励和初值无关；其二是线性系统的临界稳定振荡对系统参数的改变非常敏感，即随系统参数的改变，系统的特征根要么从虚轴移动到左半平面，要么从虚轴移动到右半平面，导致系统要么收敛，要么不稳定，而非线性系统的极限环不易受参数变化的影响。

3) 分岔

前面分析了非线性系统存在多平衡点问题，而且平衡点的数量和稳定性与系统的参数密切相关，因而当系统的参数变化时，系统平衡点的数量和稳定性的变化，又会使非线性系统出现更加复杂的现象，即分岔(bifurcations)现象。例如，无阻尼非线性系统 $\ddot{x}+\alpha x+x^3=0$，当参数 $\alpha \geqslant 0$ 时，系统只有一个平衡点 $x=0$，当参数 $\alpha<0$ 时，系统会出现 3 个平衡点 $(0,\sqrt{\alpha},-\sqrt{\alpha})$，那么在系统参数 α 由正变负的过程中，系统会出现分岔。能使系统运动本质发生变化的参数值称为临界值或分岔值。例如，$\alpha=0$ 为该非线性系统的临界值；烟囱冒出的烟，首先会加速上升，超过某个临界速度后就开始旋转。

非线性系统的稳定态除平衡态外，还有周期态，如极限环等。因此分岔会出现多种形式，使系统从平衡态变化到新的平衡态，或者从平衡态变化到周期态，或者从周期态变化到新的周期态，或者从周期态变化到平衡态。

4) 混沌

非线性系统还存在一种难以想象的现象，就是系统输出对初始条件非常敏感，即使非常小的初始条件变化，都可能造成系统输出的不可预测性，即混沌(chaos)现象。例如，流体力学中的湍流现象，空气动力学也有同样的现象，导致难以实现长期的天气预报。混沌现象容易出现在强非线性系统中，当初始条件或外部输入使系统在强非线性区运行时，会增加系统产生混沌的可能性。

混沌现象与随机运动是不一样的，随机运动具有的不可预测性是由系统模型和外部输入中存在的不确定性造成的，可用统计特性描述；而混沌现象产生在确定的系统中，即系统模型和外部输入不存在不确定性。混沌现象不会出现在线性系统中，因为受到叠加定理的限制，初始值的小扰动只会引起输出的微小变化。

2. 非线性系统分析的难度

对非线性系统的分析存在诸多困难，也延缓了对非线性系统的研究。

首先，关于非线性微分方程是否存在解、是否是唯一解、解的稳定性如何，一直是个难题。虽然已经证明当非线性系统满足利普希茨(Lipschitz)条件时存在唯一解的结论，或者说系统充分光滑能够保证系统解的唯一存在，但至今没有统一的求解方法。由于线性系统满足叠加定理，即整体等于部分之和，因此可以得到通解的形式。非线性系统不再满足叠加定理，也无法得到组合的通解的形式。此外，解的稳定性，也就是非线性系统的稳定性还与非线性系统的初值和外部输入有关，而线性系统的稳定性与初值和外部输入无关。

其次，对非线性系统的分析缺乏有效的工具。由于非线性系统不满足叠加定理，以传递函数为基础的经典频域分析方法便无法应用于非线性系统，因此只能在状态空间框架下进行分析与设计。但其又不像线性系统，线性系统有线性代数和矩阵论等强有力的数学工具作为技术支撑，因此，非线性系统的研究显得碎片化，缺乏系统性的分析工具。

由此可见，非线性系统的特性本身就非常复杂，又缺乏系统性的分析工具，因此，自 20 世纪 80 年代开始的对非线性系统研究的热潮至今，虽然取得了显著的成果，但其仍然是未解的主要问题。

1.2.2 非线性控制

在经典频域控制和现代线性系统控制理论中均采用线性控制策略，其优点是可预测性和稳健性，对于可预测的线性系统可以得到理想的控制性能，对于局部可线性化的非线性系统在局部工作范围内亦能达到较好的控制性能。但当系统的演变复杂剧烈时，线性控制策略便显得保守，如在处理不确定性、强非线性、快速时变、多变量耦合等复杂问题时存在局限性，即线性控制策略忽略了系统的结构和内在特性。

非线性控制策略具有灵活多变的特点，虽然其稳定性和有效性难以把握，但李雅普诺夫稳定性理论为其注入了活力，使其在某些场合得到突破，取得了非常好的效果，如非线性系统非线性反馈线性化、滑模变结构的非线性开关控制、自适应控制中参数非线性更新等，并在航空航天、机器人、过程控制、生物医学工程等众多领域引起研究人员和工程技术人员的强烈兴趣，其优势如下。

1. 对非线性系统控制方法的改进

对连续非线性系统进行雅可比线性化，在此基础上设计线性系统控制器仍是非线性系统控制器设计的主流方法，该方法是基于系统小范围工作为关键假设的。但当系统所要求的工作范围大的时候，由于系统的非线性不能得到有效的补偿，线性系统控制器效果会变差，甚至不稳定。

非线性控制策略可能在大范围内直接处理非线性。例如，非线性反馈线性化方法，这一点在机器人运动控制问题中得到证实；直接计算力矩法(computed torque method, CTM)，可以实现大范围的重力补偿、哥氏力和离心力构成的非线性力矩补偿以及惯性力矩补偿，在机器人高速运动条件下得到成功应用，而传统的工业应用机器人都是在相对低速运动的前提下工作的，非线性力矩较弱，可以忽略。

2. 对硬非线性特性的分析

硬非线性特性在自动控制系统中是普遍存在的，如饱和、死区、摩擦、间隙、迟滞等特性，其不连续性使其不具有线性近似，而且这些因素容易引起自动控制系统不希望出现的性态，如不稳定、极限环等。因此，必须发展非线性分析技术来预测这些硬非线性特性存在时系统的动态性能，并给予有效的补偿。描述函数分析方法能够有效实现这一目标。

3. 对系统不确定性的处理

在许多控制问题中，系统的参数是不确定的。例如，飞机飞行过程中由燃油消耗或武备消耗造成质量的变化以及高度变化引起的环境空气压力的变化，机器人抓取目标物体引起惯性参数的变化，船舶水动力和水阻力随海况的变化等，这些问题都是线性控制策略难以处理的。非线性滑模鲁棒控制、自适应控制等方法在系统不确定性的处理方面体现出独到的优势。

在某种意义上，好的非线性控制策略比线性控制策略会更加简单直观，这一简单方法能够解决复杂问题的观点显得有些不合理，但确实如此。例如，基于李雅普诺夫稳定性理论的控制器设计方法是基于能量的李雅普诺夫函数的，是直接源于系统的物理特性的，与系统矩阵的特征值没关系，也不需要极点配置的烦琐过程，因此更加简单；最简单的非线性开关控制在滑模控制中显得那么自然、完美，这都得益于对系统的深度认知。因此，非线性控制是自动控制的重大领域，占有越来越重要的地位，也引起了研究人员对其研究的热情。近些年来，其研究成果在持续增加。

1.3　本书的内容安排

本书主要分为三个部分：第一部分介绍利用传统的线性系统控制器设计方法实现非线性系统控制器设计的主要思想及相应的技术方法；第二部分介绍非线性系统控制器设计的主要思想和技术方法；第三部分以飞机和船舶为控制对象，介绍几种典型的控制器设计方法。

本书的第一部分包括第 2～4 章的内容：第 2 章介绍非线性系统局部线性化的方法及局部特性的分析方法。数学上对于连续的非线性函数在某点处可以进行泰勒级数展开，在该点的局部可以用线性函数近似取代非线性函数(雅可比线性化)。基于这一思想，连续非线性系统在其工作点处可以用近似的线性系统取代，奠定了非线性系统实现线性控制的基础。但非线性系统存在多平衡点、极限环等复杂特性，还需要以线性近似模型为基础，分析非线性系统的复杂性。第 3 章介绍非线性系统自激振荡的抑制方法。自动控制系统的执行机构普遍存在不连续的非线性特性，如死区、饱和、迟滞等，也称硬非线性特性，极易引起系统的自激振荡，在 20 世纪 40 年代给工程技术人员带来极大困扰，如火炮、雷达等系统出现的自激振荡。科学技术人员终于发现一种能够将硬非线性特性近似为线性模型的描述函数方法，有效实现了自激振荡的抑制。第 4 章介绍非线性系统线性反馈控制器设计的方法。非线性系统在固定工作点条件下，可以利用线性近似模型有效实现满足性能要求的线性反馈控制器设计。在非线性系统工作点不断变化的条件下，需要在不同的工作点获得相应的线性近似模型，以此为基础调整控制器参数，实现控制性能。其实现方案是根据系统的某些工作参数(调度参数)判断系统当前的工作点，实现模型和控制器的切换，即增益调度策略。此外，为保证控制器对系统不确定性的鲁棒性，还需要引入积分控制，构成著名的比例积分微分(proportionalplus integralplus derivative, PID)控制，保证其对非线性系统控制的有效性。第 2 章中介绍的非线性系统雅可比线性化模型只适用于连续非线性系统工作点的局部邻域内，无法应用于在大范围状态空间内工作的非线性系统。例如，机器人是典型的非线性系统，且工作于大范围工作空间，因此雅可比线性化模型是不适用的。自 20 世纪 80 年代起，人们期望能够找到一种非线性补偿方法，在系统的全部工作空间内，用非线性反馈抵消系统中的非线性项，使系统演变成线性系统。基于此想法，借助微分几何的数学基础，实现非线性系统大范围反馈线性化的目标。

第二部分包括第 5～8 章的内容：第 5 章介绍李雅普诺夫稳定性理论。李雅普诺夫稳定性理论创建于 1892 年，但 20 世纪上半叶以美国和西欧主导的自动控制系统频域分析方法占主导地位，人们忽视了李雅普诺夫稳定性理论的重要性。从 50 年代开始，随着自动控制系统应用领域的复杂化，如航天飞机、导弹等，显现出频域分析方法的不足，从而提出基于状态空间的自动控制系统时域分析方法，并成为控制理论的主流研究内容。在此期间，人们又重新重视起李雅普诺夫稳定性理论，并经过近二十年的补充发展，成为后来直到今天非线性系统分析和非线性系统控制器设计的强有力的工具。第 6 章介绍基于李雅普诺夫稳定性理论的非线性系统控制器设计方法。随着李雅普诺夫稳定性理论研究的深入，其不仅有效解决了非线性控制系统稳定性分析的难题，更是在非线性系统控制器设计方面展现出强大的优势，形成许多非线性系统控制器设计的有效方法。例如，20 世纪 90 年代出现了李雅普诺夫再设计、反步设计法、反馈无源化等非线性控制系统设计的新理论和新方法，并在航空航天、机器人控制、船舶控制等领域得到成功的应用。第 7 章介绍滑模变结构非线性系统控制器设计方法。滑模控制的思想最早由俄罗斯科学家于 20 世纪 60 年代提出，并受到全世界科学家的重视。滑动模态并不是滑模控制的专利，而是非线性系统控制器设计方法的共同目标。滑模控制的核心理念是在系统存在不确定性的条件下，通过高强度的非线性开关控制手段抵消系统的不确定性，使系统状态保持在稳定的滑动平面内并收敛于平衡点，这是非常简洁高效的非线性系统控制器设计方法，其不足是非线性开关控制产生的颤振效应。直到今日，高效稳定的滑动模态设计和消除颤振的手段成为主流的研究内容。第 8 章介绍自适应控制器设计方法。自适应控制是 20 世纪 50 年代提出的，当时非线性系统局部雅可比线性化是主流的设计手段，其难点是多模型的增益调度设计方法。自适应的思想是针对简化的线性模型，能够通过系统输入、输出响应信息自动更新模型参数，并使非线性系统控制器参数随着模型参数的更新而更新，保证系统性能对模型参数变化的自适应性。到 20 世纪末，针对线性模型的模型参考自适应控制方法和自校正控制方法已形成比较完善的技术体系，当今的研究内容主要是非线性系统的自适应控制和先进的模型辨识算法设计。

第三部分为非线性控制系统设计举例，只包含第 9 章的内容。以飞机着舰为背景，介绍基于局部线性化模型的控制器设计方法和基于动态逆的全局线性化控制器设计方法；以船舶为对象，介绍船舶模型的在线参数辨识和模型参考自适应控制器设计方法。

第 2 章　非线性系统局部线性化及线性控制器设计

研究非线性系统的重要工具是李雅普诺夫稳定性理论，包括线性化方法和直接方法。线性化方法是将非线性系统在平衡点附近进行线性化近似，并利用近似的线性化系统的稳定性来研究原非线性系统局部运动的稳定性；直接方法则不限于局部运动，通过对系统构造一个类似能量的标量函数并分析该函数随时间的变化来判断系统的稳定性。本章主要介绍基于局部线性化方法的非线性系统分析与控制器设计的理论基础，这样可以将线性系统分析与综合的成熟方法应用于非线性系统的分析与综合，有效简化了非线性系统分析与综合的方法。

2.1　非线性系统局部线性化方法

2.1.1　非线性系统与平衡点

1. 非线性系统

一个非线性系统通常可以用非线性微分方程描述：

$$\dot{\boldsymbol{x}} = \boldsymbol{f}(\boldsymbol{x},t) \tag{2-1}$$

式中，$\boldsymbol{f}$ 为 $n\times 1$ 的非线性向量函数；$\boldsymbol{x}$ 为 $n\times 1$ 的状态向量；n 为系统的阶次。式(2-1)的解 $\boldsymbol{x}(t)$ 对应于状态空间的一条从零到无穷的曲线。

式(2-1)中不包含控制变量 $\boldsymbol{u}$，对于非线性控制系统 $\dot{\boldsymbol{x}} = \boldsymbol{f}(\boldsymbol{x},\boldsymbol{u},t)$，一般情况下，反馈控制变量 $\boldsymbol{u}$ 是状态与时间的函数，即 $\boldsymbol{u} = \boldsymbol{g}(\boldsymbol{x},t)$，将该控制变量代入控制系统，得到闭环系统方程：

$$\dot{\boldsymbol{x}} = \boldsymbol{f}(\boldsymbol{x},\boldsymbol{g}(\boldsymbol{x},t),t) = \boldsymbol{f}(\boldsymbol{x},t) \tag{2-2}$$

可见闭环系统具有与式(2-1)相同的形式，因此，式(2-1)也可以代表一个闭环系统。

2. 自治系统与非自治系统

自治系统(autonomous system)与非自治系统(nonautonomous system)的区别在于系统方程中是否显含时间 t，例如，式(2-1)中显含了时间 t，则该系统为非自治系统；如果系统方程中不显含时间 t，如 $\dot{\boldsymbol{x}} = \boldsymbol{f}(\boldsymbol{x})$ 等，则系统称为自治系统。由于系统状态本身是时间的函数，因此系统方程的完整描述是 $\dot{\boldsymbol{x}}(t) = \boldsymbol{f}(\boldsymbol{x}(t))$，但其只是隐含了时间 t，并不是显含时间 t。

自治系统的行为与时间原点的选取无关，当时间变量由 t 变化到 $\tau = t - a$ 时，系统的行为不会改变。非自治系统则不同，由于系统方程中显含时间 t，选择不同时刻作为初始时间，系统的行为会发生变化。因此，自治与非自治的区别是相对于时间 t 对系统行为的影响而言的，类似于线性系统中时不变系统和时变系统的区别。

严格地说，所有的物理系统都是非自治的，自治系统只是一种理想的概念，可以理解为实际中系统性能变化非常慢，忽略其时变性不会引起系统性能的太大差别。由于自治系统具有相对简单的性质，与非自治系统相比，其分析方法也相对简单，具有很好的实用性。

3. 平衡点

考虑自治非线性系统 $\dot{\boldsymbol{x}}=\boldsymbol{f}(\boldsymbol{x})$，其中 $\boldsymbol{x}\in\boldsymbol{R}^n$ 是系统的状态变量，如果一个点 $\boldsymbol{x}=\boldsymbol{x}^*$ 使得 $\dot{\boldsymbol{x}}=\boldsymbol{f}(\boldsymbol{x}^*)=\boldsymbol{0}$，则点 $\boldsymbol{x}=\boldsymbol{x}^*$ 是该系统的一个平衡点。也就是说，系统的平衡点是所有状态变量的导数都为零的状态点，系统状态在平衡点处不再发生变化，将一直保持在平衡点。

对于线性时不变系统 $\dot{\boldsymbol{x}}=\boldsymbol{A}\boldsymbol{x}$，满足 $\dot{\boldsymbol{x}}=\boldsymbol{A}\boldsymbol{x}=\boldsymbol{0}$ 的点为平衡点，当系统矩阵 $\boldsymbol{A}$ 非奇异时，该系统有唯一的平衡点 $\boldsymbol{x}^*=\boldsymbol{0}$，也称为孤立平衡点，即平衡点附近没有其他平衡点存在；当 $\boldsymbol{A}$ 奇异时，系统有无数个平衡点，而且不是孤立的，即属于 $\boldsymbol{A}$ 的零空间(null space)。可见对于线性系统，只存在一个孤立的平衡点。

非线性系统可能存在多个(甚至无穷多个)孤立的平衡点，如例 2-1 所示，单摆系统具有无穷多个平衡点。

例 2-1　如图 2-1 所示的单摆系统，摆锤可在垂直面内自由摆动，其中 l 表示摆的长度，m 表示摆锤的质量(假设摆杆为刚性且无质量)，θ 表示以铰链为顶点由摆和纵轴形成的夹角，g 表示重力加速度。

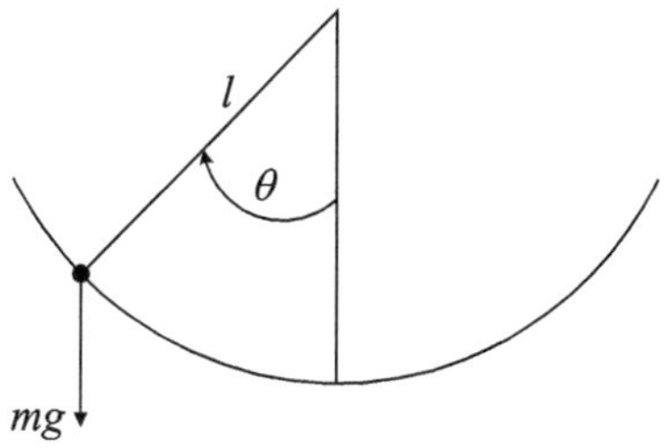

图 2-1　单摆系统

在无外力矩作用的条件下，沿摆锤运动的切线方向建立力矩平衡方程(可以不用考虑摆杆的拉力)：

$$ml^2\ddot{\theta}+kl^2\dot{\theta}+mgl\sin\theta=0 \tag{2-3}$$

式中，左边第一项为惯性力矩；第二项为摩擦阻尼力矩；第三项为重力矩；k 为铰链摩擦系数。

取 $x_1=\theta$、$x_2=\dot{\theta}$ 分别为系统状态变量，则由式(2-3)得到单摆系统的状态方程：

$$\begin{aligned}\dot{x}_1&=x_2\\ \dot{x}_2&=-\frac{g}{l}\sin x_1-\frac{k}{m}x_2\end{aligned} \tag{2-4}$$

令 $\dot{x}_1=\dot{x}_2=0$，可求得系统的平衡点 (x_1,x_2) 为 $(n\pi,0)$，$n=0,\pm1,\pm2,\cdots$。可见单摆系统具有无穷多个平衡点，其中 $(0,0)$、$(\pi,0)$ 是人们关心的两个主要平衡点，即摆分别处于垂直向上和垂直向下的位置。假设铰链摩擦系数 $k=0$，如果摆锤的初始状态不在平衡点上，摆锤将一直摆动而不会停止。

人们通常希望系统的平衡点处于状态空间的零点 $\boldsymbol{x}=0$，如果平衡点不是状态空间零点，而是状态空间的某一点 $\boldsymbol{x}^*$，则可通过变换 $\boldsymbol{y}=\boldsymbol{x}-\boldsymbol{x}^*$，得到新的状态变量方程 $\dot{\boldsymbol{y}}=\boldsymbol{f}(\boldsymbol{y}+\boldsymbol{x}^*)$，那么状态空间原点是新方程的平衡点，且新系统与原系统的性能是相同的，即可以通过平移变换将系统平衡点移到状态空间原点，而且变换后系统的平衡点与原系统的平衡点具有相同的性态。

平衡点的稳定性是系统的重要问题，稳定性是指当系统受到扰动作用偏离平衡点后，在扰动消失后，系统经过自身调节能以一定的准确度恢复原来的平衡状态，否则系统是不稳定的。例如，例 2-1 中单摆系统的两个平衡点，垂直向下的平衡点是稳定的，垂直向上的平衡点则是不稳定的。

4. 标称运动

在一些实际问题中，人们更关心系统运动的问题，虽然系统运动轨迹与平衡点有所不同，但仍可以转化为等效的平衡点问题加以研究。

设 $\boldsymbol{x}^*(t)$ 为非线性系统 $\dot{\boldsymbol{x}}=\boldsymbol{f}(\boldsymbol{x})$ 对应于初始条件 $\boldsymbol{x}^*(0)=\boldsymbol{x}_0$ 时的运动轨迹，将其称为标称运动(nominal motion)轨迹。设系统初值有一个扰动 $\boldsymbol{x}(0)=\boldsymbol{x}_0+\delta\boldsymbol{x}_0$，受扰动后的运动轨迹为 $\boldsymbol{x}(t)$，现考察运动误差 $\boldsymbol{e}(t)=\boldsymbol{x}(t)-\boldsymbol{x}^*(t)$，如图 2-2 所示。

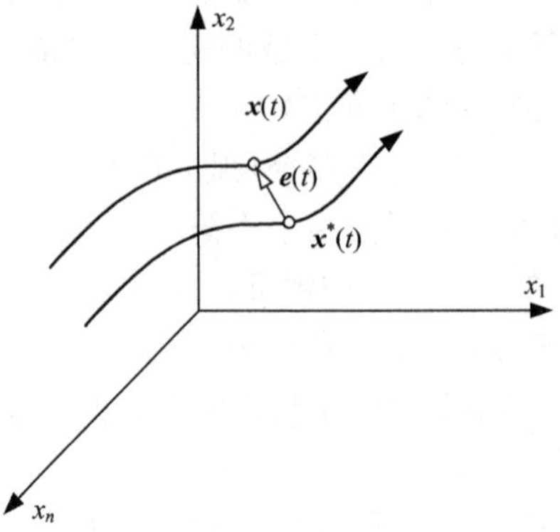

图 2-2　标称运动与受扰运动

由于 $\boldsymbol{x}(t)$、$\boldsymbol{x}^*(t)$ 均为系统的解，只不过是初始条件不同，因此有

$$\dot{\boldsymbol{e}}=\boldsymbol{f}(\boldsymbol{x}^*(t)+\boldsymbol{e})-\boldsymbol{f}(\boldsymbol{x}^*(t))=\boldsymbol{g}(\boldsymbol{e},\boldsymbol{x}^*(t))=\boldsymbol{g}(\boldsymbol{e},t) \tag{2-5}$$

以 $\boldsymbol{e}$ 为状态的新动态系统的初值为 $\delta\boldsymbol{x}_0$，由于 $\boldsymbol{g}(0,t)=0$，该系统以状态空间原点为平衡点。但要注意，式(2-5)中存在标称运动 $\boldsymbol{x}^*(t)$，它是时间 t 的函数，所以该误差方程是非自治系统。因此，自治系统对特殊运动的稳定性问题等价于非自治系统关于平衡点的稳定性问题。例如，飞行器的轨迹控制问题，受到突发阵风的干扰，飞行器的轨迹偏离标称轨迹，扰动消失后，飞行器能否回到标称轨迹。

2.1.2　非线性系统局部线性化

非线性系统平衡点的稳定性分析是有难度的，但针对连续非线性系统，可以对非线性系统在平衡点附近局部范围的线性近似系统进行分析，其有效的数学工具是泰勒级数展开。

首先考虑不带控制的自治非线性系统 $\dot{\boldsymbol{x}}=\boldsymbol{f}(\boldsymbol{x})$，在某一平衡点 $\boldsymbol{x}_0$ 展开成泰勒级数：

$$\boldsymbol{f}(\boldsymbol{x})=\boldsymbol{f}(\boldsymbol{x}_0)+\left.\frac{\partial\boldsymbol{f}}{\partial\boldsymbol{x}}\right|_{\boldsymbol{x}=\boldsymbol{x}_0}(\boldsymbol{x}-\boldsymbol{x}_0)+\frac{1}{2!}\frac{\partial^2\boldsymbol{f}}{\partial\boldsymbol{x}^2}(\boldsymbol{x}-\boldsymbol{x}_0)^2+\cdots \tag{2-6}$$

由于平衡点处 $\boldsymbol{f}(\boldsymbol{x}_0)=0$，并用 $\boldsymbol{f}_{\mathrm{h.o.t}}(\boldsymbol{x})$ (high order term)表示所有高于一阶导数分量的和，可得

$$\boldsymbol{f}(\boldsymbol{x})=\left.\frac{\partial\boldsymbol{f}}{\partial\boldsymbol{x}}\right|_{\boldsymbol{x}=\boldsymbol{x}_0}(\boldsymbol{x}-\boldsymbol{x}_0)+\boldsymbol{f}_{\mathrm{h.o.t}}(\boldsymbol{x}) \tag{2-7}$$

不失一般性，由于任何平衡点都可以通过平移变换到状态空间原点，可以只考虑平衡点 $\boldsymbol{x}_0=0$，同时由于系统的连续性，在平衡点小的局部范围内高阶项 $\boldsymbol{f}_{\mathrm{h.o.t}}(\boldsymbol{x})$ 可以忽略，则

可得非线性系统的局部线性化近似模型：

$$\dot{\boldsymbol{x}} = \boldsymbol{A}\boldsymbol{x}$$
$$\boldsymbol{A} = \left.\frac{\partial \boldsymbol{f}}{\partial \boldsymbol{x}}\right|_{x=0} \tag{2-8}$$

式中，矩阵 $\boldsymbol{A}$ 称为函数 $\boldsymbol{f}$ 在平衡点 $\boldsymbol{x}=0$ 处的雅可比矩阵。因此，该线性化方法也称为局部雅可比线性化。

类似地，对于带有控制输入 $\boldsymbol{u}$ 的非自治非线性系统 $\dot{\boldsymbol{x}} = \boldsymbol{f}(\boldsymbol{x},\boldsymbol{u})$ ，且 $\boldsymbol{f}(0,0)=0$ ，非线性系统的局部线性化近似模型为

$$\dot{\boldsymbol{x}} = \boldsymbol{A}\boldsymbol{x} + \boldsymbol{B}\boldsymbol{u}$$
$$\boldsymbol{A} = \left.\frac{\partial \boldsymbol{f}}{\partial \boldsymbol{x}}\right|_{x=0,u=0}, \quad \boldsymbol{B} = \left.\frac{\partial \boldsymbol{f}}{\partial \boldsymbol{u}}\right|_{x=0,u=0} \tag{2-9}$$

对于非自治非线性系统 $\dot{\boldsymbol{x}} = \boldsymbol{f}(\boldsymbol{x},t)$ ，也可以用同样的方法进行局部线性化近似：

$$\dot{\boldsymbol{x}} = \boldsymbol{A}(t)\boldsymbol{x}$$
$$\boldsymbol{A}(t) = \left.\frac{\partial \boldsymbol{f}}{\partial \boldsymbol{x}}\right|_{x=0} \tag{2-10}$$

但其局部线性化近似还必须满足一致收敛条件：

$$\lim_{\|x\|\to 0} \sup \left\| \frac{\boldsymbol{f}_{\text{h.o.t}}(\boldsymbol{x},t)}{\|\boldsymbol{x}\|} \right\| = 0, \quad \forall t \geqslant 0 \tag{2-11}$$

不满足该条件的非线性系统不能实现线性化近似。此外还需要注意，对于非自治非线性系统，雅可比矩阵 $\boldsymbol{A}(t)$ 可能是时变的，也可能是定常的。

2.2　非线性系统局部特性相平面分析

2.2.1　相平面的基本概念

相平面法(phase plane method)是法国数学家庞加莱(Henri Poincaré)于 1885 年首先提出的，是一种求解二阶微分方程的图解法，即不必求解二阶微分方程，而是将系统的运动过程转化为相平面上点的移动轨迹，从而得到系统运动模式和运动的稳定性等特征。

相平面法既适用于线性系统，也适用于非线性系统。虽然该方法仅局限在二阶系统，但二阶系统在实际应用中占有重要的地位，如飞行器、船舶、机器人等系统的动力学模型均可简化为二阶系统。因此，相平面法在系统分析领域具有广泛的应用，尤其是非线性系统分析的重要工具。

1. 相图

考虑二阶自治非线性系统：

$$\begin{aligned}\dot{x}_1 &= f_1(x_1,x_2)\\ \dot{x}_2 &= f_2(x_1,x_2)\end{aligned} \tag{2-12}$$

其状态空间是以状态变量为坐标的二维平面，即以 x_1 为横轴、x_2 为纵轴所构成的平面称为相平面图，简称相图(phase portraits)。如果给定一组系统的初值 $\boldsymbol{x}(0)=\boldsymbol{x}_0$ ，系统(2-12)

确定了一个解 $\boldsymbol{x}(t)$，当时间 t 从零变化到无穷大时，得到相平面上一条曲线，称为相轨迹，对于不同的初值，可以得到一簇相轨迹，从而构成系统的相图。

例 2-2 无阻尼质量-弹簧系统如图 2-3(a)所示，系统动态方程为

$$\ddot{x}+x=0 \tag{2-13}$$

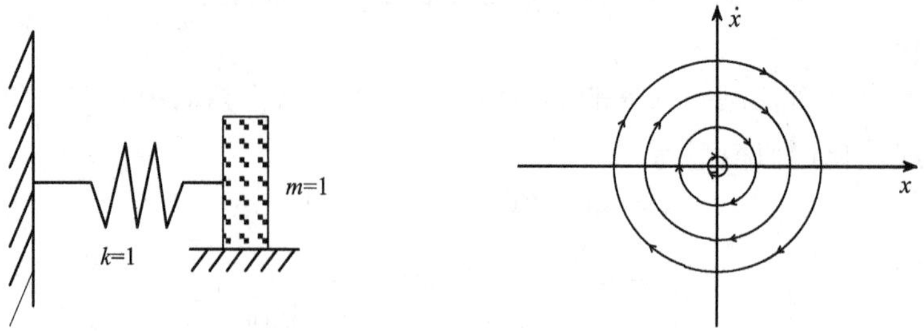

(a) 无阻尼质量–弹簧系统　　(b) 相图

图 2-3 无阻尼质量-弹簧系统及其相图

设质量块的初始位置为 x_0，动态方程的解为

$$\begin{aligned} x(t)&=x_0\cos t\\ \dot{x}(t)&=-x_0\sin t \end{aligned} \tag{2-14}$$

以质量块的位置和速度为状态变量，通过式(2-14)消去时间 t 可得到轨线方程 $x^2+\dot{x}^2=x_0^2$，表示相平面上的一个圆，如果取不同的初值，便得到系统的相图，如图 2-3(b)所示。

2. 奇异点

奇异点是相平面分析中的一个重要概念和轨迹特征，如线性系统的稳定性完全由奇异点的本质所决定，非线性系统不仅存在奇异点，而且还有一些复杂的特征，如极限环等。本章只研究奇异点的特性，第 3 章将对极限环的特性和存在性进行分析。

奇异点对应于系统的平衡点，假设函数 f_1、f_2 均为单值函数，则在相轨迹上的每一个点都可以得到相轨迹的斜率：

$$\frac{\mathrm{d}x_2}{\mathrm{d}x_1}=\frac{\mathrm{d}x_2/\mathrm{d}t}{\mathrm{d}x_1/\mathrm{d}t}=\frac{f_2(x_1,x_2)}{f_1(x_1,x_2)} \tag{2-15}$$

由系统平衡点的定义 $\dot{x}_1=\dot{x}_2=0$，在平衡点处相轨迹的斜率为 0/0，从而产生奇异，即该点斜率无法确定。因此，在相平面分析中将平衡点取名为奇异点，而且可能有很多相轨迹在该点相交。

3. 相图的绘制

自 20 世纪 60 年代计算机问世以来，相图均由计算机算法生成，大大推进了对系统复杂性态的研究。构造相图的算法大体有解析法和等斜率法两种。

1) 解析法

解析法又分为两种。

其一是从方程(2-12)中直接求解出时间函数 $x_1(t)$、$x_2(t)$，然后从状态解中消去时间 t，从而得到相轨迹函数。

其二是从方程(2-12)中直接消去时间 t，得到相轨迹的斜率 $\mathrm{d}x_2/\mathrm{d}x_1=f_2(x_1,x_2)/$

$f_1(x_1,x_2)$，然后从中解出 x_1 和 x_2 的关系，得到相轨迹函数。

解析法对某些特殊的非线性系统是有效的，但多数非线性系统难以直接求解。

2）等斜率法

等斜率法的主要思想是首先在相平面上构造切向量场，然后从相平面上任意一点出发，沿切向量场运动构成相轨迹。

例 2-3　考虑非线性阻尼系统 $\ddot{x}+0.2(x^2-1)\dot{x}+x=0$ 。

第一步：构造切向量场。

该系统的等斜率方程为

$$\frac{\mathrm{d}\dot{x}}{\mathrm{d}x}=-\frac{0.2(x^2-1)\dot{x}+x}{\dot{x}}=\alpha \tag{2-16}$$

取状态变量 $x_1=x$、$x_2=\dot{x}$，得到等斜率状态变量约束方程：

$$0.2(x_1^2-1)x_2+x_1+\alpha x_2=0 \tag{2-17}$$

式中，α 为给定的相轨迹斜率。每选定一个 α，式(2-17)表示一条等斜率曲线，可得到相平面上等斜率点的集合，每一个点用一条短的有向线段描述，线段的长短取决于运动速度，线段的方向为斜率的方向。令 α 取不同的值，则可得到相平面上每个点的切向量场。

第二步：绘制相轨迹。

从相平面上任意初始点出发，沿该点的切向量运动到下一个点，再沿新到达点的切向量运动，这样将一系列短切向量线连接便可获得相轨迹，如图 2-4 所示。

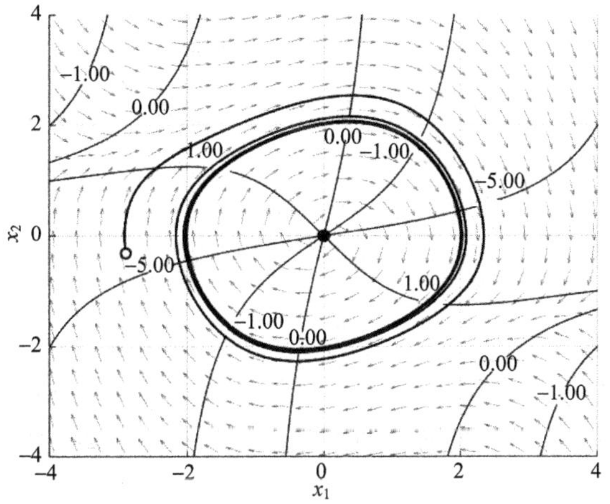

图 2-4　等斜率法

该方法中需要 x_1、x_2 取相同的尺度，以保证斜率的准确性，而且相轨迹的精度取决于等斜率线的密度，即 α 的分辨率。

2.2.2　线性系统平衡点稳定性分析

对于二阶定常线性系统 $\ddot{x}+a\dot{x}+bx=0$，只有一个平衡点 $x=0$，其特征根为

$$\lambda_{1,2} = \frac{-a \pm \sqrt{a^2 - 4b}}{2} \tag{2-18}$$

该系统的时间解取决于特征方程的根：

$$\begin{aligned} x(t) &= k_1 e^{\lambda_1 t} + k_2 e^{\lambda_2 t}, \quad \lambda_1 \neq \lambda_2 \\ x(t) &= k_1 e^{\lambda t} + k_2 t e^{\lambda t}, \quad \lambda_1 = \lambda_2 = \lambda \end{aligned} \tag{2-19}$$

平衡点的特征根据特征根的不同而不同，大致分为四种情况。

1. 节点

当特征值 λ_1、λ_2 为符号相同但不相等的实数时，平衡点称为节点。若 λ_1、λ_2 均为负值，从时间解式(2-19)可知，系统状态将收敛到原点，称平衡点为稳定节点；若 λ_1、λ_2 均为正值，在系统发散时，平衡点为不稳定节点，如图 2-5 所示。

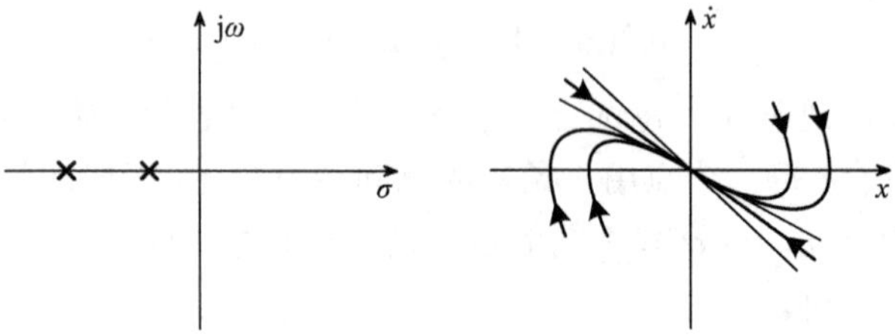

(a) 稳定节点

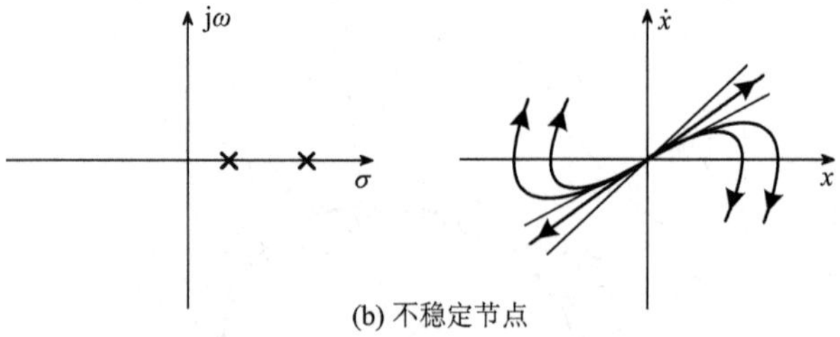

(b) 不稳定节点

图 2-5　节点

2. 鞍点

当 λ_1、λ_2 为不同符号的实数时，系统存在一个稳定的特征值和一个不稳定的特征值，几乎所有系统的相轨迹均发散，此时平衡点称为鞍点，如图 2-6 所示，由于相图像马鞍形状，因此得名。

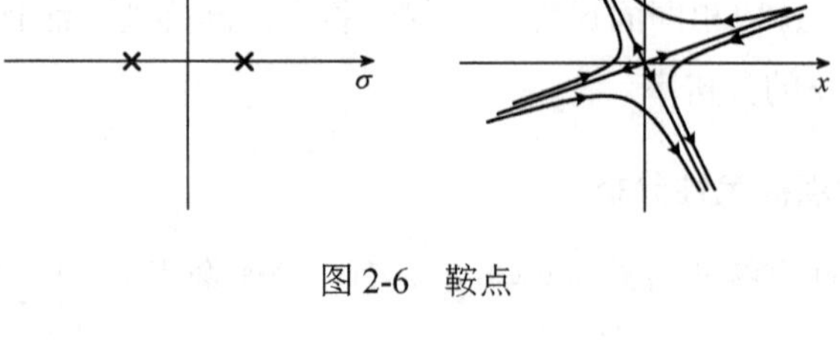

图 2-6　鞍点

3. 焦点

当 λ_1、λ_2 为共轭复数特征值且实部不为零时，平衡点称为焦点。若实部为负值，系统是收敛的，平衡点称为稳定焦点；若实部为正值，系统是发散的，平衡点称为不稳定焦点，如图 2-7 所示。

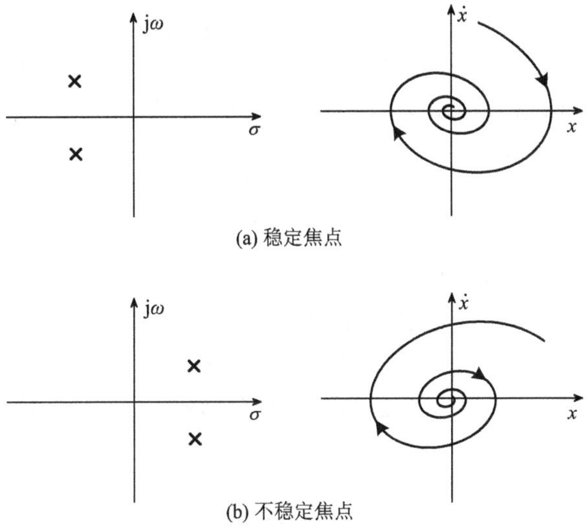

图 2-7　焦点

4. 中心点

当 λ_1、λ_2 为共轭复数特征值且实部为零时，平衡点称为中心点。此时特征值分布在虚轴上，系统处于临界稳定状态，平衡点位于振荡轨迹的中心，如图 2-8 所示。

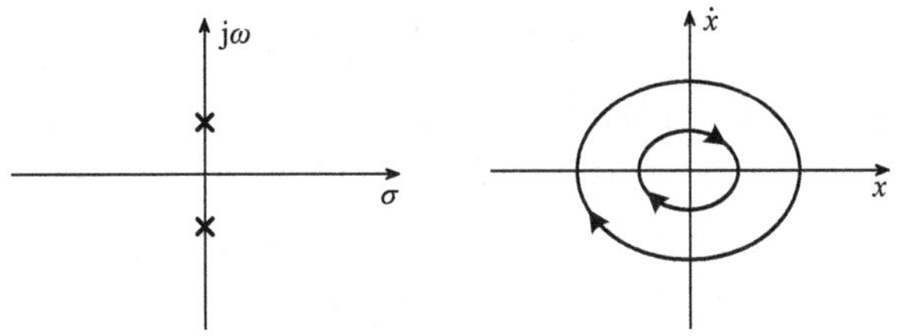

图 2-8　中心点

2.2.3　非线性系统平衡点稳定性分析

由于非线性系统难以得到解析解，因此不能像线性系统那样直接利用解析解进行平衡点的稳定性分析，利用相图可以实现对非线性系统平衡点特性的有效分析。

例 2-4　隧道二极管电路如图 2-9(a)所示。隧道效应是 1957 年日本江崎玲於奈发现的，他因此获得诺贝尔物理学奖，所以隧道二极管也称江崎二极管，其主要特点是正向电流-电压具有非线性负阻特性，如图 2-9(b)所示。

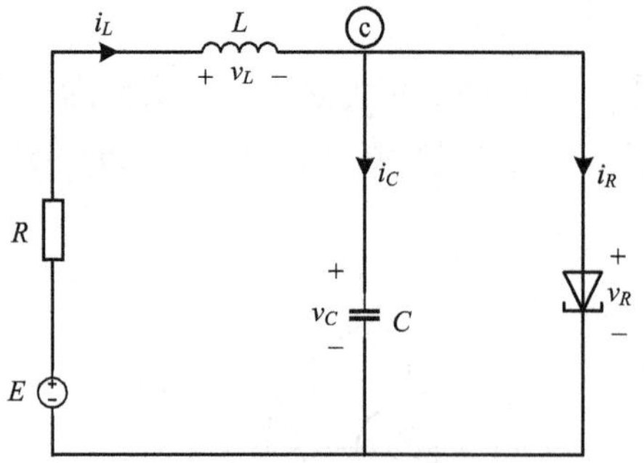

(a) 隧道二极管电路

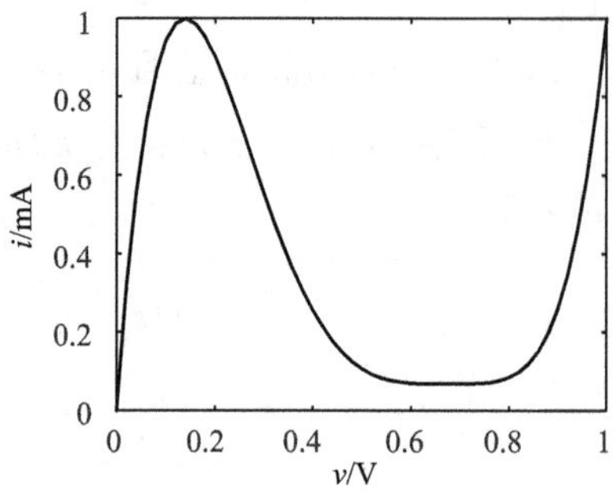

(b) 隧道二极管i-v特性

图 2-9　隧道二极管电路及特性

如图 2-9(a)所示，电流和电压平衡方程为

$$\begin{aligned} &i_C + i_R - i_L = 0 \\ &v_C - E + Ri_L + v_L = 0 \end{aligned} \tag{2-20}$$

选取状态变量 $x_1 = v_C$、$x_2 = i_L$，并设隧道二极管特性为 $i_R = h(v_R)$，$u = E$ 为常数输入，得电路状态方程为

$$\begin{aligned} \dot{x}_1 &= \frac{1}{C}[-h(x_1) + x_2] \\ \dot{x}_2 &= \frac{1}{L}(-x_1 - Rx_2 + u) \end{aligned} \tag{2-21}$$

假设电路参数为 $u = 1.2\text{V}$、$R = 1.5\text{k}\Omega$、$C = 2\text{pF}$、$L = 5\mu\text{H}$，非线性函数为 $h(x_1) = 17.76x_1 - 103.79x_1^2 + 229.62x_1^3 - 226.31x_1^4 + 83.72x_1^5$，代入式(2-21)，得

$$\begin{aligned} \dot{x}_1 &= 0.5[-h(x_1) + x_2] \\ \dot{x}_2 &= 0.2(-x_1 - 1.5x_2 + 1.2) \end{aligned} \tag{2-22}$$

用计算机程序生成的系统相图如图 2-10 所示，图中存在三个平衡点，分别为 $Q_1(0.063, 0.758)$、$Q_2(0.285, 0.61)$、$Q_3(0.884, 0.21)$，而且 Q_1 附近的特性具有鞍点的形式，Q_2、Q_3 附近的特性具有稳定节点的形式。隧道二极管由于有两个稳态工作点，而且可以通过 u 加以控制，因此具有双稳态电路的特点，在振荡电路和存储电路等领域具有广泛的应用。图中实心点表示三个平衡点，空心点表示轨迹的初始系统状态。

例 2-5　如图 2-1 所示的单摆系统，选取参数 $g/l = 10$、$k/m = 1$，系统状态方程为

$$\begin{aligned} \dot{x}_1 &= x_2 \\ \dot{x}_2 &= -10x_1 - x_2 \end{aligned} \tag{2-23}$$

利用计算机生成的相图如图 2-11 所示，平衡点 $(0,0)$ 附近具有稳定焦点的形式，平衡点 $(\pi,0)$、$(-\pi,0)$ 附近具有鞍点的形式。

由上面两个例子可看出，非线性系统平衡点附近的特性与线性系统平衡点的特性非常相似，因此可以想象用非线性系统的线性化近似直接对非线性系统的平衡点局部特性进行分析，即直接利用非线性特性在平衡点得到的雅可比矩阵 $\boldsymbol{A}$ 的特征值对非线性系统的平衡点进行稳定性分析。

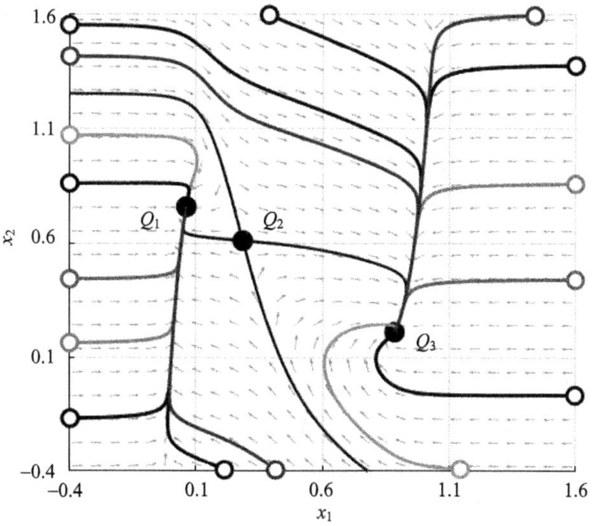

图 2-10　隧道二极管电路相图

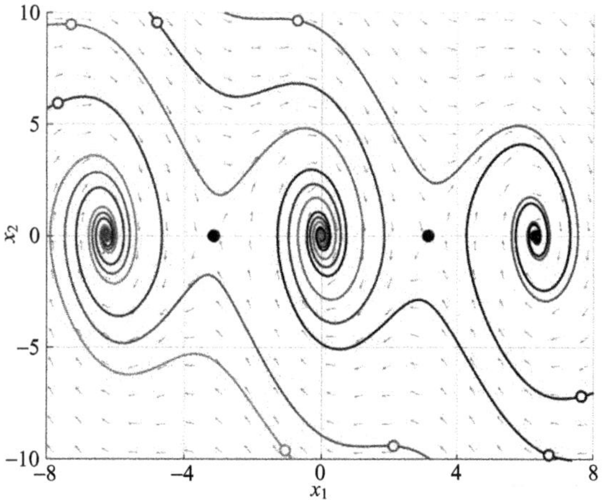

图 2-11　单摆系统相图

设非线性系统的平衡点为Q，在该点的雅可比矩阵为

$$\boldsymbol{A}=\left.\begin{bmatrix}\dfrac{\partial f_1}{\partial x_1} & \dfrac{\partial f_1}{\partial x_2}\\ \dfrac{\partial f_2}{\partial x_1} & \dfrac{\partial f_2}{\partial x_2}\end{bmatrix}\right|_{\boldsymbol{x}=Q} \tag{2-24}$$

如例 2-4 中的三个平衡点，可分别得到三个雅可比矩阵及相应的特征值：

$$\begin{cases}Q_1:\boldsymbol{A}_1=\begin{bmatrix}-3.598 & 0.5\\ -0.2 & -0.3\end{bmatrix}, & 特征值:(-3.57,-0.33)\\ Q_2:\boldsymbol{A}_2=\begin{bmatrix}1.82 & 0.5\\ -0.2 & -0.3\end{bmatrix}, & 特征值:(1.77,-0.25)\\ Q_3:\boldsymbol{A}_3=\begin{bmatrix}-1.427 & 0.5\\ -0.2 & -0.3\end{bmatrix}, & 特征值:(-1.33,-0.4)\end{cases} \tag{2-25}$$

利用线性化近似系统的特征值及线性系统分析方法，同样可得到Q_1为鞍点，Q_2、Q_3为稳定节点的结论。

同样，对于例 2-5 的单摆系统，有

$$\begin{cases} Q_1(0,0): \boldsymbol{A}_1 = \begin{bmatrix} 0 & 1 \\ -10 & -1 \end{bmatrix}, & \text{特征值}: -0.5 \pm \text{j}3.12 \\ Q_2(\pi,0): \boldsymbol{A}_2 = \begin{bmatrix} 0 & 1 \\ 10 & -1 \end{bmatrix}, & \text{特征值}: -3.7, 2.7 \end{cases} \tag{2-26}$$

即 Q_1 为稳定焦点， Q_2 为鞍点。

因此，可以得到下述结论：如果线性化近似的平衡点是节点(稳定或不稳定)、焦点(稳定或不稳定)或鞍点，那么在平衡点的小邻域内，原非线性系统具有同样的节点(稳定或不稳定)、焦点(稳定或不稳定)或鞍点的特性。

注意，上述结论不包括中心点，即不包括雅可比矩阵在虚轴上有特征值的情况，这并不奇怪，因为线性化是一种近似方法，存在一定误差，会对系统形成扰动，使系统的特征值在虚轴左右摆动，出现稳定或不稳定的现象，可以说在这种情况下，非线性系统的平衡点特性与线性化近似系统的平衡点特性完全不同。因此，如果线性化近似系统雅可比矩阵在虚轴有特征值，由线性化近似系统不能得到非线性系统平衡点的特性，即线性化近似系统的中心点特性在非线性系统中不一定成立。

2.3　非线性系统线性反馈控制器设计

反馈控制是自动控制的灵魂，在线性系统控制器设计中形成了完备的技术体系，取得了丰硕的实际应用成果。从惯性思维的角度来说，科研工作者也自然会利用线性系统控制器设计方法尝试对非线性系统进行控制，前提是先对非线性系统实现局部线性化，这同样取得了丰硕的研究和应用成果。

2.3.1　状态反馈控制与输出反馈控制

线性系统的稳定性和性能是由系统的参数决定的，以质量-弹簧系统为例，在没有外部输入的情况下，其动力学方程体现为惯性力、摩擦力和弹性力的平衡：

$$m\ddot{x} + b\dot{x} + kx = 0 \tag{2-27}$$

系统的特性由系统的特征根所决定，系统的特征根与系统参数的关系为

$$s_{1,2} = -\frac{b}{2m} \pm \frac{\sqrt{b^2 - 4mk}}{2m} \tag{2-28}$$

反馈控制的目的是通过引入外部输入，改变系统特征根的位置，从而使系统满足稳定的同时达到预期的性能。

具有控制输入的质量-弹簧系统模型为

$$m\ddot{x} + b\dot{x} + kx = f \tag{2-29}$$

设反馈控制律为

$$f = -k_p x - k_v \dot{x} \tag{2-30}$$

将式(2-30)代入系统模型，得闭环系统方程为

$$m\ddot{x} + (b + k_v)\dot{x} + (k + k_p)x = 0 \tag{2-31}$$

从式(2-31)可以看出，控制增益 k_p、k_v 是能够用来调整闭环系统极点的位置的，即能够通过控制增益的选择，使闭环系统达到期望的性能，即极点配置控制器设计方法。

线性系统的控制器设计方法同样可以应用到非线性系统的控制，其具有以下几种常见的形式。

1. 状态反馈控制

对于自治非线性控制系统 $\dot{\boldsymbol{x}} = \boldsymbol{f}(\boldsymbol{x}, \boldsymbol{u})$，状态反馈控制是设计一个状态反馈控制律 $\boldsymbol{u} = \gamma(\boldsymbol{x})$，使得原点 $\boldsymbol{x} = 0$ 是闭环系统 $\dot{\boldsymbol{x}} = \boldsymbol{f}(\boldsymbol{x}, \gamma(\boldsymbol{x}))$ 的稳定平衡点。

如果函数 $\boldsymbol{\gamma}$ 是 $\boldsymbol{x}$ 的无记忆函数，则称为静态反馈控制。有时也采用动态反馈控制：

$$\begin{aligned} \boldsymbol{u} &= \gamma(\boldsymbol{x}, z) \\ \dot{z} &= \boldsymbol{g}(\boldsymbol{x}, z) \end{aligned} \tag{2-32}$$

式中，z 为 $\boldsymbol{x}$ 驱动的动力学系统 $\dot{z} = \boldsymbol{g}(\boldsymbol{x}, z)$ 的解。

动态反馈控制在后续章节中的积分控制和自适应控制中有所应用。

2. 输出反馈控制

考虑具有输出的非线性系统：

$$\begin{aligned} \dot{\boldsymbol{x}} &= \boldsymbol{f}(\boldsymbol{x}, \boldsymbol{u}) \\ \boldsymbol{y} &= \boldsymbol{h}(\boldsymbol{x}, \boldsymbol{u}) \end{aligned} \tag{2-33}$$

在全部状态无法实现测量的条件下，可以采用输出反馈控制律 $\boldsymbol{u} = \gamma(\boldsymbol{y})$ 实现闭环控制。

输出反馈控制同样分为静态输出反馈控制和动态输出反馈控制，其中，动态输出反馈控制 $\boldsymbol{u} = \gamma(\boldsymbol{y}, z)$、$\dot{z} = \boldsymbol{g}(\boldsymbol{y}, z)$ 更为常见。例如，状态观测器通过输出对系统状态实现动态观测。

3. 前馈与反馈控制

反馈控制的目标是保证原点为稳定平衡点，从而可使闭环系统稳定在任意平衡点 $\boldsymbol{x}_{\mathrm{ss}}$。为此，需要一个控制输入的稳态值 $\boldsymbol{u}_{\mathrm{ss}}$，使系统在点 $\boldsymbol{x}_{\mathrm{ss}}$ 保持平衡，即

$$0 = \boldsymbol{f}(\boldsymbol{x}_{\mathrm{ss}}, \boldsymbol{u}_{\mathrm{ss}}), \quad \forall t \geqslant 0 \tag{2-34}$$

进行变量代换 $\boldsymbol{x}_\delta = \boldsymbol{x} - \boldsymbol{x}_{\mathrm{ss}}$、$\boldsymbol{u}_\delta = \boldsymbol{u} - \boldsymbol{u}_{\mathrm{ss}}$，得

$$\begin{aligned} \dot{\boldsymbol{x}}_\delta &= \boldsymbol{f}(\boldsymbol{x}_{\mathrm{ss}} + \boldsymbol{x}_\delta, \boldsymbol{u}_{\mathrm{ss}} + \boldsymbol{u}_\delta) \triangleq \boldsymbol{f}_\delta(\boldsymbol{x}_\delta, \boldsymbol{u}_\delta) \\ \boldsymbol{y}_\delta &= \boldsymbol{y} - \boldsymbol{h}(\boldsymbol{x}_{\mathrm{ss}}, \boldsymbol{u}_{\mathrm{ss}}) = \boldsymbol{h}(\boldsymbol{x}_{\mathrm{ss}} + \boldsymbol{x}_\delta, \boldsymbol{u}_{\mathrm{ss}} + \boldsymbol{u}_\delta) - \boldsymbol{h}(\boldsymbol{x}_{\mathrm{ss}}, \boldsymbol{u}_{\mathrm{ss}}) \triangleq \boldsymbol{h}_\delta(\boldsymbol{x}_\delta, \boldsymbol{u}_\delta) \end{aligned} \tag{2-35}$$

对系统(2-35)可设计使系统稳定的反馈控制律 $\boldsymbol{u}_\delta$，系统总的控制律为 $\boldsymbol{u} = \boldsymbol{u}_\delta + \boldsymbol{u}_{\mathrm{ss}}$，其中，$\boldsymbol{u}_\delta$ 为反馈控制分量，$\boldsymbol{u}_{\mathrm{ss}}$ 为前馈控制分量。

前馈控制是开环控制，不会影响系统的稳定性，在抵消已知干扰影响以及跟踪任务中提供预期的动作，减轻反馈控制的负担。

前馈控制在非线性系统控制中的重要性更加明显，可以说如果不用前馈控制，稳定地控制非线性系统是很难的。

2.3.2 非线性系统局部线性化反馈控制

非线性系统局部线性化反馈控制的思路是首先将非线性系统 $\dot{\boldsymbol{x}} = \boldsymbol{f}(\boldsymbol{x}, \boldsymbol{u})$ 在原点局部线性化，得到局部线性化模型：

$$\begin{aligned}&\dot{\boldsymbol{x}} = \boldsymbol{A}\boldsymbol{x} + \boldsymbol{B}\boldsymbol{u}\\&\boldsymbol{A} = \left.\frac{\partial \boldsymbol{f}}{\partial \boldsymbol{x}}\right|_{\boldsymbol{x}=0,\boldsymbol{u}=0}, \quad \boldsymbol{B} = \left.\frac{\partial \boldsymbol{f}}{\partial \boldsymbol{u}}\right|_{\boldsymbol{x}=0,\boldsymbol{u}=0}\end{aligned} \tag{2-36}$$

然后针对线性化近似系统，设计使系统稳定的状态反馈控制律或输出反馈控制律。

1. 状态反馈控制

针对线性化近似系统(2-36)设计状态反馈控制器 $\boldsymbol{u} = -\boldsymbol{K}\boldsymbol{x}$，得到闭环系统：

$$\dot{\boldsymbol{x}} = (\boldsymbol{A} - \boldsymbol{B}\boldsymbol{K})\boldsymbol{x} \tag{2-37}$$

核心问题是设计增益矩阵 $\boldsymbol{K}$，使闭环系统矩阵 $\boldsymbol{A} - \boldsymbol{B}\boldsymbol{K}$ 的特征值位于复平面的左半平面，即闭环系统是稳定的，当且仅当矩阵 $\boldsymbol{A} - \boldsymbol{B}\boldsymbol{K}$ 是 Hurwitz 矩阵。

接下来要将线性系统反馈控制律应用于非线性系统，得闭环系统为 $\dot{\boldsymbol{x}} = \boldsymbol{f}(\boldsymbol{x}, -\boldsymbol{K}\boldsymbol{x})$，这是重要的一步，需要验证线性反馈控制器对非线性系统控制的有效性。

例 2-6 对例 2-1 中的单摆施加一输入力矩 T，控制单摆稳定在角度 $\theta = \delta$。

首先分析控制器需要的前馈稳态分量 T_{ss}，在稳态条件下，有

$$0 = -a\sin\delta + cT_{\mathrm{ss}} \tag{2-38}$$

因此可得前馈稳态分量：

$$T_{\mathrm{ss}} = \frac{a\sin\delta}{c} \tag{2-39}$$

其次，选取状态变量为 $x_1 = \theta - \delta$、$x_2 = \dot{\theta}$、控制量为 $u = T - T_{\mathrm{ss}}$，得到系统状态方程：

$$\begin{aligned}&\dot{x}_1 = x_2\\&\dot{x}_2 = -a[\sin(x_1 + \delta) - \sin\delta] - bx_2 + cu\end{aligned} \tag{2-40}$$

并将系统在原点线性化，得到局部线性化系统：

$$\begin{aligned}&\dot{\boldsymbol{x}} = \boldsymbol{A}\boldsymbol{x} + \boldsymbol{B}u\\&\boldsymbol{A} = \begin{bmatrix} 0 & 1 \\ -a\cos(x_1 + \delta) & -b \end{bmatrix}_{x_1=0} = \begin{bmatrix} 0 & 1 \\ -a\cos\delta & -b \end{bmatrix}\\&\boldsymbol{B} = \begin{bmatrix} 0 \\ c \end{bmatrix}\end{aligned} \tag{2-41}$$

然后选取线性状态反馈控制 $u = -\boldsymbol{K}^{\mathrm{T}}\boldsymbol{x}$，并通过矩阵 $\boldsymbol{A} - \boldsymbol{B}\boldsymbol{K}$ 为 Hurwitz 矩阵的稳定性约束条件，得到反馈增益的取值范围，完成动态反馈控制器的设计：

$$\begin{aligned}&k_1 > -\frac{a\sin\delta}{c}\\&k_2 > -\frac{b}{c}\end{aligned} \tag{2-42}$$

最后得到反馈加前馈形式的总控制律：

$$T = \frac{a\sin\delta}{c} - \boldsymbol{K}^{\mathrm{T}}\boldsymbol{x} = \frac{a\sin\delta}{c} - k_1(\theta-\delta) - k_2\dot{\theta} \tag{2-43}$$

对上述有前馈与无前馈的控制律进行仿真验证，结果如图 2-12 所示，图 2-12(a)中实线表示有前馈情况下的单摆角度变化图，虚线表示无前馈情况下的单摆角度变化图，可以看到无前馈情况下，单摆角度与控制目标具有较大的误差，增加前馈可以消除控制误差。图 2-12(b)中实线表示有前馈情况下的控制力矩变化图，虚线表示无前馈情况下的控制力矩变化图。

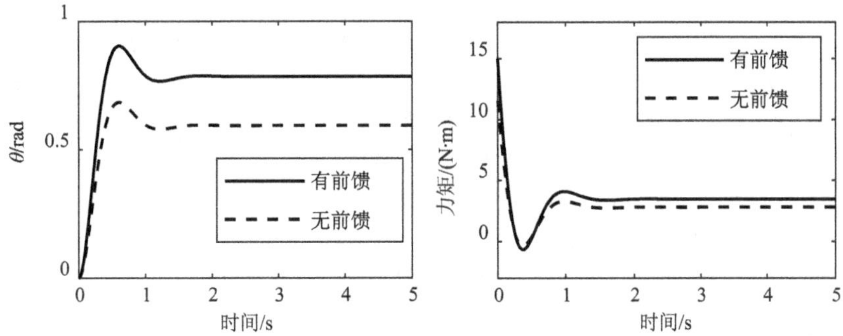

(a) 单摆角度变化　(b) 控制力矩变化

图 2-12　有前馈与无前馈控制时的阶跃响应仿真

2. 输出反馈控制

如果系统只能测得输出 y，可以采用动态输出反馈的控制器设计方法。例如，在系统满足可观测的条件下，采用基于状态观测器的控制器设计方法：

$$\begin{aligned} \boldsymbol{u} &= -\boldsymbol{K}\hat{\boldsymbol{x}} \\ \dot{\hat{\boldsymbol{x}}} &= \boldsymbol{A}\hat{\boldsymbol{x}} + \boldsymbol{B}\boldsymbol{u} + \boldsymbol{H}(\boldsymbol{y} - \boldsymbol{C}\hat{\boldsymbol{x}}) \end{aligned} \tag{2-44}$$

式中，$\hat{\boldsymbol{x}}$ 为由输出估计出的状态；$\boldsymbol{y} - \boldsymbol{C}\hat{\boldsymbol{x}}$ 为系统实际输出与预测输出的偏差；$\boldsymbol{H}$ 为估计器增益，该矩阵是需要设计的矩阵，同样利用了反馈的思想，为保证状态观测器稳定，需要满足矩阵 $\boldsymbol{A} - \boldsymbol{HC}$ 是 Hurwitz 矩阵。

状态观测器是 20 世纪 60 年代提出的概念和实现方法，它通过重构的途径解决了状态不能直接测量的问题。

例 2-7　重新考虑例 2-6 的单摆系统，角度 θ 可测量，角速度 $\dot{\theta}$ 未知。

系统静态前馈控制是不变的，同样取 $T_{\mathrm{ss}} = a\sin\delta / c$。

动态反馈控制采用输出反馈控制形式，反馈控制增益 $\boldsymbol{K} = [k_1, k_2]$ 的设计也采用例 2-6 的结论，选取输出变量 $y = \theta - \delta$，反馈控制律为

$$\begin{aligned} \boldsymbol{u} &= -\boldsymbol{K}\hat{\boldsymbol{x}} \\ \dot{\hat{\boldsymbol{x}}} &= \boldsymbol{A}\hat{\boldsymbol{x}} + \boldsymbol{B}\boldsymbol{u} + \boldsymbol{H}(y - \hat{x}_1) \end{aligned} \tag{2-45}$$

估计误差 $\tilde{\boldsymbol{x}} = \boldsymbol{x} - \hat{\boldsymbol{x}}$ 满足线性方程 $\dot{\tilde{\boldsymbol{x}}} = (\boldsymbol{A} - \boldsymbol{HC})\tilde{\boldsymbol{x}}$，控制律中的核心问题是设计观测矩阵 $\boldsymbol{H} = [h_1 \quad h_2]^{\mathrm{T}}$，使 $\boldsymbol{A} - \boldsymbol{HC}$ 是 Hurwitz 矩阵，可得观测增益的取值范围：

$$\begin{aligned} & h_1 + b > 0 \\ & h_1 b + h_2 + a\cos\delta > 0 \end{aligned} \tag{2-46}$$

总的控制力矩为$T = \dfrac{a\cos\delta}{c} - \boldsymbol{K}\hat{\boldsymbol{x}}$。

对上述基于状态观测器的控制律进行仿真验证，结果如图 2-13 所示，图 2-13(a)是单摆角度变化图，图 2-13(b)是控制力矩变化图。

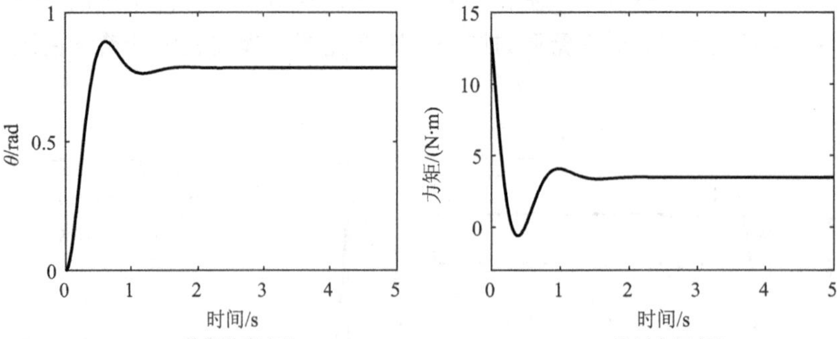

(a) 单摆角度变化　　(b) 控制力矩变化

图 2-13　基于状态观测器的控制阶跃响应仿真

3. 高增益观测器

非线性系统线性化过程中，非线性项的误差会给状态观测器的准确性造成很大的影响，非线性系统可以表示为如下形式：

$$\dot{\boldsymbol{x}} = \boldsymbol{A}\boldsymbol{x} + \boldsymbol{g}(\boldsymbol{y},\boldsymbol{u}) \tag{2-47}$$

若非线性函数$\boldsymbol{g}(\boldsymbol{y},\boldsymbol{u})$是完全已知的，则状态观测器设计为

$$\begin{aligned}\dot{\hat{\boldsymbol{x}}} &= \boldsymbol{A}\hat{\boldsymbol{x}} + \boldsymbol{g}(\boldsymbol{y},\boldsymbol{u}) + \boldsymbol{H}(\boldsymbol{y}-\hat{\boldsymbol{y}}) \\ \hat{\boldsymbol{y}} &= \boldsymbol{C}\hat{\boldsymbol{x}}\end{aligned} \tag{2-48}$$

设计$\boldsymbol{H}$使$\boldsymbol{A}-\boldsymbol{H}\boldsymbol{C}$为 Hurwitz 矩阵即可，能够有效消去非线性项。

若$\boldsymbol{g}(\boldsymbol{y},\boldsymbol{u})$是无法精确得到的，即使能够设计$\boldsymbol{H}$使$\boldsymbol{A}-\boldsymbol{H}\boldsymbol{C}$为 Hurwitz 矩阵，也无法消去非线性项的影响，此时可利用$\boldsymbol{g}(\boldsymbol{y},\boldsymbol{u})$的标称模型$\boldsymbol{g}_0(\boldsymbol{y},\boldsymbol{u})$设计状态观测器：

$$\begin{aligned}\dot{\hat{\boldsymbol{x}}} &= \boldsymbol{A}\hat{\boldsymbol{x}} + \boldsymbol{g}_0(\boldsymbol{y},\boldsymbol{u}) + \boldsymbol{H}(\boldsymbol{y}-\hat{\boldsymbol{y}}) \\ \hat{\boldsymbol{y}} &= \boldsymbol{C}\hat{\boldsymbol{x}}\end{aligned} \tag{2-49}$$

此时状态估计将存在误差：

$$\dot{\tilde{\boldsymbol{x}}} = (\boldsymbol{A}-\boldsymbol{H}\boldsymbol{C})\tilde{\boldsymbol{x}} + \boldsymbol{g}(\boldsymbol{y},\boldsymbol{u}) - \boldsymbol{g}_0(\boldsymbol{y},\boldsymbol{u}) = (\boldsymbol{A}-\boldsymbol{H}\boldsymbol{C})\tilde{\boldsymbol{x}} + \boldsymbol{\delta}(\boldsymbol{y},\boldsymbol{u}) \tag{2-50}$$

高增益观测器的设计思想是建立从$\boldsymbol{\delta}(\boldsymbol{y},\boldsymbol{u})$到$\tilde{\boldsymbol{x}}$的传递函数，通过提高观测矩阵增益，该传递函数接近于零，即降低非线性误差对状态估计的影响。

2.3.3　积分控制

系统控制的目标不单是解决稳定问题，在稳定的基础上，还要解决鲁棒性问题。例如，控制器参数的选择是依赖于系统参数的，当系统参数具有不确定性时，还需要保证能够在参数扰动的情况下实现对系统的稳定控制。

在控制律(2-43)中，前馈控制和反馈控制的计算都依赖于系统参数，见式(2-38)和式(2-42)。虽然参数具有不确定性，但如果已知不确定参数的上界，则可通过参数上界选取

反馈控制增益，甚至加一些裕量，是可以保证系统稳定的。但静态前馈控制会给控制系统带来稳态误差，在某些条件下是不可接受的。例如，控制目标为$\delta=45°$，选取摆锤质量为真实质量(未知)的一半时，系统的稳态输出为$\delta\approx 36°$，可见参数的不确定性造成的稳态误差非常大，必须采取某些手段加以解决。

在无积分控制时对比有扰动与无扰动的控制效果，仿真结果如图 2-14 所示，图 2-14(a)中实线表示无扰动情况下的单摆角度变化图，虚线表示有扰动情况下的单摆角度变化图，可以看到增加扰动后，单摆角度与控制目标具有较大的误差。图 2-14(b)中实线表示无扰动情况下的控制力矩变化图，虚线表示有扰动情况下的控制力矩变化图。

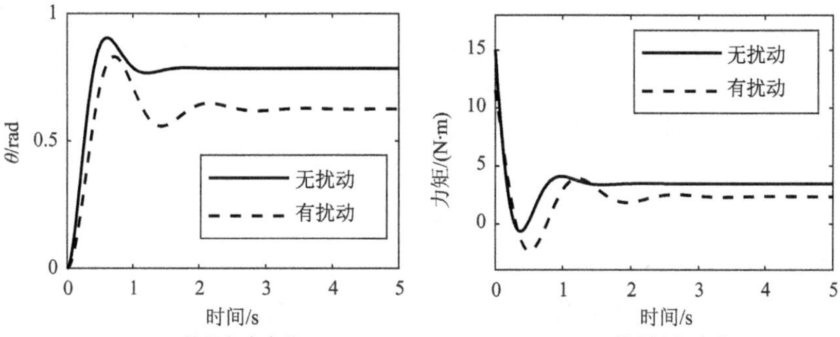

图 2-14　无积分控制时有扰动与无扰动下单摆阶跃响应仿真结果

下面介绍积分控制方法，该方法在参数扰动不破坏系统稳定性的前提下，能够保证参数扰动下的控制精度。

考虑非线性系统：

$$\begin{aligned}\dot{\boldsymbol{x}}&=\boldsymbol{f}(\boldsymbol{x},\boldsymbol{u},\boldsymbol{w})\\ \boldsymbol{y}&=\boldsymbol{h}(\boldsymbol{x},\boldsymbol{w})\end{aligned}\tag{2-51}$$

式中，$\boldsymbol{w}$ 是由未知恒定参数以及扰动组成的向量。希望设计反馈控制器，能够使$\boldsymbol{y}(t)\to\boldsymbol{r},t\to\infty$，$\boldsymbol{r}$ 为恒定参考值。

设$\boldsymbol{v}=[\boldsymbol{r}\quad\boldsymbol{w}]^{\mathrm{T}}$，并假设存在唯一取决于$\boldsymbol{v}$的$(\boldsymbol{x}_{\mathrm{ss}},\boldsymbol{u}_{\mathrm{ss}})$，满足方程：

$$\begin{aligned}\boldsymbol{0}&=\boldsymbol{f}(\boldsymbol{x}_{\mathrm{ss}},\boldsymbol{u}_{\mathrm{ss}},\boldsymbol{w})\\ \boldsymbol{r}&=\boldsymbol{h}(\boldsymbol{x}_{\mathrm{ss}},\boldsymbol{w})\end{aligned}\tag{2-52}$$

使得$\boldsymbol{x}_{\mathrm{ss}}$为期望的平衡点，$\boldsymbol{u}_{\mathrm{ss}}$为稳态控制，以保证系统在点$\boldsymbol{x}_{\mathrm{ss}}$处平衡。

引入积分作用$\dot{\boldsymbol{\sigma}}=\boldsymbol{e}$、$\boldsymbol{e}=\boldsymbol{y}-\boldsymbol{r}$，并把积分器与系统(2-51)联立：

$$\begin{aligned}\dot{\boldsymbol{x}}&=\boldsymbol{f}(\boldsymbol{x},\boldsymbol{u},\boldsymbol{w})\\ \dot{\boldsymbol{\sigma}}&=\boldsymbol{h}(\boldsymbol{x},\boldsymbol{w})-\boldsymbol{r}\end{aligned}\tag{2-53}$$

联立的系统阶次有所提高，设其平衡点为$(\boldsymbol{x}_{\mathrm{ss}},\boldsymbol{\sigma}_{\mathrm{ss}})$，其中，$\boldsymbol{\sigma}_{\mathrm{ss}}$的目的是能够产生期望的$\boldsymbol{x}_{\mathrm{ss}}$，而且在平衡点处满足$\dot{\boldsymbol{\sigma}}=0$，即$\boldsymbol{y}=\boldsymbol{r}$，从而实现精确控制，且与$\boldsymbol{w}$的值无关。现在的任务就是设计一个稳定的反馈控制器$\boldsymbol{u}$，保证联立的系统在平衡点处稳定。

积分控制的原理如图 2-15 所示，包括积分控制器和稳定控制器两部分。

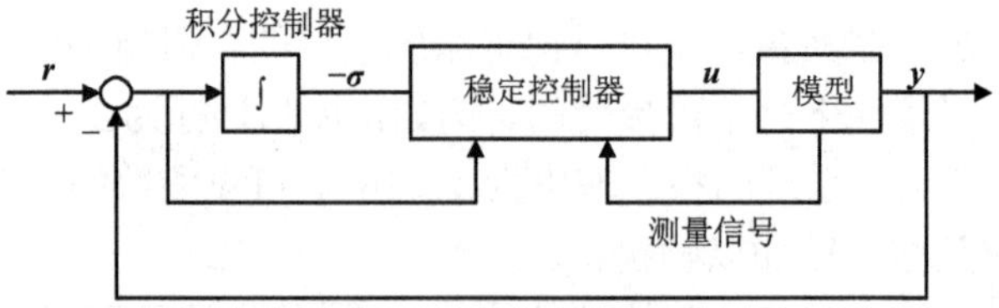

图 2-15　积分控制原理图

积分控制器的作用是使系统对所有不破坏系统稳定性的参数扰动都具有鲁棒性，即在稳定控制器能够保证系统稳定在平衡点$(\boldsymbol{x}_{\mathrm{ss}},\boldsymbol{\sigma}_{\mathrm{ss}})$的条件下，积分控制器迫使控制误差在平衡点处为零，即$\dot{\boldsymbol{\sigma}}=0\Rightarrow \boldsymbol{y}=\boldsymbol{r}$。

稳定控制器可采用$\boldsymbol{u}=\boldsymbol{\gamma}(\boldsymbol{x},\boldsymbol{\sigma},\boldsymbol{e})$的形式，即状态反馈和输出反馈复合的形式，其中输出反馈可以省略，或可以作为额外的自由度来提高控制性能。$\boldsymbol{\gamma}$的设计目标是产生唯一解$\boldsymbol{\sigma}_{\mathrm{ss}}$，满足$\boldsymbol{\gamma}(\boldsymbol{x}_{\mathrm{ss}},\boldsymbol{\sigma}_{\mathrm{ss}},0)=\boldsymbol{u}_{\mathrm{ss}}$，使闭环系统

$$\begin{aligned}\dot{\boldsymbol{x}}&=\boldsymbol{f}(\boldsymbol{x},\boldsymbol{\gamma}(\boldsymbol{x},\boldsymbol{\sigma},\boldsymbol{e}),\boldsymbol{w})\\ \dot{\boldsymbol{\sigma}}&=\boldsymbol{h}(\boldsymbol{x},\boldsymbol{w})-\boldsymbol{r}\end{aligned}\tag{2-54}$$

在一个稳定平衡点$(\boldsymbol{x}_{\mathrm{ss}},\boldsymbol{\sigma}_{\mathrm{ss}})$。

稳定控制器的设计可采用局部线性化设计方法，取线性化反馈控制律：

$$\boldsymbol{u}=-\boldsymbol{K}_1\boldsymbol{x}-\boldsymbol{K}_2\boldsymbol{\sigma}-\boldsymbol{K}_3\boldsymbol{e}\tag{2-55}$$

得闭环系统：

$$\begin{aligned}\dot{\boldsymbol{x}}&=\boldsymbol{f}(\boldsymbol{x},-\boldsymbol{K}_1\boldsymbol{x}-\boldsymbol{K}_2\boldsymbol{\sigma}-\boldsymbol{K}_3(\boldsymbol{h}(\boldsymbol{x},\boldsymbol{w})-\boldsymbol{r}),\boldsymbol{w})\\ \dot{\boldsymbol{\sigma}}&=\boldsymbol{h}(\boldsymbol{x},\boldsymbol{w})-\boldsymbol{r}\end{aligned}\tag{2-56}$$

闭环系统平衡点$(\boldsymbol{x}_{\mathrm{ss}},\boldsymbol{\sigma}_{\mathrm{ss}})$满足方程：

$$\begin{aligned}0&=\boldsymbol{f}(\boldsymbol{x}_{\mathrm{ss}},\boldsymbol{u}_{\mathrm{ss}},\boldsymbol{w})\\ 0&=\boldsymbol{h}(\boldsymbol{x}_{\mathrm{ss}},\boldsymbol{w})-\boldsymbol{r}\\ \boldsymbol{u}_{\mathrm{ss}}&=-\boldsymbol{K}_1\boldsymbol{x}_{\mathrm{ss}}-\boldsymbol{K}_2\boldsymbol{\sigma}_{\mathrm{ss}}\end{aligned}\tag{2-57}$$

在点$(\boldsymbol{x}_{\mathrm{ss}},\boldsymbol{\sigma}_{\mathrm{ss}})$处对闭环系统(2-56)进行局部线性化，得

$$\dot{\xi}_\delta=(\underline{\boldsymbol{A}}-\underline{\boldsymbol{B}}\underline{\boldsymbol{K}})\xi_\delta\tag{2-58}$$

式中

$$\xi_\delta=\begin{bmatrix}\boldsymbol{x}-\boldsymbol{x}_{\mathrm{ss}}\\ \boldsymbol{\sigma}-\boldsymbol{\sigma}_{\mathrm{ss}}\end{bmatrix}$$

$$\underline{\boldsymbol{A}}=\begin{bmatrix}\boldsymbol{A}&0\\ \boldsymbol{C}&0\end{bmatrix},\quad \underline{\boldsymbol{B}}=\begin{bmatrix}\boldsymbol{B}\\ 0\end{bmatrix},\quad \underline{\boldsymbol{K}}=\begin{bmatrix}\boldsymbol{K}_1+\boldsymbol{K}_3\boldsymbol{C} & \boldsymbol{K}_2\end{bmatrix}$$

$$\boldsymbol{A}=\frac{\partial\boldsymbol{f}}{\partial\boldsymbol{x}}(\boldsymbol{x},\boldsymbol{u},\boldsymbol{w})\bigg|_{\boldsymbol{x}=\boldsymbol{x}_{\mathrm{ss}},\boldsymbol{u}=\boldsymbol{u}_{\mathrm{ss}}},\quad \boldsymbol{B}=\frac{\partial\boldsymbol{f}}{\partial\boldsymbol{u}}(\boldsymbol{x},\boldsymbol{u},\boldsymbol{w})\bigg|_{\boldsymbol{x}=\boldsymbol{x}_{\mathrm{ss}},\boldsymbol{u}=\boldsymbol{u}_{\mathrm{ss}}},\quad \boldsymbol{C}=\frac{\partial\boldsymbol{h}}{\partial\boldsymbol{x}}(\boldsymbol{x},\boldsymbol{w})\bigg|_{\boldsymbol{x}=\boldsymbol{x}_{\mathrm{ss}}}$$

假设$(\boldsymbol{A},\boldsymbol{B})$是可控的，并且

$$\operatorname{rank}\begin{bmatrix}\boldsymbol{A}&\boldsymbol{B}\\ \boldsymbol{C}&0\end{bmatrix}=n+p\tag{2-59}$$

式中，n为系统状态阶次；p为系统输出阶次。那么$(\underline{\boldsymbol{A}},\underline{\boldsymbol{B}})$也是可控的，则可以设计与$\boldsymbol{w}$无关的$\underline{\boldsymbol{K}}$，使矩阵$\underline{\boldsymbol{A}}-\underline{\boldsymbol{B}}\underline{\boldsymbol{K}}$是 Hurwitz 矩阵。

例 2-8　再次考虑单摆系统：

$$\begin{aligned}\dot{x}_1 &= x_2 \\ \dot{x}_2 &= -a\sin(x_1+\delta) - bx_2 + cu \\ y &= x_1\end{aligned} \tag{2-60}$$

期望的平衡点为 $\boldsymbol{x}_{ss} = [0,0]^{\mathrm{T}}$、$u_{ss} = a\sin\delta / c$，在平衡点处对系统局部线性化：

$$\boldsymbol{A} = \begin{bmatrix} 0 & 1 \\ -a\cos\delta & -b \end{bmatrix},\quad \boldsymbol{B} = \begin{bmatrix} 0 \\ c \end{bmatrix},\quad \boldsymbol{C} = \begin{bmatrix} 1 & 0 \end{bmatrix} \tag{2-61}$$

在 $a>0$、$b>0$、$c>0$ 的条件下，容易验证 $(\boldsymbol{A},\boldsymbol{B})$ 是可控的，且满足满秩条件(2-59)。

取控制律为

$$\begin{aligned} u &= -k_1(\theta-\delta) - k_2\dot{\theta} - k_3\sigma \\ \dot{\sigma} &= \theta - \delta \end{aligned} \tag{2-62}$$

利用 Routh-Hurwitz 准则可以验证，如果：

$$\begin{aligned} & b + k_2 c > 0 \\ & (b+k_2c)(a\cos\delta + k_1 c) - k_3 c > 0 \\ & k_3 c > 0 \end{aligned} \tag{2-63}$$

成立，则 $\underline{\boldsymbol{A}} - \underline{\boldsymbol{B}}\underline{\boldsymbol{K}}$ 是 Hurwitz 矩阵。

假设系统参数的准确值未知，但知道 a/c 的上界为 ρ_1，$1/c$ 的上界为 ρ_2，可以选择 $k_2>0$、$k_3>0$、$k_1>\rho_1 + k_3/k_2\rho_2$，保证 $\underline{\boldsymbol{A}} - \underline{\boldsymbol{B}}\underline{\boldsymbol{K}}$ 是 Hurwitz 矩阵。

图 2-16 所示是有、无积分控制时单摆系统的仿真结果，单摆预期位置为 $\delta = \pi/4$，参数扰动设置为摆锤质量真实值的 2 倍。无积分控制时，控制效果如图 2-16(a)和(b)所示，无扰动和有扰动的控制结果分别对应于实线和虚线，可见，当存在扰动时，静态前馈补偿使系统产生较大稳态误差；有积分控制时，控制效果如图 2-16(c)和(d)所示，可见积分控制可明显改善稳态响应，其代价是增大了力矩。

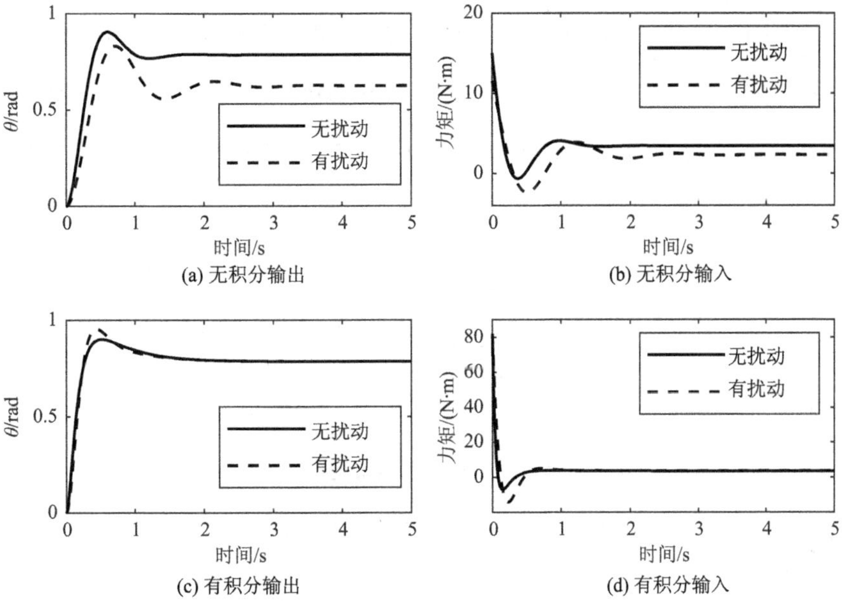

图 2-16　无积分控制和有积分控制时有扰动与无扰动下单摆阶跃响应仿真结果

对比控制律(2-43)和(2-62)，主要差别是静态前馈补偿控制律由动态积分控制律所取代，等效于著名的经典 PID 控制器。PID 控制是 20 世纪 30 年代提出的反馈控制理念，至今在自动控制技术中占有非常重要的地位。本节系统地证明了 PID 控制对于静态参数扰动具有很好的鲁棒性，但对于动态参数扰动则鲁棒性下降。

PID 控制既可应用于线性系统，也可应用于非线性系统。需要注意的是，积分控制在系统偏差较大时容易引起控制器饱和，为避免产生饱和，通常采用积分分离 PID，在偏差较大时取消积分控制，即在比例微分(proportionalplus derivative, PD)和 PID 之间进行切换。

2.3.4 增益调度控制

前面介绍的局部线性化反馈控制器设计方法是系统工作在某一工作点条件下实现的，限制了控制器只能在单工作点的邻域内工作。当系统工作点变化后，由于线性化近似模型会发生变化，因此控制器参数也需要相应地调整，才能够将线性化控制方法有效扩展到若干个工作点。增益调度控制(gain scheduling control)就是对非线性被控对象在一系列选定的平衡点附近线性化，然后对得到的线性化近似模型分别设计控制器，并把得到的一组线性反馈控制器作为一个控制器执行。执行过程中还需要选择一个或几个变量作为调度参数(schedule variables)，利用该参数判断系统当前所处的状态，根据当前状态，将前面设计好的一系列控制器采用线性插值或其他线性组合的方式表示成调度参数的一个函数。

增益调度控制的概念最早出现在飞行控制系统中，把飞机或导弹的非线性运动方程在若干选定的工作点处线性化，这些工作点捕获了整个飞行曲线上的一些关键状态，所设计的各线性反馈控制器对于在选定工作点的线性化近似模型达到理想的稳定性和性能要求，然后把各控制器的参数作为增益调度变量的函数进行插值，典型的增益调度变量有动压力、马赫数、高度及攻角等，最终在非线性系统上实现增益调度控制。

下面通过一个例子说明增益调度的概念。

例 2-9 如图 2-17 所示的水槽系统，水槽的截面积 $A(h)$ 随高度变化而变化，液体体积 $v=\int_0^h A(h)\mathrm{d}h$，对密度为 ρ 的液体，绝对压强为 $p=\rho gh+p_a$， p_a 是大气压强。液体流入水槽的流速为 w_i，通过阀门流出水槽的流速为 $w_\mathrm{o}=k\sqrt{\Delta p}$, $\Delta p=p-p_a$， k 为正常数。

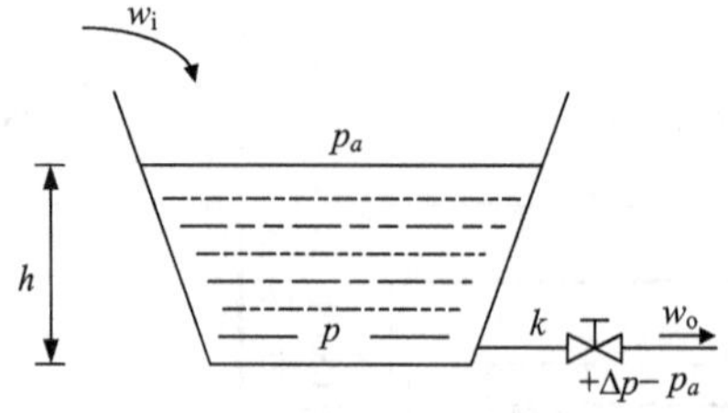

图 2-17 水槽系统

系统模型为

$$\frac{\mathrm{d}}{\mathrm{d}t}\left(\int_0^h A(h)\mathrm{d}h\right)=w_\mathrm{i}-k\sqrt{\rho gh} \tag{2-64}$$

取 $x = h$ 作为状态变量，$u = w_{\mathrm{i}}$ 为控制输入，得状态方程：

$$\begin{aligned} \dot{x} &= \frac{1}{A(x)}(u - c\sqrt{x}) \triangleq f(x,u) \\ c &= k\sqrt{\rho g} \end{aligned} \tag{2-65}$$

设 $y = x$ 为受控输出，预期水位 r 高度为调度变量，控制 y 跟踪 r 的变化。

首先考虑 $r = \alpha$ 为常值的情况，为解决参数 c 的不确定性，采用积分控制方法：

$$\begin{aligned} \dot{x} &= f(x,u) \\ e &= \dot{\sigma} = x - r \end{aligned} \tag{2-66}$$

复合系统平衡点为

$$0 = u_{\mathrm{ss}} - c\sqrt{x_{\mathrm{ss}}} \quad , \quad x_{\mathrm{ss}} = \alpha \tag{2-67}$$

因此可得

$$u_{\mathrm{ss}} = c\sqrt{\alpha} \quad , \quad x_{\mathrm{ss}} = \alpha \tag{2-68}$$

取比例积分(proportional integral, PI)控制律 $u = -k_1(\alpha)e - k_2(\alpha)\sigma$，得到闭环系统方程：

$$\begin{aligned} \dot{x} &= f(x, -k_1(\alpha)(x - r) - k_2(\alpha)\sigma) \\ \dot{\sigma} &= x - r \end{aligned} \tag{2-69}$$

进行变量变换 $x_\delta = x - a$、$\sigma_\delta = \sigma - \sigma_{\mathrm{ss}}$、$r_\delta = r - a$，选新的状态 $\boldsymbol{\xi}_\delta = [x_\delta, \sigma_\delta]^{\mathrm{T}}$，将闭环系统在平衡点处线性化：

$$\begin{aligned} \dot{\boldsymbol{\xi}}_\delta &= \begin{bmatrix} a(\alpha) - b(\alpha)k_1(\alpha) & -b(\alpha)k_2(\alpha) \\ 1 & 0 \end{bmatrix} \boldsymbol{\xi}_\delta + \begin{bmatrix} b(\alpha)k_1(\alpha) \\ -1 \end{bmatrix} r_\delta \\ y_\delta &= x_\delta \end{aligned} \tag{2-70}$$

式中

$$\begin{aligned} a(\alpha) &= \left.\frac{\partial f}{\partial x}\right|_{x=\alpha, u=c\sqrt{\alpha}} = \left.\left[\frac{1}{A(x)}\left(\frac{-c}{2\sqrt{x}}\right) - \frac{A'(x)}{A^2(x)}\left(u - c\sqrt{x}\right)\right]\right|_{x=\alpha, u=c\sqrt{\alpha}} = -\frac{c\sqrt{\alpha}}{2\alpha A(\alpha)} \\ b(\alpha) &= \left.\frac{\partial f}{\partial u}\right|_{x=\alpha, u=c\sqrt{\alpha}} = \frac{1}{A(\alpha)} \end{aligned}$$

选择固定增益：

$$\begin{aligned} k_1(\alpha) &= \frac{2\xi\omega_n}{b(\alpha)} \\ k_2(\alpha) &= \frac{\omega_n^2}{b(\alpha)} \end{aligned} \tag{2-71}$$

使闭环系统的特性为 $s^2 + 2\xi\omega_n s + \omega_n^2 = 0$，满足 $0 < \xi < 1$、$2\xi\omega_n \gg |a(\alpha)|$。此时式(2-70)变为

$$\begin{aligned} \dot{\boldsymbol{\xi}}_\delta &= \boldsymbol{A}_f(\alpha)\boldsymbol{\xi}_\delta + \boldsymbol{B}_f r_\delta \\ y_\delta &= \boldsymbol{C}_f x_\delta \end{aligned} \tag{2-72}$$

式中

$$\boldsymbol{A}_f(\alpha)=\begin{bmatrix} a(\alpha)-2\xi\omega_n & -\omega_n^2 \\ 1 & 0 \end{bmatrix},\quad \boldsymbol{B}_f=\begin{bmatrix} 2\xi\omega_n \\ -1 \end{bmatrix},\quad \boldsymbol{C}_f=[1\quad 0]$$

其中，下标 f 表示固定控制增益。从指令输入 r_δ 到输出 y_δ 的闭环传递函数为

$$\frac{y_\delta}{r_\delta}=\frac{2\xi\omega_n s+\omega_n^2}{s^2+[2\xi\omega_n-a(\alpha)]s+\omega_n^2} \tag{2-73}$$

接下来考虑 r 为时变信号的情况，采用增益调度控制方法，此时控制增益 k_1、k_2 为调度变量 r 的函数：

$$\begin{aligned} u&=-k_1(r)e-k_2(r)\sigma \\ \dot{\sigma}&=e=x-r \end{aligned} \tag{2-74}$$

闭环系统为

$$\begin{aligned} \dot{x}&=f(x,-k_1(r)(x-r)-k_2(r)\sigma) \\ \dot{\sigma}&=x-r \end{aligned} \tag{2-75}$$

当时变输入 r 变化到某一值 $r=\alpha$ 时，系统具有平衡点 (x_{ss},σ_{ss})，注意，此时平衡点也是时变的。对式(2-75)在平衡点处线性化，由于控制增益是时变的，求导过程产生变化：

$$\begin{aligned} \dot{\boldsymbol{\xi}}_\delta&=\boldsymbol{A}_s(\alpha)\boldsymbol{\xi}_\delta+\boldsymbol{B}_s(\alpha)r_\delta \\ y_\delta&=\boldsymbol{C}_s x_\delta \end{aligned} \tag{2-76}$$

式中

$$\boldsymbol{A}_s(\alpha)=\begin{bmatrix} a(\alpha)-2\xi\omega_n & -\omega_n^2 \\ 1 & 0 \end{bmatrix},\quad \boldsymbol{B}_s=\begin{bmatrix} 2\xi\omega_n+\gamma(\alpha) \\ -1 \end{bmatrix},\quad \boldsymbol{C}_s=[1\quad 0]$$

$$\gamma(\alpha)=-b(\alpha)k_2'(\alpha)\sigma_{ss}(\alpha)=A'(\alpha)c\sqrt{\alpha}\,/\,A^2(\alpha)$$

其中，下标 s 表示时变调度增益。从指令输入 r_δ 到输出 y_δ 的闭环传递函数为

$$\frac{y_\delta}{r_\delta}=\frac{[2\xi\omega_n+\gamma(\alpha)]s+\omega_n^2}{s^2+[2\xi\omega_n-a(\alpha)]s+\omega_n^2} \tag{2-77}$$

选择期望的二阶参考模型的 $\xi=0.5$、$\omega_n=1$，对固定增益控制器与增益调度控制器进行仿真验证，结果如图 2-18 所示。图 2-18(a)是固定增益控制器跟踪阶梯参考信号的响应曲线图，可以看到，跟踪不同大小的期望高度时，固定增益控制器的动态响应具有较大的差别，超调量与调节时间随着期望值的增加而变大，不能满足动态响应一致的要求。图 2-18(b)是增益调度控制器跟踪阶梯参考信号的响应曲线图，可以看到，跟踪不同大小的期望高度时，增益调度控制器的动态响应没有太大差别，保证了系统模型动态响应与期望模型动态响应的一致性。

由固定增益控制和增益调度控制产生的线性化近似模型 $(\boldsymbol{A}_f,\boldsymbol{B}_f,\boldsymbol{C}_f)$ 和 $(\boldsymbol{A}_s,\boldsymbol{B}_s,\boldsymbol{C}_s)$ 是不同的，主要是 $\boldsymbol{B}_f\neq\boldsymbol{B}_s$，导致闭环传递函数具有不同的零点位置。虽然过渡过程特性有所变化，但稳态特性没有变化，因此，增益调度控制方案是可以接受的。

如果希望增益调度控制与固定增益控制具有同样的性能，可以修正增益调度控制策略：

$$\begin{aligned} u&=-k_1(r)e+\eta \\ \dot{\eta}&=-k_2(r)e \end{aligned} \tag{2-78}$$

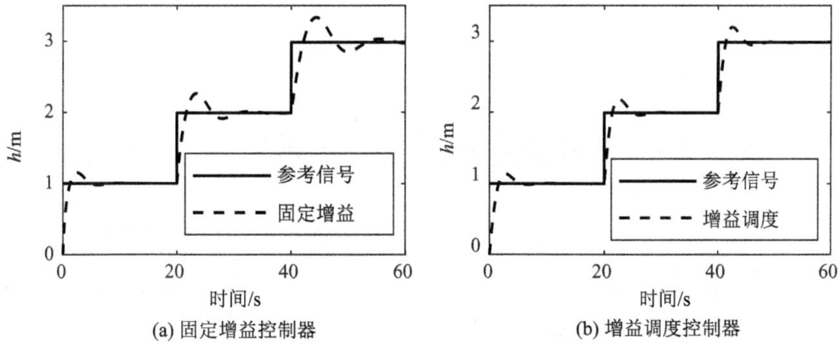

图 2-18　固定增益控制器与增益调度控制器控制效果对比图

这种修正可解释为将增益直接与积分器交换，如图 2-19 所示。

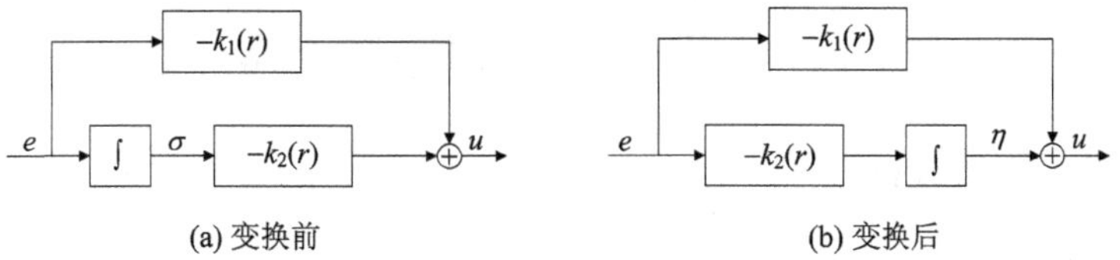

图 2-19　修正增益调度控制

通过控制律的修正，非线性闭环系统线性化求导过程就不会发生变化，增益调度控制与固定增益控制具有相同的特性。

增益调度控制器设计可以归纳为如下几个步骤。

步骤 1：对非线性系统以调度变量进行参数化，并在一组工作点(平衡点)处进行线性化。

步骤 2：利用线性化，设计一组参数化的线性反馈控制器，满足每个工作点的控制性能要求。

步骤 3：构造增益控制器，使得增益调度控制器与固定增益控制器具有相同的性能。

步骤 4：通过对非线性闭环系统进行仿真，检验增益调度控制器的全局性能。

第 3 章　非线性系统极限环分析与抑制

极限环是非线性系统典型的特性，与线性系统的临界稳定振荡是有区别的。在 20 世纪三四十年代，利用线性控制方法设计雷达天线、火炮、导弹发射架等伺服控制系统时出现了极限环的现象，困扰了工程师很长时间。1940 年，英国科学家丹尼尔(P. J. Daniel)提出了一种分析极限环的描述函数方法(describing function method)，该方法至今广泛应用于非线性系统分析与设计。但当非线性系统复杂或无法精确建模时，用描述函数表征非线性模型就相当困难，因此，非线性系统极限环的研究仍是一个热门的话题。

3.1　非线性系统极限环分析

3.1.1　极限环的相平面分析

1. 极限环的定义

在相平面上，极限环被定义为一个孤立的封闭曲线，即存在两个特征：一个是封闭性，系统轨线必须是闭合的；另一个是孤立性，极限环附近的轨线要么收敛于极限环，要么从极限环向外或向内发散。

非线性系统的极限环与线性系统的中心点特性是不一样的，表现在两个方面：一个是鲁棒性，线性系统的临界振荡对扰动非常敏感，很小的扰动都会破坏振荡，而极限环是结构稳定的；另一个是振荡幅度，线性系统临界振荡的幅度取决于系统的初始条件，是由初始条件决定的一簇封闭轨迹，即临界振荡轨迹不是孤立的，而极限环的幅度与系统初值无关。

例 3-1　1926 年荷兰物理学家范德波尔(van der Pol)研究电子管振荡回路时，提出著名的范德波尔方程：

$$\ddot{x}+\alpha(x^2-1)\dot{x}+x=0 \tag{3-1}$$

式中，第二项相当于线性系统的阻尼项，当位移较小($x<1$)时，阻尼项为负值，表明外界有能量输入使振幅增大；当位移足够大($x>1$)时，阻尼项变为正值，导致能量耗散使振幅衰减。可以预计，在上述两种情况之间存在等幅振动($x=1$)，即会产生极限环。

设状态为$x_1=x$、$x_2=\dot{x}$，得到状态方程为

$$\begin{aligned}\dot{x}_1&=x_2\\ \dot{x}_2&=-x_1-\alpha(x_1^2-1)x_2\end{aligned} \tag{3-2}$$

图 3-1 给出了α取不同值时范德波尔方程的相图，当α较小时，极限环是一条平滑轨线，随着α的增加，极限环会发生扭曲。

按照轨线在极限环附近的运动模式，极限环可分为以下三类。

(1) 稳定极限环：当时间$t\to\infty$时，极限环附近的所有轨线收敛于极限环，如图 3-2(a)所示。

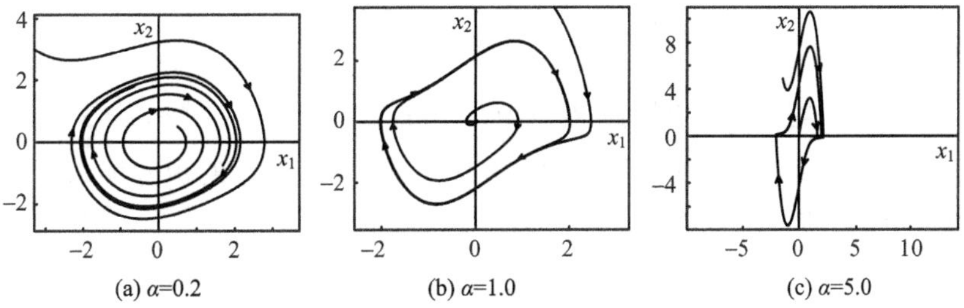

图 3-1　范德波尔极限环

(2) 不稳定极限环：当时间 $t \to \infty$ 时，极限环附近的所有轨线远离极限环，如图 3-2(b) 所示。

(3) 半稳定极限环：当时间 $t \to \infty$ 时，极限环附近的某些轨线收敛于极限环，另一些轨线远离极限环，如图 3-2(c) 所示。

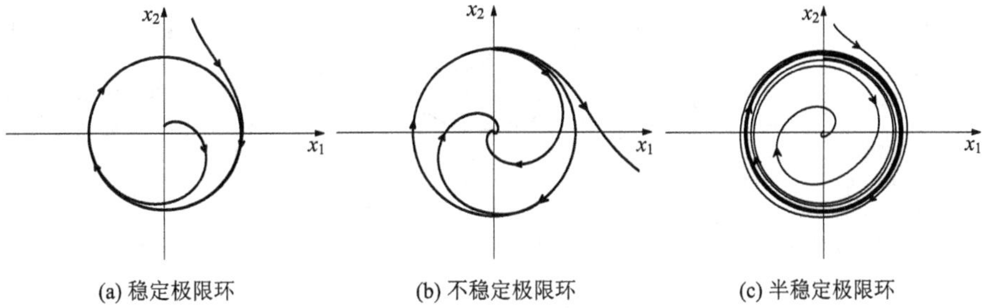

图 3-2　极限环的种类

例 3-2　考虑下列非线性系统：

(1)
$$\begin{aligned} \dot{x}_1 &= x_2 - x_1(x_1^2 + x_2^2 - 1) \\ \dot{x}_2 &= -x_1 - x_2(x_1^2 + x_2^2 - 1) \end{aligned} \tag{3-3}$$

(2)
$$\begin{aligned} \dot{x}_1 &= x_2 + x_1(x_1^2 + x_2^2 - 1) \\ \dot{x}_2 &= -x_1 + x_2(x_1^2 + x_2^2 - 1) \end{aligned} \tag{3-4}$$

(3)
$$\begin{aligned} \dot{x}_1 &= x_2 - x_1(x_1^2 + x_2^2 - 1)^2 \\ \dot{x}_2 &= -x_1 - x_2(x_1^2 + x_2^2 - 1)^2 \end{aligned} \tag{3-5}$$

对于系统(1)，利用极坐标变换：

$$\begin{aligned} r &= (x_1^2 + x_2^2)^{1/2} \\ \theta &= \arctan(x_2 / x_1) \end{aligned} \tag{3-6}$$

式(3-3)变换为

$$\begin{aligned} \frac{\mathrm{d}r}{\mathrm{d}t} &= -r(r^2 - 1) \\ \frac{\mathrm{d}\theta}{\mathrm{d}t} &= -1 \end{aligned} \tag{3-7}$$

如果状态从单位圆 $r=1$ 开始，$\dot{r}(t)=0$，表明轨线将以 $\dfrac{1}{2\pi}$ 的周期绕原点旋转；如果 $r<1$，则 $\dot{r}(t)>0$，表明轨线将从单位圆内向极限环逼近；如果 $r>1$，则 $\dot{r}(t)<0$，表明轨线将从单位圆外向极限环逼近。以上表明单位圆是系统(1)的一个稳定的极限环。这个结论也可以从式(3-7)的解析解得出：

$$
\begin{aligned}
r(t) &= \frac{1}{(1+c_0\mathrm{e}^{-2t})^{1/2}}, \quad c_0=\frac{1}{r_0^2}-1 \\
\theta(t) &= \theta_0 - t
\end{aligned}
\tag{3-8}
$$

利用相同的方法，可以判断出系统(2)存在一个不稳定的极限环，系统(3)存在一个半稳定的极限环，如图 3-3 所示。

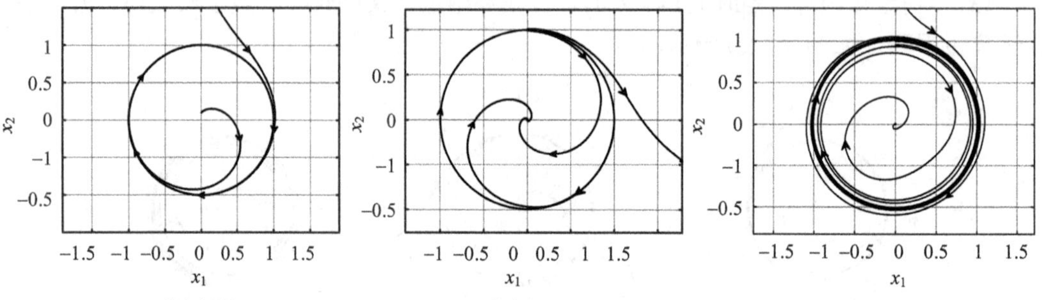

图 3-3　极限环仿真

2. 极限环的存在性

能够判断系统极限环是否存在对控制系统的分析与设计是十分重要的，德国数学家希尔伯特(D.Hilbert)于 1900 年的国际数学家大会上从数学角度提出了这一问题，该问题至今也没有完全解决，是百年不得其解的难题。

在例 3-2 中，对于给定的非线性系统，利用极坐标变换的方法，可以求出极限环的解析解，但对于复杂的非线性系统是无法求解的。因此，对极限环存在性的分析一般不是通过求解的办法实现的，而是通过一些其他途径来研究的，下面介绍几种分析方法。

1)庞加莱-本迪克松准则

考虑系统 $\dot{\boldsymbol{x}}=\boldsymbol{f}(\boldsymbol{x})$，设 M 是相平面内的一个有界闭子集，使：

(1) M 不包含平衡点或只包含一个平衡点，使雅可比矩阵 $[\partial \boldsymbol{f}/\partial \boldsymbol{x}]$ 在该点有实部为正的特征值(不稳定焦点或不稳定节点)。

(2)每条始于 M 的轨线在将来所有时刻都保持在 M 内。

那么 M 内包含系统的一个周期轨道(极限环)。

该准则于 20 世纪初发现，给出了非线性系统存在极限环的条件。该准则告诉人们，相平面内的有界轨线随时间趋于无穷一定会逼近周期轨道或平衡点。如果 M 内无平衡点，那么周期轨道包围的区域就是 M；如果 M 内包含了一个不稳定的平衡点，则可选择一个包围该平衡点的简单闭合曲线，简单的含义在于把相平面简单分割成曲线内部的有界区域和曲线外部的无界区域，则 M 可定义为从包围平衡点的闭合曲线到周期轨道的环形区域。

上述简单闭合曲线可定义为方程 $V(\boldsymbol{x})=c$，其中 $V(\boldsymbol{x})$ 是连续可微的。如果函数 $\boldsymbol{f}(\boldsymbol{x})$ 与梯度向量 $\nabla V(\boldsymbol{x})$ 的内积是负的，即 $\boldsymbol{f}(\boldsymbol{x})\cdot\nabla V(\boldsymbol{x})<0$，则曲线上 $\boldsymbol{x}$ 点的向量场 $\boldsymbol{f}(\boldsymbol{x})$ 方向向内；如果 $\boldsymbol{f}(\boldsymbol{x})\cdot\nabla V(\boldsymbol{x})>0$，那么向量场 $\boldsymbol{f}(\boldsymbol{x})$ 方向向外；如果 $\boldsymbol{f}(\boldsymbol{x})\cdot\nabla V(\boldsymbol{x})=0$，那么向量场 $\boldsymbol{f}(\boldsymbol{x})$ 与曲线相切。

因此，对于环形区域 $M=\{W(\boldsymbol{x})\geqslant c_1 \text{ and } V(\boldsymbol{x})\leqslant c_2\}, c_1>0, c_2>0$，如果轨迹始终停留在该环形区域，必须满足 $\boldsymbol{f}(\boldsymbol{x})\cdot\nabla V(\boldsymbol{x})\leqslant 0$ 和 $\boldsymbol{f}(\boldsymbol{x})\cdot\nabla W(\boldsymbol{x})\geqslant 0$。上述定义可以作为有效的工具，分析极限环是否存在。

例 3-3　非线性系统：

$$
\begin{aligned}
\dot{x}_1 &= x_1 + x_2 - x_1(x_1^2 + x_2^2) \\
\dot{x}_2 &= -2x_1 + x_2 - x_2(x_1^2 + x_2^2)
\end{aligned}
\tag{3-9}
$$

系统在原点有唯一的平衡点，其雅可比矩阵为

$$
\frac{\partial \boldsymbol{f}}{\partial \boldsymbol{x}}=\begin{bmatrix} 1-3x_1^2-x_2^2 & 1-2x_1x_2 \\ -2-2x_1x_2 & 1-x_1^2-3x_2^2 \end{bmatrix}_{\boldsymbol{x}=0}=\begin{bmatrix} 1 & 1 \\ -2 & 1 \end{bmatrix}
\tag{3-10}
$$

特征值为 $1\pm \mathrm{j}\sqrt{2}$，表明平衡点为不稳定焦点。

设 $M=\{V(\boldsymbol{x})\leqslant c\}, c>0$，其中 $V(\boldsymbol{x})=x_1^2+x_2^2$，是有界闭集且包含原点，在 $V(\boldsymbol{x})=c$ 的表面：

$$
\begin{aligned}
\boldsymbol{f}(\boldsymbol{x})\cdot\nabla V(\boldsymbol{x}) &= \frac{\partial V}{\partial x_1}f_1+\frac{\partial V}{\partial x_2}f_2 \\
&= 2x_1(x_1+x_2-x_1(x_1^2+x_2^2))+2x_2(-2x_1+x_2-x_2(x_1^2+x_2^2)) \\
&= 2(x_1^2+x_2^2)-2(x_1^2+x_2^2)^2-2x_1x_2 \\
&\leqslant 2(x_1^2+x_2^2)-2(x_1^2+x_2^2)^2+(x_1^2+x_2^2)=3c-2c^2
\end{aligned}
\tag{3-11}
$$

选择 $c>1.5$，就可保证 $\boldsymbol{f}(\boldsymbol{x})\cdot\nabla V(\boldsymbol{x})<0$，也就是说所有轨线都包围在 M 内，由庞加莱-本迪克松(Poincare-Bendixson)准则可知，在 M 内存在极限环，如图 3-4 所示。

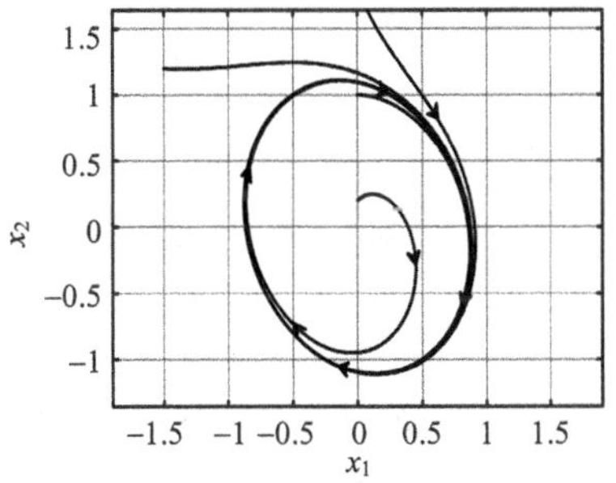

图 3-4　例 3-3 系统仿真结果

2) 本迪克松准则

如果在相平面上的简单连通区域 D 内，表达式 $\partial f_1/\partial x_1+\partial f_2/\partial x_2$ 不总是为零，且符号不变，那么系统 $\dot{\boldsymbol{x}}=\boldsymbol{f}(\boldsymbol{x})$ 在 D 内不存在极限环。

该准则给出了系统不存在极限环的判断方法。简单闭合曲线的内部区域就是简单连通

区域，在该区域内，系统 $\dot{\boldsymbol{x}}=\boldsymbol{f}(\boldsymbol{x})$ 的轨迹满足 $\mathrm{d}x_2/\mathrm{d}x_1=f_2/f_1$，则有 $f_2(x_1,x_2)\mathrm{d}x_1-f_1(x_1,x_2)\mathrm{d}x_2=0$，因此在任何封闭轨线 γ 上，有

$$\oint_\gamma f_2(x_1,x_2)\mathrm{d}x_1-f_1(x_1,x_2)\mathrm{d}x_2=0 \tag{3-12}$$

根据英国数学家格林(George Green)给出的封闭曲线 γ 上的线积分和曲线包围区域 S 的二重积分的关系，有

$$\iint_S\left(\frac{\partial f_1}{\partial x_1}+\frac{\partial f_2}{\partial x_2}\right)\mathrm{d}x_1\mathrm{d}x_2=0 \tag{3-13}$$

由式(3-13)可知，如果在 D 上 $\partial f_1/\partial x_1+\partial f_2/\partial x_2>0$（或 $\partial f_1/\partial x_1+\partial f_2/\partial x_2<0$），那么就不能找到一个区域 $S\in D$，使式(3-13)成立，也就是说在 D 内不存在一个完整的封闭轨迹。

例 3-4　考虑非线性系统：

$$\begin{aligned}\dot{x}_1&=x_2\\ \dot{x}_2&=ax_1+bx_2-x_1^2x_2-x_1^3\end{aligned} \tag{3-14}$$

设 D 是整个相平面，有

$$\frac{\partial f_1}{\partial x_1}+\frac{\partial f_2}{\partial x_2}=b-x_1^2 \tag{3-15}$$

如果 $b<0$，根据本迪克松(Bendixson)准则，系统不可能存在极限环，仿真结果如图 3-5 所示。

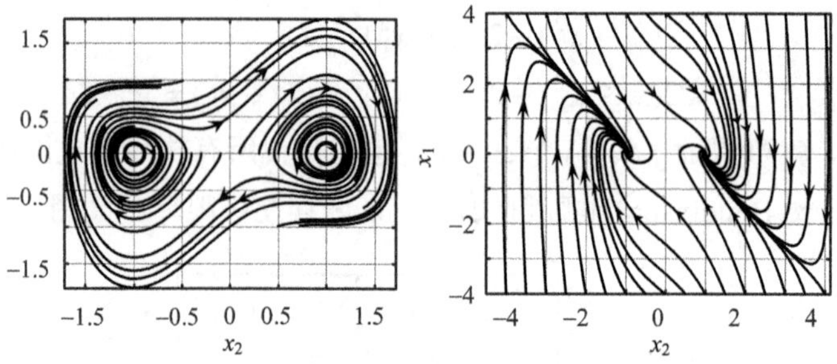

(a) a=1, b=1　　(b) a=1, b= −1

图 3-5　例 3-4 系统仿真结果

3)庞加莱指数准则

对于非线性系统，设 C 是不通过系统任何平衡点的一条简单闭合曲线，从 C 上任意点 $p\in C$ 开始，沿 C 逆时针旋转一周回到起点 p，向量场 $\boldsymbol{f}(\boldsymbol{x})$ 的方向会随 p 点的运动连续旋转 $2\pi k$ 角度，其中 k 为整数，称为闭合曲线的指数。如果 C 为围绕孤立平衡点的圆，则 k 就称为平衡点的指数。

根据平衡点的指数的定义，可得以下结论：节点、焦点或中心点的指数是 1；鞍点的指数是−1；封闭轨线的指数是 1，该封闭轨线构成极限环；不包含平衡点的封闭轨线的指数是 0，该封闭轨线不构成极限环。

因此可得以下推论，在构成极限环的任何封闭轨线 γ 内，一定至少有一个平衡点，假

设γ内的平衡点是双曲型的，即平衡点的雅可比矩阵在虚轴上没有特征值，那么如果N是极限环包围的节点数，S是极限环包围的鞍点数，必有$N-S=1$。

封闭轨线的指数等于轨线所包围平衡点的指数之和，由此得出判断极限环存在的庞加莱指数准则，其常用于排除在相平面上的某些区域存在极限环的情况。

例 3-5　考虑非线性系统：

$$\begin{aligned}\dot{x}_1 &= -x_1 + x_1x_2 \\ \dot{x}_2 &= x_1 + x_2 - 2x_1x_2\end{aligned} \tag{3-16}$$

该系统有两个平衡点$(0,0)$和$(1,1)$，对应的雅可比矩阵分别为

$$\begin{aligned}\left[\frac{\partial \boldsymbol{f}}{\partial \boldsymbol{x}}\right]_{(0,0)} &= \begin{bmatrix} -1 & 0 \\ 1 & 1 \end{bmatrix} \\ \left[\frac{\partial \boldsymbol{f}}{\partial \boldsymbol{x}}\right]_{(1,1)} &= \begin{bmatrix} 0 & 1 \\ -1 & -1 \end{bmatrix}\end{aligned} \tag{3-17}$$

因此，$(0,0)$是鞍点，$(1,1)$是稳定焦点。由庞加莱指数准则可知，可被极限环包围的平衡点的唯一组合是一个单焦点，即极限环在单位圆之外，但也必然包含一个鞍点，因此该系统不可能存在极限环，仿真结果如图 3-6 所示。

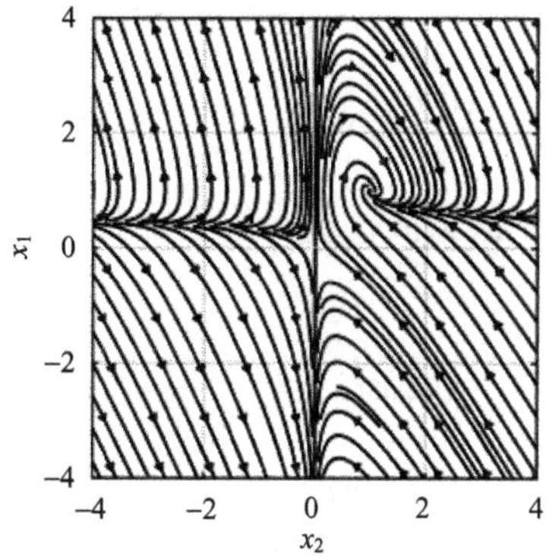

图 3-6　例 3-5 仿真结果

3.1.2　极限环的描述函数分析

频域分析方法是线性系统分析和设计的有力工具，但不适用于非线性系统，因为非线性系统的输出与输入不再满足同频率的关系，所以不能定义非线性系统的传递函数。但在某些假设条件下，非线性系统的输出仍可简化为与输入信号同频率，这样便可以利用线性系统的频域分析方法实现对非线性系统的分析。这就是描述函数方法的基本思想，该方法是丹尼尔于 1940 年提出的，也称为谐波线性化方法(harmonic linearizing method)。

首先以下面的例子来说明描述函数方法的基本方法，然后给出描述函数的定义和用于极限环分析的方法。

例 3-6　再来考虑例 3-1 中的范德波尔方程，利用相平面分析的方法得到存在极限环的结论，现在利用描述函数的方法分析极限环的存在。

范德波尔方程可以分解为线性模块 $\ddot{x}-\alpha\dot{x}+x$ 和非线性模块 $\alpha x^2\dot{x}$，基于频域分析方法，将其等效成线性部分和非线性部分组成的闭环系统，如图 3-7 所示，其中线性部分虽然不稳定，但具有低通特性。首先假设系统存在极限环，然后确认极限环的存在以及实现极限环的求解。

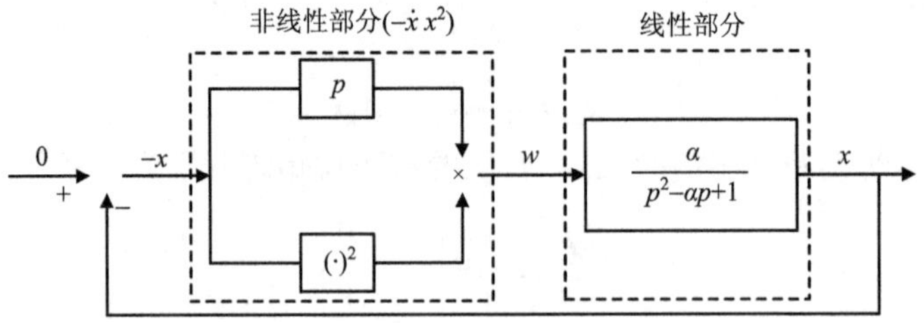

图 3-7　范德波尔方程等效闭环系统

设系统输出存在正弦信号形式的极限环 $x(t)=A\sin(\omega t)$，并将该信号反馈到非线性部分，非线性部分的输出为

$$\begin{aligned} w &= -x^2\dot{x} = -A^2\sin^2(\omega t)A\omega\cos(\omega t) \\ &= -\frac{A^3\omega}{2}(1-\cos(2\omega t))\cos(\omega t) \\ &= -\frac{A^3\omega}{4}(\cos(\omega t)-\cos(3\omega t)) \end{aligned} \tag{3-18}$$

非线性部分的输出中含有三次谐波，基于线性部分的低通特性，可以假设三次谐波被线性部分充分地抑制，则 w 可近似为

$$w \approx -\frac{A^3}{4}\omega\cos(\omega t) = \frac{A^2}{4}\frac{\mathrm{d}}{\mathrm{d}t}(-A\sin(\omega t)) \tag{3-19}$$

即非线性部分的输出简化为与输入同频率的信号，相当于一个线性部分，如图 3-8 所示，称为“拟线性”近似，用传递函数的形式表达为

$$\begin{aligned} w &= N(A,\omega)(-x) \\ N(A,\omega) &= \frac{A^2}{4}(\mathrm{j}\omega) \end{aligned} \tag{3-20}$$

与线性部分不同的是其传递函数依赖于输入信号的幅值 A。

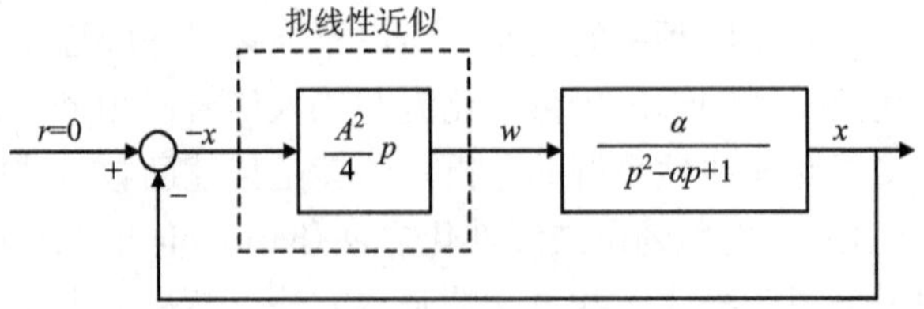

图 3-8　拟线性近似

由图 3-8 中的信号关系，可得

$$x = G(\mathrm{j}\omega)w = G(\mathrm{j}\omega)N(A,\omega)(-x) \tag{3-21}$$

即有

$$1+G(\mathrm{j}\omega)N(A,\omega)=0 \tag{3-22}$$

则可得系统的闭环特征方程为

$$1+\frac{A^2p}{4}\frac{\alpha}{p^2-\alpha p+1}=1+\frac{A^2(\mathrm{j}\omega)}{4}\frac{\alpha}{(\mathrm{j}\omega)^2-\alpha(\mathrm{j}\omega)+1}=0 \tag{3-23}$$

解该方程，可以得到极限环的幅值和频率分别为 $A=2$、$\omega=1$。

此时，系统的特征值为

$$\lambda_{1,2}=-\frac{1}{8}\alpha(A^2-4)\pm\sqrt{\frac{1}{64}\alpha^2(A^2-4)^2-1}=\pm\mathrm{j} \tag{3-24}$$

以上证明了该系统确实存在极限环，而且极限环的参数不依赖于系统参数 α，这一结论与例 3-1 中的结论有所不同，例 3-1 中极限环的特性会随着 α 值的增加而变得扭曲，这是因为随着 α 的增加，非线性部分变得更加突出，拟线性近似的准确性会下降。

1. 描述函数的定义

例 3-6 中，函数 $N(A,\omega)$ 称为非线性部分的描述函数，其求解过程依赖于以下四个基本假设。

假设 1：系统中只有一个非线性部分。如果系统中存在多个非线性部分，可以将它们集中起来作为一个非线性部分，或者只保留主要的部分，忽略次要部分。

假设 2：非线性部分是时不变的。只考虑自治非线性系统，这在实际系统中是能够满足的。

假设 3：对应于正弦输入，只考虑非线性部分输出的基频分量。虽然输出不是正弦的，但通常是周期的，可以进行傅里叶级数展开：

$$\begin{aligned}
w(t)&=\frac{a_0}{2}+\sum_{n=1}^{\infty}[a_n\cos(n\omega t)+b_n\sin(n\omega t)]\\
a_0&=\frac{1}{\pi}\int_{-\pi}^{\pi}w(t)\mathrm{d}(\omega t)\\
a_n&=\frac{1}{\pi}\int_{-\pi}^{\pi}w(t)\cos(n\omega t)\mathrm{d}(\omega t)\\
b_n&=\frac{1}{\pi}\int_{-\pi}^{\pi}w(t)\sin(n\omega t)\mathrm{d}(\omega t)
\end{aligned} \tag{3-25}$$

由于系统中的线性部分可以看作低通滤波器，意味着高次谐波分量基本上被过滤掉。

假设 4：非线性部分是奇函数。这可以使描述函数的计算过程得以简化，式(3-25)中的直流分量可以忽略，在后面将要分析的硬非线性特性都满足这一条件。

基于上述假设，非线性部分的输出可近似为

$$\begin{aligned}
&w(t)\approx w_1(t)=a_1\cos(\omega t)+b_1\sin(\omega t)=M\sin(\omega t+\phi)\\
&M(A,\omega)=\sqrt{a_1^2+b_1^2}\\
&\phi(A,\omega)=\arctan(a_1/b_1)
\end{aligned} \tag{3-26}$$

对于正弦输入，近似的输出是与输入同频率的正弦信号，参照传递函数的定义，非线性部分的描述函数定义为用复数表示的基频分量和正弦输入的比：

$$N(A,\omega)=\frac{Me^{j(\omega t+\varphi)}}{Ae^{j\omega t}}=\frac{M}{A}e^{j\varphi}=\frac{1}{A}(b_1+ja_1) \tag{3-27}$$

描述函数的概念可以看作传递函数概念的扩展，因此也称为拟线性化方法。

从描述函数的定义上看，它不仅是振荡幅度 A 的函数，而且是振荡频率 ω 的函数；而线性系统的传递函数只是 ω 的函数，与 A 无关。当非线性函数是单值奇函数时，式(3-25)中系数的积分结果不显含 ω，此时描述函数就不依赖于 ω。

例 3-7　求解非线性弹簧 $w=x+x^3/2$ 的描述函数。

设输入 $x(t)=A\sin(\omega t)$，输出 $w=A\sin(\omega t)+A^3\sin^3(\omega t)/2$，基频分量为 $w(t)=a_1\cos(\omega t)+b_1\sin(\omega t)$。

因为 w 函数是奇函数，得

$$\begin{aligned}&a_1=0\\&b_1=\frac{1}{\pi}\int_{-\pi}^{\pi}(A\sin(\omega t)+A^3\sin^3(\omega t)/2)\sin(\omega t)\mathrm{d}(\omega t)=A+\frac{3}{8}A^3\end{aligned} \tag{3-28}$$

描述函数为

$$N(A,\omega)=N(A)=1+\frac{3}{8}A^2 \tag{3-29}$$

2. 极限环存在性分析

用描述函数判断极限环的方法是基于线性系统的奈奎斯特准则扩展而来的。如图 3-9(a)所示的线性闭环系统，特征方程(回路传递函数)为

$$\delta(p)=1+G(p)H(p)=0 \ \Rightarrow\ G(p)H(p)=-1 \tag{3-30}$$

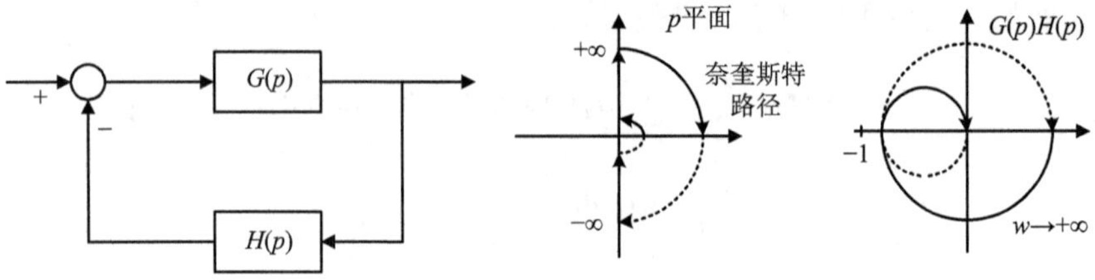

(a) 线性闭环系统　　(b) p平面路径　　(c) GH平面轨迹

图 3-9　奈奎斯特准则

特征方程的极点是开环传递函数 $G(p)H(p)$ 的极点，零点是闭环系统的极点。奈奎斯特准则可简单总结为如下几点。

(1) 在 p 平面，画出在右半平面的奈奎斯特路径，如图 3-9(b)所示。

(2) 将奈奎斯特路径通过 $G(p)H(p)$ 函数映射到 GH 平面，假设 $G(p)H(p)$ 函数在虚轴上没有零点和极点，得到 $G(p)H(p)$ 函数的奈奎斯特曲线，如图 3-9(c)所示。

(3) 在 GH 平面确定奈奎斯特曲线顺时针包围实轴上 $(-1,0)$ 点的圈数 N。

(4) 计算特征方程在右半平面的零点数 $Z=N+P$，其中 P 表示特征方程不稳定的极点个数，即得到闭环系统不稳定的极点个数，由此可判断系统的稳定性。

1) 极限环的存在性

如图 3-10 所示的非线性系统，假设系统存在极限环，则极限环参数满足:

$$G(\mathrm{j}\omega)N(A,\omega)+1=0 \tag{3-31}$$

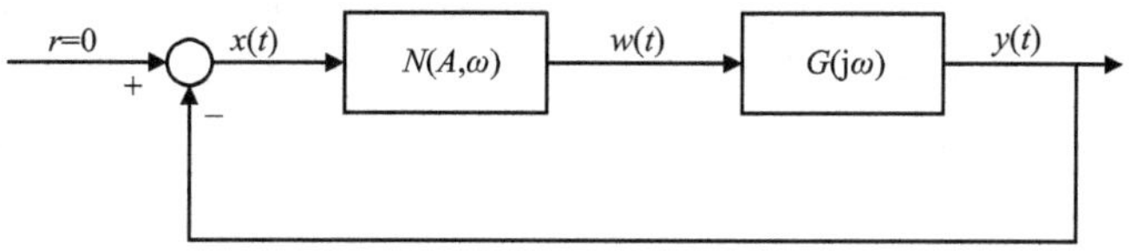

图 3-10　用描述函数描述的非线性系统

式(3-31)的解即为极限环的参数，如果式(3-31)无解，表示该系统不存在极限环。但式(3-31)并不容易求解，尤其对于高阶系统，因此通常采用图解的方式，即式(3-31)改写成:

$$G(\mathrm{j}\omega)=-\frac{1}{N(A,\omega)} \tag{3-32}$$

同时在复平面上画出 $G(\mathrm{j}\omega)$ 和 $-1/N(A,\omega)$ 的曲线，如果两条曲线相交，则存在极限环，而且交点对应的值 (A,ω) 就是极限环的解；如果相交 n 次，则系统可能存在 n 个极限环；如果不相交，表明系统不存在极限环。图解法只是实现对极限环存在性的预测，预测是否准确，还必须通过仿真来证实。

前面说过，如果非线性函数是单值奇函数，则描述函数只是 A 的函数，图解法如图 3-11(a)所示。当非线性函数是多值函数时，描述函数还是 ω 的函数，对应于复平面上的一簇曲线，可将 ω 固定、令 A 变化得到，如图 3-11(b)所示。此时，只有由交点得到的 ω 值与固定的 ω 值匹配的点才可能存在极限环。

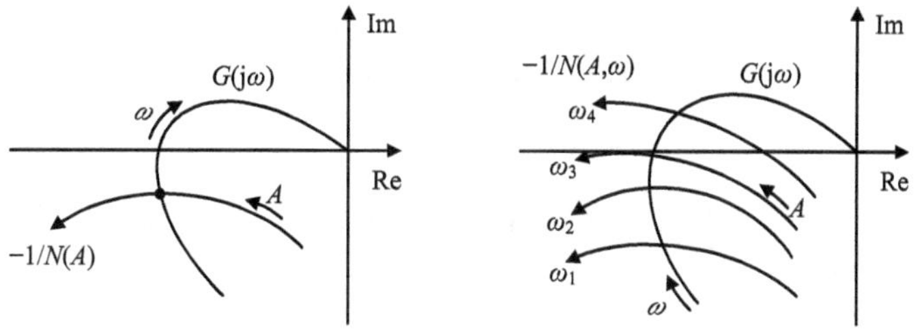

(a) A的函数　　(b) (A,ω)的函数

图 3-11　图解法

2) 极限环的稳定性

利用图解法还可以判断极限环的稳定性，如图 3-12 所示，系统可能存在两个极限环。

首先讨论图 3-12 中极限环 L_1 的稳定性，假设线性部分是稳定的，当系统受到扰动使非线性部分输入的幅值有所增加时，系统的工作点会从 L_1 沿 A 增加的方向移动到 L_1'，被 $G(\mathrm{j}\omega)$ 包围，根据奈奎斯特准则，这个工作点是不稳定的，系统输出的幅值会继续增加，一直到下一个工作点 L_2。相反，当系统受到扰动使非线性

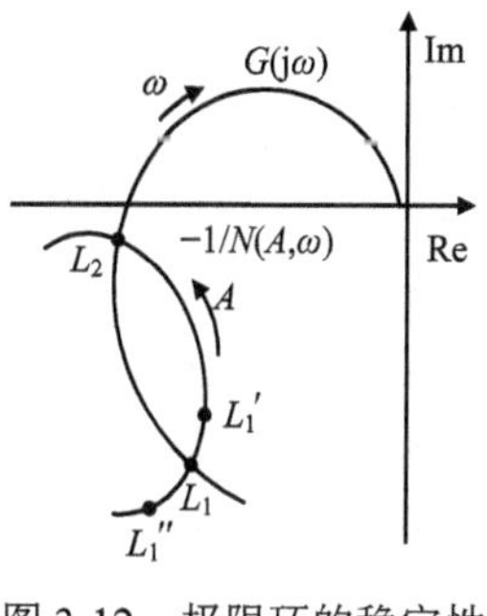

图 3-12　极限环的稳定性

部分输入的幅值有所减小时，系统的工作点会从 L_1 沿 A 减小的方向移动到 L_1''，没有被 $G(\mathrm{j}\omega)$ 包围，这个工作点是稳定的，系统输出的幅值会继续减小而远离 L_1。由此可得出结论，极限环 L_1 是不稳定的。用同样的方法可以判断极限环 L_2 是稳定的。

总结上面的分析结果，可以得到极限环稳定性的判断准则：曲线 $G(\mathrm{j}\omega)$ 和 $-1/N(A,\omega)$ 的每一个交点对应于一个极限环。如果在交点附近，曲线 $-1/N(A,\omega)$ 上沿 A 增加的方向上的点没有被 $G(\mathrm{j}\omega)$ 包围，则该点对应的极限环是稳定的；否则，极限环是不稳定的。

3) 极限环判断的可靠性

描述函数方法能够有效解决大量与极限环有关的实际控制问题，但毕竟是一种近似方法，取决于线性系统的低通特性，有时会出现对极限环存在的误判，或者预测的极限环参数不准确。

极限环判断可靠性的一种简单方法是在图解法中，如果 $G(\mathrm{j}\omega)$ 的轨线和 $-1/N(A,\omega)$ 的轨线接近相切，如图 3-13(a) 所示，那么由描述函数方法得出的结论可能会出现错误。如果 $G(\mathrm{j}\omega)$ 的轨线和 $-1/N(A,\omega)$ 的轨线几乎垂直，如图 3-13(b) 所示，那么由描述函数方法得到的结论是可靠的。

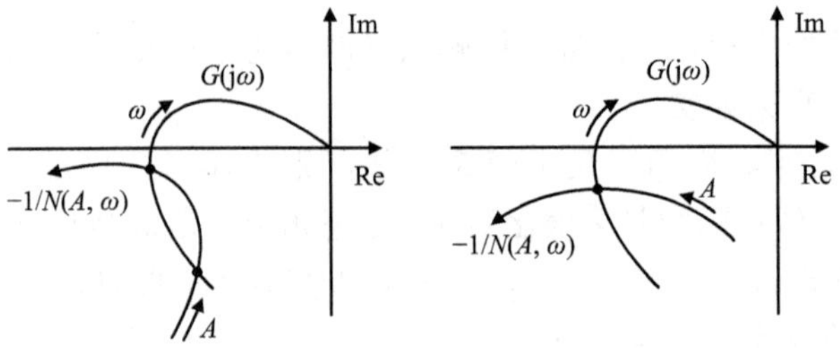

图 3-13　描述函数的可靠性

3.2　控制系统中常见的非线性特性及描述函数分析

控制系统一般由控制器、执行机构、传感器和控制对象组成，系统中的每一部分都可能含有非线性特性，分为连续和不连续两种，其中不连续的非线性特性不能用线性函数逼近，因此又称为硬非线性特性。由于硬非线性特性在控制系统中很常见，又是诱发系统自激振荡的主要因素，下面分析几种重要的硬非线性特性和作用。

3.2.1　饱和非线性特性

饱和非线性特性如图 3-14(a) 所示，当输入信号在一定范围内时，输出与输入呈线性关系；当输入增加到某一值后，再继续增加输入时，输出只有微小的增加，甚至不增加，停留在最大值附近。饱和非线性特性通常产生于执行机构，由执行机构的结构、功率限制引起，如舵的偏角、阀的开度、电机的转矩等。开关非线性特性是饱和非线性特性的一种特殊形式，如图 3-14(b) 所示，相当于饱和非线性特性的线性部分收缩到零。

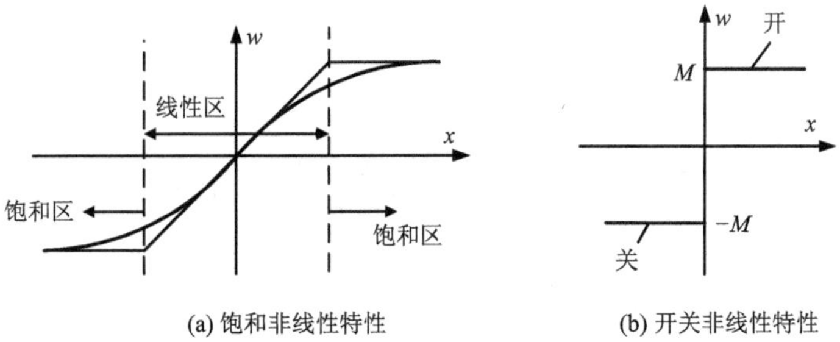

图 3-14　饱和非线性特性

饱和非线性特性的输入-输出关系如图 3-15 所示，参数 a、k 分别表示线性部分的范围和斜率。

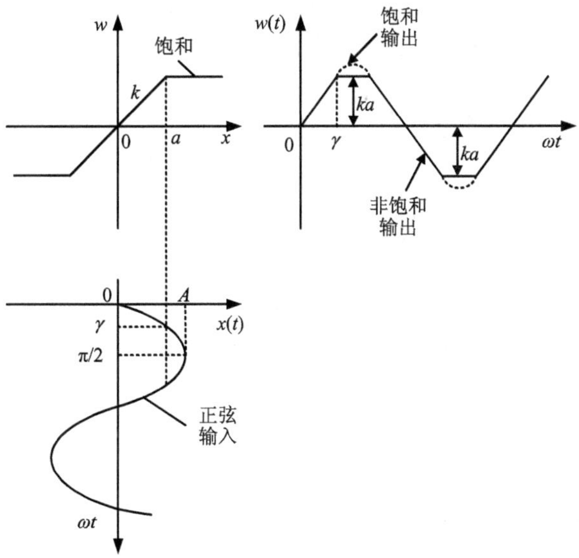

图 3-15　饱和非线性特性输入-输出关系

饱和现象对控制系统的性能影响很大。例如，其会减小系统的增益从而产生对输入信号的抑制作用。如果系统在线性范围内是不稳定的，其发散性态会受到饱和非线性特性的抑制，使系统产生自激振荡。如果系统在线性范围内是稳定的，饱和现象使系统有效增益下降从而降低了系统的响应速度。

考虑输入 $x(t)=A\sin(\omega t)$，如果 $A\leqslant a$，输入保持在线性范围之内，输出为 $w(t)=kA\sin(\omega t)$，此时描述函数是常数 k。如果 $A>a$，输出在一个周期内分成四个对称部分，在第一个 1/4 周期内，输出可以表示为

$$w(t)=\begin{cases}kA\sin(\omega t), & 0\leqslant\omega t\leqslant\gamma\\ ka, & \gamma<\omega t\leqslant\pi/2\end{cases}\tag{3-33}$$

$$\gamma=\arcsin(a/A)$$

由于 $w(t)$ 函数为单值奇函数，可得

$$a_1 = 0$$

$$\begin{aligned}
b_1 &= \frac{4}{\pi}\int_0^{\pi/2} w(t)\sin(\omega t)\mathrm{d}(\omega t) \\
&= \frac{4}{\pi}\int_0^{\gamma} kA\sin^2(\omega t)\mathrm{d}(\omega t) + \frac{4}{\pi}\int_{\gamma}^{\pi/2} ka\sin(\omega t)\mathrm{d}(\omega t) \\
&= \frac{2kA}{\pi}\left(\gamma + \frac{a}{A}\sqrt{1-\frac{a^2}{A^2}}\right)
\end{aligned} \tag{3-34}$$

描述函数为

$$N(A) = \frac{b_1}{A} = \frac{2k}{\pi}\left(\arcsin\frac{a}{A} + \frac{a}{A}\sqrt{1-\frac{a^2}{A^2}}\right) \tag{3-35}$$

以 A/a 为自变量，描述函数随自变量的变化如图 3-16 所示，其特点是描述函数随输入信号幅值的增加而下降，而且不会带来相位差，因此不会导致输出响应的滞后。

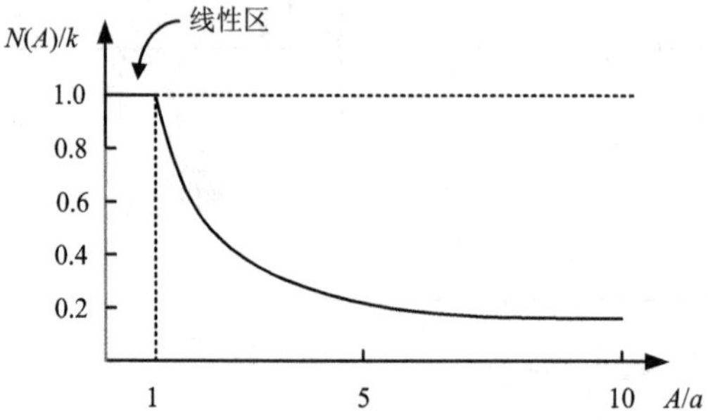

图 3-16　饱和非线性特性描述函数

3.2.2　死区非线性特性

很多执行机构在输入信号达到某个特定值之前，输出一直为零，如图 3-17 所示，这种输入-输出关系称为死区非线性特性，死区宽度为 2δ，斜率为 k。例如，电机转轴存在静摩擦，当力矩足够大时，电机才会旋转。

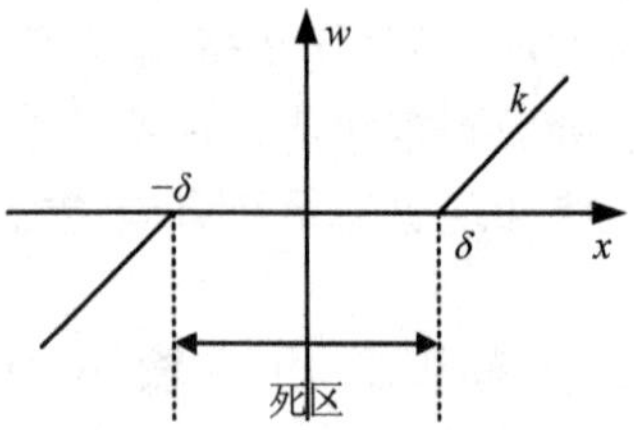

图 3-17　死区非线性特性

死区会对控制系统性能产生影响。例如，在死区内系统没有响应，从而造成系统稳态误差的增加，甚至还会使系统不稳定或产生极限环。

当输入为 $x(t) = A\sin(\omega t)$ 时，死区非线性特性的输入-输出关系如图 3-18 所示，当 $A \geqslant \delta$ 时，响应的一个周期可以分为四个对称的部分。

当 $0 \leqslant \omega t \leqslant \pi/2$ 时，有

$$w(t) = \begin{cases} 0, & 0 \leqslant \omega t \leqslant \gamma \\ k(A\sin(\omega t) - \delta), & \gamma < \omega t \leqslant \pi/2 \end{cases} \tag{3-36}$$

$$\gamma = \arcsin(\delta / A)$$

该函数是单值奇函数，因此有

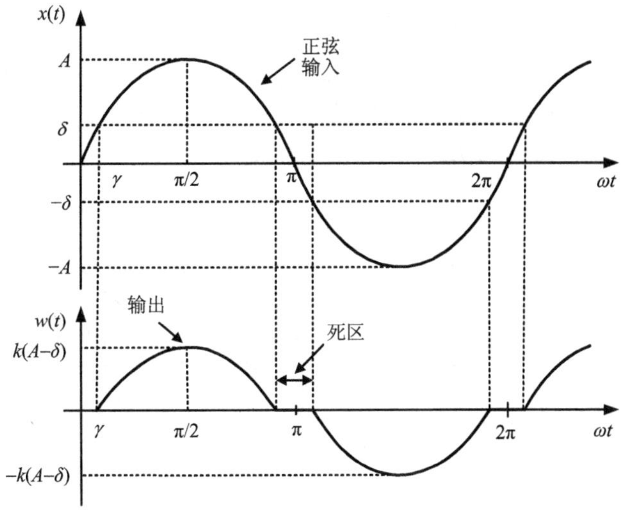

图 3-18　死区非线性特性的输入-输出关系

$$
\begin{aligned}
a_1 &= 0 \\
b_1 &= \frac{4}{\pi}\int_0^{\pi/2} k(A\sin(\omega t)-\delta)\sin(\omega t)\mathrm{d}(\omega t) \\
&= \frac{2kA}{\pi}\left(\frac{\pi}{2}-\arcsin\frac{\delta}{A}-\frac{\delta}{A}\sqrt{1-\frac{\delta^2}{A^2}}\right)
\end{aligned}
\tag{3-37}
$$

描述函数为

$$
N(A)=\frac{2k}{\pi}\left(\frac{\pi}{2}-\arcsin\frac{\delta}{A}-\frac{\delta}{A}\sqrt{1-\frac{\delta^2}{A^2}}\right) \tag{3-38}
$$

死区非线性特性的描述函数曲线如图 3-19 所示，当 $A/\delta<1$时，$N(A)/k$ 为零，并随着 A/δ 的增加而收敛到 1，同样没有相位差。

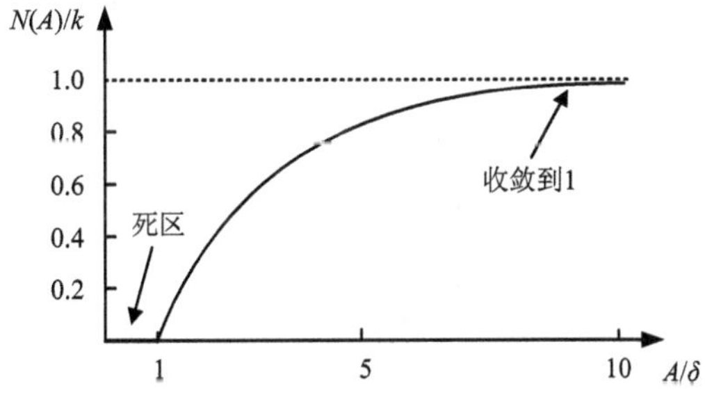

图 3-19　死区非线性特性描述函数

3.2.3　迟滞非线性特性

迟滞非线性特性经常出现在传动系统中，如图 3-20 所示的齿轮机构，由于相互啮合的齿轮之间总是存在小的间隙，当驱动齿轮转角小于间隙 b 时，随动齿轮不会旋转，对应于

死区 OA 段；当两个齿轮耦合好后，随动齿轮跟随驱动齿轮旋转，对应于 AB 段，呈线性关系；当驱动齿轮反方向旋转 $2b$ 角度时，随动齿轮不会旋转，对应于 BC 段；当两个齿轮重新耦合好后，随动齿轮跟随驱动齿轮旋转，对应于 CD 段。因此，如果驱动齿轮做周期运动，随动齿轮将沿闭合路径 $EBCD$ 描述的方式运动。

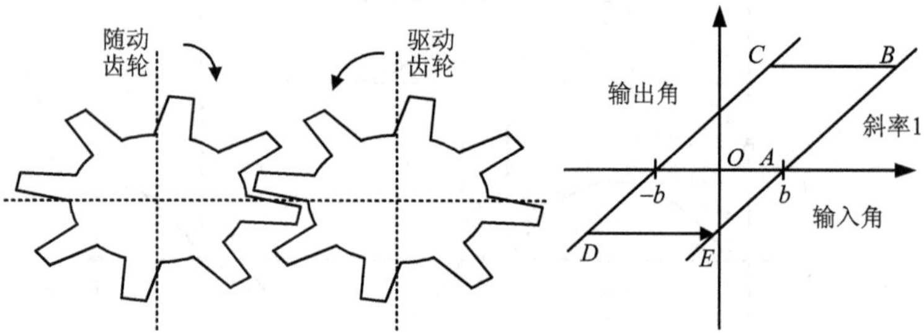

图 3-20　迟滞非线性特性

迟滞非线性特性属于有记忆的非线性特性，即任一时刻的输出与历史输入有关，前面介绍的死区、饱和非线性特性属于无记忆的非线性特性，任一时刻的输出仅由该时刻的输入决定，与历史输入无关。

迟滞非线性特性的重要特征是多值性，对应于每一个输入，可能有两个输出，实际输出依赖于以前的输入，会产生滞后现象，尤其会导致系统中的能量存储，这是造成系统不稳定和自激振荡的常见原因。

迟滞非线性特性输入–输出关系如图 3-21 所示，输入为 $x(t)=A\sin(\omega t)$，且 $A \geqslant b$。在一个周期内，输出可表示为

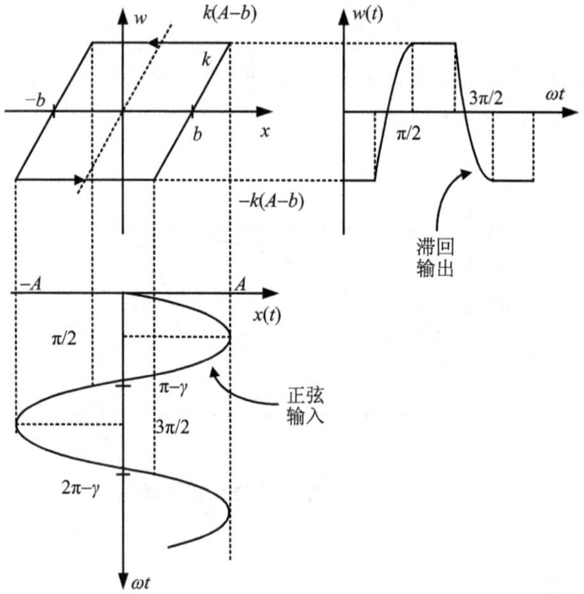

图 3-21　迟滞非线性特性输入–输出关系

$$
\begin{aligned}
&w(t)=(A-b)k, && \pi/2<\omega t\leqslant \pi-\gamma \\
&w(t)=(A\sin(\omega t)+b)k, && \pi-\gamma<\omega t\leqslant 3\pi/2 \\
&w(t)=-(A-b)k, && 3\pi/2<\omega t\leqslant 2\pi-\gamma \\
&w(t)=(A\sin(\omega t)-b)k, && 2\pi-\gamma<\omega t\leqslant 5\pi/2
\end{aligned}
\tag{3-39}
$$

式中，$\gamma=\arcsin(1-2b/A)$。

函数 $w(t)$ 是多值且非奇非偶函数，通过积分可以得到：

$$
\begin{aligned}
a_1&=\frac{4kb}{\pi}\left(\frac{b}{A}-1\right)\\
b_1&=\frac{Ak}{\pi}\left[\frac{\pi}{2}-\gamma-\left(\frac{2b}{A}-1\right)\sqrt{1-\left(\frac{2b}{A}-1\right)^2}\right]
\end{aligned}
\tag{3-40}
$$

描述函数为

$$
\begin{aligned}
|N(A)|&=\frac{1}{A}\sqrt{a_1^2+b_1^2}\\
\angle N(A)&=\arctan(a_1/b_1)
\end{aligned}
\tag{3-41}
$$

迟滞非线性特性的描述函数如图 3-22 所示，当 b/A 减小时，$|N(A)|$ 增大，并存在相位滞后，较大的间隙 b 将产生较大的相角滞后，影响控制系统的稳定性。

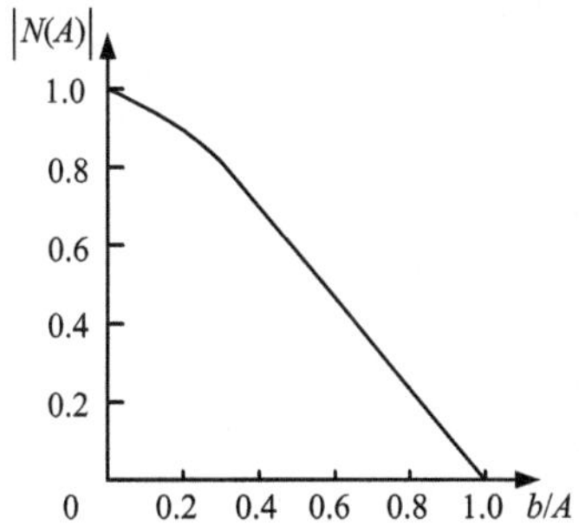

(a) 幅值特性

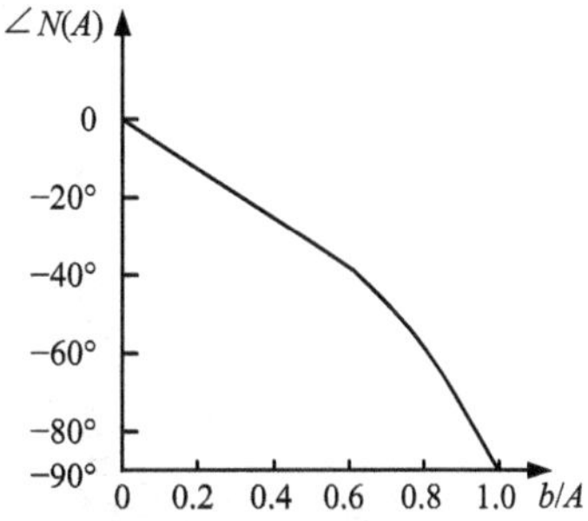

(b) 相角特性

图 3-22　迟滞非线性特性描述函数

3.3　控制系统极限环抑制方法

分析控制系统中硬非线性特性造成系统振荡的成因以及寻找相应的极限环抑制方法对系统设计有着十分重要的理论和实际意义。

3.3.1　基于相平面分析抑制方法

由前面的分析可知，典型的硬非线性特性可以用分段直线来表示，基于这一特点，可将相平面分成若干区域进行研究，非线性特性的转折点构成相平面区域的分界线，也称开关线，这样非线性特性在各个区域可以表现为线性特性，再应用线性系统的相平面方法，可以解决硬非线性特性对系统的影响和极限环抑制问题。

以迟滞非线性特性为例，非线性系统结构如图 3-23 所示，当单位反馈 $H(s)=1$、参考输入 $r=0$ 时，根据迟滞非线性特性可分区间用线性模型描述该系统：

$$\begin{aligned} &T\ddot{c}+\dot{c}+KM_0=0, \quad c>h \text{ 或 } c>-h, \quad \dot{c}<0 \\ &T\ddot{c}+\dot{c}-KM_0=0, \quad c<-h \text{ 或 } c<h, \quad \dot{c}>0 \end{aligned} \tag{3-42}$$

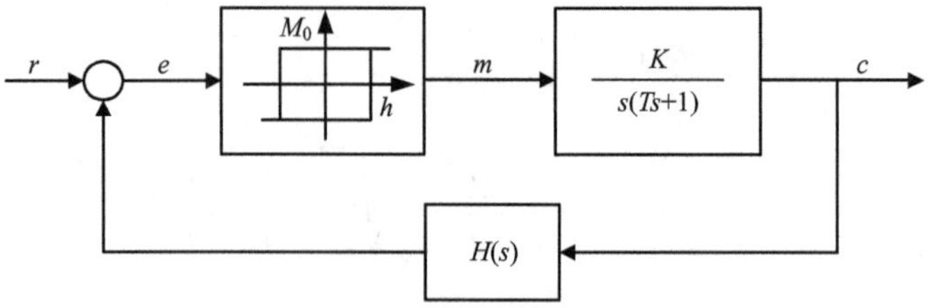

图 3-23　具有迟滞环节的控制系统

从式 (3-42) 可知，该系统存在三条开关线：$c=h,\dot{c}>0$；$c=-h,\dot{c}<0$ 和 $-h<c<h,\dot{c}=0$。三条开关线将相平面划分为左右两个区域，系统相轨迹如图 3-24 所示，横轴上区间 $(-h,h)$ 对应模型为 $T\ddot{c}+\dot{c}-KM_0=0$，平衡点为鞍点，区域为向外发散区；发散区的左右两个区对应模型为 $T\ddot{c}+\dot{c}+KM_0=0$，具有稳定的焦点，呈向内收敛轨线。因此，介于从内向外发散和从外向内收敛的相轨迹之间存在一个闭合轨线，构成稳定的极限环。当参考输入为阶跃信号时，系统同样存在极限环。

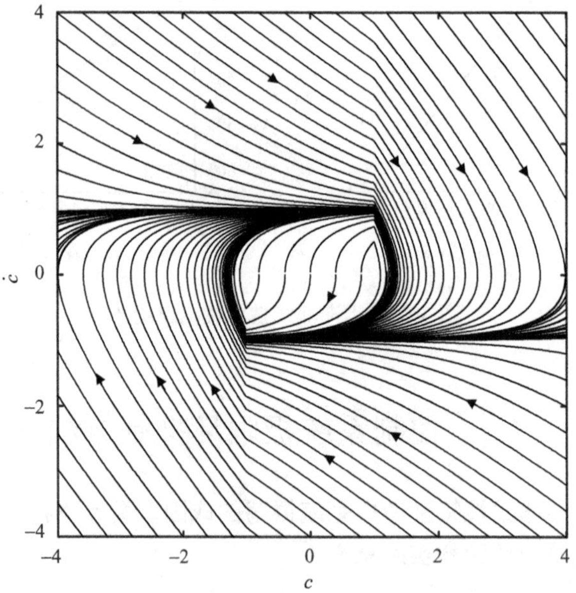

图 3-24　迟滞非线性控制系统相轨迹

下面考虑为了补偿迟滞非线性特性造成的滞后影响，增加速度反馈 $H(s)=1+\tau s$，以期改善控制系统的性能。

加入速度反馈后，系统在 $r=0$ 时的模型变为

$$
\begin{aligned}
&T\ddot{c}+\dot{c}+KM_0=0,\quad c+\tau\dot{c}>h \text{或} c+\tau\dot{c}>-h,\quad \dot{c}+\tau\ddot{c}<0\\
&T\ddot{c}+\dot{c}-KM_0=0,\quad c+\tau\dot{c}<-h \text{或} c+\tau\dot{c}<h,\quad \dot{c}+\tau\ddot{c}>0
\end{aligned} \tag{3-43}
$$

该系统的三条开关线发生了变化：$c+\tau\dot{c}=h,\dot{c}>0$；$c+\tau\dot{c}=-h,\dot{c}<0$ 和 $-h<c+\tau\dot{c}<h,\dot{c}=0$。相轨迹如图 3-25 所示。

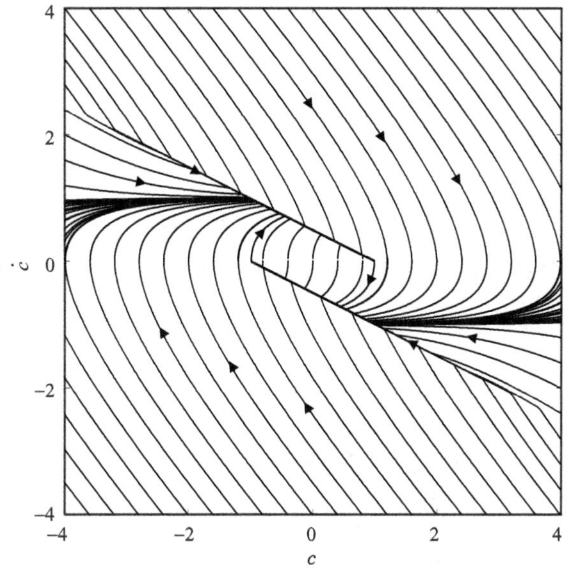

图 3-25　具有速度反馈的相轨迹

可见，速度反馈造成开关线的反向旋转，将轨迹提前进行转换，使得系统的超调量减小，减小了系统的极限环幅值，系统性能的改善将随着 τ 的增加愈加明显。一般来说，控制系统可以允许存在较小幅度的自激振荡，因此通过速度反馈减小自激振荡的幅值，具有重要的应用价值。

3.3.2　基于描述函数的抑制方法

描述函数方法分析中，系统存在极限环的条件是 $G(\mathrm{j}\omega)$ 的轨线和 $-1/N(A)$ 的轨线存在相交点，$-1/N(A)$ 的轨线是由非线性特性决定的，$G(\mathrm{j}\omega)$ 的轨线可以通过控制器参数的改变加以调整，如果能够合理选择控制器参数，使两条轨线不相交，就可以避免极限环的存在。

考虑如图 3-26 所示的含有饱和非线性特性的控制系统，饱和非线性特性的描述函数为

$$N(u)=\frac{2k}{\pi}\left(\arcsin u+u\sqrt{1-u^2}\right) \tag{3-44}$$

取 $u=a/A$，对式(3-44)求导，得

$$\frac{\mathrm{d}N(u)}{\mathrm{d}u}=\frac{2k}{\pi}\left(\frac{1}{\sqrt{1-u^2}}+\sqrt{1-u^2}-\frac{u^2}{\sqrt{1-u^2}}\right)=\frac{4k}{\pi}\sqrt{1-u^2} \tag{3-45}$$

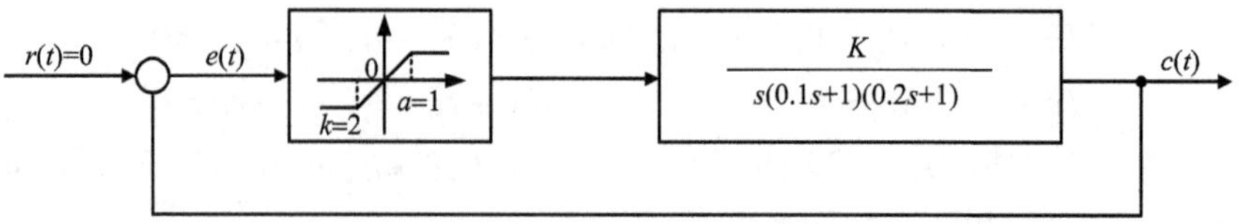

图 3-26　具有饱和非线性特性的控制系统

当 $A>a$ 时，$u=a/A<1$，因此 $\mathrm{d}N(u)/\mathrm{d}u>0$，即 $N(u)$ 为 u 的增函数，$N(A)$ 为 A 的减函数，$-1/N(A)$ 亦为 A 的减函数。

式(3-45)代入给定参数 $a=1$、$k=2$，得

$$-\frac{1}{N(a)}=-0.5\quad,\quad -\frac{1}{N(\infty)}=-\infty \tag{3-46}$$

即 $-1/N(A)$ 的轨线位于复平面的实轴上，起点为 $(-0.5,0)$，随着 A 的增加趋向于 $-\infty$，如图 3-27 所示。

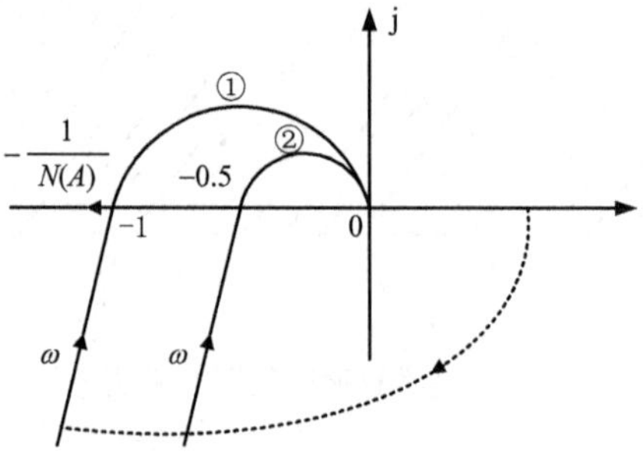

图 3-27　控制器参数对 $G(\mathrm{j}\omega)$ 轨线的影响

线性部分 $G(\mathrm{j}\omega)$ 的轨线与系统增益 K 有关，当取 $K=15$ 时，$G(\mathrm{j}\omega)$ 的轨线如图 3-27 中曲线①所示，此时穿越频率和与负实轴的交点分别为

$$\begin{gathered}\omega_x=\frac{1}{\sqrt{0.1\times0.2}}=7.07\\ G(\mathrm{j}\omega_x)=\frac{-0.1\times0.2\times15}{0.1+0.2}=-1\end{gathered} \tag{3-47}$$

表明此时 $G(\mathrm{j}\omega)$ 的轨线和 $-1/N(A)$ 的轨线相交于 $(-1,0)$ 点，系统存在极限环，可求得极限环的参数分别为 $\omega=7.07$、$A=2.5$。

为了使系统不存在极限环，应减小 K 值，使 $G(\mathrm{j}\omega)$ 的轨线与实轴的交点向右移动，与 $-1/N(A)$ 轨线相交的临界点为 $(-0.5,0)$，即应有

$$\frac{-0.02K}{0.3}>-0.5 \tag{3-48}$$

因此，可以得到 K 的取值限制：

$$K_{\max}=\frac{0.5\times0.3}{0.02}=7.5 \tag{3-49}$$

$K=7.5$ 时，$G(\mathrm{j}\omega)$ 的轨线如图 3-27 中曲线②所示。

可见通过减小线性部分的增益能够消除自激振荡，但也会使系统响应的快速性降低。

在系统的线性部分加入校正环节，也可以消除极限环，如图 3-28 所示的带有死区继电非线性的控制系统。

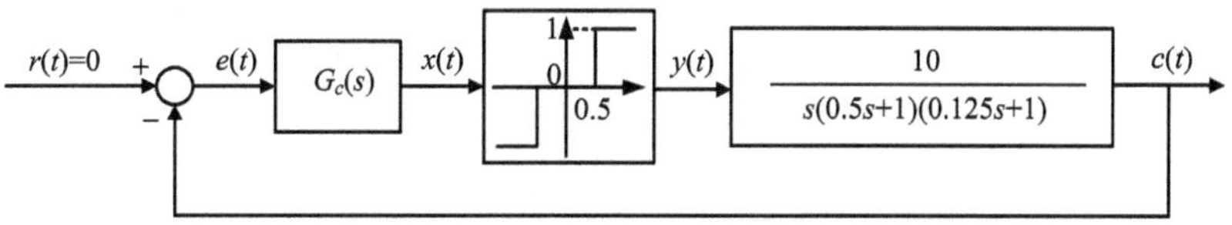

图 3-28　带有死区继电非线性的控制系统

当分别取 $G_c(s)=1$ 和 $G_c(s)=\dfrac{1}{8.3}\dfrac{0.25s+1}{0.03s+1}$ 时，非线性描述函数的轨线和 $G_c(\mathrm{j}\omega)G(\mathrm{j}\omega)$ 的轨线如图 3-29 所示。曲线①对应 $G_c(s)=1$ 的情况，表明系统存在极限环；曲线②对应 $G_c(s)=\dfrac{1}{8.3}\dfrac{0.25s+1}{0.03s+1}$ 的情况，表明系统不存在极限环，即加入校正环节可有效消除自激振荡。

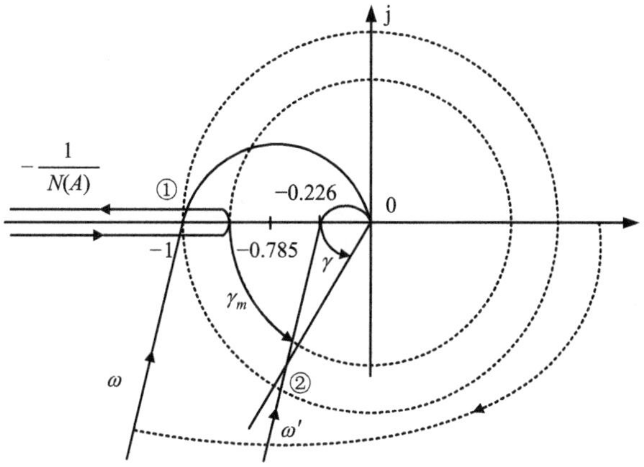

图 3-29　带有死区继电非线性的控制系统轨线图

3.3.3　其他抑制方法简介

反馈是主要的抑制振荡的方法，包括输出反馈。例如，PID 控制器可以实现对非线性部分引发振荡的有效抑制，其中微分项使系统阻尼增大，在一定程度上抑制振荡，改善系统的性能，但增益过大会导致系统的稳定性变差，因此在实际应用中受到一定限制。有学者提出非线性 PID 和分段 PID 等改进方法来提高处理复杂非线性特性的能力，实现对非线性特性诱发的振荡的控制。此外，状态反馈，如极点配置、线性二次型调节器（linear quadratic regulator, LQR）等也是常用的抑制极限环振荡的方法。

补偿也是抑制极限环振荡的有效手段，首先需要估计出系统中存在的非线性特性，从而通过补偿抵消掉非线性特性的影响。然而，并不是所有的非线性特性都可以找到相应的补偿函数，对于死区、间隙等非线性特性的补偿函数是容易找到的。例如，死区的补偿为理想继电器，间隙的补偿为微分和理想继电器串联组成的环节。但如饱和、理想继电器等非线性特性却没有补偿函数，为非可补偿非线性特性。

此外，通过设计陷波滤波器也可以抑制振荡，但是这需要提前知道被控对象的振荡幅值与带宽等频域特性，从而设计具有相应陷波深度与陷波宽度的陷波滤波器。最常用的陷波滤波器是二阶陷波滤波器，形式如下：

$$H(s)=\frac{as^2+cs+1}{as^2+bs+1} \tag{3-50}$$

式中，$b=k_1/\omega_0$；$c=k_2/\omega_0$；$a=1/\omega_0^2$；ω_0为陷波滤波频率；k_1决定陷波宽度B_w；k_2决定陷波深度D_p；$B_w=k_1\omega_0$；$D_p=20\lg\left(k_1/k_2\right)$。

第4章　非线性系统反馈线性化

第2章介绍了传统的非线性系统雅可比局部线性化方法，是一种近似线性化方法，系统的工作范围是受到限制的；增益调度控制方法使传统的局部线性化方法有效扩大了系统的工作范围，但控制器设计思路和控制系统性能分析存在一定困难。从20世纪70年代发展起来的微分几何理论成为非线性系统控制理论发展的一种有效工具，典型的应用是非线性系统的反馈线性化，这是一种在全局范围内实现系统精确线性化的非线性系统反馈控制器设计方法，在飞行器、工业机器人等许多领域得到成功的应用。

4.1　反馈线性化的基本思想

4.1.1　控制律的分解

将系统的控制器分为两个部分，一个部分称为基于系统模型的控制部分，可以想象成系统的逆模型，将系统完全抵消掉，使系统简化成一个单位质量系统或单位惯量系统；另一个部分称为伺服控制部分，针对简化后的系统设计伺服控制器，控制性能完全由控制器参数决定。

1. 线性系统举例

考虑质量-弹簧系统，开环系统模型为

$$m\ddot{x} + b\dot{x} + kx = f \tag{4-1}$$

基于系统模型的控制部分设计为

$$\begin{aligned} &f = \alpha f' + \beta \\ &\alpha = m, \quad \beta = b\dot{x} + kx \end{aligned} \tag{4-2}$$

式中，基于系统模型的控制器参数α、β相当于系统的逆模型，抵消原系统模型的加性和乘性部分，使系统简化为单位质量系统：

$$\ddot{x} = f' \tag{4-3}$$

式中，f'作为单位质量系统新的控制输入。

伺服控制律设计为

$$f' = -k_v\dot{x} - k_p x \tag{4-4}$$

即设计PD控制器，最终的闭环系统的性能完全由伺服控制器参数决定：

$$\ddot{x} + k_v\dot{x} + k_p x = 0 \tag{4-5}$$

总的控制律为

$$f = m(-k_v\dot{x} - k_p x) + b\dot{x} + kx \tag{4-6}$$

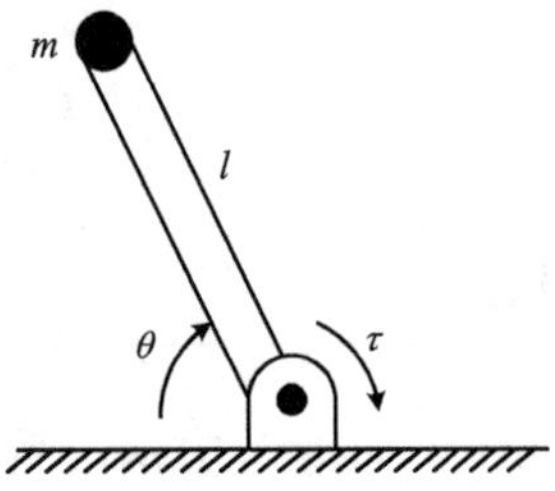

图 4-1　倒立摆

2. 非线性系统举例

控制律分解方法同样可应用到非线性系统，如图 4-1 所示的倒立摆，质量集中在连杆末端，关节上存在库仑摩擦和黏性摩擦，力矩平衡动力学模型为

$$\tau = ml^2\ddot{\theta} + \upsilon\dot{\theta} + c\,\mathrm{sgn}(\dot{\theta}) + mlg\cos\theta \tag{4-7}$$

式中，υ 表示黏性摩擦力系数；c 表示库仑摩擦力系数。

针对该系统，基于系统模型的控制器设计为

$$\begin{aligned} &\tau = \alpha\tau' + \beta \\ &\alpha = ml^2, \quad \beta = \upsilon\dot{\theta} + c\,\mathrm{sgn}(\dot{\theta}) + mlg\cos\theta \end{aligned} \tag{4-8}$$

通过基于系统模型的非线性控制器，系统简化为单位惯量系统：

$$\ddot{\theta} = \tau' \tag{4-9}$$

伺服控制器同样采用 PD 控制器：

$$\tau' = -k_v\dot{\theta} - k_p\theta \tag{4-10}$$

得到闭环系统：

$$\ddot{\theta} + k_v\dot{\theta} + k_p\theta = 0 \tag{4-11}$$

最终的闭环系统的性能由伺服控制器参数决定。

该方法成功应用于机械臂的非线性控制，即 1972 年首次提出的计算力矩控制(computed torque control)法。在忽略摩擦的条件下，机械臂的动力学模型具有如下形式：

$$\boldsymbol{\tau} = \boldsymbol{M}(\boldsymbol{\Theta})\ddot{\boldsymbol{\Theta}} + \boldsymbol{V}(\boldsymbol{\Theta},\dot{\boldsymbol{\Theta}}) + \boldsymbol{G}(\boldsymbol{\Theta}) \tag{4-12}$$

式中，等式右边第一项为惯性力矩；第二项为由科氏力矩和离心力矩构成的非线性力矩；第三项为重力矩。

基于系统模型的控制律为

$$\begin{aligned} &\boldsymbol{\tau} = \boldsymbol{\alpha}\boldsymbol{\tau}' + \boldsymbol{\beta} \\ &\boldsymbol{\alpha} = \boldsymbol{M}(\boldsymbol{\Theta}), \quad \boldsymbol{\beta} = \boldsymbol{V}(\boldsymbol{\Theta},\dot{\boldsymbol{\Theta}}) + \boldsymbol{G}(\boldsymbol{\Theta}) \end{aligned} \tag{4-13}$$

实际应用中可采取 $\boldsymbol{\alpha} = \boldsymbol{I}$, $\boldsymbol{\beta} = \boldsymbol{G}(\boldsymbol{\Theta})$ ；$\boldsymbol{\alpha} = \boldsymbol{I}$, $\boldsymbol{\beta} = \boldsymbol{V}(\boldsymbol{\Theta},\dot{\boldsymbol{\Theta}}) + \boldsymbol{G}(\boldsymbol{\Theta})$ 等多种补偿和解耦控制器形式。

伺服控制律为

$$\boldsymbol{\tau}' = \ddot{\boldsymbol{\Theta}}_d + \boldsymbol{K}_v\dot{\boldsymbol{E}} + \boldsymbol{K}_p\boldsymbol{E} \tag{4-14}$$

式中，$\boldsymbol{E} = \boldsymbol{\Theta} - \boldsymbol{\Theta}_d$; $\dot{\boldsymbol{E}} = \dot{\boldsymbol{\Theta}} - \dot{\boldsymbol{\Theta}}_d$ ；$(\boldsymbol{\Theta}_d, \dot{\boldsymbol{\Theta}}_d, \ddot{\boldsymbol{\Theta}}_d)$ 表示机械臂各关节预期的运动轨迹。注意，伺服控制律中引入了加速度前馈，目的是提高动态轨迹的跟踪能力，跟踪能力由控制器增益决定：

$$\ddot{\boldsymbol{E}} + \boldsymbol{K}_v\dot{\boldsymbol{E}} + \boldsymbol{K}_p\boldsymbol{E} = \boldsymbol{0} \tag{4-15}$$

总的控制系统结构如图 4-2 所示，包括一个基于系统模型的内环控制器和一个外环伺服控制器。

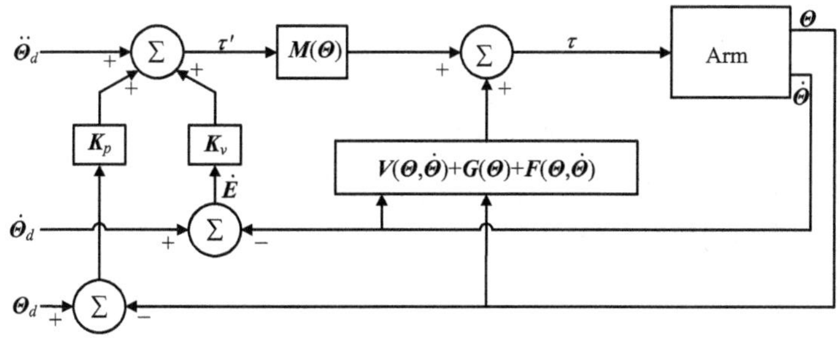

图 4-2　机械臂计算力矩控制系统结构图

4.1.2　反馈线性化的概念

反馈线性化控制器相当于 4.1.1 节介绍的基于系统模型的控制器，通过非线性状态反馈，只需要抵消系统中存在的非线性项，使非线性系统简化为线性系统，而且不同于雅可比局部线性化，反馈线性化在整个系统工作空间内都有效，可实现全局线性化。

反馈线性化方法不是对所有非线性系统都有效，从前面例子看，非线性系统必须对控制输入是线性的，即具有如下形式的非线性系统：

$$\begin{aligned}\dot{\boldsymbol{x}} &= \boldsymbol{f}(\boldsymbol{x}) + \boldsymbol{g}(\boldsymbol{x})u \\ y &= \boldsymbol{h}(\boldsymbol{x})\end{aligned} \tag{4-16}$$

该系统也称为仿射非线性系统(affine nonlinear system)，非线性函数 $\boldsymbol{f}(\boldsymbol{x})$、$\boldsymbol{g}(\boldsymbol{x})$ 完全刻画了系统的性能。本章主要讨论单输入-单输出仿射非线性系统的反馈线性化问题。

反馈线性化分为输入-状态线性化和输入-输出线性化两种形式。

1. 输入-状态线性化

输入-状态线性化是利用控制输入 u 将非线性系统状态方程转化为线性系统状态方程的形式。

例 4-1　单摆系统非线性状态方程为

$$\begin{aligned}\dot{x}_1 &= x_2 \\ \dot{x}_2 &= -a\sin x_1 - bx_2 + cu\end{aligned} \tag{4-17}$$

该模型的特点是第一个方程是线性的，系统非线性项只出现在第二个方程中，而且控制输入 u 也以线性形式出现在第二个方程中。因此，可以直接设计基于系统模型的反馈线性化控制律：

$$u = \frac{a}{c}\sin x_1 + \frac{v}{c} \tag{4-18}$$

将式(4-18)代入式(4-17)，实现系统状态线性化：

$$\begin{aligned}\dot{x}_1 &= x_2 \\ \dot{x}_2 &= -bx_2 + v\end{aligned} \tag{4-19}$$

式中，v 为线性化系统新的控制输入，可继续设计线性伺服控制器实现系统控制目标。伺服控制器的设计不是本章的主题，本章的主题主要是实现基于系统模型的反馈线性化控制器设计。

例 4-2　考虑如下非线性系统：

$$\begin{aligned}\dot{x}_1 &= -2x_1 + ax_2 + \sin x_1 \\ \dot{x}_2 &= -x_2 \cos x_1 + u\cos(2x_1)\end{aligned} \tag{4-20}$$

该系统的特点发生了变化，第一个方程中也存在非线性项，但没有出现控制输入u，因此无论如何也无法利用控制输入u消除第一个方程中的非线性项。

针对上述情况，首先采用状态变换：

$$\begin{aligned}z_1 &= x_1 \\ z_2 &= ax_2 + \sin x_1\end{aligned} \tag{4-21}$$

利用新的状态变量z，根据式(4-20)，得到新的状态方程：

$$\begin{aligned}\dot{z}_1 &= -2z_1 + z_2 \\ \dot{z}_2 &= -2z_1 \cos z_1 + \cos z_1 \sin z_1 + au\cos(2z_1)\end{aligned} \tag{4-22}$$

新的状态方程满足了反馈线性化条件，反馈线性化控制律设计为$u = \alpha v + \beta$的形式，用以消除乘性和加性非线性项：

$$u = \frac{1}{a\cos(2z_1)}(v - \cos z_1 \sin z_1 + 2z_1 \cos z_1) \tag{4-23}$$

将式(4-23)代入式(4-22)，得到状态线性化模型：

$$\begin{aligned}\dot{z}_1 &= -2z_1 + z_2 \\ \dot{z}_2 &= v\end{aligned} \tag{4-24}$$

从例 4-2 可以看出，通过状态变换(4-21)和输入变换(4-23)，将利用控制输入u控制原非线性系统(4-20)的问题转化为利用新的控制输入v控制新的线性系统(4-24)的问题。两个变换是反馈线性化控制器设计的核心，是本章后续讨论的主要问题。

控制系统结构如图 4-3 所示，包括反馈线性化的内环和伺服控制的外环。

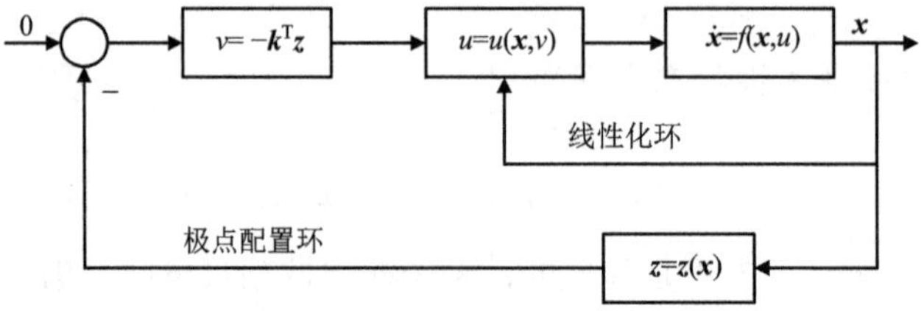

图 4-3　反馈线性化系统结构图

为保证反馈线性化的可实现性，要求状态变换(4-21)必须是可逆的：

$$\begin{aligned}x_1 &= z_1 \\ x_2 &= (z_2 - \sin z_1)/a\end{aligned} \tag{4-25}$$

这样，反馈线性化控制律和伺服控制律均可由原系统状态实现：

$$\begin{aligned}u &= \frac{1}{a\cos(2x_1)}(v - \cos x_1 \sin x_1 + 2x_1 \cos x_1) \\ v &= -k_1 x_1 - k_2(ax_2 + \sin x_1)\end{aligned} \tag{4-26}$$

式中，伺服控制采用 PD 控制器。值得注意的是，虽然反馈线性化是整个系统工作空间全局成立的，但式(4-26)中当 $\cos(2x_1)=0$ 时，反馈线性化控制律没有定义，即在系统工作空间内存在奇异点。

2. 输入–输出线性化

对于非线性系统(4-16)，控制目标经常是要求系统输出 $\boldsymbol{y}(t)$ 跟踪一个期望的轨迹 $\boldsymbol{y}_d(t)$，并保证跟踪过程中系统状态 $\boldsymbol{x}(t)$ 保持有界。由系统模型可知，系统输出只是系统状态的函数，与控制输入的依赖关系是间接的，这就给输入–输出线性化控制器的设计带来难度。设计思路是首先利用数学手段，通过系统方程建立起系统输出与系统输入的直接关系，这一关系一般也是非线性的，然后利用与输入–状态线性化一样的反馈线性化控制律实现系统输入–输出线性化。

例 4-3　考虑三阶非线性系统：

$$\begin{aligned}\dot{x}_1&=\sin x_2+(x_2+1)x_3\\ \dot{x}_2&=x_1^5+x_3\\ \dot{x}_3&=x_1^2+u\\ y&=x_1\end{aligned}\tag{4-27}$$

系统输出和系统输入的直接关系，可以通过对输出求导的方式得到。首先对式(4-27)求导，得

$$\dot{y}=\dot{x}_1=\sin x_2+(x_2+1)x_3\tag{4-28}$$

式(4-28)中没有出现输出和输入的直接关系，对式(4-28)继续求导，得

$$\begin{aligned}\ddot{y}&=(x_2+1)u+f_1(x)\\ f_1(x)&=(x_1^5+x_3)(x_3+\cos x_2)+(x_2+1)x_1^2\end{aligned}\tag{4-29}$$

式(4-29)中出现了输出与输入的直接关系，而且输出的动态过程与输入是线性关系，因而可直接设计输入–输出线性化控制律：

$$u=\frac{1}{x_2+1}(v-f_1)\tag{4-30}$$

该控制律能够消除式(4-29)中的非线性项，使新的输入 v 与输出 y 之间为线性化模型：

$$\ddot{y}=v\tag{4-31}$$

该模型为两个积分器链，注意在系统工作空间存在奇异点 $x_2=-1$。

设计加速度前馈和 PD 反馈组合的控制器：

$$v=\ddot{y}_d-k_1e-k_2\dot{e}\tag{4-32}$$

可实现理想的跟踪：

$$\ddot{e}+k_2\dot{e}+k_1e=0\tag{4-33}$$

在输入–输出线性化过程中，需要对系统输出连续求导，如果需要求导 r 次才能产生输入和输出之间的直接关系，则称 r 为系统的相对阶(relative degree)。线性系统相对阶的概念是极点超出零点的个数，即传递函数分母多项式的阶次与分子多项式阶次的差。因此，相对阶的概念对非线性系统和线性系统是一致的。

如果 n 阶系统是能控的，则对输出最多求导 n 次就可以得到输入和输出的直接关系，即 $r\leqslant n$；否则，系统是不能控的。对于能控的系统，其中 $r=n$ 的情况可作为特例，即直

到输出的 $n-1$ 阶导数 $y^{(n-1)}$ 中才出现输入和输出的直接关系，则用 n 维向量 $[y,\dot{y},\cdots,y^{(n-1)}]$ 作为系统新的状态变量，此时输入-输出线性化等价于输入-状态线性化。

当 $r<n$ 时，以 $[y,\dot{y},\cdots,y^{(r-1)}]$ 为状态变量的 r 维状态得到线性化并实现跟踪控制 $\boldsymbol{y}(t)$，但系统是 n 维的，说明还有 $n-r$ 维的部分状态没有控制目标，而且对于输入-输出线性化控制是不可观测的，这部分状态称为内动态。例如，例 4-3 中，内动态可选为 x_3，由 x_3、y、$\dot{y}$ 可构成一个新的状态集合，内动态的表达式为

$$\dot{x}_3 = x_1^2 + \frac{1}{x_2+1}(\ddot{y}_d(t) - k_1 e - k_2 \dot{e} - f_1) \tag{4-34}$$

由于反馈线性化控制律(4-30)是系统全状态的非线性反馈控制，只有这个内动态是有界稳定的，跟踪控制才能实现；否则，输入-输出反馈线性化没有意义。

尽管输入-输出线性化来自输出跟踪任务，但也可以用于镇定性问题，即令 $\boldsymbol{y}_d(t)\equiv\boldsymbol{0}$，如果内动态稳定，则可实现整个系统的镇定。在镇定控制器设计中，没有必要把输出限制为有物理意义的量，而可选择为 $\boldsymbol{x}$ 的任意函数，不同的输出函数会导致不同的内动态，要选择使相应的内动态稳定的输出函数。尤其重要的是，选择输出函数，可以使系统的相对阶为 n，即可用输入-输出线性化的设计方法实现输入-状态线性化。

4.1.3　反馈线性化的可行性

反馈线性化是一种全局精确线性化方法，是一种比较简单的控制器设计思路。其局限性在于需要建立出系统精确的数学模型，如果有部分模型不能精确建立，那么用反馈线性化去做实验完全凭运气，如果不精确的部分对系统影响比较小，用反馈线性化设计没什么问题，通过反馈线性化设计的控制器还具备一定的鲁棒性；如果不精确的部分对系统影响比较大，用反馈线性化将无法使系统稳定。例如，图 4-2 所示的机械臂计算力矩控制中，如果模型不准确，则系统的非线性不能完全补偿：

$$\ddot{\boldsymbol{E}} + \boldsymbol{K}_v\dot{\boldsymbol{E}} + \boldsymbol{K}_p\boldsymbol{E} = \hat{\boldsymbol{M}}^{-1}[(\boldsymbol{M}-\hat{\boldsymbol{M}})\ddot{\boldsymbol{\Theta}} + (\boldsymbol{V}-\hat{\boldsymbol{V}}) + (\boldsymbol{G}-\hat{\boldsymbol{G}}) + (\boldsymbol{F}-\hat{\boldsymbol{F}})] \tag{4-35}$$

式中，$\hat{\boldsymbol{M}}$、$\hat{\boldsymbol{V}}$、$\hat{\boldsymbol{G}}$、$\hat{\boldsymbol{F}}$ 为模型的估计值。模型的不匹配可看作系统的干扰，会造成系统的误差。

因此，用反馈线性化设计控制器时，首先要对反馈线性化的鲁棒性加以仿真验证，至少要分析出对模型参数不确定性能够满足设计指标要求的适用范围，应用时要保证模型参数在适用范围内。

例 4-4　多体船具有阻力小、速度快的优势，但在海浪的作用下存在纵向运动幅度大的缺点，利用 T-形翼和压浪板可以实现高速多体船的纵向运动抑制，如图 4-4 所示，控制系统框图如图 4-5 所示。海浪对船体产生升沉力和纵摇力矩，通过 T-形翼和压浪板产生的力和力矩，抵消海浪力和力矩的影响，达到纵向运动抑制的目的。

高速多体船的纵向运动模型可描述为

$$\begin{aligned}
&(m+a_{33})\ddot{h} + b_{33}\dot{h} + c_{33}h + a_{35}\ddot{\theta} + b_{35}\dot{\theta} + c_{35}\theta = F_3^W \\
&a_{53}\ddot{h} + b_{53}\dot{h} + c_{53}h + (I_{55}+a_{35})\ddot{\theta} + b_{55}\dot{\theta} + c_{55}\theta = F_5^W
\end{aligned} \tag{4-36}$$

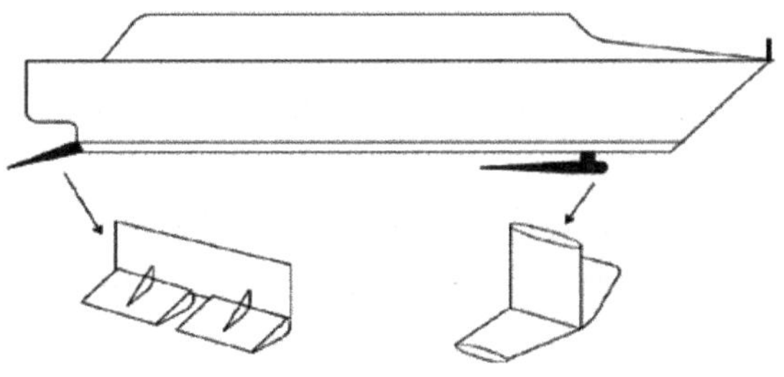

图 4-4　高速多体船纵向运动抑制

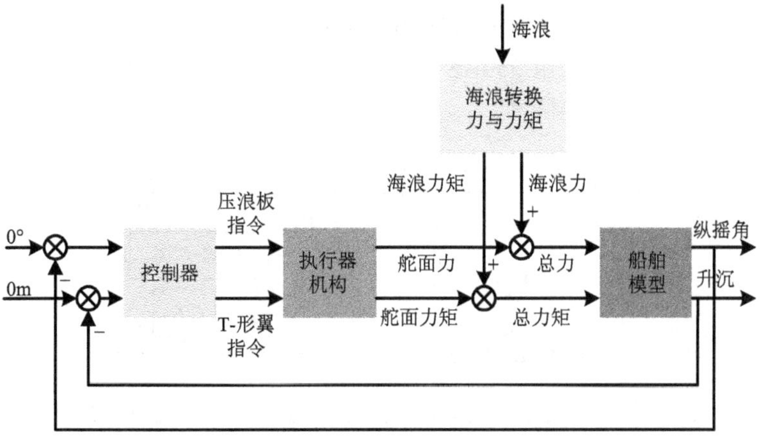

图 4-5　控制系统框图

式中，h、θ 分别表示升沉和纵摇角；m 表示船体质量；a_{ij}、b_{ij}、c_{ij}、$i=3$、$j=5$ 分别表示附加质量、阻尼系数和恢复系数；F_3^W、F_5^W 分别表示海浪力和海浪力矩。

当采用反馈线性化方法设计控制器时，模型系数是难以精确建模的，因此需要对系统的鲁棒性进行分析。当模型系数具有 30%的不确定性时，升沉抑制效果如图 4-6 所示，三条曲线分别表示不采取控制、利用固定模型参数进行控制和参数具有 30%不确定性情况下的升沉抑制结果。能够抑制 40%以上，表明模型参数在 30%内变化条件下，还能达到可以接受的控制效果。纵摇抑制也能达到同样的效果，说明反馈线性化具有一定的鲁棒性。

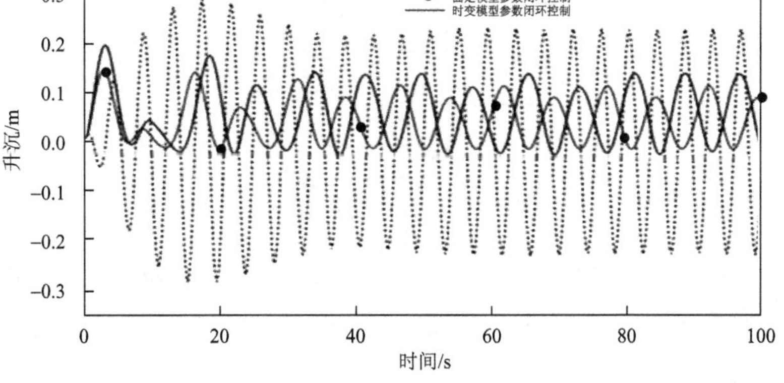

图 4-6　鲁棒性分析

反馈线性化适用性另一个需要考虑的问题是控制器的实时性，反馈线性化虽然思路简单，但反馈控制律是非线性的，而且随着模型的复杂而复杂，需要的计算时间是必须考虑的。

例 4-5　以机械臂控制为例，如图 4-2 所示，反馈线性化是控制系统的内环，会影响外环伺服控制器的实时性，而外环伺服控制器实时性的要求是比较高的，在实际应用中必须采取一些手段提高实时性。

如图 4-7 所示，内环所需的模型从状态空间描述变换为构型空间(configuration space)描述，即动力学模型只是关节角度 $\boldsymbol{\Theta}$ 的函数，这样就可以利用另外一台计算机进行后台计算或者预先计算好后采用查表方式实现闭环系统的实时性。此外，内、外环还可以采用不同的更新频率，例如，外环采用 250Hz 的高更新频率、非线性补偿的内环采用 60Hz 的低更新频率，并不影响补偿的准确性。

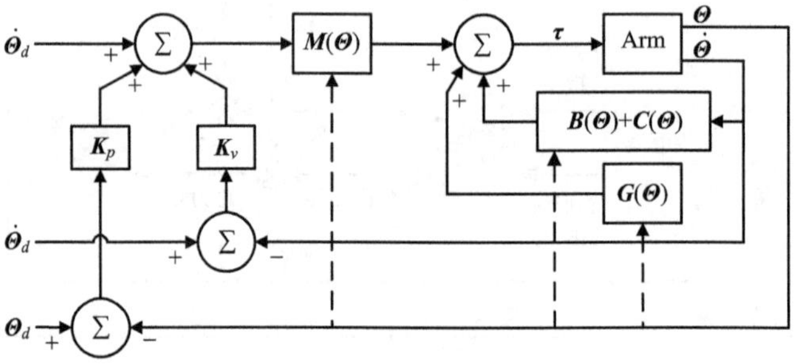

图 4-7　构型空间模型表示

如图 4-8 所示，其是另一种提高实时性的措施，将反馈线性化内环移到外环伺服控制器外，形成开环前馈补偿方式，外环伺服控制器的实时性不再受基于系统模型的控制律的影响，但该方法不能实现关节间的完全解耦，关节位置的变化会造成闭环系统增益的变化，使闭环系统的极点不固定：

$$\ddot{\boldsymbol{E}} + \boldsymbol{M}^{-1}(\boldsymbol{\Theta})\boldsymbol{K}_v\dot{\boldsymbol{E}} + \boldsymbol{M}^{-1}(\boldsymbol{\Theta})\boldsymbol{K}_p\boldsymbol{E} = 0 \tag{4-37}$$

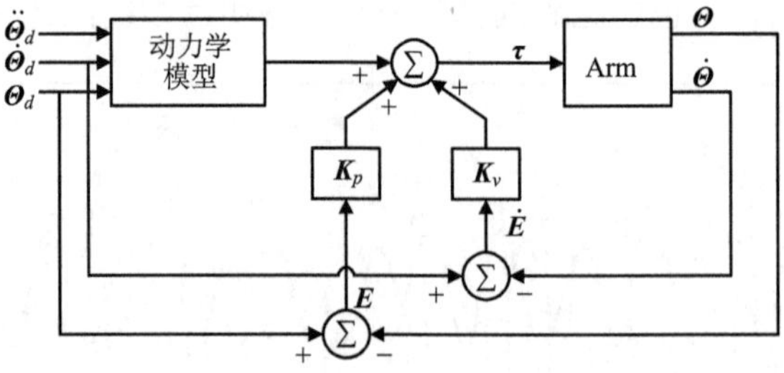

图 4-8　开环前馈补偿方式

进一步采取的措施是根据预期的轨迹事先计算好 $\boldsymbol{M}^{-1}(\boldsymbol{\Theta})$ 的变化，并预先计算保证 $\boldsymbol{M}^{-1}(\boldsymbol{\Theta})\boldsymbol{K}_v$ 和 $\boldsymbol{M}^{-1}(\boldsymbol{\Theta})\boldsymbol{K}_p$ 恒定的 $\boldsymbol{K}_v$、$\boldsymbol{K}_p$ 值，执行过程中根据关节角的变化，查表更新 $\boldsymbol{K}_v$、$\boldsymbol{K}_p$ 的值，实现鲁棒控制。

4.2 数学基础

微分几何(differential geometry)是运用微积分理论研究空间几何性质的数学分支学科，分为古典微分几何和现代微分几何。古典微分几何由高斯于 1827 年创立，现代微分几何由德国数学家黎曼(B.Riemann)于 1854 年创立。其中，现代微分几何中的可积性定理、微分同胚(diffeomorpisms)、李导数(Lie derivative)等工具使反馈线性化控制器设计方法成为完备的技术体系。

4.2.1 李导数与李括号

李导数将导数的定义推广到向量场上面，就是对向量场沿着一个矢量求导。向量函数 $\boldsymbol{f}(\boldsymbol{x})$ 也称为 $\boldsymbol{R}^n$ 空间中的一个向量场，因为空间中的任一点 $\boldsymbol{x}$ 都有一个向量 $\boldsymbol{f}(\boldsymbol{x})$。标量函数 $h(\boldsymbol{x})$ 也称为 $\boldsymbol{R}^n$ 空间中的一个标量场，即空间中的任一点 $\boldsymbol{x}$ 都有一个标量 $h(\boldsymbol{x})$。

1. 李导数

考虑一个标量函数 $h(\boldsymbol{x})$ 和一个向量场 $\boldsymbol{f}(\boldsymbol{x})$，记 $h(\boldsymbol{x})$ 的梯度向量为 $\nabla h = \partial h / \partial \boldsymbol{x}$，则 $h(\boldsymbol{x})$ 关于 $\boldsymbol{f}(\boldsymbol{x})$ 的李导数定义为 $L_f h = \nabla h \boldsymbol{f}$，结果为一个标量函数，为 $h(\boldsymbol{x})$ 沿向量场 $\boldsymbol{f}(\boldsymbol{x})$ 方向的方向导数。

可递推定义高阶李导数：

$$\begin{aligned} &L_f^0 h = h \\ &L_f^i h = L_f(L_f^{i-1} h) = \nabla(L_f^{i-1} h)\boldsymbol{f}, \quad i = 1,2,\cdots \end{aligned} \tag{4-38}$$

如果 $\boldsymbol{g}(\boldsymbol{x})$ 是另一个向量场，则标量函数 $L_{\boldsymbol{g}} L_f h$ 为

$$L_{\boldsymbol{g}} L_f h = \nabla(L_f h)\boldsymbol{g} \tag{4-39}$$

考虑单输入-单输出非线性系统：

$$\begin{aligned} \dot{\boldsymbol{x}} &= \boldsymbol{f}(\boldsymbol{x}) \\ y &= h(\boldsymbol{x}) \end{aligned} \tag{4-40}$$

系统输出的各阶导数与李导数的关系为

$$\begin{aligned} \dot{y} &= \frac{\partial h}{\partial \boldsymbol{x}} \dot{\boldsymbol{x}} = L_f h \\ \ddot{y} &= \frac{\partial (L_f h)}{\partial \boldsymbol{x}} \dot{\boldsymbol{x}} = L_f^2 h \end{aligned} \tag{4-41}$$

2. 李括号

设 $\boldsymbol{f}(\boldsymbol{x})$ 和 $\boldsymbol{g}(\boldsymbol{x})$ 为 $\boldsymbol{R}^n$ 空间中的两个向量场，记 $\nabla \boldsymbol{f} = \partial \boldsymbol{f} / \partial \boldsymbol{x}$ 和 $\nabla \boldsymbol{g} = \partial \boldsymbol{g} / \partial \boldsymbol{x}$ 分别为 $\boldsymbol{f}(\boldsymbol{x})$ 和 $\boldsymbol{g}(\boldsymbol{x})$ 的雅可比矩阵，$\boldsymbol{f}(\boldsymbol{x})$ 和 $\boldsymbol{g}(\boldsymbol{x})$ 的李括号(Lie brackets)是一个新的向量场，定义为

$$[\boldsymbol{f}, \boldsymbol{g}] = \nabla \boldsymbol{g}\, \boldsymbol{f} - \nabla \boldsymbol{f}\, \boldsymbol{g} \tag{4-42}$$

式中，李括号 $[\boldsymbol{f}, \boldsymbol{g}]$ 通常记为 $\mathrm{ad}_f \boldsymbol{g}$，ad 表示伴随(adjoint)。

可递推定义多重李括号：

$$\begin{aligned} &\mathrm{ad}_f^0 \boldsymbol{g} = \boldsymbol{g} \\ &\mathrm{ad}_f^i \boldsymbol{g} = [\boldsymbol{f}, \mathrm{ad}_f^{i-1} \boldsymbol{g}], \quad i = 1, 2, \cdots \end{aligned} \tag{4-43}$$

例 4-6　考虑非线性系统：

$$\begin{aligned} &\dot{\boldsymbol{x}} = \boldsymbol{f}(\boldsymbol{x}) + \boldsymbol{g}(\boldsymbol{x})u \\ &\boldsymbol{f}(\boldsymbol{x}) = \begin{bmatrix} x_2 \\ -\sin x_1 - x_2 \end{bmatrix}, \quad \boldsymbol{g}(\boldsymbol{x}) = \begin{bmatrix} 0 \\ x_1 \end{bmatrix} \end{aligned} \tag{4-44}$$

向量场 $\boldsymbol{f}(\boldsymbol{x})$ 和 $\boldsymbol{g}(\boldsymbol{x})$ 的李括号为

$$\begin{aligned} [\boldsymbol{f}, \boldsymbol{g}] &= \frac{\partial \boldsymbol{g}}{\partial \boldsymbol{x}} \begin{bmatrix} x_2 \\ -\sin x_1 - x_2 \end{bmatrix} - \frac{\partial \boldsymbol{f}}{\partial \boldsymbol{x}} \begin{bmatrix} 0 \\ x_1 \end{bmatrix} \\ &= \begin{bmatrix} 0 & 0 \\ 1 & 0 \end{bmatrix} \begin{bmatrix} x_2 \\ -\sin x_1 - x_2 \end{bmatrix} - \begin{bmatrix} 0 & 1 \\ -\cos x_1 & -1 \end{bmatrix} \begin{bmatrix} 0 \\ x_1 \end{bmatrix} = \begin{bmatrix} -x_1 \\ x_1 + x_2 \end{bmatrix} \end{aligned} \tag{4-45}$$

$$\begin{aligned} \mathrm{ad}_f^2 \boldsymbol{g} = [\boldsymbol{f}, \mathrm{ad}_f \boldsymbol{g}] &= \begin{bmatrix} -1 & 0 \\ 1 & 1 \end{bmatrix} \begin{bmatrix} x_2 \\ -\sin x_1 - x_2 \end{bmatrix} - \begin{bmatrix} 0 & 1 \\ -\cos x_1 & 1 \end{bmatrix} \begin{bmatrix} -x_1 \\ x_1 + x_2 \end{bmatrix} \\ &= \begin{bmatrix} -x_1 - 2x_2 \\ -x_1 - x_2 - \sin x_1 - x_1 \cos x_1 \end{bmatrix} \end{aligned} \tag{4-46}$$

李括号具有下列性质。

(1) 双线性。

$$\begin{aligned} &[\alpha_1 \boldsymbol{f}_1 + \alpha_2 \boldsymbol{f}_2, \boldsymbol{g}](\boldsymbol{x}) = \alpha_1 [\boldsymbol{f}_1, \boldsymbol{g}](\boldsymbol{x}) + \alpha_2 [\boldsymbol{f}_2, \boldsymbol{g}](\boldsymbol{x}) \\ &[\boldsymbol{f}, \alpha_1 \boldsymbol{g}_1 + \alpha_2 \boldsymbol{g}_2](\boldsymbol{x}) = \alpha_1 [\boldsymbol{f}, \boldsymbol{g}_1](\boldsymbol{x}) + \alpha_2 [\boldsymbol{f}, \boldsymbol{g}_2](\boldsymbol{x}) \end{aligned} \tag{4-47}$$

(2) 反对称性。

$$[\boldsymbol{f}, \boldsymbol{g}](\boldsymbol{x}) = -[\boldsymbol{g}, \boldsymbol{f}](\boldsymbol{x}) \tag{4-48}$$

(3) 雅可比恒等式。

$$L_{\mathrm{ad}_f g} h = L_f L_g h - L_g L_f h \tag{4-49}$$

恒等式左边可表示成

$$L_{\mathrm{ad}_f g} h = \nabla h [\boldsymbol{f}, \boldsymbol{g}] = \frac{\partial h}{\partial \boldsymbol{x}} \left(\frac{\partial \boldsymbol{g}}{\partial \boldsymbol{x}} \boldsymbol{f} - \frac{\partial \boldsymbol{f}}{\partial \boldsymbol{x}} \boldsymbol{g} \right) \tag{4-50}$$

恒等式右边可表示成

$$\begin{aligned} L_f L_g h - L_g L_f h &= \nabla (L_g h) \boldsymbol{f} - \nabla (L_f h) \boldsymbol{g} \\ &= \nabla \left(\frac{\partial h}{\partial \boldsymbol{x}} \boldsymbol{g} \right) \boldsymbol{f} - \nabla \left(\frac{\partial h}{\partial \boldsymbol{x}} \boldsymbol{f} \right) \boldsymbol{g} \\ &= \left(\frac{\partial h}{\partial \boldsymbol{x}} \frac{\partial \boldsymbol{g}}{\partial \boldsymbol{x}} + \boldsymbol{g}^{\mathrm{T}} \frac{\partial^2 h}{\partial \boldsymbol{x}^2} \right) \boldsymbol{f} - \left(\frac{\partial h}{\partial \boldsymbol{x}} \frac{\partial \boldsymbol{f}}{\partial \boldsymbol{x}} + \boldsymbol{f}^{\mathrm{T}} \frac{\partial^2 h}{\partial \boldsymbol{x}^2} \right) \boldsymbol{g} \\ &= \frac{\partial h}{\partial \boldsymbol{x}} \left(\frac{\partial \boldsymbol{g}}{\partial \boldsymbol{x}} \boldsymbol{f} - \frac{\partial \boldsymbol{f}}{\partial \boldsymbol{x}} \boldsymbol{g} \right) \end{aligned} \tag{4-51}$$

式中，$\partial^2 h / \partial \boldsymbol{x}^2$ 是 $h(\boldsymbol{x})$ 的黑塞(Hessian)矩阵，是对称矩阵。

可多次递推使用雅可比恒等式，如二次雅可比恒等式：

$$L_{\mathrm{ad}_f^2 g}h = L_{\mathrm{ad}_f(\mathrm{ad}_f g)}h = L_f^2 L_g h - 2L_f L_g L_f h + L_g L_f^2 h \tag{4-52}$$

4.2.2 微分同胚与状态变换

微分同胚可以看成坐标变换的推广，考虑 n 维空间到 n 维空间的映射 $\boldsymbol{\varphi}: \boldsymbol{R}^n \to \boldsymbol{R}^n$，其定义域是 Ω，如果 $\boldsymbol{\varphi}$ 是光滑的并且 $\boldsymbol{\varphi}^{-1}$ 存在且光滑，则称 $\boldsymbol{\varphi}$ 为微分同胚。

如果定义域 Ω 是全空间 $\boldsymbol{R}^n$，则称 $\boldsymbol{\varphi}$ 为全局微分同胚。全局微分同胚很少，因此经常使用局部微分同胚，判断局部微分同胚的方法是如果雅可比矩阵 $\nabla\boldsymbol{\varphi}$ 在 Ω 中的一个点 $\boldsymbol{x} = \boldsymbol{x}_0$ 上是非奇异的，则 $\boldsymbol{\varphi}$ 是定义在 $\boldsymbol{x}_0$ 一个邻域上的局部微分同胚。

例 4-7　考虑非线性向量方程：

$$\begin{bmatrix} z_1 \\ z_2 \end{bmatrix} = \boldsymbol{\varphi}(\boldsymbol{x}) = \begin{bmatrix} 2x_1 + 5x_1x_2^2 \\ 3\sin x_2 \end{bmatrix} \tag{4-53}$$

雅可比矩阵为

$$\frac{\partial\boldsymbol{\varphi}}{\partial\boldsymbol{x}} = \begin{bmatrix} 2+5x_2^2 & 10x_1x_2 \\ 0 & 3\cos x_2 \end{bmatrix} \tag{4-54}$$

在点 $\boldsymbol{x} = (0,0)$ 处，雅可比矩阵的秩为 2，因此式(4-53)定义了原点一个邻域上的局部微分同胚，区域为 $\Omega = \{(x_1,x_2), |x_2| < \pi/2\}$，在该区域外，反函数不唯一，所以只有在该区域内才是局部微分同胚。

微分同胚可以把一个非线性系统转变成由新状态变量描述的非线性系统。例如，以状态 $\boldsymbol{x}$ 描述的非线性系统为

$$\begin{aligned} \dot{\boldsymbol{x}} &= \boldsymbol{f}(\boldsymbol{x}) + \boldsymbol{g}(\boldsymbol{x})u \\ y &= h(\boldsymbol{x}) \end{aligned} \tag{4-55}$$

定义新的状态 $\boldsymbol{z} = \boldsymbol{\varphi}(\boldsymbol{x})$，可得

$$\dot{\boldsymbol{z}} = \frac{\partial\boldsymbol{\varphi}}{\partial\boldsymbol{x}}\dot{\boldsymbol{x}} = \frac{\partial\boldsymbol{\varphi}}{\partial\boldsymbol{x}}(\boldsymbol{f}(\boldsymbol{x}) + \boldsymbol{g}(\boldsymbol{x})u) \tag{4-56}$$

将 $\boldsymbol{x} = \boldsymbol{\varphi}^{-1}(\boldsymbol{z})$ 代入式(4-56)，得到新的状态空间方程为

$$\begin{aligned} \dot{\boldsymbol{z}} &= \boldsymbol{f}^*(\boldsymbol{z}) + \boldsymbol{g}^*(\boldsymbol{z})u \\ y &= h^*(\boldsymbol{z}) \end{aligned} \tag{4-57}$$

4.2.3 弗罗贝尼乌斯定理

弗罗贝尼乌斯(Frobenius)定理是解决反馈线性化问题的重要工具，它为一类偏微分方程的可解性提供了充要条件。在 4.3 节中将会看到非线性系统反馈线性化的主要步骤是求解如式(4-58)所表达的偏微分方程(以三阶系统为例)：

$$\begin{aligned} L_f h &= \frac{\partial h}{\partial \boldsymbol{x}_1}\boldsymbol{f}_1 + \frac{\partial h}{\partial \boldsymbol{x}_2}\boldsymbol{f}_2 + \frac{\partial h}{\partial \boldsymbol{x}_3}\boldsymbol{f}_3 = 0 \\ L_g h &= \frac{\partial h}{\partial \boldsymbol{x}_1}\boldsymbol{g}_1 + \frac{\partial h}{\partial \boldsymbol{x}_2}\boldsymbol{g}_2 + \frac{\partial h}{\partial \boldsymbol{x}_3}\boldsymbol{g}_3 = 0 \end{aligned} \tag{4-58}$$

如果方程(4-58)的解 $h(\boldsymbol{x})$ 存在，则称向量场 $[\boldsymbol{f},\boldsymbol{g}]$ 完全可积。

弗罗贝尼乌斯定理为式(4-58)是否完全可积提供了一个相对简单的判断条件：当且仅当存在标量函数 $\alpha_1(x_1,x_2,x_3)$ 和 $\alpha_2(x_1,x_2,x_3)$ 时，式(4-59)成立：

$$[\boldsymbol{f},\boldsymbol{g}]=\alpha_1\boldsymbol{f}+\alpha_2\boldsymbol{g} \tag{4-59}$$

即李括号 $[\boldsymbol{f},\boldsymbol{g}]$ 位于向量场 $\boldsymbol{f}(\boldsymbol{x})$ 和 $\boldsymbol{g}(\boldsymbol{x})$ 张成的平面内，则方程(4-58)存在解 $h(x_1,x_2,x_3)$。

上述条件也称为对合(involutive)条件，对合的定义是一组线性无关的向量场 $\{\boldsymbol{f}_1,\boldsymbol{f}_2,\cdots,\boldsymbol{f}_m\}$ 称为是对合的，当且仅当存在标量函数 $\alpha_{ijk}(\boldsymbol{x})$ 时，式(4-60)成立：

$$[\boldsymbol{f}_i,\boldsymbol{f}_j](\boldsymbol{x})=\sum_{k=1}^{m}\alpha_{ijk}\boldsymbol{f}_k(\boldsymbol{x}),\quad \forall i,j \tag{4-60}$$

式(4-60)意味着从集合 $\{\boldsymbol{f}_1,\boldsymbol{f}_2,\cdots,\boldsymbol{f}_m\}$ 中任取一对向量场做李括号得到的向量场是原向量场集合的线性组合。

因此弗罗贝尼乌斯定理也可以描述为：设 $\{\boldsymbol{f}_1,\boldsymbol{f}_2,\cdots,\boldsymbol{f}_m\}$ 为线性无关的向量场集合，当且仅当这个向量场集合是对合的，则它是完全可积的。

例 4-8　考察偏微分方程组：

$$\begin{aligned}&4x_3\frac{\partial h}{\partial x_1}-\frac{\partial h}{\partial x_2}=0\\&-x_1\frac{\partial h}{\partial x_1}+(x_3^2-3x_2)\frac{\partial h}{\partial x_2}+2x_3\frac{\partial h}{\partial x_3}=0\end{aligned} \tag{4-61}$$

可知其向量场集合为 $\{\boldsymbol{f}_1,\boldsymbol{f}_2\}$，其中，

$$\boldsymbol{f}_1=[4x_3\quad -1\quad 0]^{\mathrm{T}},\quad \boldsymbol{f}_2=[-x_1\quad (x_3^2-3x_2)\quad 2x_3]^{\mathrm{T}} \tag{4-62}$$

其李括号为

$$[\boldsymbol{f}_1,\boldsymbol{f}_2]=[-12x_3\quad 3\quad 0]^{\mathrm{T}}=-3\boldsymbol{f}_1+0\boldsymbol{f}_2 \tag{4-63}$$

则这个向量场集合是对合的，因此微分方程组(4-61)有解。

向量场集合是否对合还可以通过式(4-64)进行判断：

$$\operatorname{rank}[\boldsymbol{f}_1(\boldsymbol{x}),\cdots,\boldsymbol{f}_m(\boldsymbol{x})]=\operatorname{rank}[\boldsymbol{f}_1(\boldsymbol{x}),\cdots,\boldsymbol{f}_m(\boldsymbol{x}),[\boldsymbol{f}_i,\boldsymbol{f}_j](\boldsymbol{x})] \tag{4-64}$$

如果式(4-64)对所有 $\boldsymbol{x}$ 及 i、j 都成立，则向量场集合是对合的。

4.3　单输入-单输出系统输入-状态线性化

本节只讨论单输入-单输出仿射非线性系统 $\dot{\boldsymbol{x}}=\boldsymbol{f}(\boldsymbol{x})+\boldsymbol{g}(\boldsymbol{x})u$ 的输入-状态线性化问题，前面已总结过其实现思路，即需要找到一个状态变换和一个输入变换，具体实现可按照输入-输出线性化的设计过程完成，即能够找到一个标量输出函数 $z_1(\boldsymbol{x})$，使得对于输出函数 $z_1(\boldsymbol{x})$，系统的相对阶为 n。输出函数用 $z_1(\boldsymbol{x})$ 表示的目的是：一方面，该输出是人为选定的输出，并不是系统的真实输出；另一方面，该输出也作为新的状态变量 $\boldsymbol{z}$ 的第一个分量。

4.3.1　输入-状态线性化的条件

首先给出可实现输入-状态线性化的结论：设 $\boldsymbol{f}(\boldsymbol{x})$、$\boldsymbol{g}(\boldsymbol{x})$ 是光滑的向量场，系统 $\dot{\boldsymbol{x}} = \boldsymbol{f}(\boldsymbol{x}) + \boldsymbol{g}(\boldsymbol{x})u$ 是可以输入-输出线性化的，当且仅当存在一个区域 Ω，使得下述条件成立时：

(1) 向量场 $\boldsymbol{g}, \mathrm{ad}_f\boldsymbol{g}, \cdots, \mathrm{ad}_f^{n-1}\boldsymbol{g}$ 在 Ω 上线性无关。

(2) 向量场集合 $\{\boldsymbol{g}, \mathrm{ad}_f\boldsymbol{g}, \cdots, \mathrm{ad}_f^{n-2}\boldsymbol{g}\}$ 在 Ω 上对合。

上面第一个条件类似于线性系统的可控性条件，即矩阵 $[\boldsymbol{b}, \boldsymbol{A}\boldsymbol{b}, \cdots, \boldsymbol{A}^{n-1}\boldsymbol{b}]$ 满秩，系统可控是实现输入-状态线性化的前提条件。第二个条件是保证输出函数 $z_1(\boldsymbol{x})$ 可求的条件。

下面对这一充要条件进行分析。

必要性：假设系统能够实现输入-状态线性化，即存在状态变换 $\boldsymbol{z} = \boldsymbol{\varphi}(\boldsymbol{x})$ 和输入变换 $u = \alpha(\boldsymbol{x}) + \beta(\boldsymbol{x})v$，实现对非线性系统的输入-状态线性化：

$$\dot{\boldsymbol{z}} = \boldsymbol{A}\boldsymbol{z} + \boldsymbol{b}v, \quad \boldsymbol{A} = \begin{bmatrix} 0 & 1 & 0 & \cdots & \cdots & 0 \\ 0 & 0 & 1 & \cdots & \cdots & 0 \\ \vdots & \vdots & \vdots & & \cdots & \vdots \\ 0 & 0 & 0 & \cdots & \cdots & 1 \\ 0 & 0 & 0 & 0 & 0 & 0 \end{bmatrix}, \quad \boldsymbol{b} = \begin{bmatrix} 0 \\ \vdots \\ 0 \\ 1 \end{bmatrix} \tag{4-65}$$

意味着对于输出函数 $z_1(\boldsymbol{x})$，系统的相对阶是 n。

对输出函数求导，得

$$\dot{z}_1 = \frac{\partial z_1}{\partial \boldsymbol{x}}\boldsymbol{f} + \frac{\partial z_1}{\partial \boldsymbol{x}}\boldsymbol{g}u = L_f z_1 + L_g z_1 u \tag{4-66}$$

由于系统相对阶是 n，因此 $\dot{z}_1$ 中不会出现 u，则必有 $L_g z_1 = 0$，令 $\dot{z}_1 = L_f z_1 = z_2$，对 z_2 继续求导，同样必有 $L_g z_2 = L_g L_f z_1 = 0$，继续令 $\dot{z}_2 = L_f z_2 = z_3$，重复上述步骤，直到对 z_n 求导时才出现 z_n 与 u 的直接关系，即 $L_g z_n = L_g L_f^{n-1} z_1 \neq 0$，因此有

$$\begin{aligned} &L_f z_i = z_{i+1}, \quad i = 1, 2, \cdots, n-1 \\ &L_g z_1 = L_g z_2 = \cdots = L_g z_{n-1} = 0, \quad L_g z_n \neq 0 \end{aligned} \tag{4-67}$$

将上面关于 z_i 的方程都变换为仅含 z_1 的方程：

$$\begin{aligned} &L_g z_1 = L_g L_f z_1 = \cdots = L_g L_f^{n-2} z_1 = 0 \\ &L_g L_f^{n-1} z_1 \neq 0 \end{aligned} \tag{4-68}$$

利用雅可比恒等式和归纳法可以证明，$L_g z_1 = L_g L_f z_1 = \cdots = L_g L_f^{n-2} z_1 = 0$ 等价于 $L_g z_1 = L_{\mathrm{ad}_f g} z_1 = \cdots = L_{\mathrm{ad}_f^{n-2} g} z_1 = 0$，则可将式(4-68)改写为

$$\begin{aligned} &\nabla z_1 \mathrm{ad}_f^k \boldsymbol{g} = 0, \quad k = 0, 1, \cdots, n-2 \\ &\nabla z_1 \mathrm{ad}_f^{n-1} \boldsymbol{g} = (-1)^{n-1} L_g z_n \neq 0 \end{aligned} \tag{4-69}$$

从式(4-69)可以得到以下两个结论。

结论 1　向量场 $\boldsymbol{g}, \mathrm{ad}_f\boldsymbol{g}, \cdots, \mathrm{ad}_f^{n-1}\boldsymbol{g}$ 一定是线性无关的。这可用反证法说明。如果存在标量函数 $\alpha_1, \cdots, \alpha_{i-1} (i \leqslant n-1)$ 使得式(4-70)成立：

$$\mathrm{ad}_f^i \boldsymbol{g} = \sum_{k=0}^{i-1} \alpha_k \mathrm{ad}_f^k \boldsymbol{g}, \quad i \leqslant n-1 \tag{4-70}$$

则有

$$\mathrm{ad}_f^{n-1} \boldsymbol{g} = \sum_{k=n-i-1}^{n-2} \alpha_k \mathrm{ad}_f^k \boldsymbol{g} \tag{4-71}$$

利用式(4-69)中的等式，可得

$$\nabla z_1 \mathrm{ad}_f^{n-1} \boldsymbol{g} = \sum_{k=n-i-1}^{n-2} \alpha_k \nabla z_1 \mathrm{ad}_f^k \boldsymbol{g} = 0 \tag{4-72}$$

其与式(4-69)中后面等式的结论矛盾，因此 $\boldsymbol{g}, \mathrm{ad}_f \boldsymbol{g}, \cdots, \mathrm{ad}_f^{n-1} \boldsymbol{g}$ 不可能线性相关。

结论 2　向量场集合 $\{\boldsymbol{g}, \mathrm{ad}_f \boldsymbol{g}, \cdots, \mathrm{ad}_f^{n-2} \boldsymbol{g}\}$ 是对合的。因为存在一个标量函数 $z_1(\boldsymbol{x})$，说明式(4-69)前面的偏微分方程完全可积，由弗罗贝尼乌斯定理可知向量场集合 $\{\boldsymbol{g}, \mathrm{ad}_f \boldsymbol{g}, \cdots, \mathrm{ad}_f^{n-2} \boldsymbol{g}\}$ 一定是对合的。

充分性：反过来，如果向量场集合 $\{\boldsymbol{g}, \mathrm{ad}_f \boldsymbol{g}, \cdots, \mathrm{ad}_f^{n-2} \boldsymbol{g}\}$ 是对合的，由弗罗贝尼乌斯定理可知式(4-69)中前面的偏微分方程一定完全可积，即 $z_1(\boldsymbol{x})$ 一定存在，并满足：

$$L_{\boldsymbol{g}} z_1 = L_{\mathrm{ad}_f \boldsymbol{g}} z_1 = \cdots = L_{\mathrm{ad}_f^{n-2} \boldsymbol{g}} z_1 = 0 \tag{4-73}$$

式(4-73)等价于：

$$L_{\boldsymbol{g}} z_1 = L_{\boldsymbol{g}} L_f z_1 = \cdots = L_{\boldsymbol{g}} L_f^{n-2} z_1 = 0 \tag{4-74}$$

现在用 $\boldsymbol{z} = [z_1, L_f z_1, \cdots, L_f^{n-1} z_1]^{\mathrm{T}}$ 作为一组新的状态变量，则新的状态方程为

$$\begin{aligned} \dot{z}_k &= z_{k+1}, \quad k = 1, \cdots, n-1 \\ \dot{z}_n &= L_f^n z_1 + L_{\boldsymbol{g}} L_f^{n-1} z_1 u \end{aligned} \tag{4-75}$$

接着需要分析 $L_{\boldsymbol{g}} L_f^{n-1} z_1$ 是否可以等于零，由式(4-74)可得

$$L_{\boldsymbol{g}} L_f^{n-1} z_1 = (-1)^{n-1} L_{\boldsymbol{g}} z_n = (-1)^{n-1} L_{\mathrm{ad}_f^{n-1} \boldsymbol{g}} z_1 \tag{4-76}$$

则有

$$L_{\mathrm{ad}_f^{n-1} \boldsymbol{g}} z_1(\boldsymbol{x}) \neq 0, \quad \forall \boldsymbol{x} \in \Omega \tag{4-77}$$

否则非零向量 $\nabla z_1(\boldsymbol{x})$ 满足：

$$\nabla z_1 [\boldsymbol{g}, \mathrm{ad}_f \boldsymbol{g}, \cdots, \mathrm{ad}_f^{n-1} \boldsymbol{g}] = 0 \tag{4-78}$$

这与向量场 $\boldsymbol{g}, \mathrm{ad}_f \boldsymbol{g}, \cdots, \mathrm{ad}_f^{n-1} \boldsymbol{g}$ 在 Ω 上线性无关的条件矛盾，即 $\nabla z_1(\boldsymbol{x})$ 和 n 个线性无关的向量场正交是不可能的。

反馈线性化控制律设计为

$$\begin{gathered} u = \alpha(\boldsymbol{x}) + \beta(\boldsymbol{x}) v \\ \alpha(\boldsymbol{x}) = -\frac{L_f^n z_1}{L_{\boldsymbol{g}} L_f^{n-1} z_1}, \quad \beta(\boldsymbol{x}) = \frac{1}{L_{\boldsymbol{g}} L_f^{n-1} z_1} \end{gathered} \tag{4-79}$$

将方程(4-75)变为 $\dot{z}_n = v$，实现了如式(4-65)所定义的输入-状态线性化的标准形式。

上述分析表明如果满足输入-状态线性化的条件，则能够找到一组状态变换和输入变

换，实现输入-状态线性化。

4.3.2　输入-状态线性化控制律设计

基于前面的讨论，非线性系统输入-状态线性化的实现步骤如下。

(1) 对于给定的非线性系统，构造向量场 $\boldsymbol{g},\mathrm{ad}_f\boldsymbol{g},\cdots,\mathrm{ad}_f^{n-1}\boldsymbol{g}$ 。

(2) 检验向量场是否满足能控条件和对合条件。

(3) 如果两个条件都能满足，计算满足式(4-68)的输出 $z_1(\boldsymbol{x})$ ，即得到使相对阶为 n 的输出函数。

(4) 计算实现输入-状态线性化所需的状态变换 $\boldsymbol{z}=[z_1,L_f z_1,\cdots,L_f^{n-1}z_1]^{\mathrm{T}}$ 和式(4-79)所示的输入变换。

例 4-9　图 4-9 表示一个可在垂直面旋转的柔顺关节，该关节由驱动电机和扭矩弹簧驱动。

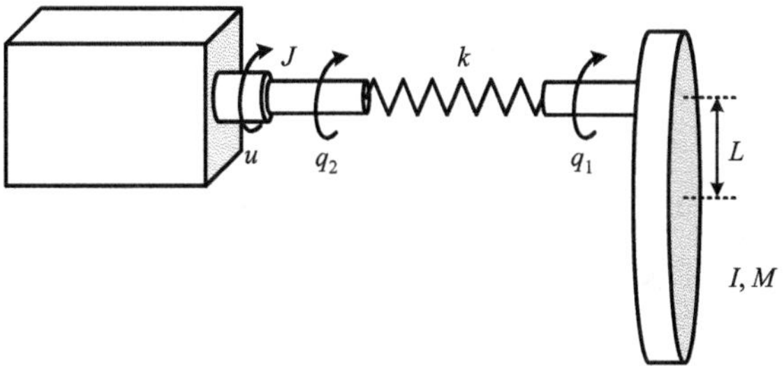

图 4-9　垂直面旋转的柔顺关节

设 q_1、q_2 分别表示柔顺连杆和驱动电机输出轴的旋转角度；J 表示驱动电机转子转动惯量；u 表示驱动电机轴输出力矩；k 表示弹簧扭矩系数；L 表示连杆质心位置；I 表示连杆绕转轴的转动惯量；M 表示连杆的质量。在驱动电机的输出轴侧和关节转动轴侧分别建立力矩平衡方程，得到系统的动力学模型为

$$\begin{aligned}&I\ddot{q}_1+MgL\sin q_1+k(q_1-q_2)=0\\&J\ddot{q}_2-k(q_1-q_2)=u\end{aligned}\tag{4-80}$$

选取状态变量为 $\boldsymbol{x}=[q_1,\dot{q}_1,q_2,\dot{q}_2]^{\mathrm{T}}$ ，得到系统状态方程：

$$\begin{aligned}\dot{x}_1&=x_2\\\dot{x}_2&=-\frac{MgL}{I}\sin x_1-\frac{k}{I}(x_1-x_3)\\\dot{x}_3&=x_4\\\dot{x}_4&=\frac{k}{J}(x_1-x_3)+\frac{1}{J}u\end{aligned}\tag{4-81}$$

相应的向量场 $\boldsymbol{f}$、$\boldsymbol{g}$ 分别为

$$\begin{aligned}&\boldsymbol{f}=\left[x_2\quad -\frac{MgL}{I}\sin x_1-\frac{k}{I}(x_1-x_3)\quad x_4\quad \frac{k}{J}(x_1-x_3)\right]^{\mathrm{T}}\\&\boldsymbol{g}=[0\quad 0\quad 0\quad 1/J]^{\mathrm{T}}\end{aligned}\tag{4-82}$$

根据 $\boldsymbol{f}$、$\boldsymbol{g}$ ，可计算能控性矩阵为

$$[\boldsymbol{g}\quad \mathrm{ad}_{f}\boldsymbol{g}\quad \mathrm{ad}_{f}^{2}\boldsymbol{g}\quad \mathrm{ad}_{f}^{3}\boldsymbol{g}]=\begin{bmatrix} 0 & 0 & 0 & -k/(IJ) \\ 0 & 0 & k/(IJ) & 0 \\ 0 & -1/J & 0 & k/J^{2} \\ 1/J & 0 & -k/J^{2} & 0 \end{bmatrix} \tag{4-83}$$

当 $k>0$、$IJ<\infty$ 时，可验证该矩阵的秩为 4，满足可控性条件。而且向量场集合 $\{\boldsymbol{g},\mathrm{ad}_{f}\boldsymbol{g},\mathrm{ad}_{f}^{2}\boldsymbol{g}\}$ 中的向量都是常数，由于两个常数向量的李括号是零向量，可以写成集合中向量的线性组合，因此 $\{\boldsymbol{g},\mathrm{ad}_{f}\boldsymbol{g},\mathrm{ad}_{f}^{2}\boldsymbol{g}\}$ 满足对合条件。

设新的状态 $\boldsymbol{z}$ 的第一个分量为 z_1，必须满足式(4-69)，即

$$\begin{aligned} &\frac{\partial z_1}{\partial x_2}=0 \\ &\frac{\partial z_1}{\partial x_3}=0 \\ &\frac{\partial z_1}{\partial x_4}=0 \\ &\frac{\partial z_1}{\partial x_1}\neq 0 \end{aligned} \tag{4-84}$$

可见，z_1 只是 x_1 的函数，可选择最简单的解 $z_1=x_1$，$\boldsymbol{z}$ 的其他分量可由 z_1 得到：

$$\begin{aligned} z_2 &= \nabla z_1 \boldsymbol{f} = x_2 \\ z_3 &= \nabla z_2 \boldsymbol{f} = -\frac{MgL}{I}\sin x_1 - \frac{k}{I}(x_1-x_3) \\ z_4 &= \nabla z_3 \boldsymbol{f} = -\frac{MgL}{I}x_2\cos x_1 - \frac{k}{I}(x_2-x_4) \end{aligned} \tag{4-85}$$

即得到状态变换 $\boldsymbol{z}=[z_1,L_f z_1,\cdots,L_f^{n-1}z_1]^{\mathrm{T}}$，新的状态各分量是有具体物理意义的：$z_1$ 表示连杆的位置；z_2 表示连杆的速度；z_3 表示连杆的加速度；z_4 表示连杆加速度的变化率。

状态变换 $\boldsymbol{z}=[z_1,L_f z_1,\cdots,L_f^{n-1}z_1]^{\mathrm{T}}$ 是可逆的，其逆变换为

$$\begin{aligned} x_1 &= z_1 \\ x_2 &= z_2 \\ x_3 &= z_1 + \frac{I}{k}\left(z_3 + \frac{MgL}{I}\sin z_1\right) \\ x_4 &= z_2 + \frac{I}{k}\left(z_4 + \frac{MgL}{I}z_2\cos z_1\right) \end{aligned} \tag{4-86}$$

进而可得到输入变换为

$$\begin{aligned} u &= \frac{v-\nabla z_4 \boldsymbol{f}}{\nabla z_4 \boldsymbol{g}} = \frac{IJ}{k}(v-a(\boldsymbol{x})) \\ a(\boldsymbol{x}) &= \frac{MgL}{I}\sin x_1\left(x_2^2+\frac{MgL}{I}\cos x_1+\frac{k}{I}\right)+\frac{k}{I}(x_1-x_3)\left(\frac{k}{I}+\frac{k}{J}+\frac{MgL}{I}\cos x_1\right) \end{aligned} \tag{4-87}$$

由状态变换和输入变换可实现输入-状态线性化，结果为

$$\begin{aligned}\dot{z}_1 &= z_2 \\ \dot{z}_2 &= z_3 \\ \dot{z}_3 &= z_4 \\ \dot{z}_4 &= v\end{aligned} \tag{4-88}$$

输入-状态线性化结果说明，如果直接选连杆的位置、速度、加速度和加速度变化率作为系统的状态变量，则可以直接得到系统线性状态方程，但缺少物理定律支持其动力学建模过程。

4.4　单输入-单输出系统输入-输出线性化

在 4.3 节输入-状态线性化分析中，选择了一个人工输出函数 $z_1(\boldsymbol{x})$，保证系统的相对阶为 n，而系统的实际输出 $y(\boldsymbol{x})$ 对应的相对阶为 r，当 $r<n$ 时，无法实现输入-状态线性化，只能实现输入-输出线性化，这在实际跟踪问题中有广泛的应用。

4.4.1　输入-输出线性化系统结构

对于非线性系统：

$$\begin{aligned}\dot{\boldsymbol{x}} &= \boldsymbol{f}(\boldsymbol{x}) + \boldsymbol{g}(\boldsymbol{x})u \\ y &= h(\boldsymbol{x})\end{aligned} \tag{4-89}$$

当相对阶 $r<n$ 时，式(4-68)变为

$$\begin{aligned}&L_{\boldsymbol{g}}h(\boldsymbol{x}) = L_{\boldsymbol{g}}L_{\boldsymbol{f}}h(\boldsymbol{x}) = \cdots = L_{\boldsymbol{g}}L_{\boldsymbol{f}}^{r-2}h(\boldsymbol{x}) = 0 \\ &L_{\boldsymbol{g}}L_{\boldsymbol{f}}^{r-1}h(\boldsymbol{x}) \neq 0\end{aligned} \tag{4-90}$$

即

$$\begin{aligned}\dot{y} &= L_{\boldsymbol{f}}h(\boldsymbol{x}) \\ \ddot{y} &= L_{\boldsymbol{f}}^2 h(\boldsymbol{x}) \\ &\vdots \\ y^{(r)} &= L_{\boldsymbol{f}}^r h(\boldsymbol{x}) + L_{\boldsymbol{g}}L_{\boldsymbol{f}}^{r-1}h(\boldsymbol{x})u\end{aligned} \tag{4-91}$$

此时，输入-输出线性化控制律为

$$u = \frac{1}{L_{\boldsymbol{g}}L_{\boldsymbol{f}}^{r-1}h}(-L_{\boldsymbol{f}}^r h + v) \tag{4-92}$$

得到新的输入 v 和输出 y 之间简单的线性关系：

$$y^{(r)} - v \tag{4-93}$$

用 $y, \dot{y}, \cdots, y^{(r-1)}$ 作为新状态变量的一部分，记为 $\boldsymbol{\mu}$，即

$$\boldsymbol{\mu} = \left[\mu_1, \mu_2, \cdots, \mu_r\right]^{\mathrm{T}} = \left[y, \dot{y}, \cdots, y^{(r-1)}\right]^{\mathrm{T}} \tag{4-94}$$

此时，系统中还存在 $n-r$ 维的内动态，记为 $\boldsymbol{\psi} = [\psi_1, \psi_2, \cdots, \psi_{n-r}]^{\mathrm{T}}$，而且内动态与外动态 $\boldsymbol{\mu}$ 相关，与控制输入 u 无关。

假设内动态的状态方程为 $\dot{\boldsymbol{\psi}} = \boldsymbol{w}(\boldsymbol{\mu}, \boldsymbol{\psi})$，如果选择如下状态变换：

$$\boldsymbol{\varphi}(\boldsymbol{x})=[\mu_1,\cdots,\mu_r,\psi_1,\cdots,\psi_{n-r}]^{\mathrm{T}} \tag{4-95}$$

选择式(4-92)所示的输入变换，则可以得到输入-输出线性化系统的标准形式：

$$\begin{aligned}&\dot{\boldsymbol{\mu}}=\begin{bmatrix}\mu_2\\ \vdots\\ \mu_r\\ a(\boldsymbol{\mu},\boldsymbol{\psi})+b(\boldsymbol{\mu},\boldsymbol{\psi})u\end{bmatrix}\\&\dot{\boldsymbol{\psi}}=\boldsymbol{w}(\boldsymbol{\mu},\boldsymbol{\psi})\\&y=\mu_1\end{aligned} \tag{4-96}$$

式中

$$\begin{aligned}a(\boldsymbol{\mu},\boldsymbol{\psi})&=L_f^r h(\boldsymbol{x})=L_f^r h(\boldsymbol{\varphi}^{-1}(\boldsymbol{\mu},\boldsymbol{\psi}))\\ b(\boldsymbol{\mu},\boldsymbol{\psi})&=L_{\boldsymbol{g}}L_f^{r-1}h(\boldsymbol{x})=L_{\boldsymbol{g}}L_f^{r-1}h(\boldsymbol{\varphi}^{-1}(\boldsymbol{\mu},\boldsymbol{\psi}))\end{aligned} \tag{4-97}$$

4.4.2　坐标变换的存在性

能够得到输入-输出线性化标准形式的关键问题是状态变换(4-95)是否微分同胚和内动态如何求取。

根据微分同胚的定义，状态变换(4-95)是否是微分同胚问题可以转化为状态变换$\boldsymbol{\varphi}(\boldsymbol{x})$的雅可比矩阵是否可逆的问题，即梯度$\nabla\mu_i$和$\nabla\psi_j$是否都线性无关。

首先，如果系统的相对阶为r，则$\nabla\mu_1,\nabla\mu_2,\cdots,\nabla\mu_r$是线性无关的。可实现输入-输出线性化的条件为

$$\begin{aligned}&\nabla\mu_i\boldsymbol{g}=0,\quad 1\leqslant i<r\\&\nabla\mu_r\boldsymbol{g}\neq 0,\quad i=r\end{aligned} \tag{4-98}$$

以$r=3$为例，假设存在连续函数$\alpha_i(\boldsymbol{x}),i=1,2,3$使得式(4-99)成立：

$$\alpha_1\nabla\mu_1+\alpha_2\nabla\mu_2+\alpha_3\nabla\mu_3=0 \tag{4-99}$$

将式(4-99)乘以$\boldsymbol{g}$，得

$$(\alpha_1\nabla\mu_1+\alpha_2\nabla\mu_2+\alpha_3\nabla\mu_3)\boldsymbol{g}=0 \tag{4-100}$$

根据式(4-98)，有$\nabla\mu_1\boldsymbol{g}=\nabla\mu_2\boldsymbol{g}=0$，而且$\nabla\mu_3\boldsymbol{g}\neq 0$，因此必有$\alpha_3=0$，代入式(4-100)，得

$$\alpha_1\nabla\mu_1+\alpha_2\nabla\mu_2=0 \tag{4-101}$$

将式(4-101)乘以李括号$\mathrm{ad}_f\boldsymbol{g}$，并利用雅可比恒等式，有

$$\begin{aligned}0&=\alpha_1L_{\mathrm{ad}_f\boldsymbol{g}}\nabla\mu_1+\alpha_2L_{\mathrm{ad}_f\boldsymbol{g}}\nabla\mu_2\\&=\alpha_1(L_fL_{\boldsymbol{g}}h-L_{\boldsymbol{g}}L_fh)+\alpha_2(L_fL_{\boldsymbol{g}}-L_{\boldsymbol{g}}L_f)L_fh\\&=-\alpha_2L_{\boldsymbol{g}}L_f^2h\end{aligned} \tag{4-102}$$

由于$L_{\boldsymbol{g}}L_f^2h\neq 0$，因此必有$\alpha_2=0$，代入式(4-101)，得

$$\alpha_1\nabla\mu_1=0 \tag{4-103}$$

将式(4-103)乘以$\mathrm{ad}_f^2\boldsymbol{g}$，并利用二次雅可比恒等式，得

$$
\begin{aligned}
0 &= (\alpha_1\nabla\mu_1)\mathrm{ad}_f^2\boldsymbol{g} = \alpha_1 L_{\mathrm{ad}_f^2\boldsymbol{g}}\mu_1 \\
&= \alpha_1(L_f^2 L_g h - 2L_f L_g L_f h + L_g L_f^2 h) = \alpha_1 L_g L_f^2 h
\end{aligned} \tag{4-104}
$$

则必有 $\alpha_1 = 0$。由 $\alpha_1 = \alpha_2 = \alpha_3 = 0$ 可知 $\nabla\mu_i$ 是线性无关的。

其次，证明存在 $n-r$ 个函数 $\psi_j, j=1,2,\cdots,n-r$，与 μ_i 一起构成状态变换(4-95)，只需要证明存在梯度向量 $\nabla\psi_j$ 使得 $\nabla\mu_i$ 和 $\nabla\psi_j$ 都线性无关即可。

由 $\nabla\mu_i\boldsymbol{g}=0, 1\leqslant i<r$ 可知，有 $r-1$ 个线性无关的向量 $\nabla\mu_i, i=1,\cdots,r-1$ 都在与 $\boldsymbol{g}$ 正交的超平面内(因为投影为零)，如图 4-10 所示。由于向量 $\boldsymbol{g}$ 只是 1 维的，与 $\boldsymbol{g}$ 正交的超平面是 $n-1$ 维的，由于已经存在 $r-1$ 维的 $\nabla\mu_i$，因此在该超平面内一定还可以找到 $(n-1)-(r-1)=n-r$ 维与 $\nabla\mu_i, i=1,\cdots,r-1$ 线性无关的向量，将这 $n-r$ 维向量定义为 $\nabla\psi_j, j=1,\cdots,n-r$，即可证明存在式(4-95)描述的状态变换。

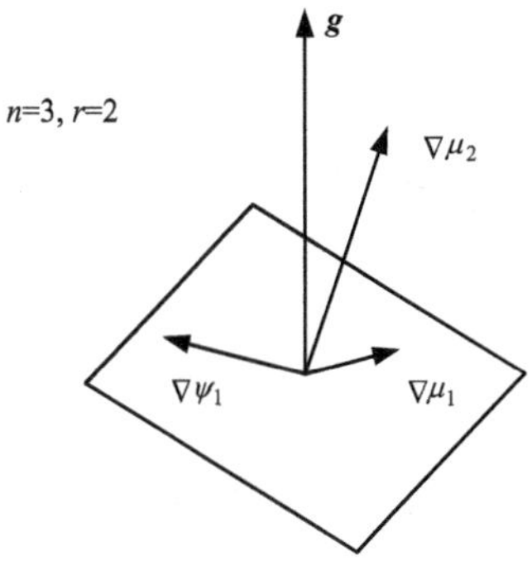

图 4-10　超平面与 $\nabla\psi_j$ 的选取

由于由 $\nabla\mu_i, i=1,\cdots,r-1$ 和 $\nabla\psi_j, j=1,\cdots,n-r$ 组成的 $n-1$ 维向量是线性无关的，而且存在 $\nabla\mu_r$ 不在与 $\boldsymbol{g}$ 正交的超平面内，表明状态变换(4-95)的雅可比矩阵是可逆的，因此式(4-95)描述的状态变换是微分同胚的。

接下来分析内动态求取问题。由于 $\nabla\psi_j, j=1,\cdots,n-r$ 在与 $\boldsymbol{g}$ 正交的超平面内，因此满足：

$$
\nabla\psi_j\boldsymbol{g}=0,\quad 1\leqslant j\leqslant n-r \tag{4-105}
$$

由于 $\dot{\boldsymbol{\psi}}=\dfrac{\partial\boldsymbol{\psi}}{\partial\boldsymbol{x}}(\boldsymbol{f}+\boldsymbol{g}u)$，因此式(4-105)也表明了内动态 ψ_j 与控制输入 u 无关。另外，对于单个向量 $\boldsymbol{g}$ 是对合的，因此由弗罗贝尼乌斯定理可知，存在 $n-1$ 个线性无关的梯度函数 ∇h_k，满足 $\nabla h_k\boldsymbol{g}=0$，表明式(4-105)是可解的，由此得到内动态的求解方法。

例 4-10　考虑非线性系统：

$$
\begin{aligned}
\dot{\boldsymbol{x}} &= \begin{bmatrix} -x_1 \\ 2x_1x_2+\sin x_2 \\ 2x_2 \end{bmatrix} + \begin{bmatrix} \mathrm{e}^{2x_2} \\ 1/2 \\ 0 \end{bmatrix} u \\
y &= x_3
\end{aligned} \tag{4-106}
$$

由于

$$
\begin{aligned}
\dot{y} &= 2x_2 \\
\ddot{y} &= 2\dot{x}_2 = 2(2x_1x_2+\sin x_2)+u
\end{aligned} \tag{4-107}
$$

系统相对阶为 2，并且有

$$
\begin{aligned}
L_f h &= 2x_2 \\
L_g h &= 0 \\
L_g L_f h &= 1
\end{aligned} \tag{4-108}
$$

取

$$\begin{aligned}\mu_1 &= h(\boldsymbol{x}) = x_3 \\ \mu_2 &= L_f h(\boldsymbol{x}) = 2x_2\end{aligned} \tag{4-109}$$

求解状态变换所需的内动态$\psi(\boldsymbol{x})$，必须满足：

$$L_g\psi = \frac{\partial \psi}{\partial x_1}\mathrm{e}^{2x_2} + \frac{1}{2}\frac{\partial \psi}{\partial x_2} = 0 \tag{4-110}$$

该方程的一个解为

$$\psi = 1 + x_1 - \mathrm{e}^{2x_2} \tag{4-111}$$

取状态变换$\boldsymbol{z} = [\mu_1, \mu_2, \psi]^{\mathrm{T}}$，其雅可比矩阵为

$$\frac{\partial \boldsymbol{z}}{\partial \boldsymbol{x}} = \begin{bmatrix} 0 & 0 & 1 \\ 0 & 2 & 0 \\ 1 & -2\mathrm{e}^{2x_2} & 0 \end{bmatrix} \tag{4-112}$$

该矩阵是非奇异的，逆变换为

$$\begin{aligned} x_1 &= -1 + \psi + \mathrm{e}^{\mu_2} \\ x_2 &= \frac{1}{2}\mu_2 \\ x_3 &= \mu_1 \end{aligned} \tag{4-113}$$

因此可以得到输入-输出线性化系统的标准形式：

$$\begin{aligned} \dot{\mu}_1 &= \mu_2 \\ \dot{\mu}_2 &= 2(-1 + \psi + \mathrm{e}^{\mu_2})\mu_2 + 2\sin(\mu_2/2) + u \\ \dot{\psi} &= (1 - \psi - \mathrm{e}^{\mu_2})(1 + 2\mu_2\mathrm{e}^{\mu_2}) - 2\sin(\mu_2/2)\mathrm{e}^{\mu_2} \\ y &= \mu_1 \end{aligned} \tag{4-114}$$

值得注意的是，求解内动态也可以不必通过解偏微分方程(4-105)实现。例如，例 4-3 中直接选x_3作为内动态，即当$\boldsymbol{\mu}$给定时，可简单地找到$n-r$维的内动态，但需要验证由此组成的状态变换是否是微分同胚的。

4.4.3　零动态及其稳定性分析

前面介绍过内动态的稳定性是输入-输出线性化可实现的前提条件，外动态是由输入-输出线性化标准型中后$n-r$维动态方程$\dot{\boldsymbol{\psi}} = \boldsymbol{w}(\boldsymbol{\mu}, \boldsymbol{\psi})$所描述的，其是否具有良好的特性，或是否保持有界，是输入-输出线性化的关键。

因为内动态与$\boldsymbol{\mu}$有关，当$\boldsymbol{\mu} = 0$时的内动态称为零动态，对应的标准形式为

$$\begin{aligned} \dot{\boldsymbol{\mu}} &= 0 \\ \dot{\boldsymbol{\psi}} &= \boldsymbol{w}(0, \boldsymbol{\psi}) \end{aligned} \tag{4-115}$$

零动态描述的是在定义的$n-r$维光滑流型上的轨线，如图 4-11 所示的零动态流型及轨迹演化。

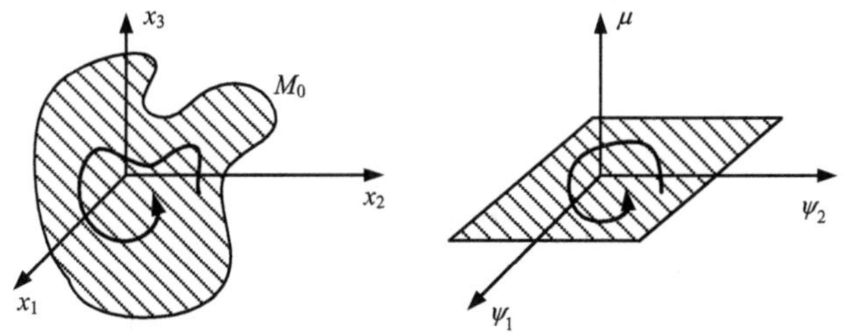

(a) 原状态变量坐标　　(b) 新状态变量坐标

图 4-11　零动态流型及轨迹演化

研究零动态可以得到一些关于内动态稳定性的结论，从而简化对内动态稳定性分析的复杂性，而且通过输入控制能够使系统输出恒为零，由输入-输出线性化标准型(4-96)可知，能够保证系统状态保持在零动态流型上所需要的控制输入为

$$u_0(\psi) = -\frac{a(0,\psi)}{b(0,\psi)} \tag{4-116}$$

如果降维的零动态系统是渐近稳定的，参照线性系统理论，定义此时的零动态系统为渐近最小相位系统。

可以通过局部线性化的方法分析输入-输出线性化标准系统的局部稳定性，设跟踪控制律为

$$v = -k_{r-1}y^{(r-1)} - \cdots - k_1\dot{y} - k_0 y \tag{4-117}$$

则可以得到闭环系统的局部线性化方程：

$$\begin{aligned}\dot{\boldsymbol{\mu}} &= \begin{bmatrix} 0 & 1 & 0 & \cdots & 0 \\ \vdots & \vdots & \vdots & & \vdots \\ 0 & 0 & 0 & \cdots & 1 \\ -k_0 & -k_1 & -k_2 & \cdots & -k_{r-1} \end{bmatrix}\boldsymbol{\mu} = \boldsymbol{A\mu} \\ \dot{\boldsymbol{\psi}} &= \boldsymbol{w}(\boldsymbol{\mu},\boldsymbol{\psi}) = \boldsymbol{A}_1\boldsymbol{\mu} + \boldsymbol{A}_2\boldsymbol{\psi} + \text{h.o.t}\end{aligned} \tag{4-118}$$

忽略式(4-118)中的高阶项，闭环系统可简化为

$$\frac{\mathrm{d}}{\mathrm{d}t}\begin{bmatrix} \boldsymbol{\mu} \\ \boldsymbol{\psi} \end{bmatrix} = \begin{bmatrix} \boldsymbol{A} & 0 \\ \boldsymbol{A}_1 & \boldsymbol{A}_2 \end{bmatrix}\begin{bmatrix} \boldsymbol{\mu} \\ \boldsymbol{\psi} \end{bmatrix} \tag{4-119}$$

式(4-119)中 $\boldsymbol{A}$ 是稳定的，如果 $\boldsymbol{A}_2$ 也是稳定的，即零动态是稳定的，则整个闭环系统是稳定的；如果 $\boldsymbol{A}_2$ 只是临界稳定的，则整个闭环系统的稳定性可进一步由中心流形定理确定。

上面的稳定性分析是基于局部线性化方程的，只能保证局部的稳定控制，失去了全局反馈线性化的意义与价值，但其实际上也可以实现全局稳定控制，控制器设计方法详见第 6 章反步设计法一节。

4.5　多输入-多输出系统

单输入-单输出系统反馈线性化的概念可以推广到多输入-多输出系统，下面以方形系

统(输入和输出维数相同的系统)为例对输入–输出线性化进行简单的介绍。

设非线性系统为

$$\begin{aligned}\dot{\boldsymbol{x}} &= \boldsymbol{f}(\boldsymbol{x})+\boldsymbol{g}(\boldsymbol{x})\boldsymbol{u}\\ \boldsymbol{y} &= \boldsymbol{h}(\boldsymbol{x})\end{aligned} \tag{4-120}$$

系统状态维数为n，输入和输出都是m维的。

首先对某一个输出y_i进行求导直到有控制分量出现，设r_i是至少有一个控制分量出现时的对y_i最小求导阶次，称为部分相对阶，即

$$y_i^{(r_i)} = L_{\boldsymbol{f}}^{r_i} h_i + \sum_{j=1}^{m} L_{\boldsymbol{g}_j} L_{\boldsymbol{f}}^{r_i-1} h_i u_j \tag{4-121}$$

其中，在$\boldsymbol{x}_0$的邻域Ω_i内，式(4-121)中至少存在一个j，有$L_{\boldsymbol{g}_j} L_{\boldsymbol{f}}^{r_i-1} h_i(\boldsymbol{x}) \neq 0$。

把上一步骤用于每一个输出y_i，可得

$$\begin{bmatrix} y_1^{r_1} \\ \vdots \\ y_m^{r_m} \end{bmatrix} = \begin{bmatrix} L_{\boldsymbol{f}}^{r_1} h_1(\boldsymbol{x}) \\ \vdots \\ L_{\boldsymbol{f}}^{r_m} h_m(\boldsymbol{x}) \end{bmatrix} + \boldsymbol{E}(\boldsymbol{x})\boldsymbol{u} \tag{4-122}$$

式中，$m \times m$矩阵$\boldsymbol{E}$的定义是明确的。

定义Ω为Ω_i的交集，则Ω为$\boldsymbol{x}_0$的有限邻域，如果$\boldsymbol{E}(\boldsymbol{x})$在$\Omega$上可逆，则类似于单输入–单输出系统，取输入变换：

$$\boldsymbol{u} = \boldsymbol{E}^{-1} \begin{bmatrix} v_1 - L_{\boldsymbol{f}}^{r_1} h_1(\boldsymbol{x}) \\ \vdots \\ v_m - L_{\boldsymbol{f}}^{r_m} h_m(\boldsymbol{x}) \end{bmatrix} \tag{4-123}$$

则得到m个简单的方程：

$$y_i^{r_i} = v_i, \quad i = 1, 2, \cdots, m \tag{4-124}$$

由于输入v_i仅作用于输出y_i上，控制律(4-123)称为解耦控制律，可逆矩阵$\boldsymbol{E}(\boldsymbol{x})$称为系统的解耦矩阵，系统(4-120)在$\boldsymbol{x}_0$点具有相对阶$(r_1,\cdots,r_m)$，标量$r = r_1 + \cdots + r_m$称为系统在$\boldsymbol{x}_0$点的总相对阶。

当总相对阶$r < n$时，系统存在内动态，同样需要定义系统的零动态来简化稳定性的分析。当总相对阶$r = n$时，系统不存在内动态，即实现了输入–状态线性化。

对于多输入–多输出系统，反馈线性化问题存在许多复杂性，如满足系统能够实现输入–状态线性化的条件、矩阵$\boldsymbol{E}(\boldsymbol{x})$的可逆性问题等，感兴趣的读者可以继续深入学习。

第 5 章　非线性系统李雅普诺夫稳定性理论

对于控制系统，稳定性是需要研究的基本问题，实质是考察系统由初始状态扰动引起的受扰运动能否趋近或返回原平衡状态的问题。对于线性系统，由解析解的存在可知，平衡点的特性要么是指数收敛的，要么是指数发散的，都是全局性质的，因此稳定性的概念和分析相对简单，已有许多成熟的稳定性判定方法。对于非线性系统，会出现许多复杂特性，而且又难以获得解析解，因此带来了对其稳定性概念定义和分析的难度。自 1892 年李雅普诺夫提出非线性系统稳定性理论起，经过后人近百年的研究发展，形成了一套完整的非线性系统稳定性分析方法，但仍称为李雅普诺夫稳定性理论。

5.1　自治非线性系统李雅普诺夫稳定性理论

5.1.1　稳定的概念

对于线性系统，平衡点的特性是要么指数收敛，要么指数发散，都是全局性质的，因此，线性系统的稳定性概念和分析相对简单。而非线性系统平衡点的特性相对复杂，李雅普诺夫意义下的稳定性概念给出了非线性系统平衡点特性复杂性的详细描述和定义。

1. 稳定与不稳定

定义 5-1　非线性系统的平衡点 $\boldsymbol{x}=0$ 是稳定的，如果对任意的 $R>0$，存在一个 $r>0$，使得当 $\|\boldsymbol{x}(0)\|<r$ 时，有 $\|\boldsymbol{x}(t)\|<R$ 对所有时间 $t\geqslant 0$ 成立，否则平衡点是不稳定的。

该定义可表示为

$$\forall R>0, \exists r>0, \|\boldsymbol{x}(0)\|<r \quad \Rightarrow \quad \forall t\geqslant 0, \|\boldsymbol{x}(t)\|<R \tag{5-1}$$

这一稳定性定义也称为李雅普诺夫意义下的稳定性或李雅普诺夫稳定性，其含义是如果系统受到扰动而偏离了平衡点，系统运动范围受到以平衡点为中心、以 r 为半径的球的限制，系统运动状态仍能够停留在以平衡点为中心、以 R 为半径的球内，系统平衡点就是稳定的，否则，系统平衡点是不稳定的。因此，式(5-1)也可以表示如下：

$$\forall R>0, \exists r>0, \boldsymbol{x}(0)\in B_r \quad \Rightarrow \quad \forall t\geqslant 0, \boldsymbol{x}(t)\in B_R \tag{5-2}$$

式中，B_r、B_R 分别表示状态空间中以平衡点为中心、以 r 和 R 为半径的球空间。之所以选择球空间作为稳定性分析的基础，就是因其分析简单，当然也可以选择其他范数空间为基础。

注意，非线性系统的不稳定现象与线性系统的不稳定现象有所区别。如果线性系统是不稳定的，状态轨线只有指数发散一种现象；非线性系统的情况则不同，指数发散只是非线性系统不稳定的一种表现方式，还有其他表现方式，例如，如果非线性系统存在极限环，并且整个以 R 为半径的圆都包含在极限环内，这意味着系统的极限环运动是李雅普诺夫意义下的不稳定系统。

2. 渐近稳定和指数稳定

在许多工程应用中，只保证系统稳定还不能满足对系统的要求。例如，卫星的姿态控制，当姿态角偏离预期值时，仅保证这种偏离保持在一定范围内是不够的，还要求姿态角能够回归到预期值。这种工程要求要用到渐近稳定的概念来描述。

定义 5-2　非线性系统平衡点 $\boldsymbol{x}=0$ 称为渐近稳定(asymptotically stable)的，如果它是李雅普诺夫稳定的，而且当 $\|\boldsymbol{x}(0)\|<r$ 时，$\boldsymbol{x}(t)\to 0, t\to\infty$。

该定义意味着系统从球 B_r 内出发的轨线最终都会收敛到平衡点 $\boldsymbol{x}=0$，B_r 称为平衡点的一个吸引域，用不同的范数空间描述会得到不同的吸引域，其只是对系统实际吸引域的一个估计。

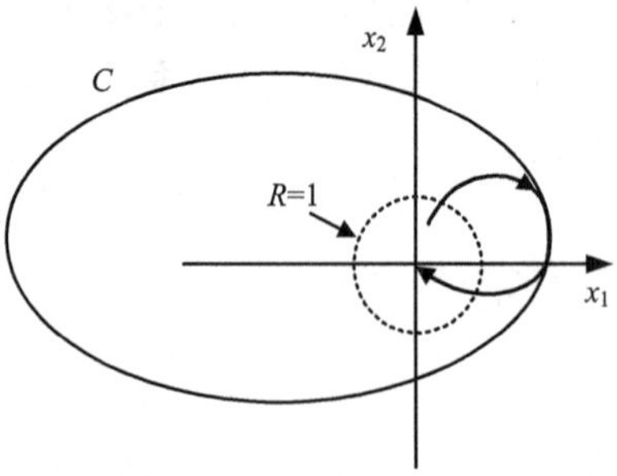

图 5-1　系统收敛但不稳定

注意，渐近稳定是以稳定为前提的，这一点也是非常重要的。如图 5-1 所示，其描述了一个收敛但不稳定的例子，即轨线跑出半径为 R 的圆，假设图中曲线 C 已不在系统模型的有效范围内，系统可能已无法正常工作，收敛也就失去了意义。

如果系统收敛时间过长，对实际工程应用也没有太大价值，因此总是要求系统收敛得越快越好。在数学上，常用的变化速度最快的基本函数是指数函数，这一点上线性系统具有优势，对于非线性系统，也希望具有指数的收敛速度，因此李雅普诺夫继续提出指数稳定(exponential stable)的概念。

定义 5-3　非线性系统平衡点 $\boldsymbol{x}=0$ 称为指数稳定的，如果存在两个正数 α、λ，使得

$$\forall t>0,\quad \|\boldsymbol{x}(t)\|\leqslant\alpha\|\boldsymbol{x}(0)\|\mathrm{e}^{-\lambda t} \tag{5-3}$$

在平衡点附近的某个球 B_r 内成立。

式(5-3)表示系统状态的收敛速度比某个指数函数还要快，指数函数给出了轨线的界，其中 λ 称为指数收敛率。

指数稳定蕴含了渐近稳定，但渐近稳定不能保证指数稳定。

3. 局部稳定与全局稳定

在上述关于稳定性的定义中，B_r 表示系统稳定平衡点的吸引域，也就是状态偏离平衡点的远近程度，如果 B_r 的范围很小，就称相应的各种稳定性只是局部的，不能描述状态偏离平衡点较远时的系统性态。显然 B_r 的范围越大越好，即各种大范围稳定，当范围大到整个系统工作空间时，说明系统是全局稳定的，这是一种理想目标。

5.1.2　稳定性判定定理

有了各种稳定性的定义后，还需要找到系统稳定性的确定方法，如果从稳定性的定义出发来判断系统的稳定性就需要非线性系统的解，这种方法是不适用的，因此必须寻求其他方法。

可以想象系统的稳定性与系统的能量是有关系的，以质量-弹簧系统为例，在无外力作用下，其动力学方程为

$$m\ddot{x}+b\dot{x}|\dot{x}|+k_0x+k_1x^3=0 \tag{5-4}$$

式中，$b\dot{x}|\dot{x}|$ 表示系统的非线性摩擦阻尼；$k_0x+k_1x^3$ 表示非线性弹簧。假设质量块从平衡位置被拉开一定距离，然后松手，下面分析系统能量与系统运动稳定性之间的关系。

质量-弹簧系统的能量是其全部动能和势能之和：

$$V(x)=\frac{1}{2}m\dot{x}^2+\int_0^x(k_0x+k_1x^3)\mathrm{d}x=\frac{1}{2}m\dot{x}^2+\frac{1}{2}k_0x^2+\frac{1}{4}k_1x^4 \tag{5-5}$$

假设系统处于平衡点位置 $x=0$，此时系统能量为零，即 $V(0)=0$。当质量块偏离平衡点后，弹簧产生势能，形成恢复力使质量块运动，又产生了动能，同时运动过程中摩擦阻尼又会消耗系统的能量。式(5-5)表明质量块偏离平衡点越远、运动速度越大，系统的能量就越大。系统能量随系统运动的演变过程可以通过能量的变化率进行描述：

$$\dot{V}(x)=m\dot{x}\ddot{x}+(k_0x+k_1x^3)\dot{x}=\dot{x}(-b\dot{x}|\dot{x}|)=-b|\dot{x}|^3\leqslant 0 \tag{5-6}$$

可见系统能量的变化率是小于或等于零的，且与质量块的运动速度成正比，这意味着系统运动的过程中能量是逐渐减小的，即向平衡点不断靠近，而且运动速度逐渐变慢。随着时间的增长，系统能量一定会全部消耗掉，质量块会最终回到平衡点，因为系统内部不会自发产生能量，只是由动能和势能产生的能量。以上分析表明，质量-弹簧系统的平衡点是渐近稳定的。

李雅普诺夫稳定性理论就是将上述系统能量与系统运动稳定性关系的分析方法推广到用非线性微分方程描述的更一般的非线性系统，就是对非线性系统构造一个类似于能量函数的标量函数，不局限于能量函数，然后检验该标量函数对时间的变化率，以此来判断系统的稳定性，这样就避开了系统模型求解的难题。

下面来分析李雅普诺夫稳定性理论中为系统构建的标量函数应具备的性质。由于标量函数的思路来源于系统的能量函数，因此能量函数具有的性质应体现在标量函数上。首先，能量函数是由系统动力学产生的，说明标量函数与系统状态密切相关，因此标量函数必须是系统状态变量的函数，记为 $V(\boldsymbol{x})$。再有，系统的能量函数除了在平衡点为零外，在其他位置严格为正，即标量函数必须是正定(positive definite)函数，满足：

$$V(0)=0;\quad V(\boldsymbol{x})>0,\quad \boldsymbol{x}\neq 0 \tag{5-7}$$

可见函数 $V(\boldsymbol{x})$ 有唯一的最小点 $V(0)=0$。正定函数的几何意义如图 5-2 所示，以二阶系统为例，其几何形状像一个开口向上的杯子，杯子底部为原点，如图 5-2(a)所示。另外，

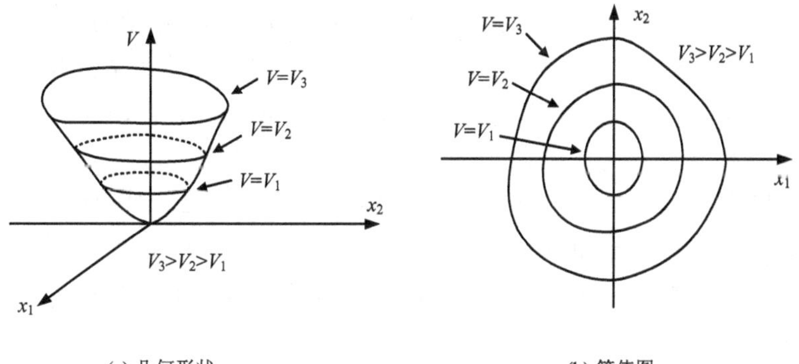

图 5-2　正定函数的几何意义

正定函数的等值线$V(x_1,x_2)=V_\alpha$是一簇绕原点的封闭曲线，可看作杯子被一组水平面切割并投影到(x_1,x_2)平面得到，如图 5-2(b)所示，而且这些等值线不会相交，因为在每一个点(x_1,x_2)只有唯一的$V(x_1,x_2)$值。针对多维系统，等值线变为等值曲面。

接下来继续讨论标量函数的导数与系统稳定性的关系。本节讨论的是自治非线性系统，标量函数$V(\boldsymbol{x})$不显含时间t，其对时间的导数为

$$\dot{V}=\frac{\mathrm{d}V(\boldsymbol{x})}{\mathrm{d}t}=\frac{\partial V}{\partial \boldsymbol{x}}\dot{\boldsymbol{x}}=\frac{\partial V}{\partial \boldsymbol{x}}\boldsymbol{f}(\boldsymbol{x})=L_f V \tag{5-8}$$

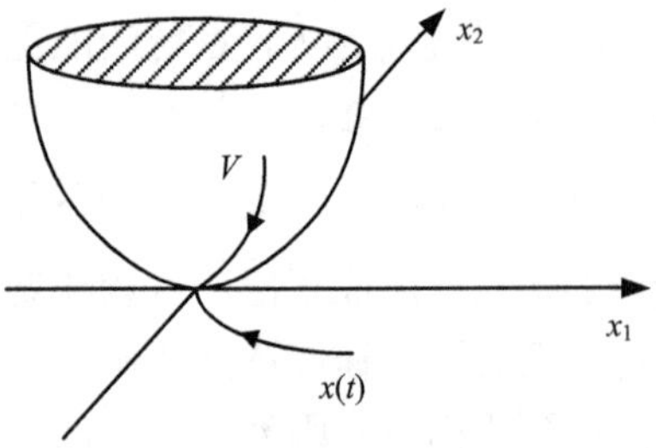

图 5-3　标量函数导数的几何意义

函数$V(\boldsymbol{x})$的导数就是V对$\boldsymbol{f}$的李导数，只是$\boldsymbol{x}$的函数，表示V沿着系统轨线的导数。如果$\dot{V}(\boldsymbol{x})$是非正的，即$\dot{V}(\boldsymbol{x})\leqslant 0$，此时也称$V(\boldsymbol{x})$是半负定的(negative semi-definite)；如果$\dot{V}(\boldsymbol{x})<0$，称$V(\boldsymbol{x})$是负定的(negative definite)。$\dot{V}(\boldsymbol{x})$的非正表明$V(\boldsymbol{x})$会随着时间的增加而减小，其几何意义如图 5-3 所示，即随着系统运动，$V(\boldsymbol{x})$的变化指向杯子的底部。

通过对标量函数$V(\boldsymbol{x})$及其导数的分析可知，能够用于分析系统稳定性的标量函数必须是正定的，而且其导数是半负定的，满足这一条件的标量函数称为系统的李雅普诺夫函数。

对于同一个系统，存在多个标量函数$V(\boldsymbol{x})$可作为系统的李雅普诺夫函数。例如，两个李雅普诺夫函数的和仍然是系统的李雅普诺夫函数，如果ρ是任意正数，α是任意大于 1 的实数，则$\rho V^\alpha(\boldsymbol{x})$也是系统的李雅普诺夫函数，说明系统的李雅普诺夫函数不是唯一的。基于该函数，李雅普诺夫给出了系统稳定性的判定定理。

1. *局部稳定性定理*

定理 5-1　如果在以系统平衡点为中心的球B_r内，存在标量函数$V(\boldsymbol{x})$，它具有一阶连续偏导数，并且：

(1) 在球B_r内，$V(\boldsymbol{x})$正定。

(2) 在球B_r内，$\dot{V}(\boldsymbol{x})$半负定。

那么系统平衡点是稳定的；如果$\dot{V}(\boldsymbol{x})$是负定的，那么平衡点是渐近稳定的。

利用稳定性的定义和$V(\boldsymbol{x})$具有的几何性质就可以简单证明该定理。根据稳定性定义，首先确定球B_R的大小，然后在球B_R的表面S_R上选取$V(\boldsymbol{x})$的最小值m，然后选取球B_r，使B_r内所有点满足$V(\boldsymbol{x})<m$。再有，满足定理条件的标量函数就是李雅普诺夫函数，保证了$V(\boldsymbol{x})$沿系统轨线不会增加，即$V(\boldsymbol{x})$永远小于m。因此，从B_r内出发的轨线永远保留在B_R内，说明系统是稳定的。

当$\dot{V}(\boldsymbol{x})$负定，即$\dot{V}(\boldsymbol{x})<0$时，随着系统的运动，$V(\boldsymbol{x})$趋近于某一极限值$L>0$的情况也是不可能发生的，即$\dot{V}(\boldsymbol{x})<0$必然使$V(\boldsymbol{x})$单调下降，直到$V(\boldsymbol{x})$的下界$V(0)=0$，否则$V(\boldsymbol{x})$的单调下降不会停止。因此，当$\dot{V}(\boldsymbol{x})<0$时，系统平衡点是渐近稳定的。

例 5-1　非线性系统：

$$\begin{aligned} \dot{x}_1 &= x_1(x_1^2 + x_2^2 - 2) - 4x_1x_2^2 \\ \dot{x}_2 &= 4x_1^2x_2 + x_2(x_1^2 + x_2^2 - 2) \end{aligned} \tag{5-9}$$

原点 $\boldsymbol{x} = 0$ 是系统的平衡点。

设候选李雅普诺夫函数为

$$V(\boldsymbol{x}) = x_1^2 + x_2^2 \tag{5-10}$$

$V(\boldsymbol{x})$ 沿系统轨线的导数为

$$\dot{V}(\boldsymbol{x}) = 2(x_1^2 + x_2^2)(x_1^2 + x_2^2 - 2) \tag{5-11}$$

当 $x_1^2 + x_2^2 < 2$ 时，$\dot{V}(\boldsymbol{x})$ 局部负定，根据定理 5-1，该系统平衡点是局部渐近稳定的。

2. 全局稳定性定理

全局稳定性意味着球 B_R 放大到整个状态空间，如果能够保证当 $\boldsymbol{x}$ 沿任何方向趋于无穷时，李雅普诺夫函数值也能趋于无穷，即 $\|\boldsymbol{x}\| \to \infty$ 时，$V(\boldsymbol{x}) \to \infty$，也就保证了随着 $\boldsymbol{x}$ 的增加，$V(\boldsymbol{x})$ 的等值线保证封闭，这一性质称为 $V(\boldsymbol{x})$ 径向无界(radially unbounded)。根据李雅普诺夫函数的几何性质，能够保证系统平衡点全局稳定。

定理 5-2　假设系统存在状态 $\boldsymbol{x}$ 的标量函数 $V(\boldsymbol{x})$，该标量函数具有一阶连续偏导数，且

(1) $V(\boldsymbol{x})$ 正定。

(2) $\dot{V}(\boldsymbol{x})$ 负定。

(3) $V(\boldsymbol{x}) \to \infty$，当 $\|\boldsymbol{x}\| \to \infty$ 时。

那么系统平衡点是全局渐近稳定的。

径向无界条件保证了 $V(\boldsymbol{x})$ 的等值线封闭，如果该条件不能保证，例如，正定函数：

$$V(\boldsymbol{x}) = \frac{x_1^2}{1 + x_1^2} + x_2^2 \tag{5-12}$$

等值线为 $V(\boldsymbol{x}) = c$，当 c 很小时，等值线是封闭的；当 c 增大到某一值 l 后，等值线变成开放的，如图 5-4 所示，l 值由式(5-13)确定：

$$l = \lim_{r\to\infty} \min_{\|\boldsymbol{x}\|=r} \left(\frac{x_1^2}{1 + x_1^2} + x_2^2 \right) = \lim_{|x_1|\to\infty} \frac{x_1^2}{1 + x_1^2} = 1 \tag{5-13}$$

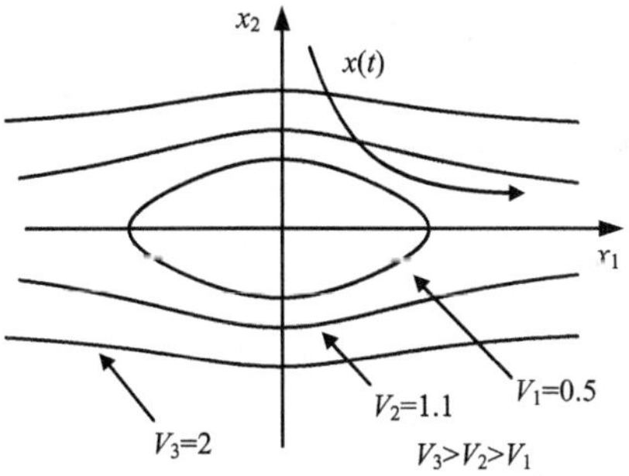

图 5-4　径向无界限制

由于等值线不封闭，系统轨线虽然还会从高等值线往低等值线运动，但却可能离开平衡点而发散。

例 5-2　非线性系统：

$$\begin{aligned}\dot{x}_1 &= x_2 - x_1(x_1^2 + x_2^2)\\ \dot{x}_2 &= -x_1 - x_2(x_1^2 + x_2^2)\end{aligned} \tag{5-14}$$

原点 $\boldsymbol{x} = 0$ 是系统的平衡点。

选李雅普诺夫函数为

$$V(\boldsymbol{x}) = x_1^2 + x_2^2 \tag{5-15}$$

除平衡点外有 $V(\boldsymbol{x}) > 0$，$V(\boldsymbol{x}) \to \infty$, $\boldsymbol{x} \to \infty$。

$V(\boldsymbol{x})$ 沿任一系统轨线的导数为

$$\dot{V}(\boldsymbol{x}) = 2x_1\dot{x}_1 + 2x_2\dot{x}_2 = -2(x_1^2 + x_2^2)^2 \tag{5-16}$$

它除平衡点外是负定的，因此原点是全局渐近稳定平衡点。

控制系统的渐近稳定是一个非常重要的性质，当李雅普诺夫稳定性理论在实际应用中存在这样的问题，即李雅普诺夫函数的导数是半负定的时，得不出系统渐近稳定的结论，但实际系统却是渐近稳定的。

例 5-3　考虑无输入的单摆系统：

$$\begin{aligned}\dot{x}_1 &= x_2\\ \dot{x}_2 &= -\frac{g}{l}\sin x_1 - \frac{k}{m}x_2 = -a\sin x_1 - bx_2\end{aligned} \tag{5-17}$$

系统摆杆有向下和向上两个平衡点，即 $(0,0)$ 和 $(\pi,0)$，现用李雅普诺夫稳定性理论讨论平衡点 $(0,0)$ 的稳定性。

以系统能量作为李雅普诺夫函数，以 $x_1 = 0$ 位置作为势能参考点：

$$V = \int_0^{x_1} a\sin y\mathrm{d}y + \frac{1}{2}x_2^2 = a(1-\cos x_1) + \frac{1}{2}x_2^2 \tag{5-18}$$

对其求导，有

$$\dot{V} = a\dot{x}_1\sin x_1 + x_2\dot{x}_2 = -bx_2^2 \tag{5-19}$$

$\dot{V}$ 是半负定的，而不是负定的，即 $\dot{V} \leqslant 0$，因为无论 x_1 取何值，当 $x_2 = 0$ 时都有 $\dot{V} = 0$，因此，以能量函数作为李雅普诺夫函数是得不到系统渐近稳定的结论的。然而，由于摆轴铰接点存在摩擦阻尼，系统能量最终会耗尽，因此系统是渐近稳定的。

可以再尝试另外一个李雅普诺夫函数：

$$\begin{aligned}V &= \frac{1}{2}\boldsymbol{x}^{\mathrm{T}}\boldsymbol{P}\boldsymbol{x} + a(1-\cos x_1)\\ &= \frac{1}{2}[x_1\ x_2]\begin{bmatrix}p_{11} & p_{12}\\ p_{21} & p_{22}\end{bmatrix}\begin{bmatrix}x_1\\ x_2\end{bmatrix} + a(1-\cos x_1)\end{aligned} \tag{5-20}$$

式中，矩阵 $\boldsymbol{P}$ 为对称正定矩阵，即用正定的二次型函数代替系统动能，当取 $p_{22} = 1$、$p_{11} = bp_{12}$、$p_{12} = b/2$ 时，有

$$\dot{V} = -\frac{1}{2}abx_1\sin x_1 - \frac{1}{2}bx_2^2 \tag{5-21}$$

对所有 $0<|x_1|<\pi$，有 $x_1\sin x_1>0$，即 $\dot{V}<0$，由定理可知原点是渐近稳定的。

通过上面例子可知，对于同一个系统，取不同的李雅普诺夫函数，会得到系统稳定性的不同结论，这就是李雅普诺夫稳定性理论存在的局限性，而且构造李雅普诺夫函数不是容易的事情，因此给系统稳定性的判断带来困难。

5.1.3　LaSalle 不变集原理

LaSalle 不变集原理能够有效解决李雅普诺夫函数的导数是半负定条件下，正确判断系统渐近稳定的问题，是对李雅普诺夫稳定性理论的延伸。

不变集理论是 20 世纪 60 年代建立的，不变集是动态系统的一个重要概念，简单地说就是对于一个动态系统，如果从集合 G 中的一个点出发的轨线永远留在集合 G 中，则集合 G 称为该动态系统的一个不变集。LaSalle 将不变集理论应用到李雅普诺夫稳定性分析中，提出了 LaSalle 不变集原理，完善和丰富了李雅普诺夫稳定性理论。

对于自治非线性系统，典型的不变集包括以下几种。

(1) 系统平衡点是一个不变集，平衡点的吸引域也是一个不变集。

(2) 状态空间的任何一条轨线都是一个不变集，极限环是特殊的封闭轨线，也是一个不变集。

(3) 整个状态空间是一个平凡不变集。

不变集定理不仅能够在 $\dot{V}$ 半负定条件下得到系统渐近稳定的结论，也可以将李雅普诺夫方法从平衡点稳定性推广到极限环稳定性的分析。

1. *局部不变集定理*

对于李雅普诺夫方法，不变集理论可以产生一种直觉，因为李雅普诺夫函数是有下界的，所以 $V(\boldsymbol{x})$ 的衰减过程一定会消失，也就是 $\dot{V}(\boldsymbol{x})$ 会收敛到零，这一点在 5.2.3 节中将利用 Barbalat 引理加以证明。这一直觉成为定理 5-3 的基础。

定理 5-3　设 $V(\boldsymbol{x})$ 是自治非线性系统的一个有连续一阶偏导数的标量函数，并且

(1) 对任何 $l>0$，由 $V(\boldsymbol{x})<l$ 定义的 $\boldsymbol{\Omega}_l$ 为一个有界区域。

(2) $\dot{V}(\boldsymbol{x})\leqslant 0, \boldsymbol{x}\in\boldsymbol{\Omega}_l$。

设 $\boldsymbol{R}$ 为 $\boldsymbol{\Omega}_l$ 内使 $\dot{V}(\boldsymbol{x})=0$ 的所有点构成的集合，$\boldsymbol{M}$ 为 $\boldsymbol{R}$ 中的最大不变集，那么当 $t\to\infty$ 时，从 $\boldsymbol{\Omega}_l$ 中出发的每一条轨线均趋于 $\boldsymbol{M}$。

定理 5-3 中集合 $\boldsymbol{R}$ 不一定是连通的，最大不变集是集合意义上的最大，即 $\boldsymbol{M}$ 是 $\boldsymbol{R}$ 内所有不变集的并集。

LaSalle 局部不变集定理的几何意义如图 5-5 所示，从有界区域 $\boldsymbol{\Omega}_l$ 中出发的轨线不会停留在 $\boldsymbol{R}$ 中，而是收敛到最大不变集 $\boldsymbol{M}$。

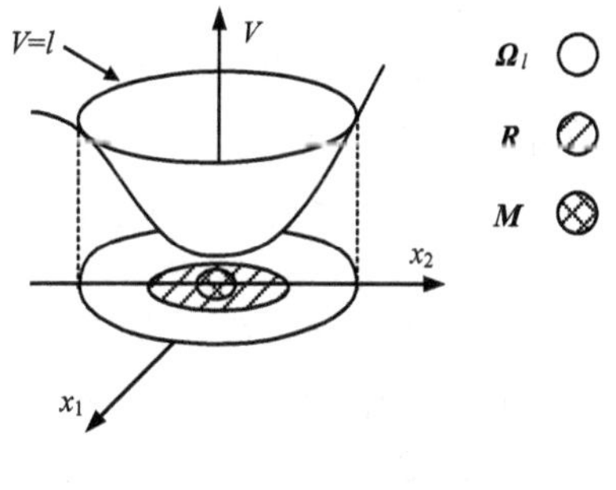

图 5-5　LaSalle 定理几何意义

首先，不变集理论产生的直觉，即 $\dot{V}(\boldsymbol{x})$ 最终一定会收敛到零，说明集合 $\boldsymbol{R}$ 是一定存在的。其次，考虑自治非线性系统的任一有界轨线一定最终收敛于一个不

变集，而且不同的轨线会收敛到不同的不变集，因此定理 5-3 中才有定义最大不变集的必要，但一条轨线只能收敛到一个不变集。

利用 LaSalle 局部不变集定理再来分析例 5-3 中的系统，当利用能量函数作为李雅普诺夫函数时，其导数是半负定的，即

$$\dot{V} = a\dot{x}_1 \sin x_1 + x_2\dot{x}_2 = -bx_2^2 \leqslant 0 \tag{5-22}$$

满足 $\dot{V}=0$ 的点构成的集合 $\boldsymbol{R}$ 是相平面的水平轴，$x_2=0$，而系统的平衡点作为最大不变集 $\boldsymbol{M}$ 也在水平轴上，即 $\boldsymbol{M}$ 包含于 $\boldsymbol{R}$ 中，因为最大不变集 $\boldsymbol{M}$ 中只包含一个平衡点，所以根据 LaSalle 局部不变集定理，系统最终会收敛于平衡点。如果 $\boldsymbol{M}$ 中包含一个不为零的位置 x_1，则系统在该点的加速度不为零，$\ddot{\theta}=-a\sin\theta\neq 0$，系统轨迹将跑出 $\boldsymbol{R}$ 和 $\boldsymbol{M}$，也就是说 $\boldsymbol{M}$ 没有 $x_1\neq 0$ 的点。

例 5-4　极限环稳定性分析。

考虑非线性系统：

$$\begin{aligned}\dot{x}_1 &= x_2 - x_1^7(x_1^4 + 2x_2^2 - 10)\\ \dot{x}_2 &= -x_1^3 - 3x_2^5(x_1^2 + 2x_2^2 - 10)\end{aligned} \tag{5-23}$$

首先 $\boldsymbol{x}=0$ 是系统的一个平衡点，另外由 $x_1^4+2x_2^2=10$ 定义的 $\boldsymbol{x}$ 的集合是不变集，因为在该集合上：

$$\frac{\mathrm{d}}{\mathrm{d}t}(x_1^4+2x_2^2-10) = -(4x_1^{10}+12x_2^6)(x_1^4+2x_2^2-10) = 0 \tag{5-24}$$

将 $x_1^4+2x_2^2=10$ 代入式(5-23)得到该不变集上系统的运动：

$$\begin{aligned}\dot{x}_1 &= x_2\\ \dot{x}_2 &= -x_1^3\end{aligned} \tag{5-25}$$

可见该不变集代表了一个极限环。因此该系统存在一个平衡点和一个极限环。

定义有界区域 $\boldsymbol{\Omega}_l\{\boldsymbol{x}\,|\,V(\boldsymbol{x})<l\}$，使该区域包含系统的极限环。利用轨迹点与极限环之间的距离作为候选李雅普诺夫函数：

$$V(\boldsymbol{x}) = (x_1^4+2x_2^2-10)^2 \tag{5-26}$$

对 $V(\boldsymbol{x})$ 求导，可得

$$\dot{V}(\boldsymbol{x}) = -8(x_1^{10}+3x_2^6)(x_1^4+2x_2^2-10)^2 \tag{5-27}$$

除原点和极限环外，$\dot{V}(\boldsymbol{x})$ 为负定，即 $\dot{V}(\boldsymbol{x})=0$ 的集合包含两个不变集：一个平衡点和一个极限环。

现考虑区域 $\boldsymbol{\Omega}_{100}$，即 $V(\boldsymbol{x})<100$，在原点处有 $V(0)=100$，表明不变集原点不在区域 $\boldsymbol{\Omega}_{100}$ 中，即区域 $\boldsymbol{\Omega}_{100}$ 只包含一个极限环，因此根据定理 5-3，系统最终收敛于稳定的极限环，如图 5-6 所示，同时该定理也表明系统平衡点 $\boldsymbol{x}=0$ 是不稳定的。

2. 全局不变集定理

不变集定理也可以推广到全局的情况，条件是将 $\boldsymbol{\Omega}_l\{\boldsymbol{x}\,|\,V(\boldsymbol{x})<l\}$ 的有界性改变为标量函数 $V(\boldsymbol{x})$ 径向无界。

定理 5-4　设 $V(\boldsymbol{x})$ 是非线性系统的具有连续一阶偏导数的标量函数，并且

(1) $V(\boldsymbol{x})\to\infty, \|\boldsymbol{x}\|\to\infty$。

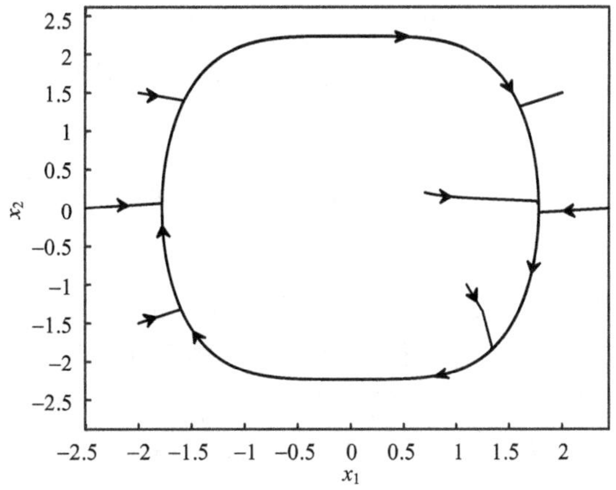

图 5-6　系统的相轨迹

(2) $\dot{V}(\boldsymbol{x}) \leqslant 0$ 对所有 $\boldsymbol{x}$ 成立。

记 $\boldsymbol{R}$ 为所有使 $\dot{V}(\boldsymbol{x})=0$ 的 $\boldsymbol{x}$ 的集合，$\boldsymbol{M}$ 为 $\boldsymbol{R}$ 中的最大不变集，那么当 $t\to\infty$ 时，所有解全局渐近收敛于 $\boldsymbol{M}$。

利用该定理可以判断例 5-4 中系统的极限环是全局稳定的，因为候选李雅普诺夫函数满足径向无界的条件。

例 5-5　考虑二阶系统：

$$\ddot{x}+b(\dot{x})+c(x)=0 \tag{5-28}$$

式中，$b(\dot{x})$、$c(x)$ 为连续函数，并满足以下符号条件：

$$\begin{aligned} &\dot{x}b(\dot{x})>0, \quad \dot{x}\neq 0 \\ &xc(x)>0, \quad x\neq 0 \end{aligned} \tag{5-29}$$

符号条件如图 5-7 所示，则必有 $b(0)=0$、$c(0)=0$。

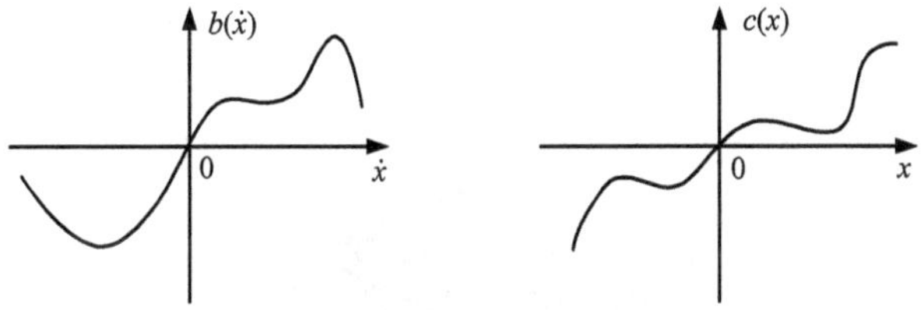

图 5-7　$b(\dot{x})$、$c(x)$ 的符号条件

以能量函数作为候选李雅普诺夫函数：

$$V(\boldsymbol{x})=\frac{1}{2}\dot{x}^2+\int_0^x c(y)\mathrm{d}y \tag{5-30}$$

对其求导，可得

$$\dot{V}(\boldsymbol{x})=\dot{x}\ddot{x}+c(x)\dot{x} \tag{5-31}$$

取 $\dot{V}=0$，仅当 $\dot{x}=0$ 时成立，此时有

$$\ddot{x}=-c(x) \tag{5-32}$$

当 $x \neq 0$ 时，$\ddot{x}$ 是非零的，系统不可能停在 $x=0$ 以外的任何一点，因此由 $\dot{x}=0$ 定义的集合 $\boldsymbol{R}$ 包含的最大不变集 $\boldsymbol{M}$ 只有一个点：$x=0, \dot{x}=0$，则根据定理 5-3，原点是渐近稳定平衡点。

如果积分 $\int_0^x c(y)\mathrm{d}y$ 当 $|x| \to \infty$ 时是无界的，则 $V(\boldsymbol{x})$ 是径向无界的，由定理 5-4 可得，原点是全局渐近稳定的。

例 5-5 中，式(5-28)表示的二阶系统是电路系统、机械系统、动力学系统的通用数学模型，式(5-29)表示的符号条件是该模型稳定的充要条件，如果二阶系统是线性的，如 $\ddot{x}+\alpha_1\dot{x}+\alpha_2 x=0$ 等，则系统稳定的充要条件等价于 $\alpha_1>0, \alpha_2>0$。积分无界条件会受到系统的物理限制，但能够保证系统在整个有效工作范围内渐近稳定。

值得注意的是，LaSalle 全局不变集定理不仅放宽了对 $\dot{V}(\boldsymbol{x})$ 负定的要求，而且也没有要求 $V(\boldsymbol{x})$ 必须正定。在实际应用中，仍然可以把正定函数 $V(\boldsymbol{x})$ 理解为李雅普诺夫函数，认为 LaSalle 全局不变集定理只是对李雅普诺夫稳定性理论的扩充。另外，当 $V(\boldsymbol{x})$ 不满足正定条件时，可把 $V(\boldsymbol{x})$ 看作类李雅普诺夫函数（Lyapunov-like function），利用类李雅普诺夫函数，可以处理具有多平衡点系统的稳定性分析问题。

例 5-6　考虑系统：

$$\ddot{x}+\left|x^2-1\right|\dot{x}^3+x=\sin\frac{\pi x}{2} \tag{5-33}$$

该系统具有三个平衡点 $(x=0,\dot{x}=0)$ 和 $(x=\pm 1,\dot{x}=0)$。

选择标量函数：

$$V=\frac{1}{2}\dot{x}^2+\int_0^x\left(y-\sin\frac{\pi y}{2}\right)\mathrm{d}y \tag{5-34}$$

该函数不是正定的，具有两个最小值点 $(x=\pm 1, \dot{x}=0)$ 和一个最大值点 $(x=0, \dot{x}=0)$，如图 5-8 所示，可看作类李雅普诺夫函数，此时可利用 LaSalle 全局不变集定理判断系统多平衡点的稳定性。

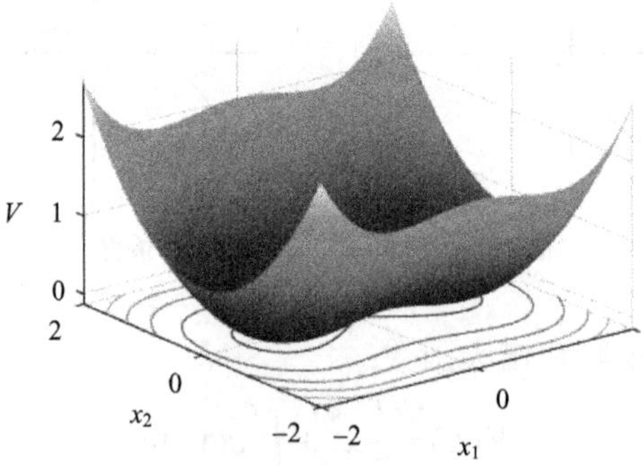

图 5-8　类李雅普诺夫函数曲线

对 V 求导，得

$$\dot{V}=-\left|x^2-1\right|\dot{x}^4 \leqslant 0 \tag{5-35}$$

取$\dot{V}=0$，得到集合$\boldsymbol{R}=\{x,\dot{x}\mid\dot{x}=0\text{ 或 }x=\pm1\}$。

如果$\dot{x}=0$，代入式(5-33)，有

$$\ddot{x}=\sin\frac{\pi x}{2}-x\neq0,\quad x\neq0\text{ 且 }x\neq\pm1 \tag{5-36}$$

如果$x=\pm1$，代入式(5-33)，有

$$\ddot{x}=0 \tag{5-37}$$

两种情况都说明系统的三个平衡点均包含在集合$\boldsymbol{R}$中，即集合$\boldsymbol{M}$由三个平衡点组成。由 LaSalle 全局不变集定理可得，系统最终收敛于系统的平衡点。

进一步分析可知平衡点$(x=\pm1,\dot{x}=0)$是稳定的，因为此时对应的V是局部最小值；而平衡点$(x=0,\dot{x}=0)$是不稳定的，因为此时对应的V是局部最大值，由于$\dot{V}\leqslant0$，在其邻域出发的点是不会向V增长的方向运动的，因此该平衡点是鞍点，即从其领域内不同初始值出发的轨线将收敛于两个不同的平衡点，呈双稳态形式。

5.2　非自治非线性系统李雅普诺夫稳定性理论

在很多实际问题中，人们遇到的会是非自治系统。例如，火箭系统的环境参数(如空气的温度和压力等)是随时间的变化而变化的；前面讨论的自治系统标称运动的稳定性问题等价于非自治系统平衡点稳定性问题。由于非自治系统显含时间t，其稳定性分析与自治系统相比具有一定难度。

5.2.1　稳定性定义扩展

非自治系统的李雅普诺夫稳定性概念与自治系统的李雅普诺夫稳定性概念是一致的，自治系统的性态仅与$t-t_0$有关，而非自治系统的性态不仅取决于t，也依赖于初始时刻t_0，因此非自治系统的稳定性也与初始时刻t_0有关。因此，有必要对非自治系统的稳定性定义进行扩展。

1. 平衡点和不变集

对一个非自治系统：

$$\dot{\boldsymbol{x}}=\boldsymbol{f}(\boldsymbol{x},t) \tag{5-38}$$

如果存在$\boldsymbol{x}^*$使式(5-39)成立，则称$\boldsymbol{x}^*$为该系统的一个平衡点：

$$\boldsymbol{f}(\boldsymbol{x}^*,t)\equiv0,\quad\forall t\geqslant t_0 \tag{5-39}$$

式中，$\forall t\geqslant t_0$意味着系统在所有的时间内都能够停留在点$\boldsymbol{x}^*$。

例 5-7　非自治系统：

$$\dot{x}=\frac{a(t)x}{1+x^2} \tag{5-40}$$

该系统有一个平衡点$x=0$。假设该系统存在外部输入或扰动$b(t)$：

$$\dot{x}=\frac{a(t)x}{1+x^2}+b(t) \tag{5-41}$$

此时该系统存在受迫运动，不存在平衡点。

非自治系统的不变集与自治系统不变集的定义是一致的，但是，非自治系统的轨线通常不是不变集，会随初始时刻 t_0 的变化而变化，因此不变集理论不再适用于非自治系统。

2. 稳定性定义

定义 5-4 非自治系统平衡点 $\boldsymbol{x}=0$ 是稳定的，如果对于任意 $R=0$，存在一个正数 $r(R,t_0)$，使得

$$\|\boldsymbol{x}(t_0)\|<r \quad \Rightarrow \quad \|\boldsymbol{x}(t)\|<R, \quad \forall t>t_0 \tag{5-42}$$

否则，平衡点是不稳定的。

与自治系统稳定性定义相比，主要差别在于正数 r 的选择，对于自治系统，r 只是 R 的函数；对于非自治系统，r 不仅是 R 的函数，而且还是 t_0 的函数。

定义 5-5 非自治系统平衡点 $\boldsymbol{x}=0$ 对于初始时刻 t_0 是渐近稳定的，如果

(1) 它是稳定的。

(2) $\exists r(t_0)>0$，使得

$$\|\boldsymbol{x}(t_0)\|<r(t_0) \quad \Rightarrow \quad \|\boldsymbol{x}(t)\|\to \boldsymbol{0}, \quad t\to\infty \tag{5-43}$$

渐近稳定要求对每一个初始时刻 t_0 都存在一个吸引域，吸引域的大小和轨线收敛的速度取决于初始时刻 t_0。

定义 5-6 非自治系统平衡点 $\boldsymbol{x}=0$ 是指数稳定的，如果存在两个正数 α、λ，使得对充分小的 $\boldsymbol{x}(t_0)$，有

$$\|\boldsymbol{x}(t)\|\leqslant \alpha\|\boldsymbol{x}_0\|\mathrm{e}^{-\lambda(t-t_0)}, \quad \forall t\geqslant t_0 \tag{5-44}$$

定义 5-7 非自治系统平衡点 $\boldsymbol{x}=0$ 是全局渐近稳定的，如果对 $\forall \boldsymbol{x}(t_0)$，有

$$\|\boldsymbol{x}(t)\|\to \boldsymbol{0}, \quad t\to\infty \tag{5-45}$$

例 5-8 考虑一阶时变线性系统：

$$\dot{x}(t)=-a(t)x(t) \tag{5-46}$$

系统的解为

$$x(t)=x(t_0)\exp\left(-\int_{t_0}^{t}a(r)\,\mathrm{d}r\right) \tag{5-47}$$

(1) 当 $a(t)\geqslant 0, \forall t\geqslant t_0$ 时，系统是稳定的。

(2) 当 $\int_0^{\infty}a(r)\,\mathrm{d}r=\infty$ 时，系统是渐近稳定的。

(3) 如果存在一个正数 T，使得对于 $\forall t\geqslant 0$，有 $\int_t^{t+T}a(r)\,\mathrm{d}r\geqslant\gamma$，$\gamma$ 是正常数，那么系统是指数稳定的。

根据上述的判别方法可以判断下列系统的稳定性。

(1) 系统 $\dot{x}(t)=-x(t)/(1+t)^2$ 是稳定的，但不是渐近稳定的。

(2) 系统 $\dot{x}(t)=-x(t)/(1+t)$ 是渐近稳定的。

(3) 系统 $\dot{x}(t)=-tx(t)$ 是指数稳定的。

3. 一致稳定性概念

由前面非自治系统的稳定性定义可知，初始时刻对系统的稳定性有重要影响。实际应

用中人们期望不管初始时刻如何，系统的稳定性具有一致性，因此提出一致稳定的概念，尤其是一致渐近稳定的概念，能够排除对于较大的 t_0，系统越来越不稳定的情况。

定义 5-8　非自治系统平衡点 $\boldsymbol{x}=0$ 是局部一致稳定的，即在稳定性的定义 5-4 中，存在与初始时刻 t_0 无关的标量 r，即 $r=r(R)$。

定义 5-9　非自治系统平衡点 $\boldsymbol{x}=0$ 是局部一致渐近稳定的，如果

(1) 它是一致稳定的。

(2) 存在一个半径与 t_0 无关的吸引球 $\boldsymbol{B}_{R_0}$，使得初始状态在 $\boldsymbol{B}_{R_0}$ 内的轨线对 t_0 一致收敛于 0。

对 t_0 一致收敛是指对 $\forall R_1$、R_2, $0<R_2<R_1<R_0$，$\exists T(R_1,R_2)>0$，使得对 $\forall t_0\geqslant 0$ 有

$$\|\boldsymbol{x}(t_0)\|<R_1 \quad\Rightarrow\quad \|\boldsymbol{x}(t)\|<R_2,\quad \forall t_0+T(R_1,R_2) \tag{5-48}$$

即从球 $\boldsymbol{B}_{R_0}$ 内出发的状态轨线经过与时间 t_0 无关的时间段 T 后，一致收敛到一个更小的球 $\boldsymbol{B}_{R_2}$。

例 5-9　考虑一阶系统：

$$\dot{x}(t)=-\frac{x(t)}{1+t} \tag{5-49}$$

系统的通解为

$$x(t)=x(t_0)\exp\left(\int_{t_0}^{t}\frac{-1}{1+\tau}\mathrm{d}\tau\right)=x(t_0)\frac{1+t_0}{1+t} \tag{5-50}$$

系统的解渐近收敛于零，但不是一致收敛的，因为系统收敛的时间与 t_0 相关，对于较大的 t_0，需要较长的时间才能收敛，不满足在与 t_0 无关的时间段后收敛的条件。实际上，不能够在有限时间内渐近稳定的系统是没有意义的。

如果用全空间替换吸引球 $\boldsymbol{B}_{R_0}$，就可以得到全局一致渐近稳定的概念。

根据定义，一致渐近稳定蕴含渐近稳定，指数稳定蕴含一致渐近稳定。

5.2.2　稳定性判定定理

对自治系统的分析中，李雅普诺夫函数 $V(\boldsymbol{x})$ 只是系统状态的函数；在对非自治系统分析时，必须要用时变的李雅普诺夫函数 $V(\boldsymbol{x},t)$，当 t 变化时，对应一簇随时间变化的曲面族，给系统稳定性分析带来困难。

1. 对 $V(\boldsymbol{x},t)$ 的限制

首先，$V(\boldsymbol{x},t)$ 必须是正定的，由于该函数是时变的，因此只能用与非时变函数比较的方式判断。

定义 5-10　时变函数 $V(\boldsymbol{x},t)$ 是局部正定的，如果 $V(0,t)=0$，且存在一个时不变的正定函数 $V_0(\boldsymbol{x})$，使得

$$\forall t>t_0,\quad V(\boldsymbol{x},t)\geqslant V_0(\boldsymbol{x}) \tag{5-51}$$

该定义简化了对时变函数正定性质的判断方法，即通过与非时变函数对比的方法来确定，保证 $V(\boldsymbol{x},t)$ 具有一个正定的下界。

除了正定条件约束外，对 $V(\boldsymbol{x},t)$ 还需要一个上界的限制，同样通过与一个非时变函数比较的方式确定。

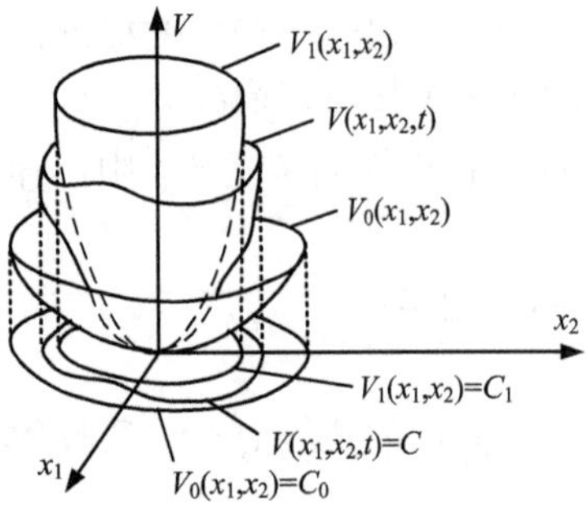

图 5-9　对 $V(\boldsymbol{x},t)$ 的限制

定义 5-11　时变函数 $V(\boldsymbol{x},t)$ 具有无穷大上界，如果 $V(0,t)=0$，且存在一个时不变的正定函数 $V_1(\boldsymbol{x})$，使得

$$\forall t > t_0,\quad V(\boldsymbol{x},t) \leqslant V_1(\boldsymbol{x}) \tag{5-52}$$

通过这两个定义，就将时变的标量函数 $V(\boldsymbol{x},t)$ 限制在两个非时变的标量函数 $V_0(\boldsymbol{x})$ 和 $V_1(\boldsymbol{x})$ 之间，如图 5-9 所示，而且具有下限值 $V(0,t)=0$，便可作为李雅普诺夫函数来分析非自治系统的李雅普诺夫稳定性。

例 5-10　考虑标量函数：

$$V(\boldsymbol{x},t) = (1+\sin^2 t)(x_1^2 + x_2^2) \tag{5-53}$$

显然有

$$x_1^2 + x_2^2 \leqslant V(\boldsymbol{x},t) \leqslant 2(x_1^2 + x_2^2) \tag{5-54}$$

可取 $V_0(\boldsymbol{x}) = x_1^2 + x_2^2,\ V_1(\boldsymbol{x}) = 2(x_1^2 + x_2^2)$，而且都是径向无界的，即 $V(\boldsymbol{x},t)$ 是正定且具有无穷大上界的时变函数，可作为非自治系统的李雅普诺夫函数。

2. 李雅普诺夫定理

定理 5-5　非自治系统李雅普诺夫稳定性判定定理如下。

(1) 稳定性：如果在平衡点 $\boldsymbol{x}=0$ 的吸引球 $\boldsymbol{B}_{R_0}$ 内，存在一个具有连续偏导数的标量函数 $V(\boldsymbol{x},t)$，使得

①$V(\boldsymbol{x},t)$ 是正定的。

②$\dot{V}(\boldsymbol{x},t)$ 是半负定的。

那么平衡点 $\boldsymbol{x}=0$ 是李雅普诺夫意义下稳定的。

(2) 一致稳定和一致渐近稳定：除满足条件①、②外，如果

③$V(\boldsymbol{x},t)$ 具有无穷大上界。

那么平衡点 $\boldsymbol{x}=0$ 是一致稳定的；如果条件②加强为 $\dot{V}(\boldsymbol{x},t)$ 是负定的，那么平衡点是一致渐近稳定的。

(3) 全局一致渐近稳定：如果吸引球 $\boldsymbol{B}_{R_0}$ 用全空间代替，且满足条件①、加强的条件②、条件③和以下条件：

④$V(\boldsymbol{x},t)$ 是径向无界的。

那么平衡点 $\boldsymbol{x}=0$ 是全局一致渐近稳定的。

与自治系统类似，如果在平衡点的某个邻域内，$V(\boldsymbol{x},t)$ 是正定的，沿着系统轨线的导数 $\dot{V}(\boldsymbol{x},t)$ 是半负定的，那么 $V(\boldsymbol{x},t)$ 称为这个非自治系统的李雅普诺夫函数。

例 5-11　考虑非自治非线性系统：

$$\begin{aligned} \dot{x}_1(t) &= -x_1(t) - \mathrm{e}^{-2t} x_2(t) \\ \dot{x}_2(t) &= x_1(t) - x_2(t) \end{aligned} \tag{5-55}$$

$\boldsymbol{x}=0$ 是系统的平衡点。

选择候选李雅普诺夫函数：

$$V(\boldsymbol{x},t) = x_1^2 + (1+\mathrm{e}^{-2t})x_2^2 \tag{5-56}$$

显然$V(0,t)=0$，而且

$$V_0(\boldsymbol{x})=x_1^2+x_2^2\leqslant V(\boldsymbol{x},t)\leqslant x_1^2+2x_2^2=V_1(\boldsymbol{x}) \tag{5-57}$$

可见$V_0(\boldsymbol{x})$和$V_1(\boldsymbol{x})$是径向无界的。

对$V(\boldsymbol{x},t)$求导，得

$$\begin{aligned}\dot{V}(\boldsymbol{x},t)&=\frac{\partial V}{\partial \boldsymbol{x}}\dot{\boldsymbol{x}}+\frac{\partial V}{\partial t}=-2[x_1^2-x_1x_2+x_2^2(1+2\mathrm{e}^{-2t})]\\&\leqslant -2(x_1^2-x_1x_2+x_2^2)=-(x_1-x_2)^2-x_1^2-x_2^2<0\end{aligned} \tag{5-58}$$

由定理 5-5，可判定系统平衡点$\boldsymbol{x}=0$是全局渐近稳定的。

例 5-12　考虑时变阻尼系统：

$$\ddot{x}+c(t)\dot{x}+k_0x=0 \tag{5-59}$$

选择候选李雅普诺夫函数：

$$V(\boldsymbol{x},t)=\frac{(\dot{x}+\alpha x)^2}{2}+\frac{b(t)}{2}x^2 \tag{5-60}$$

式中，α为任意一个小于$\sqrt{k_0}$的正常数；　$b(t)=k_0-\alpha^2+\alpha c(t)$。

对$V(\boldsymbol{x},t)$求导，得

$$\dot{V}=(\alpha-c(t))\dot{x}^2+\frac{\alpha}{2}(\dot{c}(t)-2k_0)x^2 \tag{5-61}$$

可得使$\dot{V}$负定的条件是

$$c(t)>\alpha,\quad \dot{c}(t)<2k_0 \tag{5-62}$$

满足上述条件意味着系统是渐近稳定的。

上述条件要求时变阻尼正定，且时间变化率有界，也意味着$V(\boldsymbol{x},t)$具有无穷大上界，如果该条件得不到满足，则不能保证系统稳定。

如系统：

$$\ddot{x}+(2+\mathrm{e}^t)\dot{x}+x=0 \tag{5-63}$$

当初始条件为$x(0)=2$、$\dot{x}(0)=-1$时，系统的解为$x=1+\mathrm{e}^{-t}$，即收敛到$x=1$，而收敛不到平衡点$x=0$，表明系统不是渐近稳定的，究其原因就是系统的时变阻尼变化过快，不能满足式(5-62)要求的阻尼变化率上限的限制。由此可见，对于函数$V(\boldsymbol{x},t)$应具有无穷大上界限制的重要性。

3. 比较类函数

对于非自治系统，要用$V(\boldsymbol{x},t)$作为系统的李雅普诺夫函数，由于$V(\boldsymbol{x},t)$随时间变化，因此要与某些函数作比较来确定该函数的某些性质。用来作比较的函数可以用比较类函数(comparison function)描述，其好处是简洁明了而且更容易证明李雅普诺夫稳定性理论，其不足是比较类函数的选取比较困难。

定义 5-12　如果连续函数$\alpha:[0,a)\to[0,\infty)$严格递增，且$\alpha(0)=0$，则$\alpha$属于$K$类函数。如果$a=\infty$，而且当$r\to\infty$时，$\alpha(r)\to\infty$，则$\alpha$属于$K_\infty$类函数。

定义 5-13　如果连续函数$\beta:[0,a)\times[0,\infty)\to[0,\infty)$，对于每个固定的$s$，函数$\beta(r,s)$是关于$r$的$K$类函数，并且对于每个固定的$r$，函数$\beta(r,s)$是关于$s$的递减函数，且当$s\to\infty$

时，$\beta(r,s)\to 0$，则 β 属于 KL 类函数。

利用比较类函数，可以得到与前面介绍的非自治系统稳定性定义等价的描述方式。

(1) 当且仅当存在一个 K 类函数 α 和独立于 t_0 的正常数 c 时，满足：

$$\|\boldsymbol{x}(t)\| \leqslant \alpha\left(\|\boldsymbol{x}(t_0)\|\right),\quad \forall t \geqslant t_0 \geqslant 0,\quad \forall \|\boldsymbol{x}(t_0)\| < c \tag{5-64}$$

则平衡点是一致稳定的。

(2) 当且仅当存在一个 KL 类函数 β 和独立于 t_0 的正常数 c 时，满足：

$$\|\boldsymbol{x}(t)\| \leqslant \beta\left(\|\boldsymbol{x}(t_0)\|, t-t_0\right),\quad \forall t \geqslant t_0 \geqslant 0,\quad \forall \|\boldsymbol{x}(t_0)\| < c \tag{5-65}$$

则平衡点是一致渐近稳定的。

(3) 当且仅当不等式 (5-65) 对于任意初始状态 $\boldsymbol{x}(t_0)$ 都成立时，平衡点是全局一致渐近稳定的。

利用比较类函数，函数 $V(\boldsymbol{x},t)$ 正定和具有无穷大上界的约束也可以得到等价的描述。

(1) 函数 $V(\boldsymbol{x},t)$ 是正定的，当且仅当存在一个 K 类函数 α_1 时，满足：

$$V(\boldsymbol{x},t) \geqslant \alpha_1\left(\|\boldsymbol{x}\|\right),\quad \forall t \geqslant 0,\quad \forall \boldsymbol{x} \in B_{R_0} \tag{5-66}$$

(2) 函数 $V(\boldsymbol{x},t)$ 是具有无穷大上界的，当且仅当存在一个 K 类函数 α_2 时，满足：

$$V(\boldsymbol{x},t) \leqslant \alpha_2\left(\|\boldsymbol{x}\|\right),\quad \forall t \geqslant 0,\quad \forall \boldsymbol{x} \in B_{R_0} \tag{5-67}$$

其中，K 类函数 α_1、α_2 分别与式 (5-51) 和式 (5-52) 中的 $V_0(\boldsymbol{x})$、$V_1(\boldsymbol{x})$ 具有如下关系：

$$\begin{aligned} \alpha_1(p) &= \inf_{p \leqslant \|\boldsymbol{x}\| \leqslant R} V_0(\boldsymbol{x}),\quad V(\boldsymbol{x},t) \geqslant V_0(\boldsymbol{x}) \\ \alpha_2(p) &= \sup_{0 \leqslant \|\boldsymbol{x}\| \leqslant p} V_1(\boldsymbol{x}),\quad V(\boldsymbol{x},t) \leqslant V_1(\boldsymbol{x}) \end{aligned} \tag{5-68}$$

利用比较类函数，定理 5-5 也可以得到等价的描述。

定理 5-6　假设在系统平衡点的某个邻域内，存在一个具有连续一阶偏导数的标量函数 $V(\boldsymbol{x},t)$ 和一个 K 类函数 α_1，使得对 $\forall \boldsymbol{x} \neq 0$，有

(1) $V(\boldsymbol{x},t) \geqslant \alpha_1\left(\|\boldsymbol{x}\|\right) > 0$。

(2) $\dot{V}(\boldsymbol{x},t) \leqslant 0$。

那么平衡点是李雅普诺夫意义下稳定的。而且，如果存在一个 K 类函数 α_2，使得

(3) $V(\boldsymbol{x},t) \leqslant \alpha_2\left(\|\boldsymbol{x}\|\right)$。

那么平衡点是一致渐近稳定的。如果条件 (1)、条件 (3) 成立，且条件 (2) 替换为

(4) 存在一个 K 类函数 α_3，有 $\dot{V}(\boldsymbol{x},t) \leqslant -\alpha_3\left(\|\boldsymbol{x}\|\right) < 0$。

那么平衡点是全局一致渐近稳定的。如果在整个空间都满足条件 (1)、条件 (4) 和条件 (3)，且有 $\lim\limits_{\boldsymbol{x}\to\infty} \alpha_1\left(\|\boldsymbol{x}\|\right) \to \infty$，则平衡点是全局一致渐近稳定的。

证明：稳定性　根据条件 (1) 和条件 (2)，有

$$\alpha_1\left(\|\boldsymbol{x}\|\right) \leqslant V(\boldsymbol{x}(t),t) \leqslant V(\boldsymbol{x}(t_0),t_0),\quad \forall t \geqslant t_0 \tag{5-69}$$

对于给定的 $R>0$，可以找到一个 r，使得

$$\|\boldsymbol{x}(t_0)\| < r \quad\Rightarrow\quad V(\boldsymbol{x}(t_0),t_0) < \alpha_1(R) \tag{5-70}$$

式 (5-70) 意味着如果 $\|\boldsymbol{x}(t_0)\| < r$，那么 $\alpha_1\left(\|\boldsymbol{x}(t)\|\right) < \alpha_1(R)$，从比较类函数的定义有

$\|\boldsymbol{x}(t)\| < R$, $\forall t \geqslant t_0$。

一致渐近稳定性　根据条件(1)和条件(3)，有

$$\alpha_1\left(\|\boldsymbol{x}(t)\|\right) \leqslant V(\boldsymbol{x}(t),t) \leqslant \alpha_2\left(\|\boldsymbol{x}(t)\|\right) \tag{5-71}$$

对于给定的 $R>0$，可以找到一个 $r(R)$，与 t_0 无关，使得 $\alpha_2(r) < \alpha_1(R)$，如图 5-10 所示。选择 $\|\boldsymbol{x}(t_0)\| < r$，则有

$$\alpha_1(R) > \alpha_2(r) \geqslant V(\boldsymbol{x}(t_0),t_0) \geqslant V(\boldsymbol{x}(t),t) \geqslant \alpha_1\left(\|\boldsymbol{x}(t)\|\right) \tag{5-72}$$

即满足：

$$\|\boldsymbol{x}(t)\| < R \tag{5-73}$$

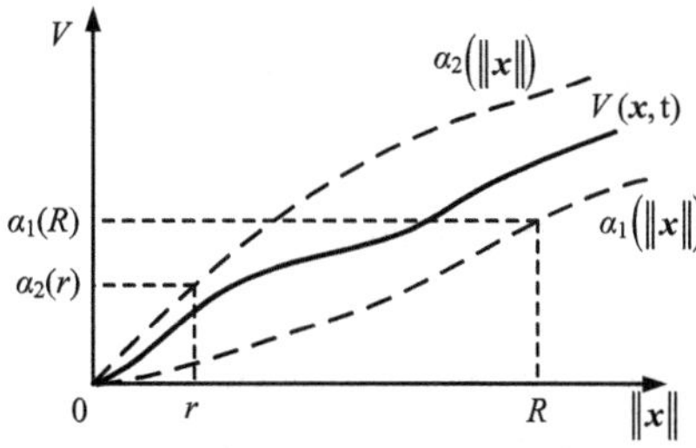

图 5-10　稳定性定理证明

令 $\|\boldsymbol{x}(t_0)\| < r$，$\mu$ 是任意一个满足 $0 < \mu < \|\boldsymbol{x}(t_0)\|$ 的正数。可以找到另一个正数 $\delta(\mu)$，使得 $\alpha_2(\delta) < \alpha_1(\mu)$。定义 $\varepsilon = \alpha_3(\delta)$，且令：

$$T = T(\mu,r) = \frac{\alpha_2(r)}{\varepsilon} \tag{5-74}$$

如果对 $\forall t$，$t_0 \leqslant t \leqslant t_1 \equiv t_0 + T$，有 $\|\boldsymbol{x}(t)\| > \mu$，那么：

$$\begin{aligned} 0 < \alpha_1(\mu) &\leqslant V(\boldsymbol{x}(t_1),t_1) \leqslant V(\boldsymbol{x}(t_0),t_0) - \int_{t_0}^{t_1} \alpha_3\left(\|\boldsymbol{x}(s)\|\right)\mathrm{d}s \\ &\leqslant V(\boldsymbol{x}(t_0),t_0) - \int_{t_0}^{t_1} \alpha_3(\delta)\mathrm{d}s \\ &\leqslant V(\boldsymbol{x}(t_0),t_0) - (t-t_0)\varepsilon \leqslant \alpha_2(r) - T\varepsilon = 0 \end{aligned} \tag{5-75}$$

式(5-75)产生了矛盾，因此一定存在 $t_2 \in [t_0,t_1]$，使得 $\|\boldsymbol{x}(t_2)\| \leqslant \delta$。因此，对所有的 $t \geqslant t_2$，有

$$\alpha_1\left(\|\boldsymbol{x}(t)\|\right) \leqslant V(\boldsymbol{x}(t),t) \leqslant V(\boldsymbol{x}(t_2),t_2) \leqslant \alpha_2(\delta) < \alpha_1(\mu) \tag{5-76}$$

从而有

$$\|\boldsymbol{x}(t)\| < \mu, \quad \forall t \geqslant t_0 + T \geqslant t_2 \tag{5-77}$$

表明系统平衡点是一致渐近稳定的。

全局一致渐近稳定　因为 $\alpha_1(\cdot)$ 是径向无界的，所以可以找到一个 R，使得对 $\forall r$，有 $\alpha_2(r) < \alpha_1(R)$，另外可以使 r 任意大，因此平衡点是全局一致渐近稳定的。

5.2.3 基于 Barbalat 引理的稳定性分析

对于自治系统，当$\dot{V}(\boldsymbol{x}) \leqslant 0$时，可以利用 LaSalle 不变集原理得到系统平衡点的渐近性质；对于非自治系统，虽然最大不变集$\boldsymbol{M}$依然存在，但当$\dot{V}(\boldsymbol{x},t) \leqslant 0$时，该条件还与时间相关，因而无法得到集合$\boldsymbol{R}$，所以 LaSalle 不变集原理不能应用于非自治系统。但退一步说，如果能得到当$t \to \infty$时$\dot{V}(\boldsymbol{x},t) \to 0$的渐近性质，对系统性能的分析也是很有帮助的。

Barbalat 引理是用于分析函数及其导数渐近性质的数学方法，可以弥补 LaSalle 不变集原理无法应用于非自治系统的不足。如果能够找到导数为半负定的标量函数$V(\boldsymbol{x},t)$，或称为“类李雅普诺夫”函数，就可以利用 Barbalat 引理得到非自治系统渐近收敛的结论，从而在自适应控制理论中得到成功应用。

Barbalat 引理 如果可微函数$f(t)$，当$t \to \infty$时存在有限极限，且$\dot{f}(t)$一致连续，那么当$t \to \infty$时，$\dot{f}(t) \to 0$。

引理中的一致连续条件与连续是有区别的。

连续：函数$g(t)$是连续的，如果

$$\begin{gathered}\forall t_1 \geqslant 0, \quad \forall R > 0, \quad \exists \eta(R,t_1) > 0, \quad \forall t \geqslant 0 \\ |t - t_1| < \eta \quad \Rightarrow \quad |g(t) - g(t_1)| < R\end{gathered} \tag{5-78}$$

一致连续：函数$g(t)$是一致连续的，如果

$$\begin{gathered}\forall R > 0, \quad \exists \eta(R) > 0, \quad \forall t_1 \geqslant 0, \quad \forall t \geqslant 0 \\ |t - t_1| < \eta \quad \Rightarrow \quad |g(t) - g(t_1)| < R\end{gathered} \tag{5-79}$$

连续和一致连续的主要区别在于η的选取是否与时刻t_1相关，可见一致连续与时刻t_1的选择无关，体现了全局的性质，而连续只表达了局部的性质。

根据上述定义来判断一致连续条件是有难度的，一个更有效的方法是检验函数的导数。利用有限差分定理，有

$$\forall t, \quad \forall t_1, \quad \exists t_2 \in (t,t_1) \quad \Rightarrow \quad g(t) - g(t_1) = \dot{g}(t_2)(t - t_1) \tag{5-80}$$

如果$R_1 > 0$是函数$|\dot{g}|$的一个上界，总可以取与t_1无关的$\eta = R / R_1$，说明只要$|\dot{g}|$有界，g必是一致连续的，因此得到 Barbalat 引理的等价形式。

Barbalat 引理 如果可微函数$f(t)$，当$t \to \infty$时存在有限极限，$\ddot{f}(t)$存在且有界，那么当$t \to \infty$时，$\dot{f}(t) \to 0$。

将Barbalat引理应用于非自治系统稳定性分析，类似于自治系统的LaSalle不变集原理，该引理称为类李雅普诺夫引理。

类李雅普诺夫引理 如果标量函数$V(\boldsymbol{x},t)$满足下面的条件：

(1) $V(\boldsymbol{x},t)$有下界。

(2) $\dot{V}(\boldsymbol{x},t)$是半负定的。

(3) $\dot{V}(\boldsymbol{x},t)$对时间是一致连续的。

那么$\dot{V}(\boldsymbol{x},t) \to 0, t \to \infty$。

例 5-13 具有一个未知参数的一阶自适应控制系统的闭环误差方程：

$$\dot{e} = -e + \theta w(t)$$
$$\dot{\theta} = -ew(t) \tag{5-81}$$

式中，e、θ 分别表示输出跟踪误差和参数误差；$w(t)$ 表示有界的连续函数。

选择有下界的标量函数：

$$V = e^2 + \theta^2 \tag{5-82}$$

其导数为

$$\dot{V} = 2e(-e + \theta w) + 2\theta(-ew) = -2e^2 \leqslant 0 \tag{5-83}$$

表明 $V(t) \leqslant V(0)$，因此 e、θ 是有界的。

因为式(5-81)是使系统输出跟踪参考模型运动的等效误差镇定问题，其模型是非自治的，所以不能用 LaSalle 不变集原理判断系统的稳定性，但可以用 Barbalat 引理。为判断 $\dot{V}$ 的一致连续性，求 $\dot{V}$ 的导数：

$$\ddot{V} = -4e(-e + \theta w) \tag{5-84}$$

因为 e、θ、w 均有界，所以 $\ddot{V}$ 有界，即 $\dot{V}$ 是一致连续的。根据 Barbalat 引理，有 $\dot{V} \to 0$，$t \to \infty$，即得到 $e \to 0$，$t \to \infty$，说明等效的误差镇定模型是渐近稳定的，即系统输出能够理想地跟踪参考模型的输出。但值得注意的是，系统参数误差 θ 只是有界，不能保证收敛到零，这也是自适应控制有趣的问题，用不准确的系统参数也能保证理想跟踪。

5.3　输入-输出稳定性与李雅普诺夫稳定性的关系

5.3.1　输入-输出稳定性

前面的系统稳定性分析都是基于状态空间模型的，而系统的输入-输出模型也是系统模型的常用表达方法。例如，传递函数模型指定了系统输出信号 $\boldsymbol{y} \in \boldsymbol{R}^p$ 与控制输入信号 $\boldsymbol{u} \in \boldsymbol{R}^m$ 的关系：

$$\boldsymbol{y} = H\boldsymbol{u} \tag{5-85}$$

信号的大小用范数来度量，用范数空间 L 来表示，常用的有 L_1、L_2、L_∞ 范数。以信号 $\boldsymbol{u}$ 为例，其范数定义为

$$\begin{aligned} L_1:\ & \|\boldsymbol{u}\|_{L_1} = \sum_{i=1}^{m} |u_i| < \infty \\ L_2:\ & \|\boldsymbol{u}\|_{L_2} = \sqrt{\int_0^\infty \boldsymbol{u}^{\mathrm{T}} \boldsymbol{u} \mathrm{d}t} < \infty \\ L_\infty:\ & \|\boldsymbol{u}\|_{L_\infty} = \sup_{t \geqslant 0}\left(|\boldsymbol{u}|\right) < \infty \end{aligned} \tag{5-86}$$

有了信号空间的定义后，可以定义系统的输入-输出稳定性。

定义 5-14　如果存在定义在 $[0,\infty)$ 上的 K 类函数 α 和非负常数 β，对于所有 $\boldsymbol{u} \in L$，满足：

$$\|H\boldsymbol{u}\|_L \leqslant \alpha\left(\|\boldsymbol{u}\|_L\right) + \beta \tag{5-87}$$

则输入到输出的映射 $L^m \to L^p$ 是 L 稳定的。如果存在非负常数 γ 和 β，对于所有 $\boldsymbol{u} \in L$，满

足：

$$\|Hu\|_L \leqslant \gamma\left(\|u\|_L\right) + \beta \tag{5-88}$$

则输入到输出的映射 $L^m \to L^p$ 是有限增益 L 稳定的。

由上面的定义可知，系统的输入-输出稳定性也称为 L 稳定性，意味着系统的有界输入产生系统的有界输出，即有界输入-有界输出(bounded input-bounded output, BIBO)稳定性。

例 5-14　考虑单输入-单输出系统，其脉冲响应函数为 $h(t)$，则系统输出为

$$y(t) = \int_0^t h(t-\sigma)u(\sigma)\mathrm{d}\sigma \tag{5-89}$$

假设 $h(t) \in L_1$，即

$$\|h\|_{L_1} = \int_0^\infty |h(\sigma)|\mathrm{d}\sigma < \infty \tag{5-90}$$

如果 $u \in L_\infty$，则系统输出满足：

$$\begin{aligned}|y(t)| &\leqslant \int_0^t |h(t-\sigma)||u(\sigma)|\mathrm{d}\sigma \leqslant \int_0^t |h(t-\sigma)|\mathrm{d}\sigma \sup_{0\leqslant\sigma\leqslant t} |u(\sigma)| \\ &= \int_0^t |h(s)|\mathrm{d}s \sup_{0\leqslant\sigma\leqslant t} |u(\sigma)|\end{aligned} \tag{5-91}$$

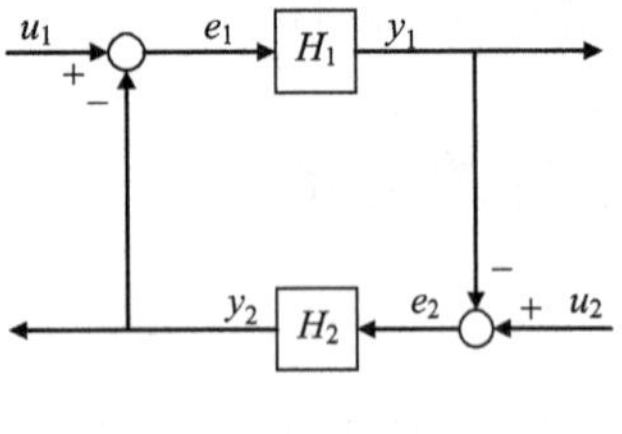

图 5-11　反馈连接系统

因而有

$$\|y\|_{L_\infty} \leqslant \|h\|_{L_1} \|u\|_{L_\infty} \tag{5-92}$$

说明系统是有限增益 L_∞ 稳定的。

研究反馈系统的输入-输出稳定性具有重要的实用意义，考虑如图 5-11 所示的反馈连接系统，假设两个系统都是有限增益 L 稳定的，即

$$\begin{aligned}\|y_1\|_L &\leqslant \gamma_1\|e_1\|_L + \beta_1, \quad \forall e_1 \in L \\ \|y_2\|_L &\leqslant \gamma_2\|e_2\|_L + \beta_2, \quad \forall e_2 \in L\end{aligned} \tag{5-93}$$

进一步假设对每对输入 $u_1 \in L$、$u_2 \in L$ 都存在唯一的 e_1、$y_2 \in L$ 和 $e_2, y_1 \in L$，利用下面的小增益定理可以判断反馈系统是 L 稳定的。

定理 5-7　在前面的假设条件下，如果 $\gamma_1\gamma_2 < 1$，则反馈连接系统是有限增益 L 稳定的。

5.3.2　状态模型的 L 稳定性

输入-输出稳定性能够在有界输入-有界输出稳定性的框架下，引入动力学系统的稳定性概念。本节要分析的是如何用李雅普诺夫稳定性工具建立由状态模型表示的非线性系统的 L 稳定性。

考虑单输入-单输出系统：

$$\begin{aligned}\dot{\boldsymbol{x}} &= \boldsymbol{f}(t,\boldsymbol{x},u), \quad x(0) = x_0 \\ y &= h(t,\boldsymbol{x},u)\end{aligned} \tag{5-94}$$

假设 $\boldsymbol{x} = 0$ 是无激励系统 $\dot{\boldsymbol{x}} = \boldsymbol{f}(t,\boldsymbol{x},0)$ 的平衡点，如果该平衡点是一致渐近稳定的(或指数稳定的)，那么在函数 $\boldsymbol{f}$、h 满足一定假设条件时，系统可以是 L 稳定的或有限增益 L

稳定的，其条件由定理 5-8 给出。

定理 5-8　对于系统(5-94)，取 $r>0$、$r_u>0$，使得 $\{\|\boldsymbol{x}\|\leqslant r\}\subset D$, $\{\|u\|\leqslant r_u\}\subset D_u$。假设

(1) $\boldsymbol{x}=0$ 是无激励系统 $\dot{\boldsymbol{x}}=\boldsymbol{f}(t,\boldsymbol{x},0)$ 的指数稳定平衡点，且存在李雅普诺夫函数 $V(t,\boldsymbol{x})$，对所有 $(t,\boldsymbol{x})$ 及正常数 c_1、c_2、c_3、c_4 满足：

$$
\begin{aligned}
& c_1\|\boldsymbol{x}\|^2\leqslant V(t,\boldsymbol{x})\leqslant c_2\|\boldsymbol{x}\|^2 \\
& \frac{\partial V}{\partial t}+\frac{\partial V}{\partial x}f(t,\boldsymbol{x},0)\leqslant -c_3\|\boldsymbol{x}\|^2 \\
& \left\|\frac{\partial V}{\partial x}\right\|\leqslant c_4\|\boldsymbol{x}\|
\end{aligned}
\tag{5-95}
$$

(2) 对于所有 $(t,\boldsymbol{x},u)\in[0,\infty)\times D\times D_u$ 和非负常数 L、η_1、η_2，$\boldsymbol{f}$、h 分别满足不等式：

$$
\begin{aligned}
& \|\boldsymbol{f}(t,\boldsymbol{x},u)-\boldsymbol{f}(t,\boldsymbol{x},0)\|\leqslant L\|u\| \\
& \|h(t,\boldsymbol{x},u)\|\leqslant \eta_1\|\boldsymbol{x}\|+\eta_2\|u\|
\end{aligned}
\tag{5-96}
$$

则对满足 $\|\boldsymbol{x}_0\|\leqslant r\sqrt{c_1/c_2}$ 的每个 $\boldsymbol{x}_0$，系统是小信号有限增益 L 稳定的。

特别地，当每个 $u\in L$ 满足 $\sup\limits_{0\leqslant t\leqslant\tau}\|u(t)\|\leqslant\min\{r_u,c_1c_3r/(c_2c_4L)\}$ 时，对于所有 $\tau\in[0,\infty)$，输出满足：

$$
\|y_\tau\|_{L_p}\leqslant\gamma\|u_\tau\|_{L_p}+\beta
\tag{5-97}
$$

式中

$$
\begin{aligned}
& \gamma=\eta_2+\frac{\eta_1c_2c_4L}{c_1c_3} \\
& \beta=\eta_1\|x_0\|\sqrt{\frac{c_2}{c_1}}\rho \\
& \rho=\begin{cases}1, & p=\infty \\ \left(\dfrac{2c_2}{c_3p}\right)^{1/p}, & p\in[1,\infty)\end{cases}
\end{aligned}
\tag{5-98}
$$

此外，如果原点是全局指数稳定的，且所有假设都全局成立，则对每个 $\boldsymbol{x}_0$，系统为有限增益 L 稳定的。

5.4　基于李雅普诺夫稳定性理论的控制器设计方法

5.4.1　设计方法

李雅普诺夫稳定性理论可以直接用于非线性控制系统的分析与设计，可采用以下两种方法。

(1) 针对非线性系统，假设已经设计了控制器，然后选择候选李雅普诺夫函数来验证系统的稳定性。

(2) 假设还没有设计非线性系统的控制器，先选择一个正定的标量函数，针对闭环系统，标量函数的导数中含有控制输入 u，然后选择控制律使标量函数成为李雅普诺夫函数。

第一种方法适用于非线性控制系统分析，第二种方法适用于非线性控制系统设计。其中，第二种方法已成为非线性系统控制器设计的重要手段，由此方法设计出的控制律基本是非线性的，如自适应控制、滑模控制等。

以上方法能够有效的前提是稳定的非线性控制系统一定存在李雅普诺夫函数，这一前提是能够保证的。经过人们几十年的研究，已经证明每个李雅普诺夫稳定性定理(稳定、一致稳定、渐近稳定、一致渐近稳定、全局一致渐近稳定)都存在逆定理，也称为李雅普诺夫逆定理，即只要系统稳定，就一定存在相应的李雅普诺夫函数。遗憾的是李雅普诺夫稳定性理论没能给出寻找李雅普诺夫函数的一般方法。

5.4.2 选择李雅普诺夫函数

1. 线性定常系统

对于线性定常系统 $\dot{\boldsymbol{x}} = \boldsymbol{A}\boldsymbol{x}$，李雅普诺夫稳定性理论给出了有效的李雅普诺夫函数选取方法，即采用二次型函数 $V = \boldsymbol{x}^{\mathrm{T}}\boldsymbol{P}\boldsymbol{x}$ 作为候选李雅普诺夫函数，其中 $\boldsymbol{P}$ 为给定的对称正定矩阵，对其求导可得

$$\dot{V} = \dot{\boldsymbol{x}}^{\mathrm{T}}\boldsymbol{P}\boldsymbol{x} + \boldsymbol{x}^{\mathrm{T}}\boldsymbol{P}\dot{\boldsymbol{x}} = \boldsymbol{x}^{\mathrm{T}}(\boldsymbol{A}^{\mathrm{T}}\boldsymbol{P} + \boldsymbol{P}\boldsymbol{A})\boldsymbol{x} = -\boldsymbol{x}^{\mathrm{T}}\boldsymbol{Q}\boldsymbol{x} \tag{5-99}$$

式中，$\boldsymbol{Q}$ 也是对称正定矩阵，定义为

$$\boldsymbol{A}^{\mathrm{T}}\boldsymbol{P} + \boldsymbol{P}\boldsymbol{A} = -\boldsymbol{Q} \tag{5-100}$$

式(5-100)称为线性定常系统的李雅普诺夫方程。则线性定常系统的稳定性分析问题转化为如何寻找满足李雅普诺夫方程的对称正定矩阵 $\boldsymbol{P}$、$\boldsymbol{Q}$ 的问题。

求解李雅普诺夫方程的有效方法是先选择一个对称正定矩阵 $\boldsymbol{Q}$，再利用式(5-100)求出矩阵 $\boldsymbol{P}$，然后检验 $\boldsymbol{P}$ 是否对称正定。$\boldsymbol{P}$ 的解具有如式(5-101)所示形式：

$$\boldsymbol{P} = \int_0^{\infty} \mathrm{e}^{\boldsymbol{A}^{\mathrm{T}}t}\boldsymbol{Q}\mathrm{e}^{\boldsymbol{A}t}\mathrm{d}t \tag{5-101}$$

此时有

$$\begin{aligned}-\boldsymbol{Q} &= \int_{t=0}^{\infty}\mathrm{d}\left(\mathrm{e}^{\boldsymbol{A}^{\mathrm{T}}t}\boldsymbol{Q}\mathrm{e}^{\boldsymbol{A}t}\right) = \int_{t=0}^{\infty}\left(\boldsymbol{A}^{\mathrm{T}}\mathrm{e}^{\boldsymbol{A}^{\mathrm{T}}t}\boldsymbol{Q}\mathrm{e}^{\boldsymbol{A}t} + \mathrm{e}^{\boldsymbol{A}^{\mathrm{T}}t}\boldsymbol{Q}\mathrm{e}^{\boldsymbol{A}t}\boldsymbol{A}\right)\mathrm{d}t \\ &= \boldsymbol{A}^{\mathrm{T}}\boldsymbol{P} + \boldsymbol{P}\boldsymbol{A}\end{aligned} \tag{5-102}$$

可见由此确定的对称正定矩阵 $\boldsymbol{P}$、$\boldsymbol{Q}$ 满足李雅普诺夫方程，而且如果 $\boldsymbol{A}$ 是绝对稳定的，由式(5-101)确定的矩阵 $\boldsymbol{P}$ 一定是对称正定的。

例 5-15　稳定的线性定常系统 $\boldsymbol{A} = \begin{bmatrix} 0 & 4 \\ -8 & -12 \end{bmatrix}$。

首先选择矩阵 $\boldsymbol{P}$ 为单位矩阵，$\boldsymbol{P} = \boldsymbol{I}$，可得

$$-\boldsymbol{Q} = \boldsymbol{A}^{\mathrm{T}}\boldsymbol{P} + \boldsymbol{P}\boldsymbol{A} = \begin{bmatrix} 0 & -4 \\ -4 & -24 \end{bmatrix} \tag{5-103}$$

可见矩阵 $\boldsymbol{Q}$ 不是正定的，也就无法判断系统的稳定性。

如果选择矩阵 $\boldsymbol{Q} = \boldsymbol{I}$，代入李雅普诺夫方程，得

$$\begin{bmatrix} 0 & -8 \\ 4 & -12 \end{bmatrix}\begin{bmatrix} p_{11} & p_{12} \\ p_{21} & p_{22} \end{bmatrix}+\begin{bmatrix} p_{11} & p_{12} \\ p_{21} & p_{22} \end{bmatrix}\begin{bmatrix} 0 & 4 \\ -8 & -12 \end{bmatrix}=\begin{bmatrix} -1 & 0 \\ 0 & -1 \end{bmatrix} \tag{5-104}$$

由式(5-104)可解得

$$\boldsymbol{P}=\frac{1}{16}\begin{bmatrix} 5 & 1 \\ 1 & 1 \end{bmatrix} \tag{5-105}$$

此时矩阵 $\boldsymbol{P}$ 是正定的，因此可以判定系统是稳定的。

2. 基于雅可比矩阵的方法

先将非线性系统局部线性化，然后用线性系统的分析方法解决非线性系统稳定性的分析问题，这一思路是非常自然的。但雅可比矩阵 $\boldsymbol{A}(\boldsymbol{x})=\partial \boldsymbol{f}/\partial \boldsymbol{x}$ 不是定常的，而是状态 $\boldsymbol{x}$ 的函数。为此，学者 Krasovskii 通过研究，给出了非线性系统基于雅可比矩阵的李雅普诺夫函数确定方法。

Krasovskii 定理　对于自治非线性系统 $\dot{\boldsymbol{x}}=\boldsymbol{f}(\boldsymbol{x})$，设 $\boldsymbol{A}(\boldsymbol{x})=\partial \boldsymbol{f}/\partial \boldsymbol{x}$ 是系统的雅可比矩阵，如果矩阵 $\boldsymbol{F}=\boldsymbol{A}+\boldsymbol{A}^{\mathrm{T}}$ 在平衡点的某个邻域 Ω 内负定，则平衡点是渐近稳定的，李雅普诺夫函数 $V(\boldsymbol{x})$ 可选为

$$V(\boldsymbol{x})=\boldsymbol{f}^{\mathrm{T}}(\boldsymbol{x})\boldsymbol{f}(\boldsymbol{x}) \tag{5-106}$$

通过对 $V(\boldsymbol{x})$ 求导，可证明该定理：

$$\dot{V}=\boldsymbol{f}^{\mathrm{T}}\dot{\boldsymbol{f}}+\dot{\boldsymbol{f}}^{\mathrm{T}}\boldsymbol{f}=\boldsymbol{f}^{\mathrm{T}}\boldsymbol{A}\boldsymbol{f}+\boldsymbol{f}^{\mathrm{T}}\boldsymbol{A}^{\mathrm{T}}\boldsymbol{f}=\boldsymbol{f}^{\mathrm{T}}\boldsymbol{F}\boldsymbol{f}<0 \tag{5-107}$$

例 5-16　非线性系统：

$$\begin{aligned} \dot{x}_1 &= -6x_1+2x_2 \\ \dot{x}_2 &= 2x_1-6x_2-2x_2^3 \end{aligned} \tag{5-108}$$

首先求系统的雅可比矩阵：

$$\boldsymbol{A}=\frac{\partial \boldsymbol{f}}{\partial \boldsymbol{x}}=\begin{bmatrix} -6 & 2 \\ 2 & -6-6x_2^2 \end{bmatrix} \tag{5-109}$$

然后计算 $\boldsymbol{F}$ 矩阵：

$$\boldsymbol{F}=\boldsymbol{A}+\boldsymbol{A}^{\mathrm{T}}=\begin{bmatrix} -12 & 4 \\ 4 & -12-12x_2^2 \end{bmatrix} \tag{5-110}$$

显然 $\boldsymbol{F}$ 全空间负定，候选的李雅普诺夫函数是

$$V(\boldsymbol{x})=\boldsymbol{f}^{\mathrm{T}}(\boldsymbol{x})\boldsymbol{f}(\boldsymbol{x})=(-6x_1+2x_2)^2+(2x_1-6x_2-2x_2^3)^2 \tag{5-111}$$

而且 $V(\boldsymbol{x})\to\infty, \|\boldsymbol{x}\|\to\infty$，因此平衡点是全局渐近稳定的。

上述定理在实际应用中会受到限制，因为许多系统的雅可比矩阵不满足负定的要求，同时不适用于高阶系统。Krasovskii 便试图将雅可比矩阵与李雅普诺夫方程相结合，得到更广义的 Krasovskii 定理。

广义 Krasovskii 定理　对于自治非线性系统 $\dot{\boldsymbol{x}}=\boldsymbol{f}(\boldsymbol{x})$，设 $\boldsymbol{A}(\boldsymbol{x})=\partial \boldsymbol{f}/\partial \boldsymbol{x}$ 是系统的雅可比矩阵，那么平衡点 $\boldsymbol{x}=0$ 渐近稳定的充要条件是存在两个正定矩阵 $\boldsymbol{P}$、$\boldsymbol{Q}$，使对 $\forall \boldsymbol{x}\neq 0$，矩阵

$$\boldsymbol{F}(\boldsymbol{x})=\boldsymbol{A}^{\mathrm{T}}\boldsymbol{P}+\boldsymbol{P}\boldsymbol{A}+\boldsymbol{Q} \tag{5-112}$$

在平衡点 $\boldsymbol{x}=0$ 的某个邻域 Ω 内为半负定的，这时函数 $V(\boldsymbol{x})=\boldsymbol{f}^{\mathrm{T}}\boldsymbol{P}\boldsymbol{f}$ 可选为李雅普诺夫函数，如果 Ω 为整个空间，且 $V(\boldsymbol{x})\to\infty,\|\boldsymbol{x}\|\to\infty$，则平衡点是全局渐近稳定的。

同样对 $V(\boldsymbol{x})$ 求导，可证明该定理：

$$\dot{V}=\frac{\partial V}{\partial \boldsymbol{x}}\boldsymbol{f}(\boldsymbol{x})=\boldsymbol{f}^{\mathrm{T}}\boldsymbol{P}\boldsymbol{A}\boldsymbol{f}+\boldsymbol{f}^{\mathrm{T}}\boldsymbol{A}^{\mathrm{T}}\boldsymbol{P}\boldsymbol{f}=\boldsymbol{f}^{\mathrm{T}}\boldsymbol{F}\boldsymbol{f}-\boldsymbol{f}^{\mathrm{T}}\boldsymbol{Q}\boldsymbol{f}<0 \tag{5-113}$$

3. 变量梯度法

变量梯度法采取反向思维方法，首先按照李雅普诺夫稳定性理论条件构造李雅普诺夫函数的导数，然后通过积分确定候选的李雅普诺夫函数并判断其正定性。如果构造失败，可按上述方法重新构造，直到构造成功。

如果系统稳定，则存在李雅普诺夫函数 $V(\boldsymbol{x})$，其导数是确定的：

$$\frac{\mathrm{d}V(\boldsymbol{x})}{\mathrm{d}t}=\frac{\partial V}{\partial \boldsymbol{x}}\frac{\mathrm{d}\boldsymbol{x}}{\mathrm{d}t}\quad\Rightarrow\quad \mathrm{d}V(\boldsymbol{x})=\frac{\partial V}{\partial \boldsymbol{x}}\mathrm{d}\boldsymbol{x}=(\nabla V)^{\mathrm{T}}\mathrm{d}\boldsymbol{x} \tag{5-114}$$

则有

$$\mathrm{d}V(\boldsymbol{x})=\frac{\partial V}{\partial \boldsymbol{x}}\mathrm{d}\boldsymbol{x}=(\nabla V)^{\mathrm{T}}\mathrm{d}\boldsymbol{x} \tag{5-115}$$

因此，梯度 ∇V 也是确定的，对式(5-115)积分可得

$$V(\boldsymbol{x})=\int_0^{\boldsymbol{x}}(\nabla V)^{\mathrm{T}}\mathrm{d}\boldsymbol{x} \tag{5-116}$$

记 $\nabla V=\left[\frac{\partial V}{\partial x_1},\frac{\partial V}{\partial x_2},\cdots,\frac{\partial V}{\partial x_n}\right]^{\mathrm{T}}=[\nabla V_1,\nabla V_2,\cdots,\nabla V_n]^{\mathrm{T}}$，如果 $V(\boldsymbol{x})$ 的积分与路径无关，则有

$$\begin{aligned}V(\boldsymbol{x})&=\int_0^{x_1(x_2=\cdots=x_n=0)}\nabla V_1\mathrm{d}x_1+\int_0^{x_2(x_1=x_1,x_2=\cdots=x_n=0)}\nabla V_2\mathrm{d}x_2\\&=\int_0^{x_n(x_1=x_1,x_2=x_2,\cdots,x_{n-1}=x_{n-1})}\nabla V_1\mathrm{d}x_1\end{aligned} \tag{5-117}$$

为了使 $V(\boldsymbol{x})$ 的积分与路径无关，$V(\boldsymbol{x})$ 梯度的旋度必须为零，即 $\nabla\times\nabla V=0$，这意味着 ∇V 的雅可比矩阵必须为对称矩阵，即

$$\boldsymbol{J}(\nabla V)=\begin{bmatrix}\frac{\partial\nabla V_1}{\partial x_1} & \frac{\partial\nabla V_1}{\partial x_2} & \cdots & \frac{\partial\nabla V_1}{\partial x_n}\\ \frac{\partial\nabla V_2}{\partial x_1} & \frac{\partial\nabla V_2}{\partial x_2} & \cdots & \frac{\partial\nabla V_2}{\partial x_n}\\ \vdots & \vdots & & \vdots\\ \frac{\partial\nabla V_n}{\partial x_1} & \frac{\partial\nabla V_n}{\partial x_2} & \cdots & \frac{\partial\nabla V_n}{\partial x_n}\end{bmatrix} \tag{5-118}$$

是对称矩阵。

可以假定 ∇V 是带有待定系数的 n 维向量，即

$$\nabla V = \begin{bmatrix} a_{11}x_1 + a_{12}x_2 + \cdots + a_{1n}x_n \\ a_{21}x_1 + a_{22}x_2 + \cdots + a_{2n}x_n \\ \vdots \\ a_{n1}x_1 + a_{n2}x_2 + \cdots + a_{nn}x_n \end{bmatrix} \tag{5-119}$$

式中，a_{ij} 为待定系数。由于雅可比矩阵的对称性，可使待定系数的个数减少为 $n(n-1)/2$，需要按 $V(\boldsymbol{x})$ 正定、$\dot{V}(\boldsymbol{x})$ 负定的要求确定待定系数，不同的系数选择可求出不同的 $V(\boldsymbol{x})$。

例 5-17　考虑非线性系统：

$$\begin{aligned} \dot{x}_1 &= -x_1 + 2x_1^2 x_2 \\ \dot{x}_2 &= -x_2 \end{aligned} \tag{5-120}$$

$\boldsymbol{x} = 0$ 是系统的平衡点。设：

$$\nabla V = \begin{bmatrix} a_{11}x_1 + a_{12}x_2 \\ a_{21}x_1 + a_{22}x_2 \end{bmatrix} \tag{5-121}$$

为使 $V(\boldsymbol{x})$ 中含有 x_2^2 项，取 $a_{22} = 0$；为保证雅可比矩阵对称，取 $a_{12} = a_{21} = 0$，则有

$$\begin{aligned} \frac{\mathrm{d}V(\boldsymbol{x})}{\mathrm{d}t} &= \frac{\partial V}{\partial \boldsymbol{x}} \frac{\mathrm{d}\boldsymbol{x}}{\mathrm{d}t} = -a_{11}x_1^2 + 2a_{11}x_1^3 x_2 - 2x_2^2 \\ &= -a_{11}x_1^2(1 - 2x_1x_2) - 2x_2^2 \end{aligned} \tag{5-122}$$

若令 $1 - 2x_1x_2 > 0$，则 $\dot{V}(\boldsymbol{x})$ 是负定的。

由于满足旋度条件，积分与路径无关，可得

$$V(\boldsymbol{x}) = \int_0^{x_1} a_{11}x_1 \mathrm{d}x_1 + \int_0^{x_2} 2x_2 \mathrm{d}x_2 = \frac{a_{11}}{2}x_1^2 + x_2^2 \tag{5-123}$$

只要 $a_{11} > 0$，则 $V(\boldsymbol{x})$ 正定。

注意，仅当 $x_1x_2 < 1/2$ 时，$\dot{V}(\boldsymbol{x})$ 才负定，因此系统是局部渐近稳定的。

4. 由物理概念产生

前面介绍的构造李雅普诺夫函数的方法是从数学观点得到的，没有考虑系统的物理特性，这些方法只对一些简单的系统有效，对复杂的动力学系统往往难以应用。如果对实际物理系统进行深入分析，有时会得到更加简洁有效的李雅普诺夫函数。例如，例 5-3 中采用系统能量作为李雅普诺夫函数；例 5-13 中采用跟踪误差和参数误差的平方和形式，即可以把 $V(\boldsymbol{x})$ 表示为一些项之和，而且每一项只包含一个变量。

从物理概念而来的李雅普诺夫函数也可以有效简化控制系统的设计，这在后续章节中可以看到，因此可以说在某种意义上，以李雅普诺夫函数为基础的非线性系统控制器设计方法更加简单适用。

例 5-18　考虑 4.1.1 节介绍的采用控制律分解方法的机械臂控制器设计，机械臂动力学模型为

$$\boldsymbol{\tau} = \boldsymbol{M}(\boldsymbol{\Theta})\ddot{\boldsymbol{\Theta}} + \boldsymbol{V}(\boldsymbol{\Theta}, \dot{\boldsymbol{\Theta}}) + \boldsymbol{G}(\boldsymbol{\Theta}) \tag{5-124}$$

基于系统模型的控制律为

$$\begin{aligned} &\boldsymbol{\tau} = \boldsymbol{\alpha}\boldsymbol{\tau}' + \boldsymbol{\beta} \\ &\boldsymbol{\alpha} = \boldsymbol{M}(\boldsymbol{\Theta}), \quad \boldsymbol{\beta} = \boldsymbol{V}(\boldsymbol{\Theta}, \dot{\boldsymbol{\Theta}}) + \boldsymbol{G}(\boldsymbol{\Theta}) \end{aligned} \tag{5-125}$$

伺服控制律为

$$\boldsymbol{\tau}' = \ddot{\boldsymbol{\Theta}}_d + \boldsymbol{K}_v\dot{\boldsymbol{E}} + \boldsymbol{K}_p\boldsymbol{E}, \quad \boldsymbol{E} = \boldsymbol{\Theta}_d - \boldsymbol{\Theta} \tag{5-126}$$

目前，工业机器人普遍采用的控制律是 PD 控制加重力补偿的控制器形式：

$$\boldsymbol{\tau} = -\boldsymbol{K}_d\dot{\boldsymbol{\Theta}} + \boldsymbol{K}_p\boldsymbol{E} + \boldsymbol{G}(\boldsymbol{\Theta}) \tag{5-127}$$

该控制器设计方法以机械臂预期位置镇定控制为目标，动态轨迹跟踪控制效果较差。

将控制律代入系统方程，得到闭环系统方程：

$$\boldsymbol{M}(\boldsymbol{\Theta})\ddot{\boldsymbol{\Theta}} + \boldsymbol{V}(\boldsymbol{\Theta},\dot{\boldsymbol{\Theta}}) + \boldsymbol{K}_d\dot{\boldsymbol{\Theta}} + \boldsymbol{K}_p\boldsymbol{\Theta} = \boldsymbol{K}_p\boldsymbol{\Theta}_d \tag{5-128}$$

选择候选李雅普诺夫函数为

$$V = \frac{1}{2}\dot{\boldsymbol{\Theta}}^{\mathrm{T}}\boldsymbol{M}(\boldsymbol{\Theta})\dot{\boldsymbol{\Theta}} + \frac{1}{2}\boldsymbol{E}^{\mathrm{T}}\boldsymbol{K}_p\boldsymbol{E} \tag{5-129}$$

式中，第一项为系统的动能；第二项可以理解为人工势能。

对 V 求导，得

$$\begin{aligned}\dot{V} &= \frac{1}{2}\dot{\boldsymbol{\Theta}}^{\mathrm{T}}\dot{\boldsymbol{M}}(\boldsymbol{\Theta})\dot{\boldsymbol{\Theta}} + \dot{\boldsymbol{\Theta}}^{\mathrm{T}}\boldsymbol{M}(\boldsymbol{\Theta})\ddot{\boldsymbol{\Theta}} + \boldsymbol{E}^{\mathrm{T}}\boldsymbol{K}_p\dot{\boldsymbol{\Theta}} \\ &= \frac{1}{2}\dot{\boldsymbol{\Theta}}^{\mathrm{T}}\dot{\boldsymbol{M}}(\boldsymbol{\Theta})\dot{\boldsymbol{\Theta}} - \dot{\boldsymbol{\Theta}}^{\mathrm{T}}\boldsymbol{K}_d\dot{\boldsymbol{\Theta}} - \dot{\boldsymbol{\Theta}}^{\mathrm{T}}\boldsymbol{V}(\boldsymbol{\Theta},\dot{\boldsymbol{\Theta}})\end{aligned} \tag{5-130}$$

记 $K = \frac{1}{2}\dot{\boldsymbol{\Theta}}^{\mathrm{T}}\dot{\boldsymbol{M}}(\boldsymbol{\Theta})\dot{\boldsymbol{\Theta}}$ 为系统动能，对其求导，并利用式(5-124)，得

$$\begin{aligned}\frac{\mathrm{d}K}{\mathrm{d}t} &= \frac{1}{2}\dot{\boldsymbol{\Theta}}^{\mathrm{T}}\dot{\boldsymbol{M}}(\boldsymbol{\Theta})\dot{\boldsymbol{\Theta}} + \dot{\boldsymbol{\Theta}}^{\mathrm{T}}\boldsymbol{M}(\boldsymbol{\Theta})\ddot{\boldsymbol{\Theta}} \\ &= \frac{1}{2}\dot{\boldsymbol{\Theta}}^{\mathrm{T}}\dot{\boldsymbol{M}}(\boldsymbol{\Theta})\dot{\boldsymbol{\Theta}} + \dot{\boldsymbol{\Theta}}^{\mathrm{T}}(\boldsymbol{\tau} - \boldsymbol{V}(\boldsymbol{\Theta},\dot{\boldsymbol{\Theta}}) - \boldsymbol{G}(\boldsymbol{\Theta})) \\ &= \frac{1}{2}\dot{\boldsymbol{\Theta}}^{\mathrm{T}}\dot{\boldsymbol{M}}(\boldsymbol{\Theta})\dot{\boldsymbol{\Theta}} - \dot{\boldsymbol{\Theta}}^{\mathrm{T}}\boldsymbol{V}(\boldsymbol{\Theta},\dot{\boldsymbol{\Theta}}) + \dot{\boldsymbol{\Theta}}^{\mathrm{T}}(\boldsymbol{\tau} - \boldsymbol{G}(\boldsymbol{\Theta}))\end{aligned} \tag{5-131}$$

根据动能定理，系统动能的变化等于驱动力矩和重力对系统做的功，有

$$\frac{\mathrm{d}K}{\mathrm{d}t} = \dot{\boldsymbol{\Theta}}^{\mathrm{T}}(\boldsymbol{\tau} - \boldsymbol{G}(\boldsymbol{\Theta})) \tag{5-132}$$

比较式(5-131)和式(5-132)，可知：

$$\frac{1}{2}\dot{\boldsymbol{\Theta}}^{\mathrm{T}}\dot{\boldsymbol{M}}(\boldsymbol{\Theta})\dot{\boldsymbol{\Theta}} = \dot{\boldsymbol{\Theta}}^{\mathrm{T}}\boldsymbol{V}(\boldsymbol{\Theta},\dot{\boldsymbol{\Theta}}) \tag{5-133}$$

将这一结果代入式(5-130)，得

$$\dot{V} = -\dot{\boldsymbol{\Theta}}^{\mathrm{T}}\boldsymbol{K}_d\dot{\boldsymbol{\Theta}} \leqslant 0 \tag{5-134}$$

进一步利用 LaSalla 不变集原理，当 $\dot{V} = 0$ 时，有 $\dot{\boldsymbol{\Theta}} = \ddot{\boldsymbol{\Theta}} = 0$，代入式(5-126)，得 $\boldsymbol{E} = \dot{\boldsymbol{E}} = 0$，即系统是渐近稳定的。这也解释了当前工业机器人普遍采用这种控制器的原因。

5.4.3　性能分析

基于李雅普诺夫稳定性理论设计控制器的方法是以闭环系统稳定性为设计目标的，如果闭环系统是渐近稳定的，控制系统的精度指标就有所保证，接下来就要考虑系统的收敛

速度。只有在某些特殊情况下，李雅普诺夫稳定性理论能给出系统收敛速度的估计。

如果实函数 $W(t)$ 满足下面不等式：

$$\dot{W}(t)+\alpha W(t)\leqslant 0 \tag{5-135}$$

式中，α 为正实数。求解不等式(5-135)，可得

$$W(t)\leqslant W(0)\mathrm{e}^{-\alpha t} \tag{5-136}$$

式(5-136)说明 $W(t)$ 将指数收敛于零。当利用李雅普诺夫稳定性理论进行稳定性分析时，如果 $\dot{V}$ 具有式(5-135)的形式，就可以得到 V 的指数收敛性和收敛率，进而可以算出系统状态的收敛率。

例 5-19 非线性系统：

$$\begin{aligned}\dot{x}_1 &= x_1(x_1^2+x_2^2-1)-4x_1x_2^2\\ \dot{x}_2 &= 4x_1^2x_2+x_2(x_1^2+x_2^2-1)\end{aligned} \tag{5-137}$$

取候选李雅普诺夫函数为

$$V=\|\boldsymbol{x}\|^2=x_1^2+x_2^2 \tag{5-138}$$

其导数具有如式(5-139)所示的形式：

$$\dot{V}=2(x_1^2+x_2^2)(x_1^2+x_2^2-1)=2V(V-1) \tag{5-139}$$

即

$$\frac{\mathrm{d}V}{V(1-V)}=-2\mathrm{d}t \tag{5-140}$$

求解式(5-140)，可得

$$V(x)=\frac{\alpha\mathrm{e}^{-2t}}{1+\alpha\mathrm{e}^{-2t}},\quad \alpha=\frac{V(0)}{1-V(0)} \tag{5-141}$$

式(5-141)表明，当系统轨线从单位圆内出发，即 $\|\boldsymbol{x}(0)\|^2=V(0)<1$ 时，$\alpha>0$，且 $V(t)<\alpha\mathrm{e}^{-2t}$，则系统状态以收敛率 1 指数收敛于零。如果系统轨线从单位圆外出发，即 $V(0)>1$，则 $\alpha<0$，此时系统状态在有限时间内趋于无穷，也称有限时间逃逸(finite escape time)。

当用李雅普诺夫稳定性理论分析线性系统时，一个有趣的结果是，当矩阵 $\boldsymbol{Q}=\boldsymbol{I}$ 时，系统状态收敛最快。

第 6 章　基于李雅普诺夫稳定性理论的非线性系统控制器设计工具

第 5 章介绍了李雅普诺夫稳定性理论以及基于该理论的非线性系统控制器设计方法。通过几十年的研究，该理论取得了丰富的研究成果并成为比较系统性的应用工具。本章将介绍常用的反步设计法、无源控制方法以及基于李雅普诺夫函数的鲁棒控制器设计方法。

6.1　李雅普诺夫再设计

6.1.1　再设计的概念

考虑连续非线性系统：

$$\dot{\boldsymbol{x}} = \boldsymbol{f}(t, \boldsymbol{x}) + \boldsymbol{G}(t, \boldsymbol{x})\boldsymbol{u} \tag{6-1}$$

式中，$\boldsymbol{x} \in R^n$；$\boldsymbol{u} \in R^p$。根据第 5 章介绍的李雅普诺夫稳定性理论可以设计一致渐近稳定的反馈控制律 $\boldsymbol{u} = \boldsymbol{\varphi}(\boldsymbol{x}, t)$，以及存在李雅普诺夫函数 $V(\boldsymbol{x}, t)$，满足：

$$\begin{aligned} &\alpha_1\left(\|\boldsymbol{x}\|\right) \leqslant V(\boldsymbol{x}, t) \leqslant \alpha_2\left(\|\boldsymbol{x}\|\right) \\ &\frac{\partial V}{\partial t} + \frac{\partial V}{\partial \boldsymbol{x}}(\boldsymbol{f} + \boldsymbol{G}\boldsymbol{\varphi}) \leqslant -\alpha_3\left(\|\boldsymbol{x}\|\right) \end{aligned} \tag{6-2}$$

式中，α_1、α_2、α_3 为 K 类函数。

当系统(6-1)存在不确定性或扰动时，即

$$\dot{\boldsymbol{x}} = \boldsymbol{f}(t, \boldsymbol{x}) + \boldsymbol{G}(t, \boldsymbol{x})\left(\boldsymbol{u} + \boldsymbol{\delta}(t, \boldsymbol{x}, \boldsymbol{u})\right) \tag{6-3}$$

式中，$\boldsymbol{\delta}(t, \boldsymbol{x}, \boldsymbol{u})$ 为包含各种不确定项的未知函数。式(6-3)称为扰动非线性系统，式(6-1)称为不含扰动的标称系统。标称系统的控制律 $\boldsymbol{u} = \boldsymbol{\varphi}(\boldsymbol{x}, t)$ 不能保证扰动非线性系统一致渐近稳定，此时可考虑扰动非线性系统的控制律为

$$\boldsymbol{u} = \boldsymbol{\varphi}(t, \boldsymbol{x}) + \boldsymbol{v} \tag{6-4}$$

式中，$\boldsymbol{\varphi}(t, \boldsymbol{x})$ 用来保证标称系统一致渐近稳定；$\boldsymbol{v}$ 用来抑制系统的扰动。$\boldsymbol{v}$ 的设计称为李雅普诺夫再设计。

假设不确定项 $\boldsymbol{\delta}(t, \boldsymbol{x}, \boldsymbol{u})$ 满足不等式：

$$\left\|\boldsymbol{\delta}(t, \boldsymbol{x}, \boldsymbol{\varphi}(t, \boldsymbol{x}) + \boldsymbol{v})\right\| \leqslant \rho(t, \boldsymbol{x}) + k_0\|\boldsymbol{v}\|, \quad 0 \leqslant k_0 < 1, \rho(t, \boldsymbol{x}) \geqslant 0 \tag{6-5}$$

式中，$\rho(t, \boldsymbol{x})$ 为已知的非负连续函数，表示不确定性的大小。李雅普诺夫再设计的目标是在 $V(\boldsymbol{x}, t)$ 和 ρ、k_0 已知的条件下，设计附加控制 $\boldsymbol{v}$，使总的控制 $\boldsymbol{u} = \boldsymbol{\varphi}(t, \boldsymbol{x}) + \boldsymbol{v}$ 稳定扰动非线性系统(6-3)。

例 6-1　非线性系统反馈线性化理论需要精确的系统模型，相当于已知系统的标称模型为

$$\dot{\boldsymbol{x}} = \boldsymbol{f}(\boldsymbol{x}) + \boldsymbol{G}(\boldsymbol{x})\boldsymbol{u} \tag{6-6}$$

针对标称模型，存在微分同胚变换 $\boldsymbol{z} = \boldsymbol{T}(\boldsymbol{x})$，满足：

$$\begin{aligned} &\frac{\partial \boldsymbol{T}}{\partial \boldsymbol{x}}\boldsymbol{f}(\boldsymbol{x}) = \boldsymbol{A}\boldsymbol{T}(\boldsymbol{x}) - \boldsymbol{B}\gamma(\boldsymbol{x})\alpha(\boldsymbol{x}) \\ &\frac{\partial \boldsymbol{T}}{\partial \boldsymbol{x}}\boldsymbol{G}(\boldsymbol{x}) = \boldsymbol{B}\gamma(\boldsymbol{x}) \end{aligned} \tag{6-7}$$

得到可反馈线性化的系统：

$$\dot{\boldsymbol{z}} = \boldsymbol{A}\boldsymbol{z} + \boldsymbol{B}\gamma(\boldsymbol{x})(\boldsymbol{u} - \alpha(\boldsymbol{x})) \tag{6-8}$$

现考虑具有扰动的系统：

$$\dot{\boldsymbol{x}} = \boldsymbol{f}(\boldsymbol{x}) + \Delta_f(\boldsymbol{x}) + (\boldsymbol{G}(\boldsymbol{x}) + \Delta_G(\boldsymbol{x}))\boldsymbol{u} \tag{6-9}$$

其不确定项满足：

$$\begin{aligned} &\frac{\partial \boldsymbol{T}}{\partial \boldsymbol{x}}\Delta_f(\boldsymbol{x}) = \boldsymbol{B}\gamma(\boldsymbol{x})\Delta_1(\boldsymbol{x}) \\ &\Delta_G(\boldsymbol{x}) = \boldsymbol{G}(\boldsymbol{x})\Delta_2(\boldsymbol{x}) \end{aligned} \tag{6-10}$$

则微分同胚变换将扰动系统变换为

$$\dot{\boldsymbol{z}} = \boldsymbol{A}\boldsymbol{z} - \boldsymbol{B}\gamma(\boldsymbol{x})\alpha(\boldsymbol{x}) + \boldsymbol{B}\gamma(\boldsymbol{x})(\boldsymbol{u} + \delta(\boldsymbol{x}, \boldsymbol{u})) \tag{6-11}$$

式中，$\delta(\boldsymbol{x}, \boldsymbol{u}) = \Delta_1(\boldsymbol{x}) + \Delta_2(\boldsymbol{x})\boldsymbol{u}$。

因为标称系统是可以反馈线性化的，利用 $\boldsymbol{u}$ 去除系统中的加性和乘性非线性项 $\alpha(\boldsymbol{x})$、$\gamma(\boldsymbol{x})$，即反馈线性化控制律为

$$\boldsymbol{u} = \varphi(\boldsymbol{x}) = \alpha(\boldsymbol{x}) - \gamma^{-1}(\boldsymbol{x})\boldsymbol{K}\boldsymbol{z} = \alpha(\boldsymbol{x}) - \gamma^{-1}(\boldsymbol{x})\boldsymbol{K}\boldsymbol{T}(\boldsymbol{x}) \tag{6-12}$$

式中，$\boldsymbol{K}$ 的选择使矩阵 $\boldsymbol{A} - \boldsymbol{B}\boldsymbol{K}$ 为 Hurwitz 矩阵。可选择闭环系统的李雅普诺夫函数为 $V(\boldsymbol{z}) = \boldsymbol{z}^{\mathrm{T}}\boldsymbol{P}\boldsymbol{z}$，矩阵 $\boldsymbol{P}$ 满足李雅普诺夫方程：

$$\boldsymbol{P}(\boldsymbol{A} - \boldsymbol{B}\boldsymbol{K}) + (\boldsymbol{A} - \boldsymbol{B}\boldsymbol{K})^{\mathrm{T}}\boldsymbol{P} = -\boldsymbol{I} \tag{6-13}$$

将 $\boldsymbol{u} = \varphi(t, \boldsymbol{x}) + \boldsymbol{v}$ 作为扰动系统(6-11)的控制器，此时不确定项满足：

$$\|\delta(\boldsymbol{x}, \varphi(\boldsymbol{x}) + \boldsymbol{v})\| \leqslant \|\Delta_1(\boldsymbol{x}) + \Delta_2(\boldsymbol{x})\alpha(\boldsymbol{x}) - \Delta_2(\boldsymbol{x})\gamma^{-1}(\boldsymbol{x})\boldsymbol{K}\boldsymbol{z}\| + \|\Delta_2(\boldsymbol{x})\|\|\boldsymbol{v}\| \tag{6-14}$$

为实现李雅普诺夫再设计，不确定性需要满足：

$$\begin{aligned} &\|\Delta_2(\boldsymbol{x})\| \leqslant k_0 < 1 \\ &\|\Delta_1(\boldsymbol{x}) + \Delta_2(\boldsymbol{x})\alpha(\boldsymbol{x}) - \Delta_2(\boldsymbol{x})\gamma^{-1}(\boldsymbol{x})\boldsymbol{K}\boldsymbol{z}\| \leqslant \rho(\boldsymbol{x}) \end{aligned} \tag{6-15}$$

式中，第一个约束是限制性的；第二个约束不是限制性的，其大小 $\rho(\boldsymbol{x})$ 已知即可。

可见，李雅普诺夫再设计思想给具有不确定性的非线性系统的反馈线性化提供了一种可行的控制器设计方案。

6.1.2　再设计的实现

对扰动系统(6-3)，采用控制律 $\boldsymbol{u} = \varphi(t, \boldsymbol{x}) + \boldsymbol{v}$，得到闭环系统：

$$\dot{\boldsymbol{x}} = \boldsymbol{f}(t, \boldsymbol{x}) + \boldsymbol{G}(t, \boldsymbol{x})\varphi(t, \boldsymbol{x}) + \boldsymbol{G}(t, \boldsymbol{x})(\boldsymbol{v} + \delta(t, \boldsymbol{x}, \varphi(t, \boldsymbol{x}) + \boldsymbol{v})) \tag{6-16}$$

利用标称系统的李雅普诺夫函数 $V(\boldsymbol{x}, t)$，并求导得

$$\dot{V}=\frac{\partial V}{\partial t}+\frac{\partial V}{\partial \boldsymbol{x}}(\boldsymbol{f}+\boldsymbol{G}\boldsymbol{\varphi})+\frac{\partial V}{\partial \boldsymbol{x}}\boldsymbol{G}(\boldsymbol{v}+\boldsymbol{\delta})\leqslant -\alpha_3\left(\|\boldsymbol{x}\|\right)+\frac{\partial V}{\partial \boldsymbol{x}}\boldsymbol{G}(\boldsymbol{v}+\boldsymbol{\delta}) \tag{6-17}$$

设 $\boldsymbol{w}^{\mathrm{T}}=[\partial V/\partial \boldsymbol{x}]\boldsymbol{G}$，则式(6-17)变为

$$\dot{V}\leqslant -\alpha_3\left(\|\boldsymbol{x}\|\right)+\boldsymbol{w}^{\mathrm{T}}\boldsymbol{v}+\boldsymbol{w}^{\mathrm{T}}\boldsymbol{\delta} \tag{6-18}$$

式中，第一项来源于标称闭环系统；第二项和第三项分别表示 $\boldsymbol{v}$ 和 $\boldsymbol{\delta}$ 对 $\dot{V}$ 的影响，因而可以利用 $\boldsymbol{v}$ 消除 $\boldsymbol{\delta}$ 对系统稳定性的影响，使 $\boldsymbol{w}^{\mathrm{T}}\boldsymbol{v}+\boldsymbol{w}^{\mathrm{T}}\boldsymbol{\delta}\leqslant 0$ 成立，保证扰动系统稳定。下面介绍两种设计方法。

方法 1 假设不等式(6-5)满足 2-范数 $\|\bullet\|_2$：

$$\|\boldsymbol{\delta}(t,\boldsymbol{x},\boldsymbol{\varphi}(\boldsymbol{x})+\boldsymbol{v})\|_2\leqslant \rho(t,\boldsymbol{x})+k_0\|\boldsymbol{v}\|_2,\quad 0\leqslant k_0<1 \tag{6-19}$$

则有

$$\boldsymbol{w}^{\mathrm{T}}\boldsymbol{v}+\boldsymbol{w}^{\mathrm{T}}\boldsymbol{\delta}\leqslant \boldsymbol{w}^{\mathrm{T}}\boldsymbol{v}+\|\boldsymbol{w}\|_2\|\boldsymbol{\delta}\|_2\leqslant \boldsymbol{w}^{\mathrm{T}}\boldsymbol{v}+\|\boldsymbol{w}\|_2\left(\rho(t,\boldsymbol{x})+k_0\|\boldsymbol{v}\|_2\right) \tag{6-20}$$

取再设计：

$$\boldsymbol{v}=-\eta(t,\boldsymbol{x})\frac{\boldsymbol{w}}{\|\boldsymbol{w}\|_2} \tag{6-21}$$

式中，$\eta(t,\boldsymbol{x})$ 为非负函数。将 $\boldsymbol{v}$ 代入式(6-20)，则有

$$\begin{aligned}\boldsymbol{w}^{\mathrm{T}}\boldsymbol{v}+\boldsymbol{w}^{\mathrm{T}}\boldsymbol{\delta}&\leqslant -\eta\|\boldsymbol{w}\|_2+\rho\|\boldsymbol{w}\|_2+k_0\eta\|\boldsymbol{w}\|_2\\&=-\eta(1-k_0)\|\boldsymbol{w}\|_2+\rho\|\boldsymbol{w}\|_2\end{aligned} \tag{6-22}$$

选择 $\eta(t,\boldsymbol{x})\geqslant \rho(t,\boldsymbol{x})/(1-k_0)$，代入式(6-22)，可得

$$\boldsymbol{w}^{\mathrm{T}}\boldsymbol{v}+\boldsymbol{w}^{\mathrm{T}}\boldsymbol{\delta}\leqslant -\rho\|\boldsymbol{w}\|_2+\rho\|\boldsymbol{w}\|_2=0 \tag{6-23}$$

则由式(6-18)可得 $\dot{V}\leqslant -\alpha_3\left(\|\boldsymbol{x}\|\right)$，因此，对于控制律(6-21)，$V(\boldsymbol{x},t)$ 沿扰动闭环系统轨线的导数是负定的。

方法 2 假设不等式(6-5)满足∞-范数 $\|\bullet\|_\infty$：

$$\|\boldsymbol{\delta}(t,\boldsymbol{x},\boldsymbol{\varphi}(\boldsymbol{x})+\boldsymbol{v})\|_\infty\leqslant \rho(t,\boldsymbol{x})+k_0\|\boldsymbol{v}\|_\infty,\quad 0\leqslant k_0<1 \tag{6-24}$$

则有

$$\boldsymbol{w}^{\mathrm{T}}\boldsymbol{v}+\boldsymbol{w}^{\mathrm{T}}\boldsymbol{\delta}\leqslant \boldsymbol{w}^{\mathrm{T}}\boldsymbol{v}+\|\boldsymbol{w}\|_1\|\boldsymbol{\delta}\|_\infty\leqslant \boldsymbol{w}^{\mathrm{T}}\boldsymbol{v}+\|\boldsymbol{w}\|_1\left(\rho(t,\boldsymbol{x})+k_0\|\boldsymbol{v}\|_\infty\right) \tag{6-25}$$

选择再设计：

$$\boldsymbol{v}=-\eta(t,\boldsymbol{x})\operatorname{sgn}(\boldsymbol{w}) \tag{6-26}$$

式中，$\eta(t,\boldsymbol{x})\geqslant \rho(t,\boldsymbol{x})/(1-k_0)$，将 $\boldsymbol{v}$ 代入式(6-25)，则有

$$\begin{aligned}\boldsymbol{w}^{\mathrm{T}}\boldsymbol{v}+\boldsymbol{w}^{\mathrm{T}}\boldsymbol{\delta}&\leqslant -\eta\|\boldsymbol{w}\|_1+\rho\|\boldsymbol{w}\|_1+k_0\eta\|\boldsymbol{w}\|_1=-\eta(1-k_0)\|\boldsymbol{w}\|_1+\rho\|\boldsymbol{w}\|_1\\&\leqslant -\rho\|\boldsymbol{w}\|_1+\rho\|\boldsymbol{w}\|_1=0\end{aligned} \tag{6-27}$$

同样，对于控制律(6-26)，$V(\boldsymbol{x},t)$ 沿扰动闭环系统轨线的导数是负定的。

由两种方法得到的控制律(6-21)和(6-26)都是状态 $\boldsymbol{x}$ 的不连续函数，在应用中会存在一些问题。例如，控制律(6-21)要避免被零除；控制律(6-26)是开关控制，若切换器件不理想或运算延迟，会造成抖振现象。

下面采用一种更加简便易行的方法，即用一种连续控制律去逼近不连续控制律。只针对控制律(6-21)做改进，考虑如式(6-28)所示控制律：

$$\boldsymbol{v}=\begin{cases}-\eta(t,\boldsymbol{x})\left(\boldsymbol{w}/\|\boldsymbol{w}\|_2\right), & \eta(t,\boldsymbol{x})\|\boldsymbol{w}\|_2\geqslant\varepsilon\\ -\eta^2(t,\boldsymbol{x})(\boldsymbol{w}/\varepsilon), & \eta(t,\boldsymbol{x})\|\boldsymbol{w}\|_2<\varepsilon\end{cases}\tag{6-28}$$

当 $\eta(t,\boldsymbol{x})\|\boldsymbol{w}\|_2<\varepsilon$ 时，有

$$\begin{aligned}\dot{V}&\leqslant-\alpha_3\left(\|\boldsymbol{x}\|_2\right)+\boldsymbol{w}^{\mathrm{T}}\left(-\eta^2\frac{\boldsymbol{w}}{\varepsilon}+\boldsymbol{\delta}\right)\\&\leqslant-\alpha_3\left(\|\boldsymbol{x}\|_2\right)-\frac{\eta^2}{\varepsilon}\|\boldsymbol{w}\|_2^2+\rho\|\boldsymbol{w}\|_2+k_0\|\boldsymbol{w}\|_2\|\boldsymbol{v}\|_2\\&=-\alpha_3\left(\|\boldsymbol{x}\|_2\right)-\frac{\eta^2}{\varepsilon}\|\boldsymbol{w}\|_2^2+\rho\|\boldsymbol{w}\|_2+\frac{k_0\eta^2}{\varepsilon}\|\boldsymbol{w}\|_2^2\\&\leqslant-\alpha_3\left(\|\boldsymbol{x}\|_2\right)+(1-k_0)\left(-\frac{\eta^2}{\varepsilon}\|\boldsymbol{w}\|_2^2+\eta\|\boldsymbol{w}\|_2\right)\end{aligned}\tag{6-29}$$

式中，$-\frac{\eta^2}{\varepsilon}\|\boldsymbol{w}\|_2^2+\eta\|\boldsymbol{w}\|_2$ 在 $\eta\|\boldsymbol{w}\|_2=\varepsilon/2$ 处取得极大值 $\varepsilon/4$，因此有

$$\dot{V}\leqslant-\alpha_3\left(\|\boldsymbol{x}\|_2\right)+\frac{\varepsilon(1-k_0)}{4}\tag{6-30}$$

当 $\eta(t,\boldsymbol{x})\|\boldsymbol{w}\|_2\geqslant\varepsilon$ 时，控制律(6-28)与式(6-21)一致，前面已经证明 $V(\boldsymbol{x},t)$ 沿扰动闭环系统轨线的导数是负定的，并且 $\dot{V}$ 满足：

$$\dot{V}\leqslant-\alpha_3\left(\|\boldsymbol{x}\|_2\right)\leqslant-\alpha_3\left(\|\boldsymbol{x}\|_2\right)+\frac{\varepsilon(1-k_0)}{4}\tag{6-31}$$

由此可见，无论 $\eta(t,\boldsymbol{x})\|\boldsymbol{w}\|_2$ 取何值，不等式(6-31)均成立。

由式(6-2)可得

$$\alpha_1\left(\|\boldsymbol{x}\|\right)\leqslant V(\boldsymbol{x},t)\leqslant\alpha_2\left(\|\boldsymbol{x}\|\right)\ \Leftrightarrow\ \alpha_2^{-1}(V)\leqslant\|\boldsymbol{x}\|\ \Leftrightarrow\ \alpha_3\left(\alpha_2^{-1}\left(\alpha_1\left(\|\boldsymbol{x}\|\right)\right)\right)\leqslant\alpha_3\left(\|\boldsymbol{x}\|\right)$$

取 $r>0$，使 $\boldsymbol{B}_r\subset D$，选择：

$$\varepsilon<2\alpha_3\left(\alpha_2^{-1}(\alpha_1(r))\right)/(1-k_0)\tag{6-32}$$

并设：

$$\mu=\alpha_3^{-1}(\varepsilon(1-k_0)/2)<\alpha_2^{-1}(\alpha_1(r))\tag{6-33}$$

则有

$$\dot{V}\leqslant-\frac{1}{2}\alpha_3\left(\|\boldsymbol{x}\|_2\right),\quad\forall\mu\leqslant\|\boldsymbol{x}\|_2<r\tag{6-34}$$

表明控制律(6-28)使扰动闭环系统的解是一致最终有界的，其最终边界是 ε 的 K 类函数。当 $\varepsilon\to0$ 时，连续控制器的性能趋近于不连续控制器的性能。

一致最终有界的概念由定义 6-1 给出。

定义 6-1　对于非线性系统 $\dot{\boldsymbol{x}}=\boldsymbol{f}(t,\boldsymbol{x})$。

(1) 如果存在一个与 t_0 无关的正常数 c，$t_0\geqslant0$，对于每一个 $a\in(0,c)$，存在与 t_0 无关

的 $\beta = \beta(a) > 0$，满足：

$$\|x(t_0)\| \leqslant a \quad \Rightarrow \quad \|x(t)\| \leqslant \beta, \quad \forall t \geqslant t_0 \tag{6-35}$$

则系统的解是一致有界的。

(2) 如果式(6-35)对于任意大的 a 都成立，则系统的解是全局一致有界的。

(3) 如果存在一个与 t_0 无关的正常数 b 和 c，$t_0 \geqslant 0$，对于每一个 $a \in (0,c)$，存在 $T = T(a,b) \geqslant 0$ 与 t_0 无关，满足：

$$\|x(t_0)\| \leqslant a \quad \Rightarrow \quad \|x(t)\| \leqslant b, \quad \forall t \geqslant t_0 + T \tag{6-36}$$

则系统的解是一致最终有界的。

(4) 如果式(6-36)对于任意大的 t 都成立，则系统的解是全局一致最终有界的。

下面给出系统的解是一致最终有界的判定定理。

定理 6-1　设 $D \subset \boldsymbol{R}^n$ 是包含原点的定义域，且 $\forall t \geqslant 0$ 和 $\forall \boldsymbol{x} \in D$，函数 $V(t,\boldsymbol{x})$ 连续且满足：

$$\begin{gathered}\alpha_1\left(\|\boldsymbol{x}\|\right) \leqslant V(t,\boldsymbol{x}) \leqslant \alpha_2\left(\|\boldsymbol{x}\|\right) \\ \frac{\partial V}{\partial t} + \frac{\partial V}{\partial \boldsymbol{x}}\boldsymbol{f}(t,\boldsymbol{x}) \leqslant -W_3(\boldsymbol{x}), \quad \forall \|\boldsymbol{x}\| \geqslant \mu > 0\end{gathered} \tag{6-37}$$

式中，α_1, α_2 是 K 类函数；$W_3(\boldsymbol{x})$ 是连续正定函数。取 $r > 0$，使 $\boldsymbol{B}_r \subset D$，并假设：

$$\mu < \alpha_2^{-1}(\alpha_1(r)) \tag{6-38}$$

那么存在一个 KL 类函数 β，且对于每个满足 $\|\boldsymbol{x}(t_0)\| \leqslant \alpha_2^{-1}(\alpha_1(r))$ 的初始状态 $\boldsymbol{x}(t_0)$，存在 $T \geqslant 0$，与 $\boldsymbol{x}(t_0)$ 和 μ 有关，使系统的解满足：

$$\begin{gathered}\|\boldsymbol{x}(t)\| \leqslant \beta\left(\|\boldsymbol{x}(t_0)\|, t - t_0\right), \quad \forall t_0 \leqslant t \leqslant t_0 + T \\ \|\boldsymbol{x}(t)\| \leqslant \alpha_1^{-1}(\alpha_2(\mu)), \quad \forall t \geqslant t_0 + T\end{gathered} \tag{6-39}$$

而且，如果 $D \subset \boldsymbol{R}^n$ 且 α_1 是 K_∞ 类函数，则式(6-39)对于任意初始状态 $\boldsymbol{x}(t_0)$ 都成立，对 μ 的大小没有任何限制。

由一致最终有界的定义和判定定理，可推得下述李雅普诺夫再设计定理。

定理 6-2　考虑扰动系统(6-3)，设 $D \subset \boldsymbol{R}^n$ 是包含原点的定义域，且 $\boldsymbol{B}_r = \left\{\|\boldsymbol{x}\|_2 \leqslant r\right\} \subset D$，$\boldsymbol{\varphi}(t,\boldsymbol{x})$ 是标称系统(6-1)的稳定反馈控制律，其李雅普诺夫函数 $V(t,\boldsymbol{x})$ 在 2-范数下对于所有 $t \geqslant 0$ 和 $\boldsymbol{x} \in D$ 满足式(6-2)，该系统还具有 K 类函数 α_1、α_2、α_3。假设不确定项 $\boldsymbol{\delta}$ 对于所有 $t \geqslant 0$ 和 $\boldsymbol{x} \in D$，在 2-范数下满足式(6-5)。设再设计 $\boldsymbol{v}$ 由式(6-28)给出，并选择 $\varepsilon < 2\alpha_3\left(\alpha_2^{-1}(\alpha_1(r))\right)/(1-k_0)$，则对于任意 $\|\boldsymbol{x}(t_0)\|_2 \leqslant \alpha_2^{-1}(\alpha_1(r))$，总存在一个有限时间 t_1，使闭环系统(6-16)的解满足：

$$\begin{aligned}&\|\boldsymbol{x}(t)\|_2 \leqslant \beta\left(\|\boldsymbol{x}(t_0)\|, t - t_0\right), && \forall t_0 \leqslant t \leqslant t_1 \\ &\|\boldsymbol{x}(t)\|_2 \leqslant \alpha_1^{-1}(\alpha_2(\mu)) = \alpha_1^{-1}\left(\alpha_2(\alpha_3^{-1}(\varepsilon(1-k_0)/2))\right), && \forall t \geqslant t_1\end{aligned} \tag{6-40}$$

式中，β 是 KL 类函数。如果所有假设都全局成立，且 α_1 属于 K_∞ 类函数，则式(6-40)对于任意初始状态 $\boldsymbol{x}(t_0)$ 都成立。

例 6-2　考虑单摆方程：

$$\begin{aligned}\dot{x}_1 &= x_2 \\ \dot{x}_2 &= -a\sin x_1 - bx_2 + cu\end{aligned} \tag{6-41}$$

取控制律为

$$u = \varphi(\boldsymbol{x}) = -\frac{a}{c}\sin x_1 - \frac{1}{c}(k_1x_1 + k_2x_2) \tag{6-42}$$

该控制律可实现系统反馈线性化控制，且有

$$\boldsymbol{A} - \boldsymbol{BK} = \begin{bmatrix} 0 & 1 \\ -k_1 & -k_2 + b \end{bmatrix} \tag{6-43}$$

且选择 k_1、k_2，使 $\boldsymbol{A} - \boldsymbol{BK}$ 是 Hurwitz 矩阵。

假设参数 a、c 具有不确定性，实际控制律为

$$u = \varphi(\boldsymbol{x}) = -\frac{\hat{a}}{\hat{c}}\sin x_1 - \frac{1}{\hat{c}}(k_1x_1 + k_2x_2) \tag{6-44}$$

式中，$\hat{a}$、$\hat{c}$ 分别是 a、c 的估计值。此时采用李雅普诺夫再设计方法设计控制器 $u = \varphi(\boldsymbol{x}) + v$，不确定项为

$$\delta = \frac{1}{\hat{c}}\left(\frac{a\hat{c} - \hat{a}c}{\hat{c}}\sin x_1 - \frac{c - \hat{c}}{\hat{c}}(k_1x_1 + k_2x_2)\right) + \frac{c - \hat{c}}{\hat{c}}v \tag{6-45}$$

因此，有

$$|\delta| \leqslant \rho_1\|\boldsymbol{x}\|_2 + k_0v, \quad \forall \boldsymbol{x} \in R^2, \forall v \in R \tag{6-46}$$

式中

$$k_0 \geqslant \left|\frac{c - \hat{c}}{\hat{c}}\right|, \quad \rho_1 = \frac{k}{\hat{c}}, \quad k \geqslant \left|\frac{a\hat{c} - \hat{a}c}{\hat{c}}\right| + \left|\frac{c - \hat{c}}{\hat{c}}\right|\sqrt{k_1^2 + k_2^2} \tag{6-47}$$

选择式(6-28)所示的控制律，选取 $\eta(t,\boldsymbol{x}) \geqslant \rho(t,\boldsymbol{x})/(1 - k_0)$，并设对于线性化的系统取李雅普诺夫函数为 $V(\boldsymbol{x}) \geqslant \boldsymbol{x}^{\mathrm{T}}\boldsymbol{P}\boldsymbol{x}$，其中，矩阵 $\boldsymbol{P}$ 满足：

$$\boldsymbol{P}(\boldsymbol{A} - \boldsymbol{BK}) + (\boldsymbol{A} - \boldsymbol{BK})^{\mathrm{T}}\boldsymbol{P} = -\boldsymbol{I} \tag{6-48}$$

则有

$$\boldsymbol{w}^{\mathrm{T}} = \frac{\partial V}{\partial \boldsymbol{x}}\boldsymbol{G} = 2\boldsymbol{x}^{\mathrm{T}}\boldsymbol{P}\boldsymbol{G} \tag{6-49}$$

对于该系统 $\boldsymbol{G} = [0 \quad c]^{\mathrm{T}}$，控制律 $\boldsymbol{u} = \boldsymbol{\varphi}(t,\boldsymbol{x}) + \boldsymbol{v}$ 使系统原点达到全局指数稳定。

如果不采用李雅普诺夫再设计，并且不确定性(6-47)中的 k 满足如式(6-50)所示条件：

$$k < \frac{1}{2\sqrt{p_{12}^2 + p_{22}^2}}, \quad \boldsymbol{P} = \begin{bmatrix} p_{11} & p_{12} \\ p_{21} & p_{22} \end{bmatrix} \tag{6-50}$$

控制律 $\boldsymbol{u} = \boldsymbol{\varphi}(t,\boldsymbol{x})$ 也能使系统全局最终有界；如果平衡点是原点，则 k 满足边界条件时，也能保证原点的全局指数稳定。相比之下，如果利用李雅普诺夫再设计，则不需要考虑不确定性边界条件的限制，这正是附加控制分量 $\boldsymbol{v}$ 的贡献。

6.1.3 非线性阻尼

如果扰动系统的不确定项为$\delta(t,\boldsymbol{x},\boldsymbol{u})=\boldsymbol{\Gamma}(t,\boldsymbol{x})\delta_0(t,\boldsymbol{x},\boldsymbol{u})$，即

$$\dot{\boldsymbol{x}}=\boldsymbol{f}(t,\boldsymbol{x})+\boldsymbol{G}(t,\boldsymbol{x})(\boldsymbol{u}+\boldsymbol{\Gamma}(t,\boldsymbol{x})\delta_0(t,\boldsymbol{x},\boldsymbol{u})) \tag{6-51}$$

式中，$\boldsymbol{\Gamma}(t,\boldsymbol{x})$是已知函数；$\delta_0(t,\boldsymbol{x},\boldsymbol{u})$是不确定项，且对所有$(t,\boldsymbol{x},\boldsymbol{u})$是一致有界的。

假设标称系统的稳定控制律为$\boldsymbol{u}=\boldsymbol{\varphi}(t,\boldsymbol{x})$，并且已知李雅普诺夫函数$V(t,\boldsymbol{x})$，存在$K_\infty$类函数$\alpha_1$、$\alpha_2$、$\alpha_3$。采用李雅普诺夫再设计$\boldsymbol{u}=\boldsymbol{\varphi}(t,\boldsymbol{x})+\boldsymbol{v}$时，有

$$\begin{aligned}\dot{V}&=\frac{\partial V}{\partial t}+\frac{\partial V}{\partial \boldsymbol{x}}(\boldsymbol{f}+\boldsymbol{G}\boldsymbol{\varphi})+\frac{\partial V}{\partial \boldsymbol{x}}\boldsymbol{G}(\boldsymbol{v}+\boldsymbol{\Gamma}\delta_0)\\&\leqslant-\alpha_3\left(\|\boldsymbol{x}\|\right)+\boldsymbol{w}^{\mathrm{T}}(\boldsymbol{v}+\boldsymbol{\Gamma}\delta_0)\end{aligned} \tag{6-52}$$

此时，可取再设计控制律为

$$\boldsymbol{v}=-k\boldsymbol{w}\|\boldsymbol{\Gamma}(t,\boldsymbol{x})\|_2^2,\quad k>0 \tag{6-53}$$

可得

$$\dot{V}\leqslant-\alpha_3\left(\|\boldsymbol{x}\|\right)-k\|\boldsymbol{w}\|_2^2\|\boldsymbol{\Gamma}\|_2^2+\|\boldsymbol{w}\|_2\|\boldsymbol{\Gamma}\|_2 k_0 \tag{6-54}$$

式中，k_0是未知的$\delta_0(t,\boldsymbol{x},\boldsymbol{u})$的上界。当$\|\boldsymbol{w}\|_2\|\boldsymbol{\Gamma}\|_2=k_0/2k$时，$-k\|\boldsymbol{w}\|_2^2\|\boldsymbol{\Gamma}\|_2^2+\|\boldsymbol{w}\|_2\|\boldsymbol{\Gamma}\|_2 k_0$一项有最大值$k_0^2/4k$，因此有

$$\dot{V}\leqslant-\alpha_3\left(\|\boldsymbol{x}\|\right)+\frac{k_0^2}{4k} \tag{6-55}$$

由于α_3是K_∞类函数，因此$\dot{V}$在某一球外总是负的。因此，对任意初始状态$\boldsymbol{x}(t_0)$，闭环系统的解是一致有界的。控制律(6-53)称为非线性阻尼。

例 6-3 考虑标量系统：

$$\dot{x}=x^2+u+x\delta_0(t) \tag{6-56}$$

式中，$\delta_0(t)$是t的有界函数。对于标称稳定控制律$u=\varphi(x)=-x^2-x$，取李雅普诺夫函数$V(x)=x^2$，在$\alpha_1(r)=\alpha_2(r)=\alpha_3(r)=r^2$时，全局满足式(6-2)。

当$k=1$时，取非线性阻尼为$v=-2x^3$，即控制律为$u=-x^2-x-2x^3$，此时闭环系统为

$$\dot{x}=-x-2x^3+x\delta_0(t) \tag{6-57}$$

则无论有界扰动$\delta_0(t)$多大，闭环系统总存在有界解。

6.2 反步设计法

6.2.1 反步设计法的概念

反步设计法是一种递归设计方法，该方法于 1991 年最先提出，经过十几年的发展，已成为一类非线性系统控制器设计的主要工具。它的主要思想是通过递归地构造闭环系统的李雅普诺夫函数获得反馈控制器，即将复杂的非线性系统分解成若干子系统，然后为每个子系统设计部分李雅普诺夫函数和中间虚拟控制量，一直“后退”到整个系统，然后将它

们集成起来完成整个控制律的设计，保证闭环系统轨迹的有界性和收敛性。

下面以积分反步控制为例介绍反步设计法的概念。考虑系统：

$$\begin{aligned}\dot{\boldsymbol{\eta}} &= \boldsymbol{f}(\boldsymbol{\eta}) + \boldsymbol{g}(\boldsymbol{\eta})\xi \\ \dot{\xi} &= u\end{aligned} \tag{6-58}$$

式中，$[\boldsymbol{\eta}^{\mathrm{T}},\xi]^{\mathrm{T}} \in \boldsymbol{R}^{n+1}$ 为系统状态；$u \in \boldsymbol{R}$ 为控制输入。设计状态反馈控制器稳定系统平衡点 $(\boldsymbol{\eta}=0,\xi=0)$ 。

该系统可以看作两个子系统的级联，第一个系统状态为 $\boldsymbol{\eta}$，输入为 ξ；第二个系统以 ξ 为状态，输入为 u，如图 6-1(a)所示。

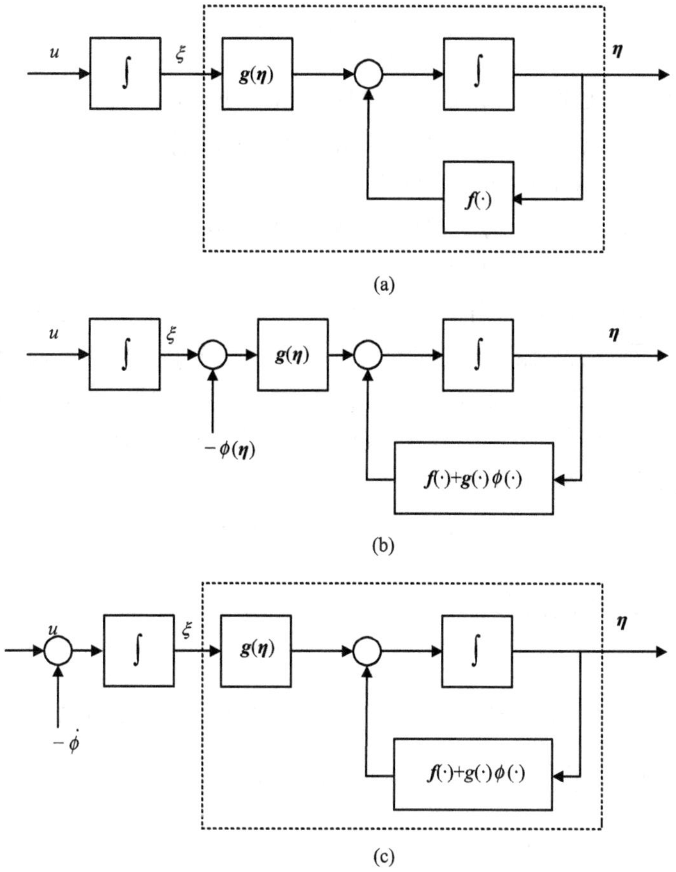

图 6-1　积分反步

假设第一个系统以 ξ 作为虚拟控制输入，并存在虚拟反馈控制律 $\xi=\phi(\boldsymbol{\eta}),\phi(0)=0$ 使第一个系统的平衡点 $\boldsymbol{\eta}=0$ 渐近稳定。进一步假设第一个系统存在李雅普诺夫函数 $V(\boldsymbol{\eta})$，满足不等式：

$$\frac{\partial V}{\partial \boldsymbol{\eta}}(\boldsymbol{f}(\boldsymbol{\eta}) + \boldsymbol{g}(\boldsymbol{\eta})\phi(\boldsymbol{\eta})) \leqslant -W(\boldsymbol{\eta}) \tag{6-59}$$

式中，$W(\boldsymbol{\eta})$ 是正定的。

在第一个系统方程中同时加减一项 $\boldsymbol{g}(\boldsymbol{\eta})\phi(\boldsymbol{\eta})$，得到等价的系统表达式：

$$\begin{aligned}\dot{\boldsymbol{\eta}} &= \boldsymbol{f}(\boldsymbol{\eta}) + \boldsymbol{g}(\boldsymbol{\eta})\phi(\boldsymbol{\eta}) + \boldsymbol{g}(\boldsymbol{\eta})(\xi - \phi(\boldsymbol{\eta})) \\ \dot{\xi} &= u\end{aligned} \tag{6-60}$$

等价的系统结构如图 6-1(b)所示。对该系统应用变量代换：

$$z = \xi - \phi(\boldsymbol{\eta}) \tag{6-61}$$

得到新的等价系统表达形式：

$$\begin{aligned}\dot{\boldsymbol{\eta}} &= \boldsymbol{f}(\boldsymbol{\eta}) + \boldsymbol{g}(\boldsymbol{\eta})\phi(\boldsymbol{\eta}) + \boldsymbol{g}(\boldsymbol{\eta})z \\ \dot{z} &= u - \dot{\phi}\end{aligned} \tag{6-62}$$

导数 $\dot{\phi}$ 可用式(6-63)计算：

$$\dot{\phi} = \frac{\partial \phi}{\partial \boldsymbol{\eta}}(\boldsymbol{f}(\boldsymbol{\eta}) + \boldsymbol{g}(\boldsymbol{\eta})\xi) \tag{6-63}$$

新的等价系统结构如图 6-1(c)所示，从图 6-1(b)变化到图 6-1(c)可以看作将第一个系统稳定控制器 $-\phi(\boldsymbol{\eta})$ “反步”到第二个系统积分器的输入端。

取 $v = u - \dot{\phi}$，系统(6-62)简化为级联形式：

$$\begin{aligned}\dot{\boldsymbol{\eta}} &= \boldsymbol{f}(\boldsymbol{\eta}) + \boldsymbol{g}(\boldsymbol{\eta})\phi(\boldsymbol{\eta}) + \boldsymbol{g}(\boldsymbol{\eta})z \\ \dot{z} &= v\end{aligned} \tag{6-64}$$

系统(6-64)与系统(6-58)的结构非常相似，不同的是对于系统(6-64)，由图 6-1(c)可以看出，当第一个子系统的输入 z 为零时，具有渐近稳定的平衡点；对于第二个子系统，由于第一个子系统的虚拟反馈控制律已经反步到第二个子系统，其控制输入 u 的设计目标为既要保证 $z = 0$，又要为第二个子系统提供稳定的控制律 $\phi(\boldsymbol{\eta})$，具体的实现方法是针对系统(6-64)，取候选的李雅普诺夫函数为

$$V_c(\boldsymbol{\eta}, \xi) = V(\boldsymbol{\eta}) + \frac{1}{2}z^2 \tag{6-65}$$

式中，第一部分 $V(\boldsymbol{\eta})$ 用于保证第二个子系统稳定；第二部分 $(1/2)z^2$ 保证 $z = 0$。

对式(6-65)求导，得

$$\dot{V}_c = \frac{\partial V}{\partial \boldsymbol{\eta}}(\boldsymbol{f}(\boldsymbol{\eta}) + \boldsymbol{g}(\boldsymbol{\eta})\phi(\boldsymbol{\eta})) + \boldsymbol{g}(\boldsymbol{\eta})z + zv \leqslant -W(\boldsymbol{\eta}) + \frac{\partial V}{\partial \boldsymbol{\eta}}\boldsymbol{g}(\boldsymbol{\eta})z + zv \tag{6-66}$$

为了实现上述控制目标，须选择 v 使 $\dot{V}_c < 0$，为此可设计 v：

$$v = -\frac{\partial V}{\partial \boldsymbol{\eta}}\boldsymbol{g}(\boldsymbol{\eta}) - kz, \quad k > 0 \tag{6-67}$$

此时，有

$$\dot{V}_c \leqslant -W(\boldsymbol{\eta}) - kz^2 \tag{6-68}$$

从而得到使原系统(6-58)渐近稳定的控制律：

$$u = v + \dot{\phi} = \frac{\partial \phi}{\partial \boldsymbol{\eta}}(\boldsymbol{f}(\boldsymbol{\eta}) + \boldsymbol{g}(\boldsymbol{\eta})\xi) - \frac{\partial V}{\partial \boldsymbol{\eta}}\boldsymbol{g}(\boldsymbol{\eta}) - k(\xi - \phi(\boldsymbol{\eta})) \tag{6-69}$$

若 $V(\boldsymbol{\eta})$ 是径向无界的，则系统原点是全局渐近稳定的。

前面利用积分器反步的例子说明了反步设计法的基本概念，现在讨论更一般的系统，同样表示成子系统级联的形式：

$$\begin{aligned}\dot{\boldsymbol{\eta}} &= \boldsymbol{f}(\boldsymbol{\eta}) + \boldsymbol{g}(\boldsymbol{\eta})\xi \\ \dot{\xi} &= f_a(\boldsymbol{\eta},\xi) + g_a(\boldsymbol{\eta},\xi)u\end{aligned} \tag{6-70}$$

如果 $g_a(\boldsymbol{\eta},\xi) \neq 0$ ，可取输入变换：

$$u = \frac{1}{g_a(\boldsymbol{\eta},\xi)}(u_a - f_a(\boldsymbol{\eta},\xi)) \tag{6-71}$$

则系统(6-70)可简化为

$$\begin{aligned}\dot{\boldsymbol{\eta}} &= \boldsymbol{f}(\boldsymbol{\eta}) + \boldsymbol{g}(\boldsymbol{\eta})\xi \\ \dot{\xi} &= u_a\end{aligned} \tag{6-72}$$

系统(6-72)与系统(6-58)具有相同的形式，可以按照上述同样的方法设计控制输入 u_a ，然后将 u_a 代入式(6-71)，得到系统(6-70)的渐近稳定控制器：

$$\begin{aligned}u &= \phi_c(\boldsymbol{\eta},\xi) \\ &= \frac{1}{g_a(\boldsymbol{\eta},\xi)}\left[\frac{\partial\phi}{\partial\boldsymbol{\eta}}(\boldsymbol{f}(\boldsymbol{\eta}) + \boldsymbol{g}(\boldsymbol{\eta})\xi) - \frac{\partial V}{\partial\boldsymbol{\eta}}\boldsymbol{g}(\boldsymbol{\eta}) - k(\xi - \phi(\boldsymbol{\eta})) - f_a(\boldsymbol{\eta},\xi)\right]\end{aligned} \tag{6-73}$$

例 6-4　在第 4 章介绍的输入-输出线性化方法中，系统会存在内动态。例如，3 阶非线性系统，系统输出的相对阶为 1，则系统存在 2 阶的内动态。设系统输入-输出反馈线性化的标准结构为

$$\begin{aligned}\dot{y} &= v \\ \ddot{z} + \dot{z}^3 + yz &= 0\end{aligned} \tag{6-74}$$

式中，第一个方程是 1 阶的输入-输出反馈线性化方程；第二个方程是以 $\boldsymbol{\psi} = [z,\dot{z}]^{\mathrm{T}}$ 为状态的内动态。内动态的稳定性是输入-输出线性化的前提条件，为此需要设计使内动态和外动态同时全局稳定的控制器。

采用反步设计法进行设计，对于第二个内动态方程，假设以 y 作为输入，并取候选李雅普诺夫函数：

$$V_0 = \frac{1}{2}\dot{z}^2 + \frac{1}{4}z^4 \tag{6-75}$$

对其求导可得

$$\dot{V}_0 = -\dot{z}^4 - z\dot{z}(y - z^2) \tag{6-76}$$

显然，取虚拟控制律 $y = z^2$ ，使 $\dot{V}_0 = -\dot{z}^4 \leqslant 0$ ，即可以保证内动态渐近稳定。

下面针对全系统设计控制输入 v ，对全系统取候选李雅普诺夫函数：

$$V = V_0 + \frac{1}{2}(y - z^2)^2 \tag{6-77}$$

其目的是既要保证内动态稳定，又要保证实现虚拟控制律。对其求导得

$$\dot{V} = -\dot{z}^4 + (y - z^2)(v - 3z\dot{z}) \tag{6-78}$$

显然能够保证控制目标的控制律为

$$v = -y + z^2 + 3z\dot{z} \quad \Rightarrow \quad \dot{V} = -\dot{z}^4 - (y - z^2)^2 \tag{6-79}$$

由 LaSalle 不变集原理可知，v 可以使整个系统渐近稳定。

例 6-5　考虑二阶系统：

$$\begin{aligned}\dot{\eta} &= -\eta + \eta^2 \xi \\ \dot{\xi} &= u\end{aligned} \tag{6-80}$$

式中，第一个方程只是局部稳定的。例如，取$\xi=1$，当η较小时，线性部分起主导作用，系统是指数稳定的；但随着η的增加，非线性部分会成为主导，如取$\eta(0)\geqslant 2$，则有$\dot{\eta}(t)\geqslant 2$，意味着系统快速发散至无穷。对第二个方程取线性控制器$u=-k\xi$，$k>0$，则第二个方程是指数收敛的。随着ξ的减小，第一个方程的收敛区域会扩大，显然k越大，收敛区域会越大，但不会扩大到全局。这样的系统称为半全局稳定系统。

对该系统，如果采用反步设计法设计控制系统，可以达到全局稳定。对于第一个方程，当$\xi=0$时是全局稳定的，有

$$V_0(\eta)=\frac{1}{2}\eta^2 \quad \Rightarrow \quad \dot{V}_0(\eta)=\frac{\partial V_0}{\partial \eta}(-\eta)=-\eta^2 \tag{6-81}$$

取系统的候选李雅普诺夫函数为

$$V=V_0+\frac{1}{2}\xi^2=\frac{1}{2}(\eta^2+\xi^2) \tag{6-82}$$

对其求导，得

$$\dot{V}=\eta(-\eta+\eta^2\xi)+\xi u=-\eta^2+\xi(\eta^3+u) \tag{6-83}$$

为使$\dot{V}<0$，设计控制律为

$$u=-\eta^3-k\xi, \quad k>0 \tag{6-84}$$

则系统为全局渐近稳定的，这是通过系统非线性的动态补偿实现的。

对不稳定系统，如系统(6-80)变形为

$$\begin{aligned}\dot{\eta} &= \eta - \eta^2 \xi \\ \dot{\xi} &= u\end{aligned} \tag{6-85}$$

同样可以采用反步设计法实现稳定控制。对第一个方程设计虚拟控制律为

$$\xi=\eta+\eta^2 \tag{6-86}$$

并取李雅普诺夫函数：

$$V_0(\eta)=\frac{1}{2}\eta^2 \tag{6-87}$$

对其求导，得

$$\dot{V}_0(\eta)=\frac{\partial V_0}{\partial \eta}(\eta^2-\eta(\eta+\eta^2))=-\eta^4 \tag{6-88}$$

取系统的李雅普诺夫函数为

$$V=V_0+\frac{1}{2}(\xi-\eta-\eta^2)^2 \tag{6-89}$$

对其求导，得

$$\begin{aligned}\dot{V} &= \eta(\eta^2-\eta\xi)+(\xi-\eta-\eta^2)(u-(1+2\eta)(\eta^2-\eta\xi)) \\ &= -\eta^4+(\xi-\eta-\eta^2)(-\eta^2+u-(1+2\eta)(\eta^2-\eta\xi))\end{aligned} \tag{6-90}$$

设计控制律为

$$u=(1+2\eta)(\eta^2-\eta\xi)+\eta^2-k(\xi-\eta-\eta^2),\quad k>0 \tag{6-91}$$

则有

$$\dot{V}=-\eta^4-k(\xi-\eta-\eta^2)^2 \tag{6-92}$$

系统是全局渐近稳定的。

6.2.2　严反馈系统

严反馈系统具有如下形式：

$$\begin{aligned}\dot{\boldsymbol{x}}&=\boldsymbol{f}_0(\boldsymbol{x})+\boldsymbol{g}_0(\boldsymbol{x})z_1\\ \dot{z}_1&=f_1(\boldsymbol{x},z_1)+g_1(\boldsymbol{x},z_1)z_2\\ &\vdots\\ \dot{z}_k&=f_k(\boldsymbol{x},z_1,\cdots,z_{k-1})+g_k(\boldsymbol{x},z_1,\cdots,z_{k-1})u\end{aligned} \tag{6-93}$$

式中，$\boldsymbol{x}\in R^n$；$z_1\sim z_k$ 是标量；$\boldsymbol{f}_0\sim f_k$ 在原点为零，并假设在所讨论的区域内，有

$$g_i(\boldsymbol{x},z_1,\cdots,z_i)\neq 0,\quad 1\leqslant i\leqslant k \tag{6-94}$$

之所以称该系统为严反馈系统是因为 $z_i, i=1,\cdots,k$ 的方程中的非线性函数 f_i 和 g_i 仅与 $\boldsymbol{x},z_1,\cdots,z_i$ 有关，状态变量 $\boldsymbol{x}$ 为反馈量。

迭代使用反步设计法，可实现严反馈系统的稳定控制。从系统 $\dot{\boldsymbol{x}}=\boldsymbol{f}_0(\boldsymbol{x})+\boldsymbol{g}_0(\boldsymbol{x})z_1$ 开始迭代，将 z_1 看作控制输入，并假设能够确定一个稳定状态反馈控制律 $z_1=\phi_0(\boldsymbol{x})$，$\phi_0(0)=0$ 和一个李雅普诺夫函数 $V_0(\boldsymbol{x})$，对于某一正定函数 $W(\boldsymbol{x})$，有

$$\frac{\partial V_0}{\partial \dot{\boldsymbol{x}}}(\boldsymbol{f}_0(\boldsymbol{x})+\boldsymbol{g}_0(\boldsymbol{x})\phi_0(\boldsymbol{x}))\leqslant -W(\boldsymbol{x}) \tag{6-95}$$

下面给出当 $\phi_0(\boldsymbol{x})$ 和 $V_0(\boldsymbol{x})$ 已知时，系统地运用反步设计法的步骤。首先考虑子系统：

$$\begin{aligned}\dot{\boldsymbol{x}}&=\boldsymbol{f}_0(\boldsymbol{x})+\boldsymbol{g}_0(\boldsymbol{x})z_1\\ \dot{z}_1&=f_1(\boldsymbol{x},z_1)+g_1(\boldsymbol{x},z_1)z_2\end{aligned} \tag{6-96}$$

该系统与系统(6-70)具有相同的形式，只是变量符号不同，令

$$\boldsymbol{\eta}=\boldsymbol{x},\ \xi=z_1,\ u=z_2,\ \boldsymbol{f}=\boldsymbol{f}_0,\ \boldsymbol{g}=\boldsymbol{g}_0,\ f_a=f_1,\ g_a=g_1$$

同样通过输入变换首先变化为积分控制的形式，然后利用积分反步设计法可以得到系统的控制律：

$$\phi_1(\boldsymbol{x},z_1)=\frac{1}{g_1}\left[\frac{\partial\phi_0}{\partial\boldsymbol{x}}(\boldsymbol{f}_0+\boldsymbol{g}_0z_1)-\frac{\partial V_0}{\partial\boldsymbol{x}}\boldsymbol{g}_0-k_1(z_1-\phi_0)-f_1\right],\quad k_1>0 \tag{6-97}$$

相应的李雅普诺夫函数为

$$V_1(\boldsymbol{x},z_1)=V_0(\boldsymbol{x})+\frac{1}{2}(z_1-\phi_0)^2 \tag{6-98}$$

然后考虑子系统：

$$\begin{aligned}\dot{\boldsymbol{x}}&=\boldsymbol{f}_0(\boldsymbol{x})+\boldsymbol{g}_0(\boldsymbol{x})z_1\\ \dot{z}_1&=f_1(\boldsymbol{x},z_1)+g_1(\boldsymbol{x},z_1)z_2\\ \dot{z}_2&=f_2(\boldsymbol{x},z_1,z_2)+g_2(\boldsymbol{x},z_1,z_2)z_3\end{aligned} \tag{6-99}$$

如果令

$$\boldsymbol{\eta}=\begin{bmatrix}\boldsymbol{x}\\ z_1\end{bmatrix},\xi=z_2\,,u=z_3\,,\boldsymbol{f}=\begin{bmatrix}\boldsymbol{f}_0+\boldsymbol{g}_0z_1\\ f_1\end{bmatrix},\boldsymbol{g}=\begin{bmatrix}0\\ g_1\end{bmatrix},f_a=f_2\,,g_a=g_2$$

则该系统与系统(6-70)同样具有相同的形式，再次利用积分反步设计法得到系统的控制律为

$$\phi_2(\boldsymbol{x},z_1,z_2)=\frac{1}{g_2}\left[\frac{\partial\phi_1}{\partial\boldsymbol{x}}(\boldsymbol{f}_0+\boldsymbol{g}_0z_1)+\frac{\partial\phi_1}{\partial z_1}(f_1+g_1z_2)-\frac{\partial V_1}{\partial z_1}g_1-k_2(z_2-\phi_1)-f_2\right],\quad k_2>0 \tag{6-100}$$

相应的李雅普诺夫函数为

$$V_2(\boldsymbol{x},z_1,z_2)=V_1(\boldsymbol{x},z_1)+\frac{1}{2}(z_2-\phi_1)^2 \tag{6-101}$$

该步骤重复k次，即可得到总的稳定状态反馈控制律$u=\phi_k(\boldsymbol{x},z_1,z_2,\cdots,z_k)$和李雅普诺夫函数$V_k(\boldsymbol{x},z_1,z_2,\cdots,z_k)$。

从上面的过程可以看到，反步设计法需要对虚拟控制律进行求导，要求虚拟控制律准确已知；然而，对于高次系统，可能存在微分爆炸问题。实际工程应用中，虚拟控制律中的某些项是不可知、不可测的，甚至控制律本身是难以得到的，因此实际应用中存在一些限制。

例 6-6　考虑系统：

$$\begin{aligned}&\dot{x}+x^2y^5z\mathrm{e}^{xy}=(x^4+2)u\\&\dot{y}+y^3z^2-x=0\\&\ddot{z}+\dot{z}^3-z^5+yz=0\end{aligned} \tag{6-102}$$

该系统为严反馈系统，式中，第三个方程考虑y为输入；第二个方程考虑x为输入；第一个方程输入为u。

先定义一个新输入v：

$$v=(x^4+2)u-x^2y^5z\mathrm{e}^{xy} \tag{6-103}$$

则得到系统更为简单的形式：

$$\begin{aligned}&\dot{x}=v\\&\dot{y}+y^3z^2-x=0\\&\ddot{z}+\dot{z}^3-z^5+yz=0\end{aligned} \tag{6-104}$$

第三个方程是不稳定系统，如果取$y=2z^4$，可使该系统稳定，定义李雅普诺夫函数为

$$V_0=\frac{1}{2}\dot{z}^2+\frac{1}{6}z^6 \tag{6-105}$$

对其求导并代入系统方程(6-104)，可得

$$\dot{V}_0=-\dot{z}^4-z\dot{z}(y-2z^4) \tag{6-106}$$

反步设计第二个方程的控制器，取候选李雅普诺夫函数为

$$V_1=V_0+\frac{1}{2}(y-2z^4)^2 \tag{6-107}$$

对其求导并代入系统方程(6-104)，可得

$$\dot{V}_1 = -\dot{z}^4 - (y - 2z^4)(z\dot{z} + y^3 z^2 - x + 8z^3\dot{z}) \tag{6-108}$$

取控制律如式(6-109)所示：

$$x = x_0 = y^3 z^2 - y + 2z^4 + 8z^3\dot{z} + z\dot{z} \tag{6-109}$$

则有

$$\dot{V}_1 = -\dot{z}^4 - (y - 2z^4)^2 \tag{6-110}$$

即 x 能够全局渐近稳定 y 和 z 。

反步设计第一个方程的控制器，取候选李雅普诺夫函数为

$$V_2 = V_1 + \frac{1}{2}(x - x_0)^2 \tag{6-111}$$

对其求导并代入系统方程(6-104)，可得

$$\begin{aligned}\dot{V}_2 &= \dot{V}_1 + (x - x_0)(\dot{x} - \dot{x}_0) = \dot{V}_1 + (x - x_0)(v - \dot{x}_0) \\ &= -\dot{z}^4 - (y - 2z^4)^2 + (x - x_0)(y - 2z^4 + v - \dot{x}_0)\end{aligned} \tag{6-112}$$

取控制律如式(6-113)所示：

$$v = \dot{x}_0 - y + 2z^4 - x + x_0 \tag{6-113}$$

则有

$$\dot{V}_2 = -\dot{z}^4 - (y - 2z^4)^2 - (x - x_0)^2 \tag{6-114}$$

由 LaSalle 不变集原理可知，v 可使整个系统全局渐近稳定。将式(6-113)代入式(6-103)，可得系统的控制输入为

$$u = \frac{v + x^2 y^5 z\mathrm{e}^{xy}}{x^4 + 2} \tag{6-115}$$

6.2.3 鲁棒性设计

当系统具有不确定性时，考虑单输入系统，系统方程为

$$\begin{aligned}\dot{\boldsymbol{\eta}} &= \boldsymbol{f}(\boldsymbol{\eta}) + \boldsymbol{g}(\boldsymbol{\eta})\xi + \boldsymbol{\delta}_\eta(\boldsymbol{\eta}, \xi) \\ \dot{\xi} &= f_a(\boldsymbol{\eta}, \xi) + g_a(\boldsymbol{\eta}, \xi)u + \delta_\xi(\boldsymbol{\eta}, \xi)\end{aligned} \tag{6-116}$$

式中，$\boldsymbol{\delta}_\eta$、δ_ξ 为不确定项，满足不等式：

$$\begin{aligned}\|\boldsymbol{\delta}_\eta(\boldsymbol{\eta}, \xi)\|_2 &\leqslant a_1\|\boldsymbol{\eta}\|_2 \\ |\delta_\xi(\boldsymbol{\eta}, \xi)| &\leqslant a_2\|\boldsymbol{\eta}\|_2 + a_3|\xi|\end{aligned} \tag{6-117}$$

从系统(6-116)的第一个方程入手，假设能找到稳定的控制律 $\xi = \varphi(\boldsymbol{\eta})$ 和李雅普诺夫函数 $V(\boldsymbol{\eta})$，使得对于某个正常数 b，满足：

$$\frac{\partial V}{\partial \boldsymbol{\eta}}(\boldsymbol{f}(\boldsymbol{\eta}) + \boldsymbol{g}(\boldsymbol{\eta})\varphi(\boldsymbol{\eta}) + \boldsymbol{\delta}_\eta(\boldsymbol{\eta}, \xi)) \leqslant -b\|\boldsymbol{\eta}\|_2^2 \tag{6-118}$$

说明 $\boldsymbol{\eta} = 0$ 是第一个方程的渐近稳定平衡点。进一步假设 $\varphi(\boldsymbol{\eta})$ 满足不等式：

$$
\begin{aligned}
&|\varphi(\boldsymbol{\eta})| \leqslant a_4 \|\boldsymbol{\eta}\|_2 \\
&\left\|\frac{\partial \varphi}{\partial \boldsymbol{\eta}}\right\|_2 \leqslant a_5
\end{aligned} \tag{6-119}
$$

现考虑候选李雅普诺夫函数：

$$
V_c(\boldsymbol{\eta}, \xi) = V(\boldsymbol{\eta}) + \frac{1}{2}(\xi - \varphi(\boldsymbol{\eta}))^2 \tag{6-120}
$$

则有

$$
\begin{aligned}
\dot{V}_c(\boldsymbol{\eta}, \xi) = &\frac{\partial V}{\partial \boldsymbol{\eta}}(\boldsymbol{f} + \boldsymbol{g}\varphi + \boldsymbol{\delta}_\eta) + \frac{\partial V}{\partial \boldsymbol{\eta}}\boldsymbol{g}(\xi - \varphi) \\
&+ (\xi - \varphi)\left(f_a + g_a u + \delta_\xi - \frac{\partial \varphi}{\partial \boldsymbol{\eta}}(\boldsymbol{f} + \boldsymbol{g}\varphi + \boldsymbol{\delta}_\eta)\right)
\end{aligned} \tag{6-121}
$$

取控制律为

$$
u = \frac{1}{g_a}\left(\frac{\partial \varphi}{\partial \boldsymbol{\eta}}(\boldsymbol{f} + \boldsymbol{g}\xi) - \frac{\partial V}{\partial \boldsymbol{\eta}}\boldsymbol{g} - f_a - k(\xi - \varphi)\right), \quad k > 0 \tag{6-122}
$$

可得

$$
\dot{V}_c(\boldsymbol{\eta}, \xi) \leqslant -b\|\boldsymbol{\eta}\|_2^2 + (\xi - \varphi)\left(\delta_\xi - \frac{\partial \varphi}{\partial \boldsymbol{\eta}}\boldsymbol{\delta}_\eta\right) - k(\xi - \varphi)^2 \tag{6-123}
$$

通过约束(6-117)和(6-119)，可以证明，对于某个$a_6 \geqslant 0$，有

$$
\dot{V}_c(\boldsymbol{\eta}, \xi) \leqslant -\begin{bmatrix} \|\boldsymbol{\eta}\|_2 \\ |\xi - \varphi| \end{bmatrix}^{\mathrm{T}} \begin{bmatrix} b & -a_6 \\ -a_6 & (k - a_3) \end{bmatrix} \begin{bmatrix} \|\boldsymbol{\eta}\|_2 \\ |\xi - \varphi| \end{bmatrix} \tag{6-124}
$$

选择$k > a_3 + a_6^2 / b$，对于某个$\sigma > 0$，有

$$
\dot{V}_c(\boldsymbol{\eta}, \xi) \leqslant -\sigma\left(\|\boldsymbol{\eta}\|_2^2 + (\xi - \varphi)^2\right) \tag{6-125}
$$

即控制律(6-122)可稳定系统的原点。

例 6-7　考虑二阶系统：

$$
\begin{aligned}
\dot{x}_1 &= x_2 + \theta_1 x_1 \sin x_2 \\
\dot{x}_2 &= \theta_2 x_2^2 + x_1 + u
\end{aligned} \tag{6-126}
$$

式中，θ_1、θ_2是未知参数，对于某个边界a和b，满足$|\theta_1| < a$、$|\theta_2| < b$。系统的不确定项为$\delta_1 = \theta_1 x_1 \sin x_2$、$\delta_2 = \theta_2 x_2^2$，其中，$|\delta_1| \leqslant a|x_1|$，$\delta_2$在$|x_2| \leqslant \rho$时满足$|\delta_2| \leqslant b\rho|x_2|$。

首先考虑第一个方程，取：

$$
x_2 = \varphi_1(x_1) = -k_1 x_1, \quad V_1(x_1) = \frac{1}{2}x_1^2 \tag{6-127}
$$

则有

$$
\dot{V}_1(x_1) = x_1\varphi_1(x_1) + \theta_1 x_1^2 \sin x_2 \leqslant -(k_1 - a)x_1^2 \tag{6-128}
$$

选择$k_1 = 1 + a$，则有$\dot{V}_1(x_1) \leqslant -x_1^2$。

做变量代换$z_2 = x_2 + \theta_1 x_1 \sin x_2$，系统(6-126)变为

$$
\begin{aligned}
\dot{x}_1 &= -(1+a)x_1 + \theta_1 x_1^2 \sin x_2 + z_2 \\
\dot{z}_2 &= \psi_1(x) + \psi_2(x,\theta) + u
\end{aligned} \tag{6-129}
$$

式中，$\psi_1(x) = x_1 + (1+a)x_2$；$\psi_2(x,\theta) = (1+a)\theta_1 x_1 \sin x_2 + \theta_2 x_2^2$。选复合李雅普诺夫函数为 $V_c = (x_1^2 + x_2^2)/2$，可得

$$
\dot{V}_c \leqslant -x_1^2 + z_2(x_1 + \psi_1(x) + \psi_2(x,\theta) + u) \tag{6-130}
$$

取控制律为

$$
u = -x_1 - \psi_1(x) - kz_2 \tag{6-131}
$$

可得

$$
\begin{aligned}
\dot{V}_c &\leqslant -x_1^2 + z_2\psi_2(x,\theta) - kz_2^2 \\
&\leqslant -x_1^2 + a(1+a)|x_1||z_2| + bx_2^2|z_2| - kz_2^2
\end{aligned} \tag{6-132}
$$

在集合 $\Omega_c = \{\boldsymbol{x} \in R^2 \mid V_c(\boldsymbol{x}) \leqslant c\}$ 内，有 $|x_2| \leqslant \rho$，ρ 与 c 有关，把分析限定在 Ω_c 内，可得

$$
\begin{aligned}
\dot{V}_c &\leqslant -x_1^2 + a(1+a)|x_1||z_2| + b\rho|z_2 - (1+a)x_1||z_2| - kz_2^2 \\
&\leqslant -x_1^2 + (1+a)(a+b\rho)|x_1||z_2| - (k-b\rho)z_2^2
\end{aligned} \tag{6-133}
$$

选择

$$
k > b\rho + (1+a)^2(a+b\rho)^2/4 \tag{6-134}
$$

保证了在 Ω_c 内原点是指数稳定的。由于对任意 $c>0$，选择足够大的 k，不等式(6-133)成立，因此反馈控制可实现半全局稳定。

6.2.4　多输入系统

考虑系统：

$$
\begin{aligned}
\dot{\boldsymbol{\eta}} &= \boldsymbol{f}(\boldsymbol{\eta}) + \boldsymbol{g}(\boldsymbol{\eta})\boldsymbol{\xi} \\
\dot{\boldsymbol{\xi}} &= \boldsymbol{f}_a(\boldsymbol{\eta},\boldsymbol{\xi}) + \boldsymbol{g}_a(\boldsymbol{\eta},\boldsymbol{\xi})\boldsymbol{u}
\end{aligned} \tag{6-135}
$$

式中，$\boldsymbol{\eta} \in R^n$；$\boldsymbol{\xi} \in R^m$；$\boldsymbol{u} \in R^m$。假设 $\boldsymbol{f}$、$\boldsymbol{g}$、$\boldsymbol{f}_a$、$\boldsymbol{g}_a$ 为光滑函数，$\boldsymbol{f}$、$\boldsymbol{f}_a$ 在原点为零，且 $\boldsymbol{g}_a$ 是 $m \times m$ 非奇异矩阵。

对于上述系统，可以采用反步设计法设计控制器，这称为分块反步法。首先对于第一个系统，假设存在控制律 $\boldsymbol{\xi} = \boldsymbol{\varphi}(\boldsymbol{\eta})$，$\boldsymbol{\varphi}(0) = 0$ 实现稳定控制，且已知李雅普诺夫函数 $V(\boldsymbol{\eta})$，对于某个正定函数 $W(\boldsymbol{\eta})$，满足不等式：

$$
\frac{\partial V}{\partial \boldsymbol{\eta}}(\boldsymbol{f}(\boldsymbol{\eta}) + \boldsymbol{g}(\boldsymbol{\eta})\boldsymbol{\varphi}(\boldsymbol{\eta})) \leqslant -W(\boldsymbol{\eta}) \tag{6-136}
$$

取整个系统的候选李雅普诺夫函数为

$$
V_c = V(\boldsymbol{\eta}) + \frac{1}{2}(\boldsymbol{\xi} - \boldsymbol{\varphi}(\boldsymbol{\eta}))^{\mathrm{T}}(\boldsymbol{\xi} - \boldsymbol{\varphi}(\boldsymbol{\eta})) \tag{6-137}
$$

对其求导，得

$$
\dot{V}_c = \frac{\partial V}{\partial \boldsymbol{\eta}}(\boldsymbol{f} + \boldsymbol{g}\boldsymbol{\varphi}) + \frac{\partial V}{\partial \boldsymbol{\eta}}\boldsymbol{g}(\boldsymbol{\xi} - \boldsymbol{\varphi}) + (\boldsymbol{\xi} - \boldsymbol{\varphi})^{\mathrm{T}}\left(\boldsymbol{f}_a + \boldsymbol{g}_a\boldsymbol{u} - \frac{\partial \boldsymbol{\varphi}}{\partial \boldsymbol{\eta}}(\boldsymbol{f} + \boldsymbol{g}\boldsymbol{\xi})\right) \tag{6-138}
$$

取控制律为

$$\boldsymbol{u}=\frac{1}{\boldsymbol{g}_a}\left(\frac{\partial\boldsymbol{\varphi}}{\partial\boldsymbol{\eta}}(\boldsymbol{f}+\boldsymbol{g}\xi)-\left(\frac{\partial V}{\partial\boldsymbol{\eta}}\boldsymbol{g}\right)^{\mathrm{T}}-\boldsymbol{f}_a-\boldsymbol{k}(\xi-\boldsymbol{\varphi})\right),\quad \boldsymbol{k}>0 \tag{6-139}$$

可得

$$\dot{V}_c=\frac{\partial V}{\partial\boldsymbol{\eta}}(\boldsymbol{f}+\boldsymbol{g}\boldsymbol{\varphi})-\boldsymbol{k}(\xi-\boldsymbol{\varphi})^{\mathrm{T}}(\xi-\boldsymbol{\varphi})\leqslant -W(\boldsymbol{\eta})-\boldsymbol{k}(\xi-\boldsymbol{\varphi})^{\mathrm{T}}(\xi-\boldsymbol{\varphi}) \tag{6-140}$$

表明原点 $(\boldsymbol{\eta}=0, \xi=0)$ 是渐近稳定的。

6.3 无 源 控 制

6.3.1 无源性概念

系统的无源性(passive)是电子网络无源性概念的推广，无源性是网络理论中的一个重要概念，表示耗能网络的一种性质。以单端口电阻网络为例，如图 6-2 所示，可考虑为以端口电压 u 为输入、端口电流 $y=h(u,t)$ 为输出的系统，如果对于每一点 (u,y) 都满足 $uy\geqslant 0$，则该电阻元件是无源的。对于多端口网络，如果满足 $\boldsymbol{u}^{\mathrm{T}}\boldsymbol{y}\geqslant 0$，则网络是无源的。$\boldsymbol{u}^{\mathrm{T}}\boldsymbol{y}=0$ 是无源性的极限情况，此时称网络是无损耗的，如理想变压器是无损耗的。

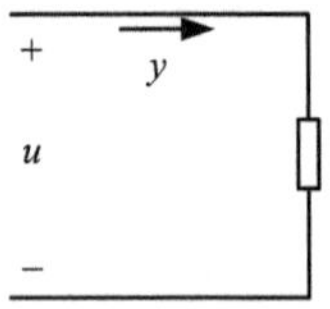

(a) 电阻网络

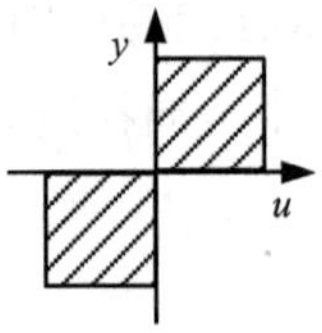

(b) y-u特性

图 6-2　单端口电阻网络

定义 6-2　对于网络 $\boldsymbol{y}=\boldsymbol{h}(\boldsymbol{u},t)$，

(1) 如果 $\boldsymbol{u}^{\mathrm{T}}\boldsymbol{y}\geqslant 0$，则网络是无源的。

(2) 如果 $\boldsymbol{u}^{\mathrm{T}}\boldsymbol{y}=0$，则网络是无损耗的。

(3) 如果对于某个正定函数 $\varphi(\boldsymbol{u},\boldsymbol{y})$，使 $\boldsymbol{u}^{\mathrm{T}}\boldsymbol{y}\geqslant\varphi(\boldsymbol{u},\boldsymbol{y})$，则网络是严格无源的。

(4) 如果对于某个函数 $\boldsymbol{\rho}(\boldsymbol{u})$，$\forall\boldsymbol{u}\neq 0$ 使 $\boldsymbol{u}^{\mathrm{T}}\boldsymbol{y}\geqslant\boldsymbol{u}^{\mathrm{T}}\boldsymbol{\rho}(\boldsymbol{u}), \boldsymbol{u}^{\mathrm{T}}\boldsymbol{\rho}(\boldsymbol{u})>0$，则网络是严格输入无源的。

(5) 如果对于某个函数 $\boldsymbol{\sigma}(\boldsymbol{y})$，$\forall\boldsymbol{u}\neq 0$ 使 $\boldsymbol{u}^{\mathrm{T}}\boldsymbol{y}\geqslant\boldsymbol{y}^{\mathrm{T}}\boldsymbol{\sigma}(\boldsymbol{y}), \boldsymbol{y}^{\mathrm{T}}\boldsymbol{\sigma}(\boldsymbol{y})>0$，则网络是严格输出无源的。

以上条件对所有 $(\boldsymbol{u},t)$ 均成立。

定义 6-2 中，$\varphi(\boldsymbol{u},\boldsymbol{y})$ 一项表示“过量”无源性，如图 6-3 所示。

对于 $\boldsymbol{u}^{\mathrm{T}}\boldsymbol{y}\geqslant\boldsymbol{u}^{\mathrm{T}}\boldsymbol{\rho}(\boldsymbol{u})$，只有当 $\boldsymbol{u}=0$ 时，有 $\boldsymbol{u}^{\mathrm{T}}\boldsymbol{y}=0$，在这个意义下，无源性是严格的。

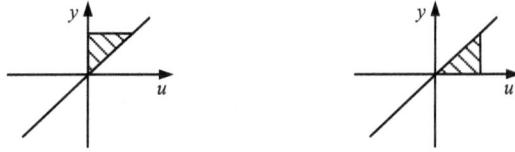

(a) 严格输入无源$\boldsymbol{u}^{\mathrm{T}}\boldsymbol{y}\geqslant\varepsilon\boldsymbol{u}^{\mathrm{T}}\boldsymbol{u}$　　(b) 严格输出无源$\boldsymbol{u}^{\mathrm{T}}\boldsymbol{y}\geqslant\varepsilon\boldsymbol{y}^{\mathrm{T}}\boldsymbol{y}$

图 6-3　过量无源性

例 6-8　RLC 串联电路如图 6-4 所示，电压平衡方程为

$$u = Ri + \frac{1}{C}\int_0^t i(\tau)\mathrm{d}\tau + L\frac{\mathrm{d}i}{\mathrm{d}t} \tag{6-141}$$

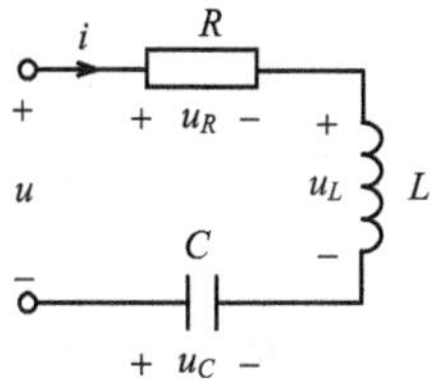

图 6-4　RLC 串联电路

将该方程两边同乘i，可得功率方程：

$$ui = Ri^2 + \frac{1}{C}i\int_0^t i(\tau)\mathrm{d}\tau + Li\frac{\mathrm{d}i}{\mathrm{d}t} \tag{6-142}$$

式(6-142)等效为

$$\frac{\mathrm{d}}{\mathrm{d}t}\left(\frac{1}{2C}\left(\int_0^t i(\tau)\mathrm{d}\tau\right)^2 + \frac{1}{2}Li^2\right) = ui - Ri^2 \tag{6-143}$$

式中，左边第一项表示电容中的储能；第二项表示电感中的储能。由于电阻是消耗能量的，因此式(6-143)的物理含义是：系统的能量由初始时刻的增长量小于或等于外部注入的能量总和，表明系统的运动总是伴随着能量的损失，表明系统是无源的。

实际上，无论是线性系统还是非线性系统，都满足以下形式的能量守恒规律：

$$\frac{\mathrm{d}}{\mathrm{d}t}(\text{系统存储的能量}) = (\text{外部输入的能量}) + (\text{系统内部产生的能量})$$

该能量守恒规律可表示为

$$\dot{V}(t) = \boldsymbol{y}^{\mathrm{T}}\boldsymbol{u} - g(t) \tag{6-144}$$

式中，$V(t)$、$g(t)$为标量函数，具有物理上能量的性质，或称为“类李雅普诺夫函数”的性质；$\boldsymbol{u}$、$\boldsymbol{y}$分别为系统的输入和输出；标量积$\boldsymbol{y}^{\mathrm{T}}\boldsymbol{u}$为系统外部输入的能量。

如果系统满足式(6-144)，且$V(t)$有下界和$g(t)\geqslant 0$，则称系统是无源的。进而，如果

$$\int_0^t \boldsymbol{y}^{\mathrm{T}}(t)\boldsymbol{u}(t)\mathrm{d}t \neq 0 \ \Rightarrow\ \int_0^t g(t)\mathrm{d}t > 0 \tag{6-145}$$

则无源系统是耗散的。

例 6-9　非线性质量-弹簧-阻尼器系统：

$$m\ddot{x} + x^2\dot{x}^3 + x^7 = F \tag{6-146}$$

选取系统的输入为$u = F$，输出为$y = \dot{x}$，设标量函数为系统的总能量，即$V = \frac{1}{2}m\dot{x}^2 + \frac{1}{8}x^8$，则有

$$\dot{V} = \frac{\mathrm{d}}{\mathrm{d}t}\left(\frac{1}{2}m\dot{x}^2 + \frac{1}{8}x^8\right) = \dot{x}F - x^2\dot{x}^4 \leqslant \dot{x}F = uy \tag{6-147}$$

则系统是无源的，即表示从外力 F 到速度 $\dot{x}$ 为耗散映射，其中， $g = x^2\dot{x}^4$ 是系统阻尼消耗的能量。

下面给出系统无源性的定义，考虑输入与输出具有相同维数的非线性系统：

$$\begin{aligned}\dot{\boldsymbol{x}} &= \boldsymbol{f}(\boldsymbol{x},\boldsymbol{u})\\ \boldsymbol{y} &= \boldsymbol{h}(\boldsymbol{x},\boldsymbol{u})\end{aligned} \tag{6-148}$$

定义 6-3　对于该非线性系统，如果存在连续可微的半正定函数 $V(\boldsymbol{x})$（称为存储函数或类李雅普诺夫函数），满足：

$$\boldsymbol{u}^{\mathrm{T}}\boldsymbol{y} \geqslant \dot{V}(\boldsymbol{x}) = \frac{\partial V}{\partial \boldsymbol{x}}\boldsymbol{f}(\boldsymbol{x},\boldsymbol{u}), \quad \forall(\boldsymbol{x},\boldsymbol{u}) \tag{6-149}$$

(1) 如果 $\boldsymbol{u}^{\mathrm{T}}\boldsymbol{y} = \dot{V}$，则系统是无损耗的。

(2) 如果对于某个函数 $\boldsymbol{\varphi}(\boldsymbol{u})$，有 $\boldsymbol{u}^{\mathrm{T}}\boldsymbol{y} \geqslant \dot{V} + \boldsymbol{u}^{\mathrm{T}}\boldsymbol{\varphi}(\boldsymbol{u})$，则系统是输入前馈无源的。

(3) 如果 $\boldsymbol{u}^{\mathrm{T}}\boldsymbol{y} \geqslant \dot{V} + \boldsymbol{u}^{\mathrm{T}}\boldsymbol{\varphi}(\boldsymbol{u})$ 及 $\boldsymbol{u}^{\mathrm{T}}\boldsymbol{\varphi}(\boldsymbol{u}) > 0, \forall\boldsymbol{u} \neq 0$，则系统是严格输入无源的。

(4) 对于某个正定函数 $\boldsymbol{\rho}(\boldsymbol{y})$，有 $\boldsymbol{u}^{\mathrm{T}}\boldsymbol{y} \geqslant \dot{V} + \boldsymbol{y}^{\mathrm{T}}\boldsymbol{\rho}(\boldsymbol{y})$，则系统是输出反馈无源的。

(5) 如果 $\boldsymbol{u}^{\mathrm{T}}\boldsymbol{y} \geqslant \dot{V} + \boldsymbol{y}^{\mathrm{T}}\boldsymbol{\rho}(\boldsymbol{y})$ 及 $\boldsymbol{y}^{\mathrm{T}}\boldsymbol{\rho}(\boldsymbol{y}) > 0, \forall\boldsymbol{y} \neq 0$，则系统是严格输出无源的。

(6) 如果对于某个正定函数 $\boldsymbol{\psi}(\boldsymbol{x})$，有 $\boldsymbol{u}^{\mathrm{T}}\boldsymbol{y} \geqslant \dot{V} + \boldsymbol{\psi}(\boldsymbol{x})$，则系统是严格无源的。

以上条件对所有 $(\boldsymbol{x},\boldsymbol{u})$ 均成立。

例 6-10　如图 6-5 所示的三个系统，其中系统(a)为积分系统，模型为

$$\begin{aligned}\dot{x} &= u\\ y &= x\end{aligned} \tag{6-150}$$

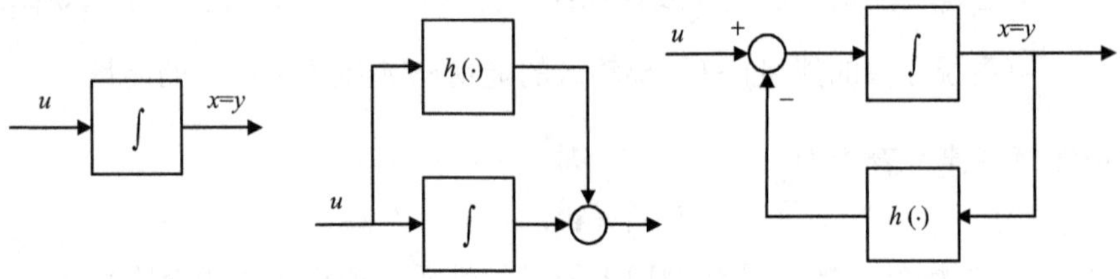

(a) 积分系统　　(b) 输入前馈　　(c) 输出反馈

图 6-5　复合系统

以 $V(x) = (1/2)x^2$ 作为系统(a)的存储函数，则有 $\dot{V}(x) = uy$，表示积分器是无损耗的。系统(b)中增加了输入前馈通道，模型为

$$\begin{aligned}\dot{x} &= u\\ y &= x + h(u)\end{aligned} \tag{6-151}$$

当选择同样的存储函数时，有 $\dot{V}(x) = uy - uh(u)$，表示系统(b)是输入前馈无源的，因为并联通路 $h(u)$ 可以通过输入前馈消除，如果对所有 $u \neq 0, uh(u) > 0$，则系统(b)是严格输入无源的。系统(c)包含了输出反馈通道，模型为

$$\begin{aligned}\dot{x} &= -h(x) + u\\ y &= x\end{aligned} \tag{6-152}$$

选择同样的存储函数，则有 $\dot{V}(x)=uy-yh(y)$，表示系统(c)是输出反馈无源的，因为反馈路径可以通过输出反馈消除，如果对所有的 $y\neq 0$, $yh(y)>0$，则系统(c)是严格输出无源的。

6.3.2 无源性与稳定性

无源性是一个非常形象化的概念，从能量的角度给李雅普诺夫函数提供了一种形象的表述，也为分析非线性系统提供了一个有力工具，即基于李雅普诺夫函数的稳定性理论。无源性是稳定性的一种更高层次的抽象，构造一个李雅普诺夫函数来对系统进行稳定性分析是常用的方法，这一过程可转化为构造一个使系统无源的存储函数，这可以很好地把李雅普诺夫稳定性和无源性联系起来。

定理 6-3　如果非线性系统(6-148)是无源的，其存储函数为 $V(\boldsymbol{x})$，则 $\dot{\boldsymbol{x}}=\boldsymbol{f}(\boldsymbol{x},0)$ 的原点是稳定的。

由于系统是无源的，因此有 $V(\boldsymbol{x})\leqslant \boldsymbol{u}^{\mathrm{T}}\boldsymbol{y}$，当 $\boldsymbol{u}=0$ 时，自然有 $V(\boldsymbol{x})\leqslant 0$，如果将存储函数作为候选李雅普诺夫函数，可证明系统是稳定的。由此可见，无源性可以保持系统内部稳定。

例 6-11　考虑仿射非线性系统：

$$\begin{aligned}\dot{\boldsymbol{x}}&=\boldsymbol{f}(\boldsymbol{x})+\boldsymbol{g}(\boldsymbol{x})\boldsymbol{u}\\ \boldsymbol{y}&=\boldsymbol{h}(\boldsymbol{x})\end{aligned}\tag{6-153}$$

假设存在存储函数 $V(\boldsymbol{x})$，满足：

$$\begin{aligned}&\frac{\partial V}{\partial \boldsymbol{x}}\boldsymbol{f}(\boldsymbol{x})=L_f V\leqslant 0\\ &\frac{\partial V}{\partial \boldsymbol{x}}\boldsymbol{g}(\boldsymbol{x})=L_g V=\boldsymbol{h}^{\mathrm{T}}(\boldsymbol{x})\end{aligned}\tag{6-154}$$

则有

$$\dot{V}=\frac{\partial V}{\partial \boldsymbol{x}}(\boldsymbol{f}(\boldsymbol{x})+\boldsymbol{g}(\boldsymbol{x})\boldsymbol{u})=L_f V+L_g V\boldsymbol{u}=L_f V+\boldsymbol{y}^{\mathrm{T}}\boldsymbol{u}\leqslant \boldsymbol{y}^{\mathrm{T}}\boldsymbol{u}\tag{6-155}$$

式(6-155)表明系统是无源的，因此 $\dot{\boldsymbol{x}}=\boldsymbol{f}(\boldsymbol{x})$ 的原点是稳定的。

定理 6-2 没有给出渐近稳定的结论，如果系统(6-148)是严格无源的，即 $\boldsymbol{u}^{\mathrm{T}}\boldsymbol{y}\geqslant \dot{V}+\psi(\boldsymbol{x})$，有 $\dot{V}\leqslant -\psi(\boldsymbol{x})<0$，则将存储函数作为候选李雅普诺夫函数，可以得到系统原点渐近稳定的结论。如果系统(6-148)是严格输出无源的，即 $\boldsymbol{u}^{\mathrm{T}}\boldsymbol{y}\geqslant \dot{V}+\boldsymbol{y}^{\mathrm{T}}\boldsymbol{\rho}(\boldsymbol{y})$，只有当 $\boldsymbol{u}=0,\ \boldsymbol{y}=0$ 时，$\dot{V}=0$，即系统的解保持在集合 $S=\{\boldsymbol{x}\in R^n\mid \boldsymbol{y}=\boldsymbol{h}(\boldsymbol{x},0)=0\}$ 内，如果有附加条件 $\boldsymbol{y}\equiv 0\Rightarrow \boldsymbol{x}\equiv 0$，则应用 LaSalle 不变集原理可以得到渐近稳定的结论，这一附加条件可解释为可观测条件。

定义 6-4　对于非线性系统(6-148)，如果除平凡解 $\boldsymbol{x}(t)\equiv 0$ 外，系统 $\dot{\boldsymbol{x}}=\boldsymbol{f}(\boldsymbol{x},0)$ 没有其他解能保持在 $S=\{\boldsymbol{x}\in \boldsymbol{R}^n\mid \boldsymbol{y}=\boldsymbol{h}(\boldsymbol{x},0)=0\}$ 内，则该系统是零状态可观测的。

例如，线性系统 $\dot{\boldsymbol{x}}=\boldsymbol{A}\boldsymbol{x}$, $\boldsymbol{y}=\boldsymbol{C}\boldsymbol{x}$ 就是零状态可观测的，因为 $\boldsymbol{y}\equiv 0\Rightarrow \boldsymbol{x}\equiv 0$ 可观测条件成立。

定理 6-4　考虑非线性系统(6-148)，如果系统是严格无源的，或严格输出无源且零状态是可观测的，则 $\dot{\boldsymbol{x}} = \boldsymbol{f}(\boldsymbol{x},0)$ 的原点是渐近稳定的。此外，如果存储函数是径向无界的，则原点是全局渐近稳定的。

例 6-12　考虑系统：

$$\begin{aligned} \dot{x}_1 &= x_2 \\ \dot{x}_2 &= -ax_1^3 - kx_2 + u \\ y &= x_2 \end{aligned} \tag{6-156}$$

式中，a、k 为正常数。选取存储函数：

$$V(\boldsymbol{x}) = \frac{1}{4}ax_1^4 + \frac{1}{2}x_2^2 \tag{6-157}$$

该函数是径向无界的，其沿系统轨线的导数为

$$\dot{V}(\boldsymbol{x}) = ax_1^3x_2 + x_2(-ax_1^3 - kx_2 + u) = uy - ky^2 \tag{6-158}$$

因此系统是严格输出无源的。此外，当 $u=0$、$y=0$ 时，有

$$x_2 = 0 \ \Rightarrow \ ax_1^3 = 0 \ \Rightarrow \ x_1 = 0 \tag{6-159}$$

因此系统是零状态可观测的。由定理 6-4 可知，无激励系统的原点是全局渐近稳定的。

一般情况下，一个复杂的系统由多个模块组成，可以证明，如果系统的每个组成模块都是无源的，则整个系统也是无源的。这一点可以由系统能量守恒方程(6-144)加以说明。例如，两个模块的并联和反馈组成的复合系统，如图 6-6 所示。

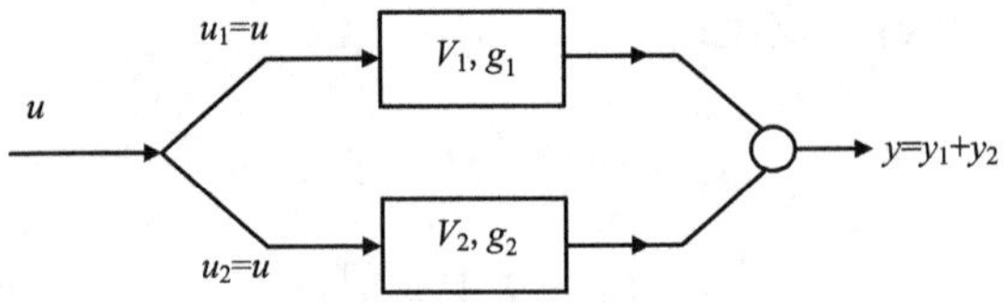

(a) 并联复合系统

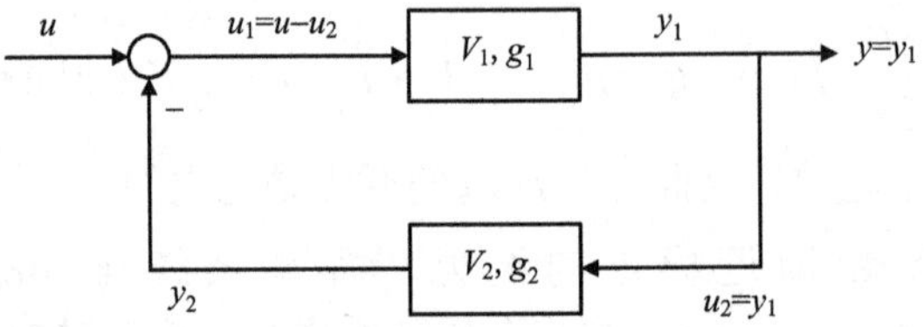

(b) 反馈复合系统

图 6-6　复合系统结构

对于并联复合系统，有

$$y^{\mathrm{T}}u = (y_1 + y_2)^{\mathrm{T}}u = y_1^{\mathrm{T}}u + y_2^{\mathrm{T}}u = y_1^{\mathrm{T}}u_1 + y_2^{\mathrm{T}}u_2 \tag{6-160}$$

对于反馈复合系统，有

$$y^{\mathrm{T}}u = y_1^{\mathrm{T}}(u_1 + y_2) = y_1^{\mathrm{T}}u_1 + y_1^{\mathrm{T}}y_2 = y_1^{\mathrm{T}}u_1 + u_2^{\mathrm{T}}y_2 \tag{6-161}$$

对于整个系统，有 $V = V_1 + V_2$、$g = g_1 + g_2$，因此整个系统同样满足能量守恒方程(6-144)。注意，如果系统中的某个模块是有源的，整个系统也可能是无源的，只要满足

系统的全部能量消耗多于全部能量产生即可。

复合系统也会存在线性系统模块，也需要对线性系统的无源性进行判断。对于用传递函数描述的线性系统，如果传递函数是正实(positive real)的，即满足：

$$\forall\,\omega \geqslant 0,\quad \mathrm{Re}[G(\mathrm{j}\omega)] \geqslant 0 \tag{6-162}$$

则线性系统是无源的。该条件等价于：

$$\forall\,\omega \geqslant 0,\quad \left|\arg G(\mathrm{j}\omega)\right| \leqslant \frac{\pi}{2} \tag{6-163}$$

即系统对正弦输入的相移小于或等于 90°，则系统是无源的。如果系统是严格正实的，即条件变为 $\forall\,\omega \geqslant 0, \mathrm{Re}[G(\mathrm{j}\omega)] > 0$ 或 $\forall\,\omega \geqslant 0, \left|\arg G(\mathrm{j}\omega)\right| < \frac{\pi}{2}$，则系统是严格无源的。

如果用线性系统的状态方程 $\dot{\boldsymbol{x}} = \boldsymbol{A}\boldsymbol{x} + \boldsymbol{B}u$, $y = \boldsymbol{C}\boldsymbol{x}$ 来判断系统的无源性，假设开环系统 $\dot{\boldsymbol{x}} = \boldsymbol{A}\boldsymbol{x}$ 是稳定的，则矩阵 $\boldsymbol{A}$ 满足李雅普诺夫方程 $\boldsymbol{A}^{\mathrm{T}}\boldsymbol{P} + \boldsymbol{P}\boldsymbol{A} = -\boldsymbol{Q}$ 。对于闭环系统，取李雅普诺夫函数为 $V = (1/2)\boldsymbol{x}^{\mathrm{T}}\boldsymbol{P}\boldsymbol{x}$ ，其导数为

$$\dot{V} = \boldsymbol{x}^{\mathrm{T}}\boldsymbol{P}(\boldsymbol{A}\boldsymbol{x} + \boldsymbol{B}u) = \boldsymbol{x}^{\mathrm{T}}\boldsymbol{P}\boldsymbol{B}u - \frac{1}{2}\boldsymbol{x}^{\mathrm{T}}\boldsymbol{Q}\boldsymbol{x} \tag{6-164}$$

如果矩阵 $\boldsymbol{B}$、$\boldsymbol{C}$ 满足 $\boldsymbol{C} = \boldsymbol{B}^{\mathrm{T}}\boldsymbol{P}$ ，则式(6-164)变为

$$\dot{V} = y^{\mathrm{T}}u - \frac{1}{2}\boldsymbol{x}^{\mathrm{T}}\boldsymbol{Q}\boldsymbol{x} \tag{6-165}$$

式(6-165)表明在 u、y 之间定义了一个耗散映射，这个结论就是 Kalman-Yakubovich 引理(简称 K-Y 引理)，K-Y 引理指出，给定任意开环稳定的线性系统，选择适当的输入和输出，就可以在输入、输出之间构造无数个耗散映射。

6.3.3　无源控制

无源系统可以保持系统的内部稳定。对于存在干扰的系统来说，为了使系统内部稳定，可以依靠无源理论来构造反馈控制器，使得相应的闭环系统无源而保持内部稳定。定理 6-5 给出基于无源控制的基本概念。

定理 6-5　如果系统 $\dot{\boldsymbol{x}} = \boldsymbol{f}(\boldsymbol{x},\boldsymbol{u})$, $\boldsymbol{y} = \boldsymbol{h}(\boldsymbol{x})$ 满足下面的条件，

(1) 是无源的，存在一个径向无界的存储函数。

(2) 是零状态可观测的。

则原点 $\boldsymbol{x} = 0$ 在反馈控制 $\boldsymbol{u} = \boldsymbol{\varphi}(\boldsymbol{y})$ 下是全局稳定的，其中，对于所有 $\boldsymbol{y} \neq 0$ ， $\boldsymbol{\varphi}(\boldsymbol{y})$ 是局部利普希茨函数，满足 $\boldsymbol{\varphi}(0) = 0$ 及 $\boldsymbol{y}^{\mathrm{T}}\boldsymbol{\varphi}(\boldsymbol{y}) > 0$ 。

以存储函数 $V(\boldsymbol{x})$ 作为闭环系统 $\dot{\boldsymbol{x}} = \boldsymbol{f}(\boldsymbol{x},-\boldsymbol{\varphi}(\boldsymbol{y}))$ 的候选李雅普诺夫函数，因为系统是无源的，所以有

$$\dot{V} = \frac{\partial V}{\partial \boldsymbol{x}}\boldsymbol{f}(\boldsymbol{x},-\boldsymbol{\varphi}(\boldsymbol{y})) \leqslant \boldsymbol{y}^{\mathrm{T}}\boldsymbol{u} = -\boldsymbol{y}^{\mathrm{T}}\boldsymbol{\varphi}(\boldsymbol{y}) \leqslant 0 \tag{6-166}$$

$\dot{V}$ 是半负定的，当且仅当 $\boldsymbol{y} = 0$ 时， $\dot{V} = 0$ 。由于系统是零状态可观测的，则有

$$\boldsymbol{y}(t) \equiv 0 \quad\Rightarrow\quad \boldsymbol{u}(t) \equiv 0 \quad\Rightarrow\quad \boldsymbol{x}(t) \equiv 0 \tag{6-167}$$

根据 LaSalle 不变集原理，原点是全局渐近稳定的。

该定理的含义是：无源系统都具有稳定的原点，而在 $\boldsymbol{x}(t)$ 不恒等于零时，获得稳定的原点必须要通过函数 $\boldsymbol{\varphi}(\boldsymbol{y})$ 给系统注入阻尼，这样才能将系统的能量耗尽。

例 6-13　考虑系统：

$$\begin{aligned}\dot{x}_1 &= x_1x_2\\ \dot{x}_2 &= -x_2(2x_1^2+1)+u\\ y &= x_2+x_1^2\end{aligned} \tag{6-168}$$

选取存储函数：

$$V(\boldsymbol{x})=\frac{1}{2}x_1^2+\frac{1}{2}(x_2+x_1^2)^2 \tag{6-169}$$

其导数为

$$\dot{V}(\boldsymbol{x})=\dot{x}_1x_1+(x_2+x_1^2)(\dot{x}_2+2\dot{x}_1x_1)=uy-x_2^2\leqslant uy \tag{6-170}$$

因此系统是无源的。

此外，当 $u=0$、$y=0$ 时，系统的动态方程变为

$$\begin{aligned}\dot{x}_1 &= -x_1^3\\ \dot{x}_2 &= -x_2(2x_1^2+1)\end{aligned} \tag{6-171}$$

该动态方程是渐近稳定的，即 $x_1\to 0, x_2\to 0$，因此系统是零状态可观测的。由定理 6-5 可知，取静态反馈 $u=-ky, k>0$，闭环系统的原点是渐近稳定的。

应用该定理还可以将非无源系统转化为无源系统。例如，对于仿射非线性系统 $\dot{\boldsymbol{x}}=\boldsymbol{f}(\boldsymbol{x})+\boldsymbol{g}(\boldsymbol{x})\boldsymbol{u}$，假设存在一个径向无界的正定连续可微函数 $V(\boldsymbol{x})$，满足：

$$\frac{\partial V}{\partial \boldsymbol{x}}\boldsymbol{f}(\boldsymbol{x})\leqslant 0,\quad \forall \boldsymbol{x} \tag{6-172}$$

取输出函数为

$$\boldsymbol{y}=\boldsymbol{h}(\boldsymbol{x})\triangleq\left(\frac{\partial V}{\partial \boldsymbol{x}}\boldsymbol{g}(\boldsymbol{x})\right)^{\mathrm{T}} \tag{6-173}$$

则以 $\boldsymbol{u}$ 为输入、 $\boldsymbol{y}$ 为输出的系统是无源系统。

例 6-14　考虑系统：

$$\begin{aligned}\dot{x}_1 &= -x_2\\ \dot{x}_2 &= -x_1^3+u\end{aligned} \tag{6-174}$$

取存储函数为 $V(\boldsymbol{x})=x_1^4/4+x_2^2/2$，则有

$$\dot{V}(\boldsymbol{x})=x_1^3x_2-x_2x_1^3+x_2u=x_2u \tag{6-175}$$

取输出 $y=x_2$，并有 $u=0$ 时，$y\equiv 0$，即 $\boldsymbol{x}\equiv 0$，定理 6-5 的条件都满足，因此全局稳定控制律可取为 $u=-kx_2, k>0$。

能够自由选取输出函数使系统无源是非常实用的，但仍局限在原点开环稳定的条件下，如果通过反馈使系统无源，则可以处理更广泛的系统，这一控制器设计方法称为反馈无源化(feedback passivation)。

考虑非线性系统：

$$\begin{aligned}\dot{\boldsymbol{x}} &= \boldsymbol{f}(\boldsymbol{x})+\boldsymbol{g}(\boldsymbol{x})\boldsymbol{u}\\ \boldsymbol{y} &= \boldsymbol{h}(\boldsymbol{x})\end{aligned} \tag{6-176}$$

取控制律为 $\boldsymbol{u}=\boldsymbol{\alpha}(\boldsymbol{x})+\boldsymbol{\beta}(\boldsymbol{x})\boldsymbol{v}$ ，闭环系统为

$$\begin{aligned}\dot{\boldsymbol{x}} &= \boldsymbol{f}(\boldsymbol{x})+\boldsymbol{g}(\boldsymbol{x})\boldsymbol{\alpha}(\boldsymbol{x})+\boldsymbol{g}(\boldsymbol{x})\boldsymbol{\beta}(\boldsymbol{x})\boldsymbol{v}\\ \boldsymbol{y} &= \boldsymbol{h}(\boldsymbol{x})\end{aligned} \tag{6-177}$$

如果以 $\boldsymbol{v}$ 为输入、 $\boldsymbol{y}$ 为输出的系统满足定理 6-5 的条件，则可以利用 $\boldsymbol{v}=-\boldsymbol{\varphi}(\boldsymbol{y})$ 全局稳定原点。

例 6-15　多连杆机械臂的动力学方程为

$$\boldsymbol{M}(\boldsymbol{q})\ddot{\boldsymbol{q}}+\boldsymbol{C}(\boldsymbol{q},\dot{\boldsymbol{q}})\dot{\boldsymbol{q}}+\boldsymbol{D}\dot{\boldsymbol{q}}+\boldsymbol{G}(\boldsymbol{q})=\boldsymbol{u} \tag{6-178}$$

式中，左侧第一项为惯性力矩；第二项为科氏(Coriolis)力矩和离心力矩；第三项为黏滞摩擦阻尼力矩；第四项为重力矩； $\boldsymbol{M}$ 为对称惯量矩阵；矩阵 $\boldsymbol{C}$ 的特性是使得 $\dot{\boldsymbol{M}}-2\boldsymbol{C}$ 对于所有的 $\boldsymbol{q}$、$\dot{\boldsymbol{q}}$ 都是斜对称矩阵(skew-symmetric matrix)； $\boldsymbol{q}$ 为机械臂的广义坐标，一般取关节角度作为广义坐标； $\boldsymbol{u}$ 为关节驱动力矩。考虑设计状态反馈控制律，使 $\boldsymbol{q}$ 渐近跟踪常值参考信号 $\boldsymbol{q}_r$ 。

设 $\boldsymbol{e}=\boldsymbol{q}-\boldsymbol{q}_r$ ，则 $\boldsymbol{e}$ 满足微分方程：

$$\boldsymbol{M}(\boldsymbol{q})\ddot{\boldsymbol{e}}+\boldsymbol{C}(\boldsymbol{q},\dot{\boldsymbol{q}})\dot{\boldsymbol{e}}+\boldsymbol{D}\dot{\boldsymbol{e}}+\boldsymbol{G}(\boldsymbol{q})=\boldsymbol{u} \tag{6-179}$$

目标是在 $(\boldsymbol{e}=0,\dot{\boldsymbol{e}}=0)$ 处稳定系统，但这个点不是开环平衡点。设 $\boldsymbol{u}=\boldsymbol{G}(\boldsymbol{q})-\boldsymbol{K}_p\boldsymbol{e}+\boldsymbol{v}$ ，其中 $\boldsymbol{K}_p$ 是正定对称矩阵； $\boldsymbol{v}$ 是待选择的附加控制分量。将 $\boldsymbol{u}$ 代入式(6-178)，得

$$\boldsymbol{M}(\boldsymbol{q})\ddot{\boldsymbol{e}}+\boldsymbol{C}(\boldsymbol{q},\dot{\boldsymbol{q}})\dot{\boldsymbol{e}}+\boldsymbol{D}\dot{\boldsymbol{e}}+\boldsymbol{K}_p\boldsymbol{e}=\boldsymbol{v} \tag{6-180}$$

取存储函数为

$$V=\frac{1}{2}\dot{\boldsymbol{e}}^{\mathrm{T}}\boldsymbol{M}(\boldsymbol{q})\dot{\boldsymbol{e}}+\frac{1}{2}\boldsymbol{e}^{\mathrm{T}}\boldsymbol{K}_p\dot{\boldsymbol{e}} \tag{6-181}$$

其导数满足：

$$\begin{aligned}\dot{V} &= \dot{\boldsymbol{e}}^{\mathrm{T}}\boldsymbol{M}\ddot{\boldsymbol{e}}+\frac{1}{2}\dot{\boldsymbol{e}}^{\mathrm{T}}\dot{\boldsymbol{M}}\dot{\boldsymbol{e}}+\boldsymbol{e}^{\mathrm{T}}\boldsymbol{K}_p\dot{\boldsymbol{e}}\\ &= \frac{1}{2}\dot{\boldsymbol{e}}^{\mathrm{T}}(\boldsymbol{M}-2\boldsymbol{C})\dot{\boldsymbol{e}}-\dot{\boldsymbol{e}}^{\mathrm{T}}\boldsymbol{D}\dot{\boldsymbol{e}}-\dot{\boldsymbol{e}}^{\mathrm{T}}\boldsymbol{K}_p\boldsymbol{e}+\dot{\boldsymbol{e}}^{\mathrm{T}}\boldsymbol{v}+\boldsymbol{e}^{\mathrm{T}}\boldsymbol{K}_p\dot{\boldsymbol{e}}\\ &\leqslant \dot{\boldsymbol{e}}^{\mathrm{T}}\boldsymbol{v}\end{aligned} \tag{6-182}$$

把输出定义为 $\boldsymbol{y}=\dot{\boldsymbol{e}}$ ，则以 $\boldsymbol{v}$ 为输入、$\boldsymbol{y}$ 为输出的系统对于存储函数 V 是无源的。注意，无源化反馈分量 $\boldsymbol{G}(\boldsymbol{q})-\boldsymbol{K}_p\boldsymbol{e}$ 是以 $(1/2)\boldsymbol{e}^{\mathrm{T}}\boldsymbol{K}_p\dot{\boldsymbol{e}}$ 为系统势能的，或称为人为的势能，在 $\boldsymbol{e}=0$ 处有唯一的极小值，动能与该势能之和为存储函数。当 $\boldsymbol{v}=0$ 时，有

$$\boldsymbol{y}\equiv 0 \;\Leftrightarrow\; \dot{\boldsymbol{e}}\equiv 0 \;\Rightarrow\; \ddot{\boldsymbol{e}}\equiv 0 \;\Rightarrow\; \boldsymbol{K}_p\boldsymbol{e}\equiv 0 \;\Rightarrow\; \boldsymbol{e}\equiv 0 \tag{6-183}$$

说明系统是零状态可观测的，因此取控制 $\boldsymbol{v}=-\boldsymbol{K}_d\dot{\boldsymbol{e}}$ ， $\boldsymbol{K}_d$ 为正定对称矩阵，使平衡点 $(\boldsymbol{e}=0,\dot{\boldsymbol{e}}=0)$ 渐近稳定。总的控制律为

$$\boldsymbol{u}=\boldsymbol{G}(\boldsymbol{q})-\boldsymbol{K}_p(\boldsymbol{q}-\boldsymbol{q}_r)-\boldsymbol{K}_d\dot{\boldsymbol{q}} \tag{6-184}$$

式(6-184)即为工业机械臂常用的具有重力补偿的 PD 控制器。

一类典型的系统是可以实现反馈无源化的，即一个具有稳定平衡点的无源系统：

$$\begin{aligned} \dot{z} &= f_a(z) + F(z, y)y \\ \dot{x} &= f(x) + G(x)u \\ y &= h(x) \end{aligned} \tag{6-185}$$

式(6-185)可理解为驱动系统和被驱动系统的级联形式，式中，第一个方程为被驱动系统，该系统具有一个稳定的平衡点，即 $\dot{z} = f_a(z)$ 的原点是稳定的，存在径向无界的李雅普诺夫函数 $W(z)$，满足：

$$\frac{\partial W}{\partial z} f_a(z) \leqslant 0, \quad \forall z \tag{6-186}$$

第二个和第三个方程为驱动系统，该系统是无源的，具有径向无界的正定存储函数 $V(x)$。

用 $U(x,z) = W(z) + V(x)$ 作为整个系统的候选存储函数，可得

$$\begin{aligned} \dot{U} &= \frac{\partial W}{\partial z} f_a(z) + \frac{\partial W}{\partial z} F(z, y)y + \frac{\partial V}{\partial x} f(x) + \frac{\partial V}{\partial x} G(x)u \\ &\leqslant \frac{\partial W}{\partial z} F(z, y)y + y^{\mathrm{T}} u = y^{\mathrm{T}} \left(u + \left(\frac{\partial W}{\partial z} F(z, y) \right)^{\mathrm{T}} \right) \end{aligned} \tag{6-187}$$

取反馈控制律为

$$u = -\left(\frac{\partial W}{\partial z} F(z, y) \right)^{\mathrm{T}} + v \tag{6-188}$$

可得

$$\dot{U} \leqslant y^{\mathrm{T}} v \tag{6-189}$$

因此，系统

$$\begin{aligned} \dot{z} &= f_a(z) + F(z, y)y \\ \dot{x} &= f(x) - G(x)\left(\frac{\partial W}{\partial z} F(z, y) \right)^{\mathrm{T}} + G(x)v \\ y &= h(x) \end{aligned} \tag{6-190}$$

是无源的，其输入为 v，输出为 y，存储函数为 U。如果该系统是零状态可观测的，则可应用定理 6-5 使原点达到全局稳定。

如果把 $W(z)$ 的假设加强为

$$\frac{\partial W}{\partial z} f_a(z) < 0, \quad \forall z \neq 0, \quad \frac{\partial W}{\partial z}(0) = 0 \tag{6-191}$$

则可以免去检验系统的零状态可观测性。可取控制律：

$$u = -\left(\frac{\partial W}{\partial z} F(z, y) \right)^{\mathrm{T}} - \varphi(y) \tag{6-192}$$

式中，$\varphi(y)$ 是任意局部利普希茨函数，满足 $\varphi(0) = 0$，且对于任意 $y \neq 0$，有 $y^{\mathrm{T}} \varphi(y) > 0$。以 U 作为整个系统的候选李雅普诺夫函数，可得

$$\dot{U} \leqslant \frac{\partial W}{\partial z} f_a(z) - y^{\mathrm{T}} \varphi(y) \leqslant 0 \tag{6-193}$$

此外，$\dot{U} = 0$ 表明 $z = 0$、$y = 0$，即 $u = 0$。如果驱动系统是零状态可观测的，则 $u = 0$ 和

$y=0$ 就意味着 $x=0$。因此根据 LaSalle 不变集原理，原点 $(z=0, x=0)$ 是全局渐近稳定的。

例 6-16　考虑刚体的 3 自由度独立旋转控制系统，其模型可表达为

$$\begin{aligned}\dot{\boldsymbol{\rho}} &= \frac{1}{2}(\boldsymbol{I}_3 + \boldsymbol{S}(\boldsymbol{\rho}) + \boldsymbol{\rho}\boldsymbol{\rho}^{\mathrm{T}})\boldsymbol{\omega} \\ \boldsymbol{M}\dot{\boldsymbol{\omega}} &= -\boldsymbol{S}(\boldsymbol{\omega})\boldsymbol{M}\boldsymbol{\omega} + \boldsymbol{u}\end{aligned} \tag{6-194}$$

式中，$\boldsymbol{\rho} \in \boldsymbol{R}^3$ 为特殊定义的运动参数向量，可以得到三维表示的旋转群；$\boldsymbol{\omega} \in \boldsymbol{R}^3$ 为速度向量；矩阵 $\boldsymbol{S}(\boldsymbol{x})$ 为斜对称矩阵，定义为

$$\boldsymbol{S}(\boldsymbol{x}) = \begin{bmatrix} 0 & -x_3 & x_2 \\ x_3 & 0 & x_1 \\ -x_2 & x_1 & 0 \end{bmatrix} \tag{6-195}$$

$\boldsymbol{M}$ 为正定对称惯性矩阵；$\boldsymbol{I}_3$ 为 3×3 单位矩阵。

该系统代表一个级联系统，第一个方程为被驱动系统，第二个方程为驱动系统。

对于驱动系统，取存储函数为

$$V(\boldsymbol{\omega}) = \frac{1}{2}\boldsymbol{\omega}^{\mathrm{T}}\boldsymbol{M}\boldsymbol{\omega} \tag{6-196}$$

则有

$$\dot{V}(\boldsymbol{\omega}) = \boldsymbol{\omega}^{\mathrm{T}}\boldsymbol{M}\dot{\boldsymbol{\omega}} = -\boldsymbol{\omega}^{\mathrm{T}}\boldsymbol{S}(\boldsymbol{\omega})\boldsymbol{M}\boldsymbol{\omega} + \boldsymbol{\omega}^{\mathrm{T}}\boldsymbol{u} = \boldsymbol{y}^{\mathrm{T}}\boldsymbol{u} \tag{6-197}$$

式(6-197)中用到 $\boldsymbol{\omega}^{\mathrm{T}}\boldsymbol{S}(\boldsymbol{\omega}) = 0$ 的性质，因此驱动系统是无源的。对于被驱动系统，$\boldsymbol{\rho} = 0$ 是无激励系统稳定的平衡点，存在径向无界的李雅普诺夫函数 $W(\boldsymbol{\rho})$。根据前面的分析，可取控制律：

$$\boldsymbol{u} = -\left(\frac{\partial W}{\partial \boldsymbol{\rho}}\frac{1}{2}(\boldsymbol{I}_3 + \boldsymbol{S}(\boldsymbol{\rho}) + \boldsymbol{\rho}\boldsymbol{\rho}^{\mathrm{T}})\right)^{\mathrm{T}} + \boldsymbol{v} \tag{6-198}$$

使整个系统成为无源系统。

取 $W(\boldsymbol{\rho}) = k\ln(1+\boldsymbol{\rho}^{\mathrm{T}}\boldsymbol{\rho}), k>0$ 作为候选李雅普诺夫函数，则有

$$\boldsymbol{u} = -\left(\frac{k\boldsymbol{\rho}^{\mathrm{T}}}{1+\boldsymbol{\rho}^{\mathrm{T}}\boldsymbol{\rho}}(\boldsymbol{I}_3 + \boldsymbol{S}(\boldsymbol{\rho}) + \boldsymbol{\rho}\boldsymbol{\rho}^{\mathrm{T}})\right)^{\mathrm{T}} + \boldsymbol{v} = -k\boldsymbol{\rho} + \boldsymbol{v} \tag{6-199}$$

式(6-199)用到 $\boldsymbol{\rho}^{\mathrm{T}}\boldsymbol{S}(\boldsymbol{\rho}) = 0$ 的性质。此外，还需要检验无源系统：

$$\begin{aligned}\dot{\boldsymbol{\rho}} &= \frac{1}{2}(\boldsymbol{I}_3 + \boldsymbol{S}(\boldsymbol{\rho}) + \boldsymbol{\rho}\boldsymbol{\rho}^{\mathrm{T}})\boldsymbol{\omega} \\ \boldsymbol{M}\dot{\boldsymbol{\omega}} &= -\boldsymbol{S}(\boldsymbol{\omega})\boldsymbol{M}\boldsymbol{\omega} - k\boldsymbol{\rho} + \boldsymbol{v} \\ \boldsymbol{y} &= \boldsymbol{\omega}\end{aligned} \tag{6-200}$$

式(6-200)的零状态可观测性。当 $\boldsymbol{v} = 0$ 时，有

$$\boldsymbol{y}(t) \equiv 0 \quad \Leftrightarrow \quad \boldsymbol{\omega}(t) \equiv 0 \quad \Rightarrow \quad \dot{\boldsymbol{\omega}}(t) \equiv 0 \quad \Rightarrow \quad \boldsymbol{\rho}(t) \equiv 0 \tag{6-201}$$

因此，该系统是零状态可观测的，且控制律：

$$\boldsymbol{v} = -k\boldsymbol{\rho} + \boldsymbol{\varphi}(\boldsymbol{\omega}) \tag{6-202}$$

可使系统全局稳定，式中，函数 $\boldsymbol{\varphi}(\boldsymbol{\omega})$ 满足 $\boldsymbol{\varphi}(0) = 0$，且对于所有 $\boldsymbol{y} \neq 0$，有 $\boldsymbol{y}^{\mathrm{T}}\boldsymbol{\varphi}(\boldsymbol{y}) > 0$。

第7章　滑模控制

滑模控制(sliding mode control, SMC)也称变结构控制(variable structure control，VSC)，变结构控制是苏联学者在20世纪50年代初提出的一种控制方法。1977年，V. I. Utkin提出了滑模变结构控制方法，推动了变结构控制的研究和发展。后来，许多学者提出了多种变结构控制的设计方法，但只有带滑动模态的变结构控制被认为是最有发展前途的，因此，滑模变结构控制成为变结构控制的主要研究内容，简称为滑模控制。其本质上是一类特殊的非线性控制，且非线性表现为控制的不连续性。这种控制策略与其他控制的不同之处在于系统的“结构”并不固定，而是可以在动态过程中，根据系统当前的状态(如偏差及其各阶导数等)有目的地不断变化，迫使系统按照预定“滑动模态”的状态轨迹运动。由于滑动模态可以进行设计且与对象参数及扰动无关，这就使得滑模控制具有快速响应、对应参数变化及扰动不灵敏、无须系统在线辨识、物理实现简单等优点。

7.1　滑模控制的基本概念

7.1.1　开关控制与变结构控制

开关(on-off)控制是一种非常有效的非线性控制方法。例如，由开关控制构成的定值温度控制系统就是一种最简单的开关控制系统。设定值温度为r，实际温度为y，可采用开关切换法则为

$$u=\begin{cases}m>0, & y<r\\ 0, & y>r\end{cases} \tag{7-1}$$

式中，m为加热功率。该系统如图7-1所示，图7-1中$G(s)$为温度控制对象的传递函数，相当于系统中引入了一个具有开关特性的非线性环节。

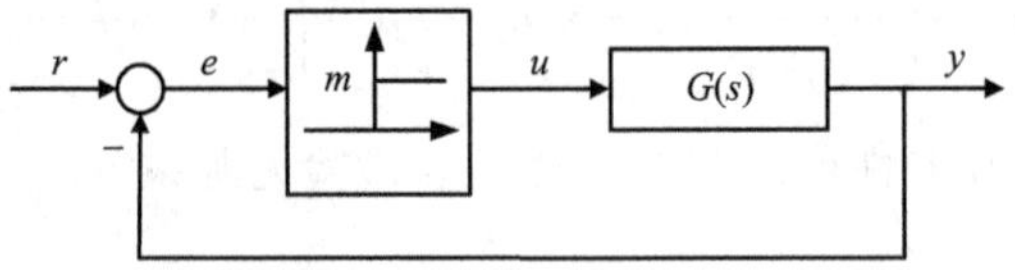

图7-1　开关温控系统

上述开关温控系统不会改变系统的结构。系统的一种结构表现为系统的一种模型，系统有几种不同的结构表示系统可由几种不同的模型表达，如果系统存在一个(或几个)切换函数，当系统到达切换函数值时，系统由一种结构自动转换为另一种结构，这样的控制方法称为变结构控制，是一类特殊的非线性控制。例如，一个闭环系统，当系统输出偏差大于某值时，采用比例控制，以便加快响应速度；当偏差小于某值时，变为积分控制，以保证稳态精度，即积分分离控制方法，控制律为

$$u=\begin{cases}k_1 e(t), & |e(t)|>e^*\\ k_2\int e(t)\mathrm{d}t, & |e(t)|\leqslant e^*\end{cases} \tag{7-2}$$

式中，e^*是大于0的常数。由于控制律可利用开关控制切换为不同的形式，因此闭环系统的模型会发生变换，即在控制过程中，系统的结构会发生变化，因此这是一种变结构控制方式，能在很大程度上改善系统的动态品质。

广义地说，在控制过程中，系统结构可发生变化的系统称为变结构控制，广义的变结构控制还有多种形式，其中有一种特殊的变结构控制形式，即通过适当的设计，期望系统状态沿着某一预期的相轨迹渐近稳定到系统的平衡点，形象地表达为沿该相轨迹滑动到平衡点，因此，该相轨迹也形象地称为滑动模态，具有滑动模态的变结构控制称为滑模变结构控制。注意，不是所有的变结构控制都能实现滑模变结构控制，滑模变结构控制是变结构控制中最主流的设计方法。滑模变结构控制也一定有开关的切换动作，但又与通常的开关控制有所不同，在整个动态控制过程中，滑模变结构控制的开关切换动作具有逻辑判断功能，不断地改变系统的结构，其目的是使系统运动达到和保持一种预定的相轨迹，因此，滑模变结构控制是一种具有预定滑动模态的开关控制。

7.1.2 滑模变结构控制

下面以两个例子说明滑模变结构控制的基本原理。

例 7-1 考虑一定常线性系统：

$$\begin{aligned}\dot{x}_1&=x_2\\ \dot{x}_2&=-a_1x_1+a_2x_2+u\end{aligned} \tag{7-3}$$

式中，$a_2>0$；选择控制律$u=-kx_1$。

当$k=\alpha>0$时，闭环系统为

$$\begin{aligned}\dot{x}_1&=x_2\\ \dot{x}_2&=-a_1x_1+a_2x_2-\alpha x_1\end{aligned} \tag{7-4}$$

当$k=-\alpha$时，闭环系统为

$$\begin{aligned}\dot{x}_1&=x_2\\ \dot{x}_2&=-a_1x_1+a_2x_2+\alpha x_1\end{aligned} \tag{7-5}$$

即$k=\pm\alpha$时，分别得到两种闭环系统结构，当k在$\pm\alpha$间作开关切换时，便形成变结构控制。可以选择α的值，使式(7-4)的特征方程具有正实部复特征值，式(7-5)的特征方程具有一正一负的实根，则两种结构的相轨迹分别为不稳定焦点和鞍点，均为不稳定结构，如图7-2所示。

在相平面上选择一条直线$s=cx_1+x_2=0,c>0$，该直线位于x_1轴和鞍点稳定渐近线之间，如图7-2(b)所示。选取k的开关切换规律为

$$k=\begin{cases}\alpha, & x_1s>0\\ -\alpha, & x_1s<0\end{cases} \tag{7-6}$$

则变结构控制的相轨迹如图7-3所示。由于在直线$s=0$的邻域，两种结构的相轨迹指向相对，因此系统从任意初始状态出发，总会碰到该直线，之后系统的运动将是沿直线$s=0$的

滑动模态，如图 7-3 中锯齿线所示。直线 $s=0$ 也是控制产生切换的边界线，简称切换线。

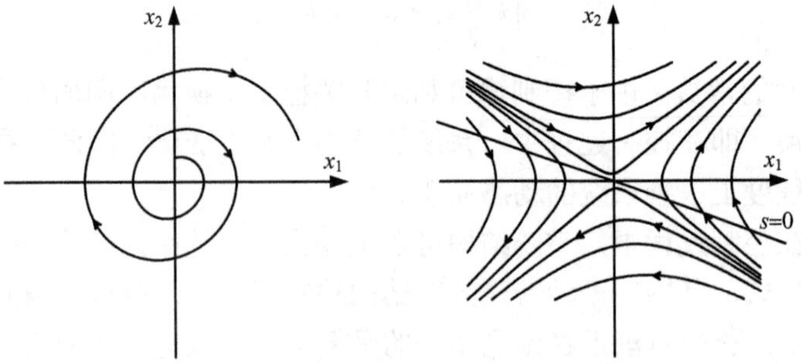

(a) $k=\alpha$　　(b) $k=-\alpha$

图 7-2　系统相轨迹

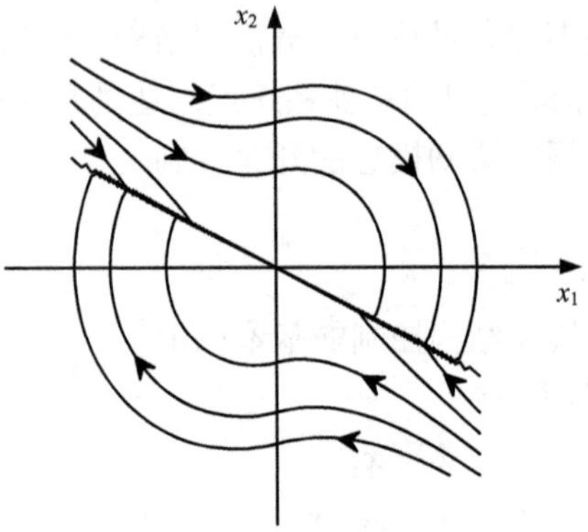

图 7-3　变结构控制相轨迹

系统轨迹一旦进入滑动模态，其动态过程为

$$\dot{x}_1 + cx_1 = 0 \tag{7-7}$$

其解为

$$x_1(t) = x_1(0)e^{-ct} \tag{7-8}$$

由此可见，两种结构都为不稳定的系统。若正确选择切换线，引入滑动模态之后，可以得到稳定的滑模变结构控制，系统的运动过程可分为三个阶段。

(1) 从初始状态出发后，在有限时间内到达状态空间中某个设计好的平面/曲面，即 $s=0$ 所定义的平面或曲面，也称为滑模面，这个阶段又称进入阶段(reaching phase)。

(2) 系统到达滑模面后，运动轨迹将保持在滑模面上滑动，整个控制系统对干扰不敏感，或者可以认为对干扰进行了补偿，这个阶段又称为滑动阶段(sliding phase)。

(3) 当系统在滑模面滑动时，实质上相当于对整个控制系统动力学进行了降阶补偿，降低了控制器的设计难度，且保证状态轨迹在有限时间内收敛于原点，达到期望的控制性能。

滑模变结构控制特别适用于非线性系统，对于非线性系统：

$$\dot{\boldsymbol{x}} = \boldsymbol{f}(\boldsymbol{x},\boldsymbol{u},t), \quad \boldsymbol{x} \in \boldsymbol{R}^n,\ \boldsymbol{u} \in \boldsymbol{R}^m \tag{7-9}$$

选择切换函数向量 $\boldsymbol{s}(\boldsymbol{x})$，$\boldsymbol{s} \in \boldsymbol{R}^m$，采用滑模变结构控制律：

$$u_i = \begin{cases} u_i^+(\boldsymbol{x}), & s_i(\boldsymbol{x}) > 0 \\ -u_i^-(\boldsymbol{x}), & s_i(\boldsymbol{x}) < 0 \end{cases} \tag{7-10}$$

滑模变结构控制体现在 $u_i^+(\boldsymbol{x}) \neq u_i^-(\boldsymbol{x})$，使得切换面 $s_i(\boldsymbol{x}) = 0$ 以外的相轨迹在有限时间内进入切换面，切换面是滑动模态区，具有渐近稳定的滑动模态。

例 7-2 考虑二阶单输入非线性系统：

$$\begin{aligned} \dot{x}_1 &= x_2 \\ \dot{x}_2 &= h(\boldsymbol{x}) + g(\boldsymbol{x})u \end{aligned} \tag{7-11}$$

式中，$h(\boldsymbol{x})$、$g(\boldsymbol{x})$ 均为未知的非线性函数，其中对任意 $\boldsymbol{x}$，有 $g(\boldsymbol{x}) \geqslant g_0 > 0$，表明 u 具有控制作用，且控制方向必须已知，希望设计一个控制律以稳定原点。

假设可设计一个控制律，使系统的运动轨迹限制在流形 $s = cx_1 + x_2 = 0, c > 0$ 上，即滑动模态为 $\dot{x}_1 = -cx_1$，该动态是稳定的，收敛速度与 c 的选择有关，而且该动态的性能与函数 $h(\boldsymbol{x})$、$g(\boldsymbol{x})$ 无关。

对 s 求导，有

$$\dot{s} = c\dot{x}_1 + \dot{x}_2 = cx_2 + h(\boldsymbol{x}) + g(\boldsymbol{x})u \tag{7-12}$$

在滑动模态上必有 $\dot{s} = 0$，由此可以得到需要的控制律 $u = -(cx_2 + h(\boldsymbol{x}))/g(\boldsymbol{x})$，但函数 $h(\boldsymbol{x})$、$g(\boldsymbol{x})$ 是未知的，假设对于已知的函数 $\rho(\boldsymbol{x})$，$h(\boldsymbol{x})$ 和 $g(\boldsymbol{x})$ 满足：

$$\left| \frac{cx_2 + h(\boldsymbol{x})}{g(\boldsymbol{x})} \right| \leqslant \rho(\boldsymbol{x}), \quad \forall \boldsymbol{x} \tag{7-13}$$

即未知函数 $h(\boldsymbol{x})$、$g(\boldsymbol{x})$ 的界是已知的，则可取滑模控制律为

$$u = -\beta(\boldsymbol{x})\operatorname{sgn}(s) \tag{7-14}$$

式中

$$\begin{gathered} \beta(\boldsymbol{x}) \geqslant \rho(\boldsymbol{x}) + \beta_0, \quad \beta_0 > 0 \\ \operatorname{sgn}(s) = \begin{cases} 1, & s > 0 \\ 0, & s = 0 \\ -1, & s < 0 \end{cases} \end{gathered} \tag{7-15}$$

对于方程 $\dot{s} = cx_2 + h(\boldsymbol{x}) + g(\boldsymbol{x})u$，取候选李雅普诺夫函数为

$$V = \frac{1}{2}s^2 \tag{7-16}$$

其导数为

$$\begin{aligned} \dot{V} &= s\dot{s} = s(cx_2 + h(\boldsymbol{x})) + g(\boldsymbol{x})su \\ &\leqslant g(\boldsymbol{x})|s|\rho(\boldsymbol{x}) - g(\boldsymbol{x})(\rho(\boldsymbol{x}) + \beta_0)s\operatorname{sgn}(s) \\ &= -g(\boldsymbol{x})\beta_0|s| \leqslant -g_0\beta_0|s| \end{aligned} \tag{7-17}$$

表明滑模 $s = 0$ 是稳定的，此时系统的动态可由降阶模型 $\dot{x}_1 = -cx_1$ 表示。

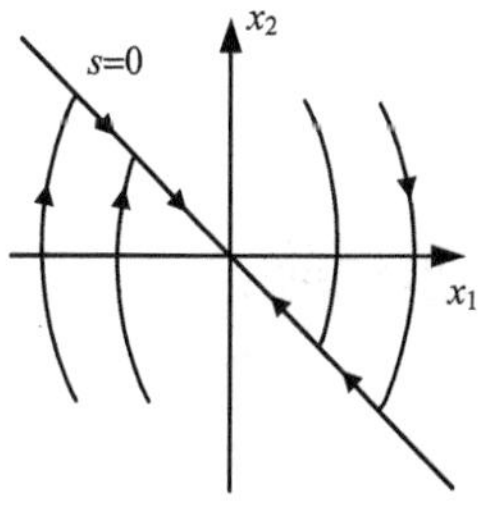

图 7-4 滑模控制系统的典型相图

如图 7-4 所示为滑模控制下系统的典型相图，包括进入阶段和滑动阶段两个过程。滑模变结构控制的显著特点

是对未知函数 $h(\boldsymbol{x})$、 $g(\boldsymbol{x})$ 具有鲁棒性，只需要知道上界 $\rho(\boldsymbol{x})$，即可以设计滑模控制器，而且在滑动阶段，系统的运动完全与函数 $h(\boldsymbol{x})$、 $g(\boldsymbol{x})$ 无关。

7.1.3　滑模变结构控制的基本问题

1. 滑动模态的存在性

考虑系统 $\dot{\boldsymbol{x}} = \boldsymbol{f}(\boldsymbol{x})$ 的状态空间中，存在一个超曲面 $s(\boldsymbol{x}) = 0$，将状态空间分成曲面上、下两个部分，在超曲面上的点有三种情况。

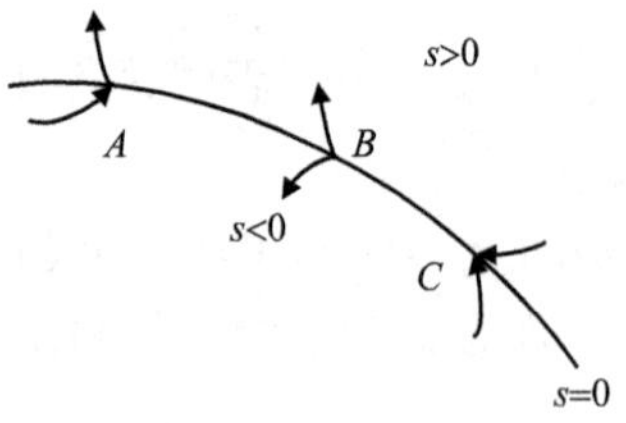

图 7-5　超曲面上点的特性

(1) 通常点：当系统轨迹运动到超曲面 $s = 0$ 附近时，会穿过此点，如图 7-5 所示的 A 点。

(2) 起始点：当系统轨迹运动到超曲面附近时，会从此点向两边离开超曲面，如图 7-5 所示的 B 点。

(3) 终止点：当系统轨迹运动到超曲面附近时，从超曲面两边趋向于此点，如图 7-5 所示的 C 点。

在滑模变结构控制中，终止点具有重要的意义，如果超曲面上某一区域内所有的点都是终止点，当系统的轨线运动到超曲面附近时，都会被吸引到超曲面的该区域内运动，这一区域就构成了滑动模态区(简称滑模区)，系统在滑动模态区的运动就是滑模运动。

超曲面上的点是终止点的条件是，在超曲面之外满足：

$$\frac{1}{2}\frac{\mathrm{d}}{\mathrm{d}t}s^2 \leqslant -\eta|s| \tag{7-18}$$

式中，η 是正常数。

式(7-18)表达的是以 s^2 为度量系统轨迹点距超曲面距离的平方，以 $V = (1/2)s^2$ 为超曲面的候选李雅普诺夫函数，则有 $\dot{V} \leqslant -\eta|s|$，表明 s^2 将沿系统轨迹减小并趋于超曲面，使超曲面成为一个不变集。式(7-18)称为滑动条件，满足滑动条件的超曲面称为滑动曲面或滑动模，滑动模既是一个曲面也是一个动态，该动态由 $s(\boldsymbol{x}) = 0$ 所定义。

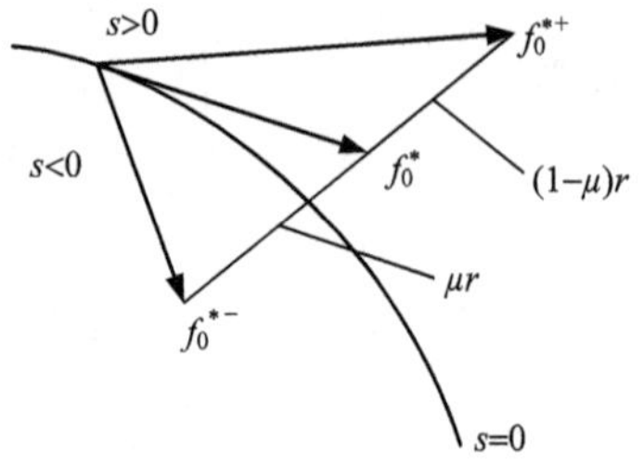

图 7-6　菲利波夫几何解释

菲利波夫(Fillipov)在 20 世纪 60 年代给出了滑动模态的几何解释，即滑动模态是系统动态在超曲面两边运动的平均，如图 7-6 所示。

对于系统 $\dot{\boldsymbol{x}} = \boldsymbol{f}(\boldsymbol{x},\boldsymbol{u})$，采用不连续的开关控制：

$$\boldsymbol{u} = \begin{cases} \boldsymbol{u}^+(\boldsymbol{x}), & s(\boldsymbol{x}) > 0 \\ \boldsymbol{u}^-(\boldsymbol{x}), & s(\boldsymbol{x}) < 0 \end{cases} \tag{7-19}$$

则得闭环系统：

$$\dot{\boldsymbol{x}} = \begin{cases} \boldsymbol{f}(\boldsymbol{x},\boldsymbol{u}^+(\boldsymbol{x})) = \boldsymbol{f}^+(\boldsymbol{x}), & s(\boldsymbol{x}) > 0 \\ \boldsymbol{f}(\boldsymbol{x},\boldsymbol{u}^-(\boldsymbol{x})) = \boldsymbol{f}^-(\boldsymbol{x}), & s(\boldsymbol{x}) < 0 \end{cases} \tag{7-20}$$

式中，$\boldsymbol{f}(\boldsymbol{x},\boldsymbol{u}^+(\boldsymbol{x}))$、$\boldsymbol{f}(\boldsymbol{x},\boldsymbol{u}^-(\boldsymbol{x}))$ 都是连续函数，且 $\boldsymbol{f}(\boldsymbol{x},\boldsymbol{u}^+(\boldsymbol{x})) \neq \boldsymbol{f}(\boldsymbol{x},\boldsymbol{u}^-(\boldsymbol{x}))$。则滑动模态

的动态方程可定义为 $\boldsymbol{f}^{+}(\boldsymbol{x})$ 和 $\boldsymbol{f}^{-}(\boldsymbol{x})$ 的凸组合：

$$\dot{\boldsymbol{x}} = \mu \boldsymbol{f}^{+}(\boldsymbol{x}) + (1-\mu)\boldsymbol{f}^{-}(\boldsymbol{x}), \quad 0 \leqslant \mu \leqslant 1 \tag{7-21}$$

根据菲利波夫理论，不连续的开关控制可以设想为一种等效的平均控制 $\boldsymbol{u}_{\mathrm{eq}}$：

$$\boldsymbol{u}_{\mathrm{eq}} = \mu \boldsymbol{u}^{+}(\boldsymbol{x}) + (1-\mu)\boldsymbol{u}^{-}(\boldsymbol{x}), \quad 0 \leqslant \mu \leqslant 1 \tag{7-22}$$

在系统设计过程中，当系统进入滑模区后，$\boldsymbol{u}_{\mathrm{eq}}$ 可通过 $\dot{s}(\boldsymbol{x}) = 0$ 求得。对于系统 $\dot{\boldsymbol{x}} = \boldsymbol{f}(\boldsymbol{x}, \boldsymbol{u})$，系统进入滑模区后，有

$$\dot{s}(\boldsymbol{x}) = \frac{\partial s}{\partial \boldsymbol{x}} \dot{\boldsymbol{x}} = \frac{\partial s}{\partial \boldsymbol{x}} \boldsymbol{f}(\boldsymbol{x}, \boldsymbol{u}) = 0 \tag{7-23}$$

式(7-23)为代数方程，可实现对 $\boldsymbol{u}$ 的求解而得到 $\boldsymbol{u}_{\mathrm{eq}}$。

例 7-3　考虑单输入线性系统：

$$\dot{\boldsymbol{x}} = \boldsymbol{A}\boldsymbol{x} + \boldsymbol{B}u \tag{7-24}$$

选取滑模面为

$$s(\boldsymbol{x}) = \boldsymbol{c}^{\mathrm{T}} \boldsymbol{x} \tag{7-25}$$

理想条件下，当系统进入滑模区后，有 $\dot{s}(\boldsymbol{x}) = 0$，即

$$\dot{s}(\boldsymbol{x}) = \frac{\partial s}{\partial \boldsymbol{x}} \dot{\boldsymbol{x}} = \boldsymbol{C}^{\mathrm{T}}(\boldsymbol{A}\boldsymbol{x} + \boldsymbol{B}u) = 0 \tag{7-26}$$

由此可得等效控制：

$$u_{\mathrm{eq}} = -(\boldsymbol{C}^{\mathrm{T}}\boldsymbol{B})^{-1}\boldsymbol{C}^{\mathrm{T}}\boldsymbol{A}\boldsymbol{x} \tag{7-27}$$

此时，理想条件下的滑动模态为

$$\dot{\boldsymbol{x}} = (\boldsymbol{I} - (\boldsymbol{C}^{\mathrm{T}}\boldsymbol{B})^{-1}\boldsymbol{C}^{\mathrm{T}})\boldsymbol{A}\boldsymbol{x} \tag{7-28}$$

例 7-4　考虑多输入仿射非线性系统：

$$\dot{\boldsymbol{x}} = \boldsymbol{f}(\boldsymbol{x}) + \boldsymbol{b}(\boldsymbol{x})\boldsymbol{u} \tag{7-29}$$

取滑模面 $\boldsymbol{s}(\boldsymbol{x})$ 的维数与输入的维数相同，均为 m，则有

$$\dot{\boldsymbol{s}}(\boldsymbol{x}) = \frac{\partial \boldsymbol{s}}{\partial \boldsymbol{x}}(\boldsymbol{f}(\boldsymbol{x}) + \boldsymbol{b}(\boldsymbol{x})\boldsymbol{u}) = \boldsymbol{G}\boldsymbol{f}(\boldsymbol{x}) + \boldsymbol{G}\boldsymbol{b}(\boldsymbol{x})\boldsymbol{u} \tag{7-30}$$

式中

$$\boldsymbol{G} \triangleq \frac{\partial \boldsymbol{s}}{\partial \boldsymbol{x}} = \begin{bmatrix} \dfrac{\partial s_1}{\partial x_1} & \dfrac{\partial s_1}{\partial x_2} & \cdots & \dfrac{\partial s_1}{\partial x_n} \\ \vdots & \vdots & & \vdots \\ \dfrac{\partial s_m}{\partial x_1} & \dfrac{\partial s_m}{\partial x_2} & \cdots & \dfrac{\partial s_m}{\partial x_n} \end{bmatrix} \tag{7-31}$$

令 $\dot{\boldsymbol{s}}(\boldsymbol{x}) = 0$，则可得等效控制为

$$\boldsymbol{u}_{\mathrm{eq}} = -(\boldsymbol{G}\boldsymbol{b}(\boldsymbol{x}))^{-1}\boldsymbol{G}\boldsymbol{f}(\boldsymbol{x}) \tag{7-32}$$

此时滑动模态方程为

$$\dot{\boldsymbol{x}} = (\boldsymbol{I} - \boldsymbol{b}(\boldsymbol{x})(\boldsymbol{G}\boldsymbol{b}(\boldsymbol{x}))^{-1}\boldsymbol{G})\boldsymbol{f}(\boldsymbol{x}) \tag{7-33}$$

注意，滑动模态方程是由 $\dot{\boldsymbol{s}}(\boldsymbol{x}) = 0$ 推出的，因此可以从此约束方程中解出 m 个状态变

量，即滑动模态方程本质上只有$n-m$个独立变量，n为系统状态维数，从而滑动模态方程可以降阶为$n-m$维。此外，滑动模态的存在还依赖于$\boldsymbol{Gb}(\boldsymbol{x})$满秩，此条件可以通过选取适当的滑模函数得到满足。

2. 滑动模态的不变性

滑模控制最吸引人的特性之一是系统一旦进入滑模运动，对系统的干扰及参数变化具有完全的自适应性或不变性。

一般情况下，系统的模型总是存在不确定性的，主要分为两种不确定性：一是结构不确定性，即系统的阶次存在不确定性，可能存在未建模动态；二是参数不确定性，即系统的阶次是确定的，而模型的参数无法精确已知。滑模控制对模型的不确定性具有很好的鲁棒性。

考虑不确定仿射非线性系统：

$$\dot{\boldsymbol{x}}=\boldsymbol{f}(\boldsymbol{x})+\Delta\boldsymbol{f}(\boldsymbol{x},\boldsymbol{p})+(\boldsymbol{b}(\boldsymbol{x})+\Delta\boldsymbol{b}(\boldsymbol{x},\boldsymbol{p}))\boldsymbol{u} \tag{7-34}$$

式中，$\Delta\boldsymbol{f}$、$\Delta\boldsymbol{b}$表示非线性函数的不确定性；$\boldsymbol{p}$表示参数向量的不确定性。选择滑模面为$\boldsymbol{s}(\boldsymbol{x})$，则有

$$\dot{\boldsymbol{s}}=\frac{\partial\boldsymbol{s}}{\partial\boldsymbol{x}}(\boldsymbol{f}+\Delta\boldsymbol{f}+(\boldsymbol{b}+\Delta\boldsymbol{b})\boldsymbol{u}) \tag{7-35}$$

令$\dot{\boldsymbol{s}}(\boldsymbol{x})=0$，可得等效控制满足式(7-36)：

$$\boldsymbol{u}_{\mathrm{eq}}=-\left(\frac{\partial\boldsymbol{s}}{\partial\boldsymbol{x}}\boldsymbol{b}\right)^{-1}\frac{\partial\boldsymbol{s}}{\partial\boldsymbol{x}}(\boldsymbol{f}+\Delta\boldsymbol{f}+\Delta\boldsymbol{b}\boldsymbol{u}_{\mathrm{eq}}) \tag{7-36}$$

将等效控制代入系统方程，得到滑动模态方程：

$$\dot{\boldsymbol{x}}=\left(\boldsymbol{I}-\boldsymbol{b}\left(\frac{\partial\boldsymbol{s}}{\partial\boldsymbol{x}}\boldsymbol{b}\right)^{-1}\frac{\partial\boldsymbol{s}}{\partial\boldsymbol{x}}\right)(\boldsymbol{f}+\Delta\boldsymbol{f}+\Delta\boldsymbol{b}\boldsymbol{u}_{\mathrm{eq}}) \tag{7-37}$$

当式(7-38)条件成立时：

$$\Delta\boldsymbol{f}+\Delta\boldsymbol{b}\boldsymbol{u}_{\mathrm{eq}}=\boldsymbol{b}\left(\frac{\partial\boldsymbol{s}}{\partial\boldsymbol{x}}\boldsymbol{b}\right)^{-1}\frac{\partial\boldsymbol{s}}{\partial\boldsymbol{x}}(\Delta\boldsymbol{f}+\Delta\boldsymbol{b}\boldsymbol{u}_{\mathrm{eq}}) \tag{7-38}$$

有

$$\dot{\boldsymbol{x}}=\left(\boldsymbol{I}-\boldsymbol{b}\left(\frac{\partial\boldsymbol{s}}{\partial\boldsymbol{x}}\boldsymbol{b}\right)^{-1}\frac{\partial\boldsymbol{s}}{\partial\boldsymbol{x}}\right)\boldsymbol{f} \tag{7-39}$$

该方程与干扰无关，即滑动模态关于未知扰动或不确定性具有不变性。此时关键是式(7-38)在什么条件下成立。记$\boldsymbol{b}_s=\mathrm{span}(\boldsymbol{b})$是由$\boldsymbol{b}$的列向量张成的子空间，如果$\Delta\boldsymbol{f}$、$\Delta\boldsymbol{b}$满足条件：

$$\Delta\boldsymbol{f},\Delta\boldsymbol{b}\in\boldsymbol{b}_s \tag{7-40}$$

即存在$\boldsymbol{K}_1$、$\boldsymbol{K}_2$，使得

$$\Delta\boldsymbol{f}=\boldsymbol{b}\boldsymbol{K}_1,\quad \Delta\boldsymbol{b}\in\boldsymbol{b}\boldsymbol{K}_2 \tag{7-41}$$

显然，此时式(7-38)条件成立，因此，式(7-40)和式(7-41)称为滑动模态的不变性条件。

其次，滑动模态关于滑模面$\boldsymbol{s}(\boldsymbol{x})$和控制量$\boldsymbol{u}$的非奇异变换具有不变性。设：

$$\hat{\boldsymbol{s}}(\boldsymbol{x}) = \boldsymbol{H}_1(\boldsymbol{x})\boldsymbol{s}(\boldsymbol{x})$$
$$\hat{\boldsymbol{u}} = \boldsymbol{H}_2(\boldsymbol{x})\boldsymbol{u} \tag{7-42}$$

式中，$\boldsymbol{H}_1(\boldsymbol{x})$、$\boldsymbol{H}_2(\boldsymbol{x})$ 为可逆矩阵，即 $\hat{\boldsymbol{s}}(\boldsymbol{x})$、$\hat{\boldsymbol{u}}$ 是经过非奇异变换得到的，利用等效控制法和与上面类似的推导，可以得到经非奇异变换后的滑动模态方程保持不变，即滑动模态关于滑模面和控制量的非奇异变换具有不变性，该不变性具有很好的实用性。例如，具有状态观测器的控制系统，相当于对滑模面进行了非奇异变换，而状态观测器的误差又可以看作系统扰动，由于滑动模态对非奇异变换和系统扰动均具有不变性，因此滑模控制同样适用于具有状态观测器的控制系统。

3. 滑模运动的抖振

滑模控制中，滑模面也称切换面，通过切换面上、下的开关控制实现变结构控制，并能在切换面上生成降维的滑动模态。假设结构切换的过程具有理想开关特性、状态测量精确无误、控制量不受限制的特点，则滑动模态总是降维的光滑运动而且渐近稳定于原点。

但是，当具体实现滑模变结构控制时，理想的开关特性 $\boldsymbol{u} = \boldsymbol{u}_{\text{eq}}(\boldsymbol{x})\text{sgn}(s(\boldsymbol{x}))$ 是不可能实现的，主要存在以下实际问题。

(1) 时间上的滞后：理想情况下，切换要瞬时完成，事实上，由于系统惯性的存在以及开关能量有限造成对开关加速度的限制，开关控制作用延迟一定的时间，且控制量的幅度随状态量幅度的减小而逐渐减小，因此在光滑的滑动模态上会叠加一个衰减的三角波，使相轨迹呈锯齿形状。

(2) 空间上的滞后：该滞后体现在开关切换不是发生在 $s(\boldsymbol{x}) = 0$ 时刻，而是发生在 $s(\boldsymbol{x}) = \pm\varDelta$ 时刻，即在状态空间存在一个状态量变换的死区 $\varDelta$，如状态测量误差、离散控制等因素都会形成该死区，造成开关空间上的滞后，这同样会在光滑的滑动模态上叠加一个锯齿波。

以上原因会使滑动模态出现抖动形式，这种现象称为抖振，由于开关的滞后不可避免，因此在滑模控制中，抖振现象也不可避免。

具有抖振的滑动模态也可以称为准滑动模态 (pseudo sliding mode)，是指系统的运动轨迹限制在理想滑动模态的某一 $\varDelta$-邻域内的模态。具有理想滑动模态的变结构控制系统的相轨迹均被吸引至切换面，速度矢量始终沿切换面，滑动模态存在的条件是 $\boldsymbol{s}\dot{\boldsymbol{s}} < 0, \boldsymbol{s} \neq 0$；而准滑动模态控制系统的相轨迹均被吸引至切换面的某一 $\varDelta$-邻域，准滑动模态的存在条件是 $\boldsymbol{s}\dot{\boldsymbol{s}} < 0, |\boldsymbol{s}| > \varDelta$。通常称 $\varDelta$-邻域为滑动模态切换面的边界层，在边界层外，二者相轨迹完全相同，只是在边界层内，准滑动模态不满足理想滑动模态存在条件，因此不是真正的滑动模态，而是一种近似的滑动模态。

准滑动模态具有与理想滑动模态相近的性质。考虑多输入仿射非线性系统 $\dot{\boldsymbol{x}} = \boldsymbol{f}(\boldsymbol{x}) + \boldsymbol{b}(\boldsymbol{x})\boldsymbol{u}$，选取切换面 $\boldsymbol{s}(\boldsymbol{x}) = \boldsymbol{C}^{\text{T}}\boldsymbol{x}$，则由 $\dot{\boldsymbol{s}}(\boldsymbol{x}) = 0$ 可得等效控制：

$$\boldsymbol{u}_{\text{eq}} = -(\boldsymbol{C}^{\text{T}}\boldsymbol{b}(\boldsymbol{x}))^{-1}\boldsymbol{C}^{\text{T}}\boldsymbol{f}(\boldsymbol{x}) \tag{7-43}$$

对应的滑动模态方程为

$$\dot{\boldsymbol{x}} = \boldsymbol{f}(\boldsymbol{x}) + \boldsymbol{b}(\boldsymbol{x})\boldsymbol{u}_{\text{eq}} \tag{7-44}$$

设 $\tilde{\boldsymbol{u}}$ 为准滑动模态对应的控制，此时滑动模态方程为

$$\dot{\boldsymbol{x}} = \boldsymbol{f}(\boldsymbol{x}) + \boldsymbol{b}(\boldsymbol{x})\tilde{\boldsymbol{u}} \tag{7-45}$$

对于准滑动模态，存在如下定理。

定理 7-1　如果

(1) 在区间 $[0,T]$ 上，式(7-45)的某个解 $\boldsymbol{x}(t)$ 使得相轨迹处于 $\boldsymbol{s}(\boldsymbol{x})=0$ 的 $\varDelta$-邻域内，即满足 $|\boldsymbol{s}(\boldsymbol{x})| \leqslant \varDelta$。

(2) 存在利普希茨常数 L，使不等式(7-46)成立：

$$\left\|(\boldsymbol{f}(\boldsymbol{x}) + \boldsymbol{b}(\boldsymbol{x})\tilde{\boldsymbol{u}}) - (\boldsymbol{f}(\boldsymbol{x}) + \boldsymbol{b}(\boldsymbol{x})\boldsymbol{u}_{\text{eq}})\right\| \leqslant L(\boldsymbol{x} - \boldsymbol{x}^*) \tag{7-46}$$

式中，$\boldsymbol{x}(t)$ 是式(7-45)的解；$\boldsymbol{x}^*(t)$ 是式(7-44)的解。

(3) 函数 $\boldsymbol{b}(\boldsymbol{x})(\boldsymbol{C}^{\mathrm{T}}\boldsymbol{b}(\boldsymbol{x}))^{-1}$ 的偏导数存在，且在任意有限区域内有界。

(4) 对于 $\boldsymbol{f}(\boldsymbol{x}) + \boldsymbol{b}(\boldsymbol{x})\tilde{\boldsymbol{u}}$，存在正数 M 和 N，使得

$$\left\|\boldsymbol{f}(\boldsymbol{x}) + \boldsymbol{b}(\boldsymbol{x})\tilde{\boldsymbol{u}}\right\| \leqslant M + N\|\boldsymbol{x}\| \tag{7-47}$$

那么，对于初始条件 $\left\|\boldsymbol{x}(0) - \boldsymbol{x}^*(0)\right\| \leqslant \rho\varDelta$，$\rho$ 为常数，则存在正数 H，满足：

$$\left\|\boldsymbol{x}(t) - \boldsymbol{x}^*(t)\right\| \leqslant H\varDelta, \quad t \in [0,T] \tag{7-48}$$

7.2　滑模控制器设计举例

7.2.1　单输入系统滑模控制器设计

考虑单输入非线性系统：

$$x^{(n)} = f(\boldsymbol{x}) + b(\boldsymbol{x})u \tag{7-49}$$

式中，状态向量 $\boldsymbol{x} = [x \quad \dot{x} \quad \cdots \quad x^{(n-1)}]^{\mathrm{T}}$，$x$ 是系统的输出；非线性函数 $f(\boldsymbol{x})$ 不是精确已知的，但其不确定性的上界是 $\boldsymbol{x}$ 的一个已知连续函数；控制增益 $b(\boldsymbol{x})$ 也不是精确已知的，但其符号已知且其不确定范围受 $\boldsymbol{x}$ 的连续函数界定。现在的控制问题是在 $f(\boldsymbol{x})$ 和 $b(\boldsymbol{x})$ 具有建模不确定性的情况下，使状态 $\boldsymbol{x}$ 能够跟踪特定的轨迹 $\boldsymbol{x}_d = [x_d \quad \dot{x}_d \quad \cdots \quad x_d^{(n-1)}]^{\mathrm{T}}$。令跟踪误差向量为

$$\tilde{\boldsymbol{x}} = \boldsymbol{x} - \boldsymbol{x}_d = [\tilde{x} \quad \dot{\tilde{x}} \quad \cdots \quad \tilde{x}^{(n-1)}]^{\mathrm{T}} \tag{7-50}$$

定义滑模面：

$$s(\boldsymbol{x}) = \left(\frac{\mathrm{d}}{\mathrm{d}t} + \lambda\right)^{n-1} \tilde{x} \tag{7-51}$$

式中，λ 是正常数。该滑模面是由 Slotine 于 20 世纪 80 年代提出的，也可以写成向量的形式 $s(\boldsymbol{x}) = \boldsymbol{C}^{\mathrm{T}}\tilde{\boldsymbol{x}}$，其中

$$\begin{aligned} &\boldsymbol{C} = [c_{n-1}^{n-1}\lambda^{n-1} \quad \cdots \quad c_{n-1}^{1}\lambda \quad c_{n-1}^{0}]^{\mathrm{T}} \\ &c_{n-1}^{i} = \frac{(n-1)!}{(n-i-1)!\,i!} \end{aligned} \tag{7-52}$$

则跟踪 n 维向量 $\boldsymbol{x} = \boldsymbol{x}_d$ 的问题能够有效地被一阶镇定问题 $s(\boldsymbol{x}) = 0$ 所取代。

下面以二阶系统 $\ddot{x} = f(\boldsymbol{x}) + b(\boldsymbol{x})u$ 为例说明滑模控制器的设计过程。对于二阶系统，滑模面(7-51)变为

$$s(\boldsymbol{x})=\left(\frac{\mathrm{d}}{\mathrm{d}t}+\lambda\right)\tilde{x}=\dot{\tilde{x}}+\lambda\tilde{x} \tag{7-53}$$

下面分两种情况讨论滑模控制器的设计。

1. 控制增益 $b(\boldsymbol{x})=1$ 的情况

不考虑控制增益 $b(\boldsymbol{x})$，即只考虑系统 $\ddot{x}=f(\boldsymbol{x})+u$。滑模控制器的设计过程是首先利用 $\dot{s}(\boldsymbol{x})=0$ 求取等效控制 u_{eq}。

根据式(7-53)，可求得

$$\dot{s}=\ddot{x}-\ddot{x}_d+\lambda\dot{\tilde{x}}=f+u-\ddot{x}_d+\lambda\dot{\tilde{x}} \tag{7-54}$$

令 $\dot{s}(\boldsymbol{x})=0$，可求得等效控制：

$$u_{\mathrm{eq}}=-f+\ddot{x}_d-\lambda\dot{\tilde{x}} \tag{7-55}$$

其次，由于系统函数 $f(\boldsymbol{x})$ 具有不确定性，只能用其估计值 $\hat{f}(\boldsymbol{x})$ 代替，而且不确定性的上界是已知的，即 $\left|\hat{f}-f\right|\leqslant F(\boldsymbol{x})$，因此得到等效控制的估计 $\hat{u}_{\mathrm{eq}}$，并进一步采用开关控制的形式：

$$u=\hat{u}_{\mathrm{eq}}-k\operatorname{sgn}(s)=-\hat{f}+\ddot{x}_d-\lambda\dot{\tilde{x}}-k\operatorname{sgn}(s) \tag{7-56}$$

最后选择 k 的值，使滑模控制满足滑模条件，首先计算：

$$\frac{1}{2}\frac{\mathrm{d}}{\mathrm{d}s}s^2=\dot{s}s=(f-\hat{f}-k\operatorname{sgn}(s))s=Fs-k|s| \tag{7-57}$$

由滑模条件 $\frac{1}{2}\frac{\mathrm{d}}{\mathrm{d}s}s^2\leqslant-\eta|s|$ 可得

$$Fs-k|s|\leqslant-\eta|s| \quad\Rightarrow\quad k=F+\eta \tag{7-58}$$

可见 k 会随着系统不确定性的增加而增加。

例 7-5 考虑非线性系统：

$$\ddot{x}+a(t)\dot{x}^2\cos 3x=u \tag{7-59}$$

式中，$a(t)$ 未知，但已知 $1\leqslant a(t)\leqslant 2$，取其算术平均作为估计值，即系统中非线性项的估计值为

$$\hat{f}=-1.5\dot{x}^2\cos 3x,\quad F=0.5\dot{x}^2\cos 3x \tag{7-60}$$

同时可得不确定性的上界为

$$F=0.5\dot{x}^2\cos 3x \tag{7-61}$$

假设期望轨线是 $x_d=\sin(\pi t/2)$，并取 $\lambda=20,\eta=0.1$，则根据式(7-58)取 $k=0.5\dot{x}^2|\cos 3x|+0.1$，得控制律为

$$\begin{aligned}u&=\hat{u}_{\mathrm{eq}}-k\operatorname{sgn}(s)\\&=1.5\dot{x}^2\cos 3x+\ddot{x}_d-20\dot{\tilde{x}}-\left(0.5\dot{x}^2|\cos 3x|+0.1\right)\operatorname{sgn}(\dot{\tilde{x}}+20\tilde{x})\end{aligned} \tag{7-62}$$

控制效果如图 7-7 所示，其中假设 $a(t)$ 的真实值为 $a(t)=|\sin t|+1$，采样率为 1kHz，可见取得了非常好的跟踪效果，跟踪误差非常小，不过控制输入存在高频抖振，如何抑制高频抖振将在 7.2.2 节讨论。

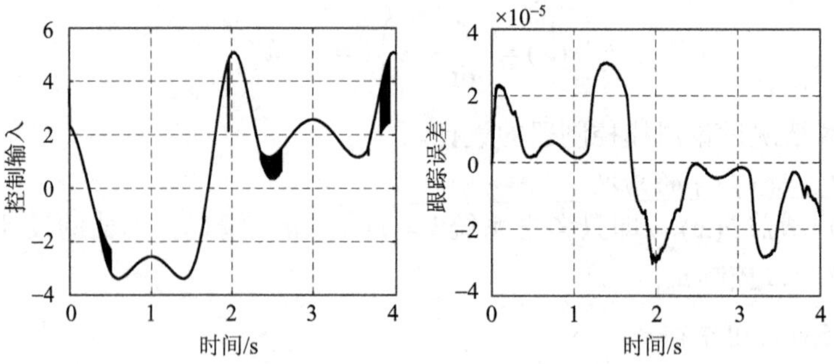

图 7-7　控制系统仿真结果

2. 控制增益 $b(\boldsymbol{x})\neq 1$ 的情况

控制增益同样存在不确定性，但其界已知，即 $0<b_{\min}\leqslant b\leqslant b_{\max}$，考虑其乘性作用，采用几何平均作为增益的估计：

$$\hat{b}=(b_{\min}b_{\max})^{1/2} \tag{7-63}$$

设 $\beta=(b_{\max}/b_{\min})^{1/2}$，则有

$$\beta^{-1}\leqslant\frac{\hat{b}}{b}\leqslant\beta,\quad \beta^{-1}\leqslant\frac{b}{\hat{b}}\leqslant\beta \tag{7-64}$$

称 β 为系统的增益裕度。

设采用与 $b(\boldsymbol{x})=1$ 时相同的控制律，但 $b(\boldsymbol{x})\neq 1$ 时，有

$$u=\hat{b}^{-1}(\hat{u}_{\text{eq}}-k\,\text{sgn}(s)) \tag{7-65}$$

将该控制律代入 $\dot{s}$，得

$$\dot{s}=(f-b\hat{b}^{-1}\hat{f})+(1-b\hat{b}^{-1})(-\ddot{x}_d+\lambda\dot{\tilde{x}})-b\hat{b}^{-1}k\,\text{sgn}(s) \tag{7-66}$$

为满足滑模条件 $\frac{1}{2}\frac{\text{d}}{\text{d}s}s^2\leqslant-\eta|s|$，$k$ 须满足：

$$k\geqslant\left|\hat{b}b^{-1}f-\hat{f}+(\hat{b}b^{-1}-1)(-\ddot{x}_d+\lambda\dot{\tilde{x}})\right|+\eta\hat{b}b^{-1} \tag{7-67}$$

利用 $f=\hat{f}+(f-\hat{f})$，可以得到

$$k\geqslant\beta(F+\eta)+(\beta-1)|\hat{u}| \tag{7-68}$$

可见 $b(\boldsymbol{x})$ 的不确定性进一步增加了控制的不连续性。

例 7-6　设水下潜器的简化模型为

$$m\ddot{x}+c\dot{x}|\dot{x}|=u \tag{7-69}$$

式中，x 为水下潜器的位置；u 为控制输入(如螺旋桨推力等)；m 为质量(包括流体附加质量)；c 为阻力系数。其中 m、c 体现了复杂的流体效应，具有不确定性，假设不确定范围分别为 $1\leqslant m\leqslant 5$，$0.5\leqslant c\leqslant 1.5$。

定义 $s=\dot{\tilde{x}}+\lambda\tilde{x}$，根据前面介绍的设计方法，可得滑模控制律为

$$u=\hat{m}(\ddot{x}_d-\lambda\dot{\tilde{x}})+\hat{c}\dot{x}|\dot{x}|-k\,\text{sgn}(s) \tag{7-70}$$

为满足滑模条件，取 k 满足：

$$k=(F+\beta\eta)+\hat{m}(\beta-1)\left|\ddot{x}_d-\lambda\dot{\tilde{x}}\right| \tag{7-71}$$

式中，m 的估计值用几何平均；c 的估计值用算术平均，即 $\hat{m}=\sqrt{5}$、$\hat{c}=1$，则 $F=0.5\dot{x}|\dot{x}|$、$\beta=\sqrt{5}$，仿真中使用的真实值为

$$m=3+1.5\sin\left(|\dot{x}|t\right),\quad c=1.2+0.2\sin\left(|\dot{x}|t\right) \tag{7-72}$$

取 $\eta=0.1$、$\lambda=10$，期望轨线首先在2s内定常加速，加速度为 2m/s^2，接下来的2s内以4m/s的定常速度运动，最后以 -2m/s^2 的加速度做减速运动，仿真结果如图7-8所示。

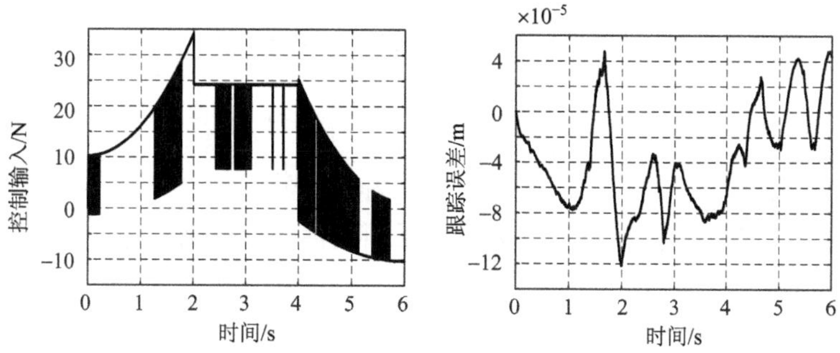

图7-8 水下潜器轨迹控制仿真结果

7.2.2 抖振的抑制

由于开关控制在时间上和空间上的滞后以及系统惯性的影响，滑模控制存在高频抖振现象，这种现象在某些领域是可以直接应用的，如直接用于电机的脉宽调制(pulse-width modulation, PWM)控制等。如果抖振频率超出系统未建模动态的频率范围，则抖振是可以接受的；再由滑模控制直接应用于伺服阀控制，如果抖振的幅值不大，这种高频抖振可以将阀芯的静摩擦变为动摩擦，从而提高反应速度，降低黏滞效应。

上面的特例只是一些少数的应用场景，一般情况下，还是需要避免高频抖振。抑制高频抖振的主要方法有边界层方法和趋近律设计方法。边界层方法的主要思想是在滑模面的邻域内设定边界层，在边界层外部仍然采用不连续的开关控制，在边界层内部采用线性连续控制方式以消除抖振；趋近律设计方法的主要思想是通过设计系统轨线趋近于滑模面的模式，通过减弱系统穿越滑模面的惯性来减弱抖振。其中，边界层方法更加有效和实用，本节主要介绍边界层方法。

1. 边界层内的连续控制

边界层的含义如图7-9(a)所示，其定义为

$$B=\{\boldsymbol{x},|s(\boldsymbol{x})|\leqslant\Phi\},\quad \Phi>0 \tag{7-73}$$

式中，Φ 称为边界层厚度。

在边界层的外部，选择和以前一样的不连续开关控制策略，在满足滑模条件的前提下，使边界层变为不变集。在边界层内部不再使用开关控制，而是采用连续的线性控制 $u=s/\Phi$，如图7-9(b)所示，此时只需将滑模控制律中的开关函数 $\text{sgn}(s)$ 改为饱和函数 $\text{sat}(s/\Phi)$ 就可以实现。饱和函数的定义为

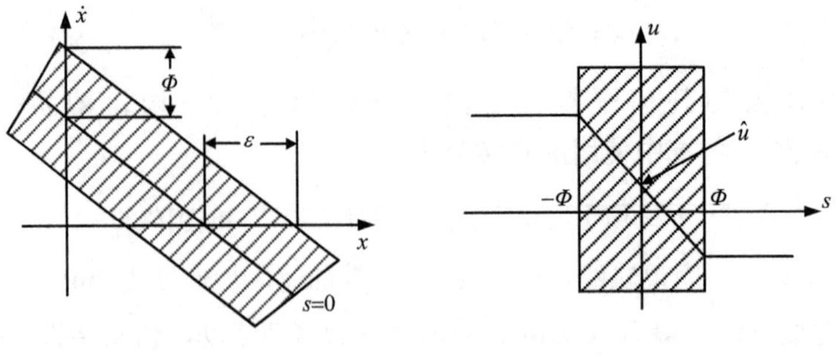

(a) 边界层　　(b) 线性连续控制

图 7-9　边界层抖振抑制方法

$$
\mathrm{sat}(y)=\begin{cases} y, & |y|\leqslant 1 \\ \mathrm{sgn}(y), & \text{否则} \end{cases} \tag{7-74}
$$

例 7-7　将例 7-5 中的控制律在边界层内采用线性连续控制，并设边界层厚度为 0.1，即采用如下控制律：

$$
\begin{aligned} u &= \hat{u}_{\mathrm{eq}} - k\mathrm{sat}(s/\Phi) \\ &= 1.5\dot{x}^2\cos 3x + \ddot{x}_d - 20\dot{\tilde{x}} - (0.5\dot{x}^2|\cos 3x| + 0.1)\mathrm{sat}((\dot{\tilde{x}} + 20\tilde{x})/0.1) \end{aligned} \tag{7-75}
$$

控制效果如图 7-10 所示，与图 7-7 进行对比，可看出抖振被明显抑制，但跟踪误差有所增加。

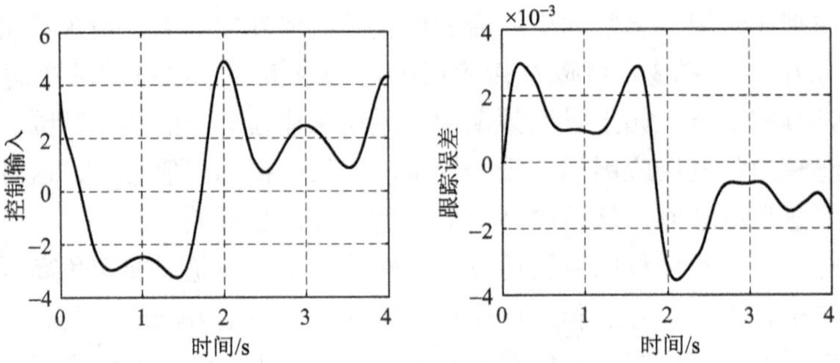

图 7-10　利用边界层消除抖振

2. 动态边界层方法

边界层的厚度可以是时变的，以更好地适应系统的不确定性，即如果系统的不确定性增强，则可加大边界层的厚度；相反，可减小边界层的厚度，达到更好的抑制抖振的效果。

在边界层厚度 Φ 是动态变化的条件下，为保证边界层为不变集，滑模条件也需要进行必要的修正，即满足如下条件：

$$
\begin{aligned} s \geqslant \Phi &\quad\Rightarrow\quad \frac{\mathrm{d}}{\mathrm{d}t}(s-\Phi) \leqslant -\eta \\ s \leqslant -\Phi &\quad\Rightarrow\quad \frac{\mathrm{d}}{\mathrm{d}t}(s-(-\Phi)) \geqslant \eta \end{aligned} \tag{7-76}
$$

可见，边界层外部的滑模条件变为

$$|s| \geqslant \Phi \quad \Rightarrow \quad \frac{1}{2}\frac{\mathrm{d}}{\mathrm{d}t}s^2 \leqslant (\dot{\Phi}-\eta)|s| \tag{7-77}$$

式中，附加项 $\dot{\Phi}|s|$ 表明需要进一步修正开关控制的强度 k，即

$$\bar{k}(\boldsymbol{x}) = k(\boldsymbol{x}) - \dot{\Phi} \tag{7-78}$$

显然，边界层收缩（$\dot{\Phi}<0$）时需要进一步增加不连续控制的增益。在边界层内部采用线性连续控制：

$$u = \hat{u}_{\mathrm{eq}} - \bar{k}(\boldsymbol{x})\mathrm{sat}(s/\Phi) = \hat{u}_{\mathrm{eq}} - \bar{k}(\boldsymbol{x})\frac{s}{\Phi} \tag{7-79}$$

3. 边界层内系统误差分析

边界层的厚度 Φ 可直接对应于系统跟踪误差 $\tilde{\boldsymbol{x}}$，因此，s 的误差 Φ 是跟踪性能的真实度量。根据 s 的定义，跟踪误差 $\tilde{\boldsymbol{x}}$ 可由 s 通过一系列一阶低通滤波器获得，如图 7-11 所示。

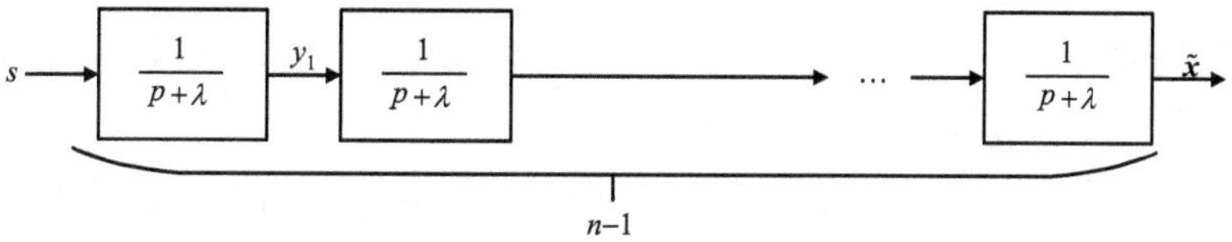

图 7-11 $\tilde{\boldsymbol{x}}$ 的计算

记 y_1 为第一个滤波器的输出，则有

$$y_1(t) = \int_0^t \mathrm{e}^{-\lambda(t-T)} s(T)\mathrm{d}T \tag{7-80}$$

从 $|s| \leqslant \Phi$ 可得

$$|y_1(t)| \leqslant \Phi\int_0^t \mathrm{e}^{-\lambda(t-T)}\mathrm{d}T = (\Phi/\lambda)(1-\mathrm{e}^{-\lambda t}) \leqslant \Phi/\lambda \tag{7-81}$$

对第二个滤波器运用相同的推理，直到第 n–1 个滤波器的输出 $y_{n-1} = \tilde{\boldsymbol{x}}$，可得跟踪误差：

$$|\tilde{\boldsymbol{x}}| \leqslant \Phi/\lambda^{n-1} = \varepsilon \tag{7-82}$$

类似地，$\tilde{\boldsymbol{x}}^{(i)}$ 可以看成 s 通过图 7-12 所示的结构得到，根据前面的分析，有 $|z_1| \leqslant \Phi/\lambda^{n-i-1}$，并利用：

$$\frac{p}{p+\lambda} = \frac{p+\lambda-\lambda}{p+\lambda} = 1 - \frac{\lambda}{p+\lambda} \tag{7-83}$$

可得

$$\left|\tilde{\boldsymbol{x}}^{(i)}\right| \leqslant \left(\frac{\Phi}{\lambda^{n-1-i}}\right)\left(1+\frac{\lambda}{\lambda}\right)^i - (2\lambda)^i\varepsilon \tag{7-84}$$

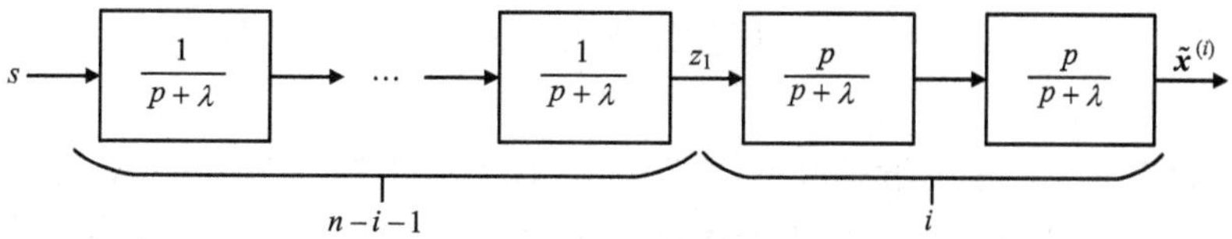

图 7-12 $\tilde{\boldsymbol{x}}^{(i)}$ 的计算

4. 边界层内的滑模动态分析

边界层内的滑模动态可由$\dot{s}$描述，为了简化分析，只考虑系统控制增益$b(\boldsymbol{x})=1$的情况，此时由$\dot{s}=0$得到等效控制的估计值$\hat{u}_{\text{eq}}=-\hat{f}(\boldsymbol{x})+\ddot{x}_d-\lambda\dot{\tilde{x}}$，就可以得到边界层内的控制律(7-79)，将其代入$\dot{s}$的计算，得到边界层内的滑模动态方程：

$$\begin{aligned}\dot{s}&=\ddot{x}-\ddot{x}_d+\lambda\dot{\tilde{x}}=f(\boldsymbol{x})+u-\ddot{x}_d+\lambda\dot{\tilde{x}}\\&=f(\boldsymbol{x})-\hat{f}(\boldsymbol{x})-\bar{k}(\boldsymbol{x})\frac{s}{\varPhi}=-\bar{k}(\boldsymbol{x})\frac{s}{\varPhi}-\Delta f(\boldsymbol{x})\\\Delta f&=\hat{f}-f\end{aligned}\tag{7-85}$$

式中，$\bar{k}(\boldsymbol{x})$、$\Delta f(\boldsymbol{x})$是$\boldsymbol{x}$的连续函数，可以在$\boldsymbol{x}_d$点进行泰勒级数展开。由式(7-82)、式(7-84)可知，$\boldsymbol{x}-\boldsymbol{x}_d$及其各阶导数均为$\varepsilon$的函数，因此式(7-85)可表示为

$$\dot{s}=-\bar{k}(\boldsymbol{x}_d)\frac{s}{\varPhi}+(-\Delta f(\boldsymbol{x}_d)+O(\varepsilon))\tag{7-86}$$

式(7-86)是关于s的一阶滤波器，即边界层内滑模动态方程，依赖于期望状态$\boldsymbol{x}_d$，滤波器的输入与模型不确定性和边界层的厚度相关。

滑模动态与闭环系统跟踪误差的关系如图7-13所示，可以通过调整边界层的厚度使一阶滤波器的带宽为λ，即

$$\frac{\bar{k}(\boldsymbol{x}_d)}{\varPhi}=\lambda\tag{7-87}$$

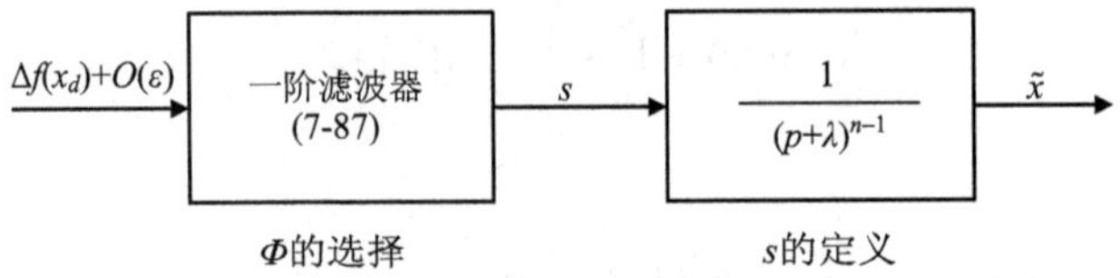

图 7-13　闭环误差系统结构

这样图 7-13 就等效于一个n阶的临界阻尼系统，式(7-87)称为满足临界阻尼(critical damping)的平衡条件。此时，根据式(7-87)得到边界层厚度的动态方程：

$$\dot{\varPhi}+\lambda\varPhi=k(\boldsymbol{x}_d)\tag{7-88}$$

将式(7-82)代入平衡条件(7-87)，得

$$\varepsilon=\frac{\bar{k}(\boldsymbol{x}_d)}{\lambda^n}\tag{7-89}$$

式中，$\bar{k}(\boldsymbol{x}_d)$表征了系统的不确定性，即为了满足滑模面为不变集而须抵消的系统不确定性，可见系统的不确定性越小，跟踪误差也越小；同时式(7-89)也表明系统的带宽越大，跟踪误差越小。如果系统具有很高的带宽，则可以放宽对模型准确性的依赖，即通过更好地利用系统带宽，可以放宽动态边界层的厚度限制，能够更好地抑制抖振，同时减小跟踪误差。

例 7-8　例 7-5 中，采用滑模控制律(7-62)，控制效果如图 7-7 所示，存在严重的抖振现象；当采用例 7-7 中固定边界层内的线性控制律(7-75)时，从图 7-10 中可看出抖振得到

有效抑制。此例中将进一步采用动态边界层的控制方式，取边界层的滑模动态为

$$\dot{\Phi} = -\lambda\Phi + \left(0.5\dot{x}_d^2\left|\cos 3x_d\right| + \eta\right) \tag{7-90}$$

则得到如下控制律：

$$u = \ddot{x}_d - \lambda\dot{\tilde{x}} + 1.5\dot{x}^2\cos 3x - \left(0.5\dot{x}^2\left|\cos 3x\right| + \eta - \dot{\Phi}\right)\mathrm{sat}[(\dot{\tilde{x}} + \lambda\tilde{x})/\Phi] \tag{7-91}$$

同样取 $\eta = 0.1$、$\lambda = 20$，预期轨迹为 $x_d = \sin(\pi t/2)$，仿真结果如图 7-14 所示，当动态边界层的最大值与例 7-7 中固定边界层的厚度相同时，在消除抖振的同时，跟踪误差进一步减小。

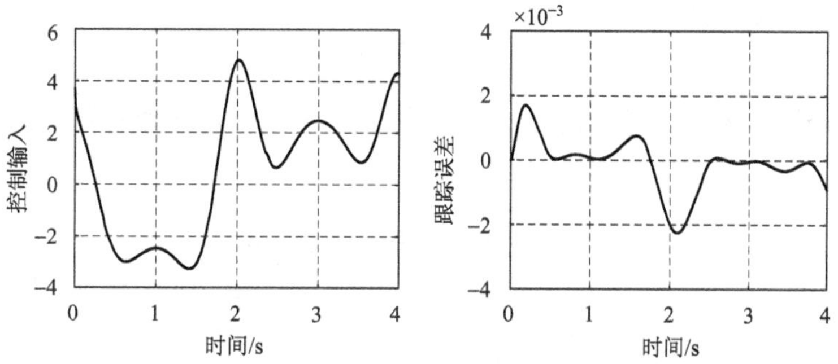

图 7-14 变边界层控制效果

图 7-15 描述了 Φ 和 s 随时间变化的轨线，其中，Φ 的轨线描述了对系统模型不确定性的动态估计；s 轨线是滑动模态的变化轨迹，即表示对模型不确定性估计的有效性的一种动态度量，也是对闭环系统性能的简要描述。

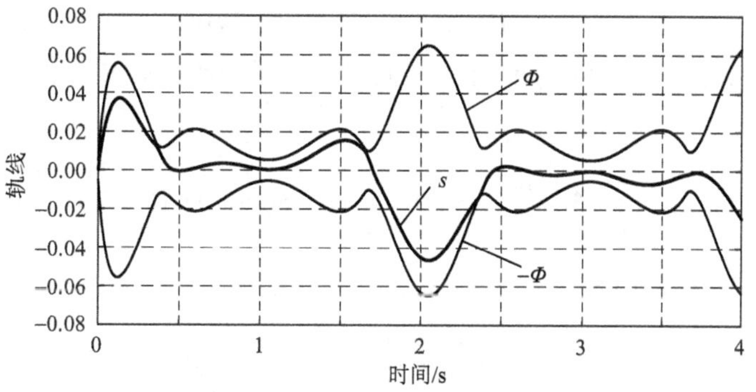

图 7-15 Φ 和 s 的轨线

7.2.3 多输入系统滑模控制器设计

考虑非线性多输入方形系统：

$$x_i^{(n_i)} = f_i(\boldsymbol{x}) + \sum_{j=1}^{m} b_{ij}(\boldsymbol{x})u_j,\quad i = 1,\cdots,m,\quad j = 1,\cdots,m \tag{7-92}$$

式中，函数 $f_i(\boldsymbol{x})$、$b_{ij}(\boldsymbol{x})$ 均具有不确定性，类似于单输入情况，其不确定性分别为相加的

形式和相乘的形式：

$$\begin{aligned}&\left|\hat{f}_i - f_i\right| \leqslant F_i,\quad i=1,\cdots,m\\&\boldsymbol{B}=(\boldsymbol{I}+\boldsymbol{\varDelta})\hat{\boldsymbol{B}},\quad \left|\varDelta_{ij}\right|\leqslant D_{ij},\quad i=1,\cdots,m,\quad j=1,\cdots,m\end{aligned} \tag{7-93}$$

式中，矩阵 $\boldsymbol{B}=\left[b_{ij}\right]_{m\times m}$ 为可逆的；$\boldsymbol{I}$ 为单位矩阵；F_i、D_{ij} 为已知的不确定性的上界。

定义向量 $\boldsymbol{s}$，其元素定义为

$$s_i=\left(\frac{\mathrm{d}}{\mathrm{d}t}+\lambda_i\right)^{n_i-1}\tilde{x}_i \tag{7-94}$$

式(7-94)可以写成如下的形式：

$$s_i = x_i^{(n_i-1)} - x_{r_i}^{(n_i-1)} \tag{7-95}$$

这里需要定义一个向量 $\boldsymbol{x}_r^{(n-1)}$，其分量 $x_{r_i}^{(n_i-1)}$ 可由 $\boldsymbol{x}$ 和 $\boldsymbol{x}_d$ 计算得到。例如，选择线性滑模：

$$s_i=\tilde{x}_i^{(n_i-1)}+\lambda_{n-2}\tilde{x}_i^{(n_i-2)}+\cdots+\lambda_0\tilde{x}_i \tag{7-96}$$

则有

$$s_i = x_i^{(n_i-1)} - x_{r_i}^{(n_i-1)},\quad x_{r_i}^{(n_i-1)} = x_{id}^{(n_i-1)} - \lambda_{n-2}\tilde{x}_i^{(n_i-2)} - \cdots - \lambda_0\tilde{x}_i \tag{7-97}$$

类似于单输入系统滑模控制，多输入系统滑模控制的目标是设计控制律 $\boldsymbol{u}$，在系统函数存在不确定性的条件下，使系统每个状态变量的独立滑模条件成立，即

$$\frac{1}{2}\frac{\mathrm{d}}{\mathrm{d}t}s_i^2 \leqslant -\eta_i\left|s_i\right|,\quad \eta_i>0 \tag{7-98}$$

利用等效控制的方法，可以得到滑模控制律：

$$\boldsymbol{u}=\hat{\boldsymbol{B}}^{-1}(\boldsymbol{x}_r^{(n-1)}-\hat{\boldsymbol{f}}-\boldsymbol{k}\,\mathrm{sgn}(\boldsymbol{s})) \tag{7-99}$$

式中，向量 $\boldsymbol{k}\,\mathrm{sgn}(\boldsymbol{s})$ 的元素为 $k_i\,\mathrm{sgn}(s_i)$，该向量是满足滑模条件成立的关键参数。首先计算 $\dot{s}_i$：

$$\dot{s}_i=\hat{f}_i-f_i+\sum_{i=1}^{n}\varDelta_{ij}(x_{r_i}^{(n_i-1)}-\hat{f}_i)-\sum_{j\neq i}\varDelta_{ij}k_j\,\mathrm{sgn}(s_j)-(1-\varDelta_{ii})k_i\,\mathrm{sgn}(s_i) \tag{7-100}$$

将其代入式(7-98)，则有

$$(1-D_{ii})k_i\geqslant F_i+\sum_{j=1}^{n}D_{ij}\left|x_{r_i}^{(n_i-1)}-\hat{f}\right|-\sum_{j\neq i}D_{ij}k_j+\eta_i \tag{7-101}$$

若该不等式成立，则系统所有状态的滑模条件均成立。根据该不等式，可以选择可行的 k_i，其下限满足方程(7-102)：

$$(1-D_{ii})k_i+\sum_{j\neq i}D_{ij}k_j=F_i+\sum_{j=1}^{n}D_{ij}\left|x_{r_i}^{(n_i-1)}-\hat{f}\right|+\eta_i \tag{7-102}$$

上述方程是否存在非负的解 k_i 成为系统设计的关键，根据所有元素均为正实数的正矩阵的基本性质定理——弗罗贝尼乌斯-佩龙(Frobenius-Perron)定理，可以给出方程有解的条件。

弗罗贝尼乌斯-佩龙定理　考察一个方阵 $\boldsymbol{A}$，其元素都是非负的，则 $\boldsymbol{A}$ 的最大特征值

ρ_1 是非负的，并且考察方程

$$(\boldsymbol{I}-\rho^{-1}\boldsymbol{A})\boldsymbol{y}=\boldsymbol{z} \tag{7-103}$$

式中，向量 $\boldsymbol{z}$ 的所有分量都是非负的。如果 $\rho>\rho_1$，则上述方程有唯一解 $\boldsymbol{y}$，且其分量都是非负的。

对比式(7-102)和式(7-103)，由于定理的条件均满足，因此方程(7-102)存在非负的解。

7.3　滑模控制的发展

在滑模控制下，系统的状态运动轨迹分为两个阶段：第一个阶段是从系统的初始阶段收敛到滑模面；第二个阶段是在滑动模态上状态滑动收敛到平衡点。围绕这两个阶段，滑模控制理论在不断发展。

7.3.1　趋近律的设计

在前面的分析中，针对第一个阶段，控制器的设计只考虑了满足滑模收敛条件，即系统状态只要满足 $\dot{s}s<0$，就能够保证状态收敛到滑模面 $s=0$，而没有考虑系统从初始状态到达滑模面的动态过程，这一动态过程定义为趋近律，即给趋近阶段设计合适的切换函数 s 使系统状态快速趋近于滑模面。趋近律的设计不仅能控制系统从初始状态到达滑模面的时间，而且能控制系统状态到达滑模面的惯性，从而减弱系统的抖振。

1. 等速趋近律

等速趋近律如式(7-104)所示：

$$\dot{s}=-\varepsilon\,\mathrm{sgn}(s),\quad \varepsilon>0 \tag{7-104}$$

式中，ε 为趋近速度。这是一种简单的趋近律，如果趋近速度过快会造成抖振的加强。

2. 指数趋近律

指数趋近律是在等速趋近律的基础上增加了指数项：

$$\dot{s}=-\varepsilon\,\mathrm{sgn}(s)-ks,\quad \varepsilon>0,\quad k>0 \tag{7-105}$$

指数项的响应为 $s=s(0)\mathrm{e}^{-kt}$。在趋近过程中速度是变化的，当系统状态远离滑模面时趋近速度变大，当系统状态接近滑模面时趋近速度会减小，进而减弱抖振，因此，指数趋近律具有缩短趋近时间和削弱抖振的双重优点。

3. 幂次趋近律

幂次趋近律如式(7-106)所示：

$$\dot{s}=-k|s|^{\alpha}\,\mathrm{sgn}(s),\quad k>0,\quad 0<\alpha<1 \tag{7-106}$$

通过选择恰当的 α 和 k，同样可以得到与指数趋近律类似的效果。

以上是三种基本的趋近律设计方法，在此基础上，还有如下一些改进的设计方法。

指数趋近律和幂次趋近律相结合的快速幂次趋近律：

$$\dot{s}=-k_1s-k_2|s|^{\alpha}\,\mathrm{sgn}(s) \tag{7-107}$$

双幂次趋近律：

$$\dot{s}=-k_1|s|^{\alpha_1}\operatorname{sgn}(s)-k_2|s|^{\alpha_2}\operatorname{sgn}(s) \tag{7-108}$$

与状态融合的指数趋近律：

$$\dot{s}=-\varepsilon|\boldsymbol{x}|\operatorname{sgn}(s)-k|\boldsymbol{x}|s \tag{7-109}$$

在不考虑趋近律时，是通过$\dot{s}=0$得到等效控制u_{eq}的；当采用趋近律时，则需要根据选取的趋近律设计等效控制。

例 7-9 考虑系统$\ddot{x}=f(\boldsymbol{x})+u$，设滑模面为$s=\dot{\tilde{x}}+\lambda\tilde{x}$，采用指数趋近律形式， 等效控制$u_{\mathrm{eq}}$通过$\dot{s}=-\varepsilon\operatorname{sgn}(s)-ks$求取，即

$$\dot{s}=\ddot{x}-\ddot{x}_d+\lambda\dot{\tilde{x}}=f+u-\ddot{x}_d+\lambda\dot{\tilde{x}}=-\varepsilon\operatorname{sgn}(s)-ks \tag{7-110}$$

等效控制为

$$u_{\mathrm{eq}}=-f+\ddot{x}_d-\lambda\dot{\tilde{x}}-\varepsilon\operatorname{sgn}(s)-ks \tag{7-111}$$

得到等效控制后，滑模控制的后续设计方法不变。

7.3.2 滑模面的设计

系统在滑动模态上的特性取决于滑模面的设计，前面只讨论了线性滑模面的设计方法，存在一定的不足，因此相继出现了几种改进的滑模函数的设计方法。

1. 终端滑模控制

由于线性滑模在滑动阶段收敛时间长，存在不能在有限时间内收敛的不足，人们设计了一种非线性滑模函数，称为终端滑模控制(terminal sliding mode control)，使得滑模面上系统状态可在有限时间内收敛到平衡点。以二阶系统为例，终端滑模控制具有如式(7-112)所示的形式：

$$s=x_2+\beta x_1^{q/p},\quad \beta>0,\ p>q>0 \tag{7-112}$$

式中，p、q均为奇数。在滑模面上有$s=0$，即

$$\frac{\mathrm{d}x_1}{\mathrm{d}t}+\beta x_1^{q/p}=0 \tag{7-113}$$

对式(7-113)积分，有

$$\int_0^t 1\mathrm{d}t=\int_{x_1(0)}^{0}-\frac{1}{\beta}x_1^{q/p}\mathrm{d}x_1 \tag{7-114}$$

因此，可以得到系统在滑模面上任意状态收敛到原点的时间为

$$t=\frac{p}{\beta(p-q)}|x_1(0)|^{(p-q)/p} \tag{7-115}$$

由式(7-115)可见，系统状态会在有限时间内收敛到原点。

式(7-113)表示的终端滑模控制在控制器设计上存在奇异性的问题。例如，考虑二阶非线性系统：

$$\begin{aligned}\dot{x}_1&=x_2\\ \dot{x}_2&=f(\boldsymbol{x})+g(\boldsymbol{x})+b(\boldsymbol{x})u\end{aligned} \tag{7-116}$$

式中，$b(\boldsymbol{x})\neq 0$；$g(\boldsymbol{x})\leqslant l_g$代表不确定性，即外部扰动。可得满足滑模条件的滑模控制器为

$$u = -b(\boldsymbol{x})^{-1}\left(f(\boldsymbol{x}) + \beta\frac{q}{p}x_1^{\frac{q}{p}-1}x_2 + (l_g+\eta)\mathrm{sgn}(s)\right) \tag{7-117}$$

由于 $q/p-1<0$，即控制律中包含了状态的负指数项，因此在 $x_1=0$、$x_2\neq 0$ 时，式(7-117)存在奇异性，导致控制为无穷大。

为解决控制器存在奇异性问题，进一步提出了非奇异终端滑模面：

$$s = x_1 + \beta x_2^{p/q},\quad \beta>0,\quad p>q>0 \tag{7-118}$$

式中，p、q 均为奇数，且 $1<p/q<2$。

此时满足滑模条件的滑模控制器为

$$u = -b(\boldsymbol{x})^{-1}\left(f(\boldsymbol{x}) + \beta\frac{q}{p}x_2^{2-\frac{p}{q}} + (l_g+\eta)\mathrm{sgn}(s)\right) \tag{7-119}$$

由于 $2-p/q>0$，因此避免了奇异性问题。

更进一步地，终端滑模控制在邻近平衡点时收敛速度要更快一些，而在远离平衡点时收敛速度会变慢。为解决这一问题，人们又提出快速终端滑模控制的思想，即

$$s = x_2 + \alpha x_1 + \beta x_1^{q/p} \tag{7-120}$$

滑模中增加了线性项，使得在远离平衡点时线性项占主导，在接近平衡点时，分数幂次项占主导。结合二者的优点，使系统具有全局快速收敛的能力，系统的收敛时间为

$$t = \frac{p}{\alpha(p-q)}\ln\frac{\alpha\left|x_1(0)\right|^{(p-q)/p}+\beta}{\beta} \tag{7-121}$$

2. *积分滑模控制*

传统线性滑模存在的问题是状态未进入滑模面之前的运动不具有对参数摄动和外部干扰的不变性。为了解决这一问题，提出了一种积分器位于滑模面上的滑模控制方法：

$$s = \dot{e} + k_p e + k_i\int_0^t e\mathrm{d}t \tag{7-122}$$

积分滑模属于非线性滑模，优点是滑模面的非线性使得控制器具有积分成分，而不是在系统中增加积分器再设计滑模面，具有很好的削弱抖振的效果，稳态误差也大大减小。在此基础上，Slotine 提出了一种全程积分滑模面：

$$s = \dot{e} + k_p e + k_i\int_0^t e\mathrm{d}t - \dot{e}(t_0) - k_p e(t_0) \tag{7-123}$$

式中，$-\dot{e}(t_0)-k_p e(t_0)$ 实现了 $s(t_0)=0$，使得滑模到达阶段被取消，因此滑动模态从初始时刻就发生，使系统在整个运动过程中具有鲁棒性，克服了一般滑模控制中到达阶段不具备鲁棒性的缺点。

另外，对于传统的滑模控制，当系统到达滑模面时，系统工作在一个降维的工作空间中，使滑动模态下的系统与原系统存在较大的差异，难以保证系统的动态性能。而当滑动模态中引入积分时，滑动模态的阶次有所提高。1996 年又出现了积分滑模的另一种定义：如果系统滑模运动方程的阶次等于原系统的阶次，则称该滑模为积分滑模，其目的是在这

类积分滑模控制(integral sliding mode control)中，系统的轨线总是从滑模面出发，因此就没有趋近运动的第一阶段，从而全程都是滑模运动，全程具有鲁棒性。

例如，具有不确定性的线性系统 $\dot{\boldsymbol{x}}=(\boldsymbol{A}+\Delta\boldsymbol{A})\boldsymbol{x}+(\boldsymbol{B}+\Delta\boldsymbol{B})\boldsymbol{u}$，其中存在 $\boldsymbol{H}$、$\boldsymbol{E}$，有 $\Delta\boldsymbol{A}=\boldsymbol{BH},\Delta\boldsymbol{B}=\boldsymbol{BE}$，如果 $(\boldsymbol{A},\boldsymbol{B})$ 是可控的，则存在反馈控制 $\boldsymbol{u}=\boldsymbol{Kx}$，使得标称系统 $\dot{\boldsymbol{x}}=(\boldsymbol{A}+\boldsymbol{BK})\boldsymbol{x}$ 具有满意的性能。现在的问题是设计一个合适的滑模面，使得当 $s=\dot{s}=0$ 时，系统在滑模面上的运动等价于 $\dot{\boldsymbol{x}}=(\boldsymbol{A}+\boldsymbol{BK})\boldsymbol{x}$ 的动态行为，为此可设计如式(7-124)所示的滑模面：

$$s=\boldsymbol{Dx}-\boldsymbol{Dx}(t_0)-\int_0^t(\boldsymbol{DA}+\boldsymbol{DBK})\boldsymbol{x}(\tau)\mathrm{d}\tau \tag{7-124}$$

相应的等效控制为

$$\boldsymbol{u}_{\text{eq}}=(\boldsymbol{I}+\boldsymbol{E})^{-1}(\boldsymbol{Hx}-\boldsymbol{K}(\boldsymbol{x})) \tag{7-125}$$

该控制律使得滑模控制系统等价于 $\dot{\boldsymbol{x}}=(\boldsymbol{A}+\boldsymbol{BK})\boldsymbol{x}$ 的动态行为。

同样，式(7-124)中 $\boldsymbol{Dx}(t_0)$ 实现了 $s(t_0)=0$，使得滑模到达阶段被取消。

此外，在大的初始误差条件下，积分饱和作用会导致暂态性能恶化，甚至可能导致系统不稳定，因此，有学者设计了具有小误差放大、大误差饱和的积分滑模面：

$$\begin{aligned}&s=\dot{e}+k_pe+k_i\sigma\\&\dot{\sigma}=g(e)\end{aligned} \tag{7-126}$$

式中，函数 $g(e)$ 体现了小误差放大、大误差饱和的作用：

$$g(e)=\begin{cases}\beta\sin\dfrac{\pi e}{2\beta}, & |e|<\beta\\ \beta, & e\geqslant\beta\\ -\beta, & e\leqslant-\beta\end{cases} \tag{7-127}$$

式中，β 为设计的饱和参数，从而能够获得更好的暂态性能。

积分滑模控制的另一个优点是可以采用原系统的控制律作为等效控制部分，只要在原系统控制律的基础上引入非线性控制部分即可，其好处是原系统的控制律是有较好的先验知识的。

3. 高阶滑模控制

传统滑模控制只有在系统关于滑模变量 s 的相对阶为1时才能应用，也就是说控制量 u 必须显式出现在 $\dot{s}$ 中，这样就限制了滑模面的设计。此外，由于控制量 u 显式出现在 $\dot{s}$ 中，因此控制的不连续必然造成 $\dot{s}$ 的不连续。为此，Levant 于 1996 年提出了高阶滑模控制的概念，不仅保持了传统滑模控制的优点，还能有效抑制抖振，提高系统的控制精度。

定义 7-1　r 阶滑动集 $s=\dot{s}=\ddot{s}=\cdots=s^{(r-1)}=0$ 是非空的，且假设它是 Filippov 意义下的局部积分集，即由不连续动态系统的 Filippov 轨迹组成，那么，满足 $s=\dot{s}=\ddot{s}=\cdots=s^{(r-1)}=0$ 的相关运动称为关于滑模面 $s=0$ 的 r 阶滑模。

在实现高阶滑模控制时，所需的信息增加了，如 $s,\dot{s},\cdots,s^{(r-1)}$ 的信息等，这增加了控制器的设计难度。

二阶滑模控制是目前应用最广泛的高阶滑模控制方法，常见的算法有 Twisting 算法、Super-Twisting 算法、Sub-Optimal 算法、Drift 算法等，其典型的滑动模态如图 7-16 所示。

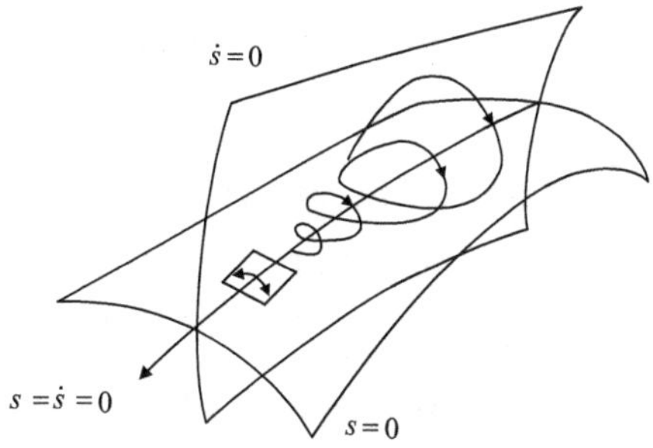

图 7-16 二阶滑模控制轨迹

考虑单输入具有不确定性的非线性系统 $\dot{\boldsymbol{x}}=\boldsymbol{f}(\boldsymbol{x})+\boldsymbol{g}(\boldsymbol{x})u$ ，令 $s=s(\boldsymbol{x})$ 是所定义的滑模面，控制目标是使系统状态在有限时间内到达滑模面，并具有二阶滑模动态 $s=\dot{s}=0$ 。引入虚拟变量 $x_{n+1}=t$ 对系统进行扩展，记 $\boldsymbol{x}_e=(\boldsymbol{x}^{\mathrm{T}},x_{n+1})$, $\boldsymbol{f}_e=(\boldsymbol{f}^{\mathrm{T}},1)$, $\boldsymbol{g}_e=(\boldsymbol{g}^{\mathrm{T}},0)$ ，则系统扩展为

$$\dot{\boldsymbol{x}}_e=\boldsymbol{f}_e(\boldsymbol{x}_e)+\boldsymbol{g}_e(\boldsymbol{x}_e)u,\quad s=s(\boldsymbol{x}_e) \tag{7-128}$$

对 s 求导，有

$$\begin{aligned}\dot{s}&=\frac{\partial s}{\partial \boldsymbol{x}_e}(\boldsymbol{f}_e(\boldsymbol{x}_e)+\boldsymbol{g}_e(\boldsymbol{x}_e)u)=L_{\boldsymbol{f}_e}s+L_{\boldsymbol{g}_e}su\\ \ddot{s}&=\frac{\partial \dot{s}}{\partial \boldsymbol{x}_e}(\boldsymbol{f}_e(\boldsymbol{x}_e)+\boldsymbol{g}_e(\boldsymbol{x}_e)u)+\frac{\partial \dot{s}}{\partial u}\dot{u}=\varphi(\boldsymbol{x}_e,u)+\gamma(\boldsymbol{x}_e)\dot{u}\end{aligned} \tag{7-129}$$

式中， $\varphi(\boldsymbol{x}_e,u)=L_{\boldsymbol{f}_e}^2 s+L_{\boldsymbol{f}_e}L_{\boldsymbol{g}_e}su+L_{\boldsymbol{g}_e}L_{\boldsymbol{f}_e}su+L_{\boldsymbol{g}_e}^2 su^2$ ； $\gamma(\boldsymbol{x}_e)=L_{\boldsymbol{g}_e}s$ 。

当相对阶 $r=2$ 时，意味着 $\partial\dot{s}/\partial u=0$、$\partial\ddot{s}/\partial u\neq 0$ ，此时设 $y_1=s$、$y_2=\dot{s}$ 为系统状态，$v=\dot{u}$ 为系统的输入，有

$$\begin{aligned}\dot{y}_1&=y_2\\ \dot{y}_2&=\varphi(\boldsymbol{x}_e,u)+\gamma(\boldsymbol{x}_e)v\end{aligned} \tag{7-130}$$

二阶滑模控制问题转化为非线性系统的有限时间镇定问题，可采用最早提出的 Twisting 二阶滑模控制算法：

$$v=-r_1\,\mathrm{sgn}(s)-r_2\,\mathrm{sgn}(\dot{s}) \tag{7-131}$$

若假设系统不确定性全局有界，即

$$\begin{aligned}&0<|\varphi|\leqslant C\\ &0<K_m\leqslant\gamma\leqslant K_M\end{aligned} \tag{7-132}$$

则系统在有限时间内收敛的充要条件是

$$\begin{aligned}&(r_1+r_2)K_m-C>(r_1-r_2)K_M+C\\ &(r_1-r_2)K_m>C\end{aligned} \tag{7-133}$$

该算法的特点是系统轨迹在 $so\dot{s}$ 相平面上围绕原点旋转，经过无限次环绕收敛到原点。另外，注意到实际控制 u 是对 v 的积分，虽然 v 是不连续的，但 u 是连续的，即二阶滑模控制使得控制量在时间上是连续的，这样能够有效地减弱系统的抖振，又不以牺牲控制器的鲁棒性为代价。

当相对阶 $r=1$时，有 $\partial \dot{s}/\partial u \neq 0$ ，同样可以采用 Super-Twisting 算法设计二阶滑模控制器，而且只需要s的信息：

$$\begin{aligned} u &= -\lambda |s|^{\frac{1}{2}} \operatorname{sgn}(s) + u_1 \\ \dot{u}_1 &= \alpha \operatorname{sgn}(s) \end{aligned} \tag{7-134}$$

当满足条件 $\alpha > C/K_m$、$\lambda^2 > 2(\alpha K_M + C)/K_m$ 时，系统在有限时间内收敛。Super-Twisting 算法同样是连续的，可以看作非线性 PI 控制。

7.3.3 智能滑模控制

实现滑模控制的前提是了解系统不确定性的上界，而且等效控制的求取也依赖于系统的数学模型，这些因素使得滑模控制在工程应用中会受到一定的限制。为了克服这些困难，一些学者试图将人工智能技术与滑模控制相结合，产生了智能滑模控制的思想，利用人工智能的自学习能力来解决滑模控制在应用中的难题。

常用的智能滑模控制方法有模糊滑模控制、神经网络滑模控制、遗传算法滑模控制等。

1. 模糊滑模控制

模糊滑模控制利用了模糊控制不依赖于系统模型的优点，基本设计方法是在滑模控制的趋近阶段通过模糊逻辑调节控制作用来补偿未建模动力学的影响，从而提高系统的性能，达到减少到达滑模面的时间、削弱抖振的效果。

模糊控制与滑模控制大致有两种结合方式：一种是以滑模控制为主、模糊控制为辅的结合方式，例如，利用模糊控制在线估计系统的不确定性，并模糊化系统的切换增益，能够有效削弱系统的抖振；另一种是两者相融合，模糊控制直接用于设计滑模，例如，根据滑模系统滑模的到达条件生成模糊滑模控制的规则库，并以此直接产生决策表，或者采用大偏差时利用滑模控制、小偏差时利用模糊控制的融合手段。

2. 神经网络滑模控制

神经网络滑模控制利用神经网络能够逼近任意复杂非线性的学习能力来提高滑模控制的性能。神经网络与滑模控制的结合可大致分为两类：一类是在滑模控制器中并行应用神经网络，用其计算等效控制，或者处理开关控制增益，该方法不再需要对象的模型；另一类是利用神经网络自适应调整滑模参数，例如，滑模控制器完全由神经网络实现，即以$s\dot{s}$最小化为目标，通过网络权重的自适应优化，实现控制器参数的调整，在处理不确定性和时变性上得到性能的提升。

3. 遗传算法滑模控制

遗传算法是一种自适应迭代搜索算法，建立在自然遗传学机理和自然选择基础上，具有很好的优化性能。可利用遗传算法对滑模控制器参数进行离线或在线优化。利用遗传算法也可以对模糊滑模控制、神经网络滑模控制的相应参数实施优化，如模糊滑模控制的隶属度函数和控制器规则等。

第 8 章　自适应控制

自适应控制(adaptive control)的思想产生于 20 世纪 50 年代,主要的目的是解决系统参数的不确定性和时变特性，典型的是飞行器的参数随工况的变化而变化，如飞行器速度和高度的变化等，但由于麻省理工学院的飞行器控制失败，人们对其产生了怀疑和动摇。直到 20 世纪 80 年代，随着非线性控制理论的发展，自适应控制有了突破性进展，在一些领域的成功应用证明了自适应控制的有效性，如机器人控制、飞行器控制、船舶控制、电力控制等多个应用领域，更多实用的、新的自适应控制方法不断出现，直到现在，自适应控制在不断进步和推广应用。

8.1　自适应控制的基本概念

许多系统的参数具有不确定性或缓慢变化的特点，如机器人抓取不同的目标造成不确定的惯性参数、电力系统的负荷会发生较大的变化、消防飞机水装载量的变化等，自适应控制就是处理这类系统的有效方法。与普通控制器的区别在于自适应控制器的参数是变化的，并且具有根据被控系统参数的变化自动在线调整控制器参数的机制，实现对系统不确定参数的鲁棒控制。

自适应控制主要分为模型参考自适应控制(model-reference adaptive control)和自校正控制(self-tuning control)两种形式，由于两种形式的控制器参数调整机制本质上是非线性的，因此自适应控制本质上是一种非线性控制方法。

8.1.1　模型参考自适应控制

一般来说，模型参考自适应控制系统的组成如图 8-1 所示，主要由四部分组成。

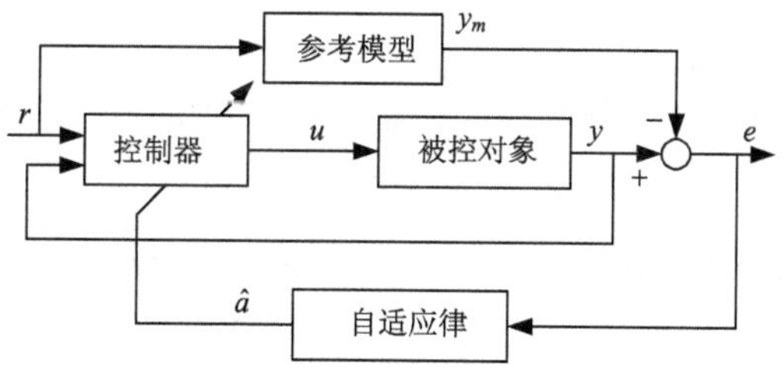

图 8-1　模型参考自适应控制系统组成

1. 具有未知参数的被控对象

尽管参数未知，但假设被控系统的结构是已知的。例如，对于线性系统，其极点和零点的数量已知，但它们的位置是未知的；对于非线性系统，意味着系统动态方程的结构是已知的，但某些参数未知。

2. 参考模型

参考模型用于描述控制系统期望的性能，指明自适应控制系统对外部指令的理想响应，自适应控制系统在校正控制器参数时，力图使被控系统的响应尽量与理想响应接近。参考模型的选择应能够反映控制任务中指定的性能，如时域和频域特性等，而且对性能的要求一定是自适应控制系统可以达到的。

3. 带有可校正参数的反馈控制律

这意味着对控制器参数赋予不同的值可以得到不同的控制性能，使自适应控制系统具有完全的跟踪能力。为了得到保证稳定性和跟踪收敛性的自适应机制，通常选择参数线性化的控制器，即控制器中可调整的参数是线性的。

4. 校正参数的自适应机制

这部分是自适应控制系统设计的关键，通过自适应搜寻参数，被控对象的响应与参考模型的响应逐渐地相等，这能够保证当系统参数变化时，系统保持稳定并使跟踪误差收敛到零。

下面以一个简单的例子来说明模型参考自适应控制的基本原理。

例 8-1　质量未知系统的模型参考自适应控制，考虑无摩擦的二阶系统：

$$m\ddot{x} = u \tag{8-1}$$

假设控制者给控制系统发出定位指令 $r(t)$，用下面的参考模型给出被控对象对定位指令 $r(t)$ 的理想响应：

$$\ddot{x}_m + \lambda_1\dot{x}_m + \lambda_2 x_m = \lambda_2 r(t) \tag{8-2}$$

该模型相当于质量-阻尼-弹簧系统，参数 λ_1、λ_2 决定了预期的性能，其输出 x_m 运动到指定的位置 $r(t)$。

若系统(8-1)的质量 m 精确已知，设跟踪误差为 $\tilde{x} = x - x_m$，则可采用下面的极点配置控制律实现精确跟踪：

$$u = m(\ddot{x}_m - 2\lambda\dot{\tilde{x}} - \lambda^2\tilde{x}) \tag{8-3}$$

将控制律代入系统方程，得到闭环系统的误差方程：

$$\ddot{\tilde{x}} + 2\lambda\dot{\tilde{x}} + \lambda^2\tilde{x} = 0 \tag{8-4}$$

合理选择参数 λ，使 $\tilde{x}$ 渐近收敛到零。

当 m 不是精确已知时，可选择同样的控制律，但只能采用其估计值 $\hat{m}$：

$$u = \hat{m}(\ddot{x}_m - 2\lambda\dot{\tilde{x}} - \lambda^2\tilde{x}) \tag{8-5}$$

设组合跟踪误差为 $s = \dot{\tilde{x}} + \lambda\tilde{x}$，此时闭环系统的误差方程为

$$m\dot{s} + \lambda m s = \tilde{m}v, \quad v = \ddot{x}_m - 2\lambda\dot{\tilde{x}} - \lambda^2\tilde{x} \tag{8-6}$$

式(8-6)为组合跟踪误差的一阶低通滤波器，其输入可看作扰动，与系统参数误差有关。如果估计参数 $\hat{m}$ 是可修正的，目的是逐渐减小参数误差，也就是减小跟踪误差，并采用如式(8-7)所示的实时更新律：

$$\dot{\hat{m}} = -\gamma v s \tag{8-7}$$

式(8-7)就是自适应控制的核心——自适应律，参数 γ 称为自适应增益，可见自适应律是非线性的，后面将说明采用式(8-7)自适应律的原因。

对于闭环系统，可用李雅普诺夫稳定性理论分析其稳定性和收敛性，设候选李雅普诺夫函数为

$$V = \frac{1}{2}\left(ms^2 + \frac{1}{\gamma}\tilde{m}^2\right) \tag{8-8}$$

则有

$$\dot{V} = ms\dot{s} + \frac{1}{\gamma}\tilde{m}\dot{\hat{m}} = -\lambda ms^2 \tag{8-9}$$

利用 Barbalat 引理可知 s 稳定收敛到零，即可实现完全跟踪。图 8-2 所示为该系统的仿真结果，系统和控制器参数分别为 $m=2$、$\lambda_1=10$、$\lambda_2=25$、$\lambda=6$、$\gamma=0.5$，初始条件为 $\hat{m}(0)=0$、$x(0)=x_m(0)=0.5$、$\dot{x}(0)=\dot{x}_m(0)=0$。

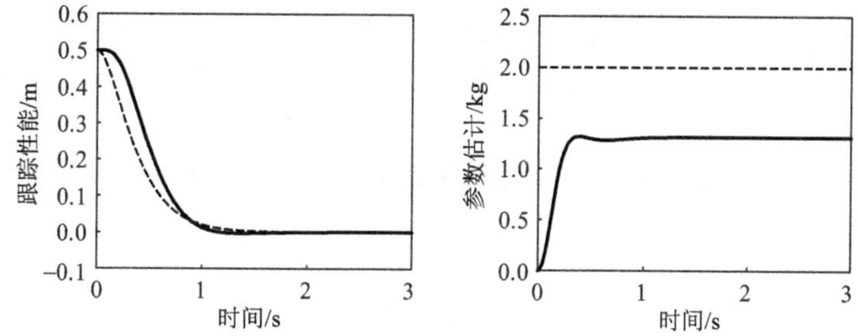

(a) $r(t)=0$的跟踪效果

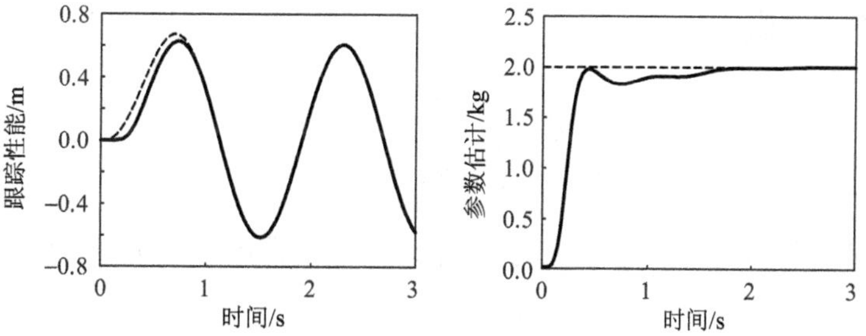

(b) $r(t)=\sin 4t$的跟踪效果

图 8-2　未知质量系统模型参考自适应控制仿真结果

跟踪性能图中的实线和虚线，分别为参数未知和参数精确已知的仿真结果。参数估计图中的实线和虚线，分别为参数估计值和实际参数值。从仿真结果可见，无论参考输入是常值还是时变的，即使初始估计值 $\hat{m}(0)=0$（表示没有先验知识），闭环系统均能实现理想跟踪。有趣的是，当参考输入为常值时，参数并没有收敛到真值，这一点在后面加以讨论。

8.1.2　自校正控制

自校正控制同样是用未知参数的估计值设计控制器的，但不是用像模型参考自适应控制中使用的参数更新律实现，而是利用专门的在线参数递推估计器实时提供未知参数的估计值。自校正控制系统结构如图 8-3 所示，其核心部分是在线参数估计，即每一控制周期都利用被控对象的输入 u 和输出 y 的历史数据算出一组被控对象参数的估计值，然后利用

该估计值合理修正控制器参数，实现理想的控制目标。

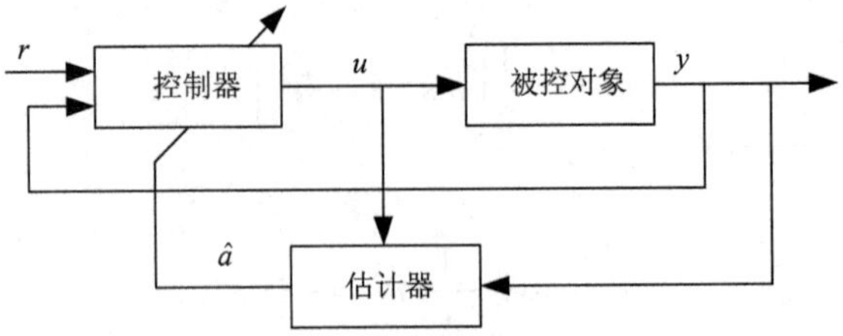

图 8-3　自校正控制系统组成

利用系统模型可以得到简单的估计方法，即 $\hat{m} = u / \ddot{x}$，但加速度的测量会有很大噪声，而且还可能为零，因此该方法在实际中无法应用。具体的估计器设计方法将在 8.4 节在线参数估计中展开，本节以最小二乘估计为例说明自校正控制的基本概念。

例 8-2　与例 8-1 中相同的问题，采用同样的极点配置控制器，但采用估计器来估计系统未知参数。

设利用估计参数得到的模型预测误差为 $e(t) = \hat{m}(t)\ddot{x}(t) - u(t)$，则根据历史数据，得到总的预测误差：

$$J = \int_0^t e^2(r)\mathrm{d}r \tag{8-10}$$

最小二乘估计的思想是选择最优的估计使总的预测误差最小，即通过 $\partial J / \partial \hat{m} = 0$，可求得最优的参数估计值：

$$\hat{m} = \frac{\int_0^t wu\mathrm{d}r}{\int_0^t w^2\mathrm{d}r}, \quad w = \ddot{x} \tag{8-11}$$

使总预测误差最小化的估计方法具有平滑噪声影响的优点，而且也避免了加速度为零时无法应用的弊端。

此外，为了提高计算效率，需要采用一种迭代计算的方法。首先定义估计增益：

$$P(t) = \frac{1}{\int_0^t w^2\mathrm{d}r} \tag{8-12}$$

估计增益的迭代更新可通过对式(8-13)数值积分计算：

$$\frac{\mathrm{d}}{\mathrm{d}t}(P^{-1}) = w^2 \tag{8-13}$$

将式(8-12)代入式(8-11)并微分，有 $P^{-1}\hat{m} = \int_0^t wu\mathrm{d}r$，对其求导，得到

$$\dot{\hat{m}} = -P(t)(w^2\hat{m} - wu) = -P(t)we \tag{8-14}$$

式(8-14)同样通过数值积分迭代计算。式(8-13)、式(8-14)构成最小二乘参数估计方程。

在自校正控制中，控制器和估计器是分开的，估计器独立于控制器，具有较好的灵活性。

8.1.3　自适应控制器设计方法

自适应控制器的核心是对系统未知参数的自适应机制，并产生了新的设计要求，即需要分析自适应控制系统的稳定性，因此，自适应控制器的设计包括以下三个步骤。

(1) 选择含有变化参数的控制规律。

(2) 选择校正这些参数的自适应规律。

(3) 分析自适应系统的收敛特性。

无论是模型参考自适应控制还是自校正控制，共同的特点是都具有实现控制的内回路和实现参数估计的外回路，因此可以考虑一个统一的框架按上述步骤设计自适应控制器。但二者又有不同，对于模型参考自适应控制，其目标是使被控对象输出与参考模型输出之间的跟踪误差最小，控制律和自适应律的设计相对复杂，但可以通过李雅普诺夫稳定性理论实现控制律和自适应律的设计，如例 8-1 中的设计等，因此可以说模型参考自适应控制的稳定性和跟踪误差收敛性通常是可以保证的，例如，下面的引理对模型参考自适应控制具有很好的指导意义。

引理 8-1　考虑两个信号 e、$\boldsymbol{\varphi}$，它们之间满足如式(8-15)所示的动态关系：

$$e(t)=H(p)[k\boldsymbol{\varphi}^{\mathrm{T}}(t)\boldsymbol{v}(t)] \tag{8-15}$$

式中，$e(t)$ 是标量输出信号；$H(p)$ 是严正实的线性系统传递函数；k 是符号已知的未知常数；$\boldsymbol{\varphi}(t)$ 是 m 维的向量函数；$\boldsymbol{v}(t)$ 是可以测量的 m 维向量。如果向量 $\boldsymbol{\varphi}(t)$ 服从如式(8-16)所示规律：

$$\dot{\boldsymbol{\varphi}}(t)=-\mathrm{sgn}(k)\gamma e\boldsymbol{v}(t) \tag{8-16}$$

式中，γ 是正常数。那么 $e(t)$ 和 $\boldsymbol{\varphi}(t)$ 全局有界，而且如果 $\boldsymbol{v}(t)$ 有界，那么当 $t\to\infty$ 时，$e(t)\to 0$。

证明：式(8-15)表示 $e(t)$ 是传递函数 $H(p)$ 对输入 $k\boldsymbol{\varphi}^{\mathrm{T}}(t)\boldsymbol{v}(t)$ 的响应，如果输入信号根据式(8-16)依赖于输出信号，则构成如图 8-4 所示的反馈系统。

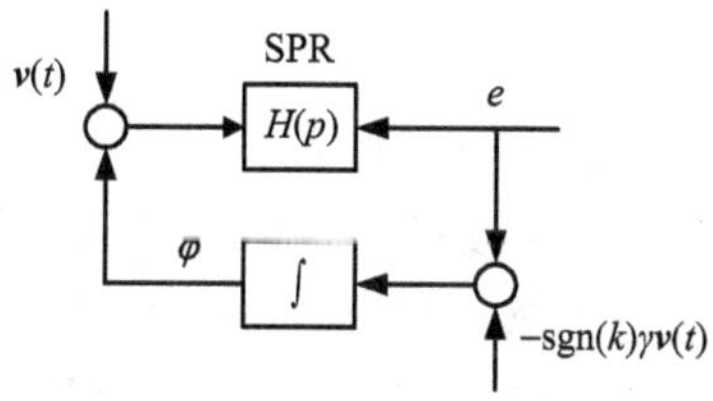

图 8-4　含有严正实传递函数的反馈系统

SPR 表示严正实(strictly positive real)

由传递函数可以得到状态空间的最小实现：

$$\begin{aligned}\dot{\boldsymbol{x}}&=\boldsymbol{A}\boldsymbol{x}+\boldsymbol{b}(k\boldsymbol{\varphi}^{\mathrm{T}}\boldsymbol{v})\\ e&=\boldsymbol{c}^{\mathrm{T}}\boldsymbol{x}\end{aligned} \tag{8-17}$$

由于传递函数是严正实的，根据 K-Y 引理，对给定的正定矩阵 $\boldsymbol{Q}$，存在正定矩阵 $\boldsymbol{P}$，使得

$$\begin{aligned} A^{\mathrm{T}}P + PA &= -Q \\ Pb &= c \end{aligned} \tag{8-18}$$

取正定函数：

$$V(x,\varphi) = x^{\mathrm{T}}Px + \frac{|k|}{\gamma}\varphi^{\mathrm{T}}\varphi \tag{8-19}$$

对其求导，得

$$\dot{V} = x^{\mathrm{T}}(PA + A^{\mathrm{T}}P)x + 2x^{\mathrm{T}}Pb(k\varphi^{\mathrm{T}}v) - 2\varphi^{\mathrm{T}}(kev) = -x^{\mathrm{T}}Qx \leqslant 0 \tag{8-20}$$

因此，闭环系统是全局稳定的，蕴含着 e、φ 全局有界。如果 $v(t)$ 有界，则由式(8-17)知 $\dot{x}$ 也有界，则 $\ddot{V} = -2xQ\dot{x}$ 有界，意味着 $\dot{V}$ 一致连续，由 Barbalat 引理，$e(t)$ 渐近地收敛到零。

例 8-1 中的系统满足引理 8-1 的条件，并采用了该引理中的参数自适应律。

对于自校正控制，其目标是通过更新系统参数使对系统输入、输出之间数据的拟合误差最小，它可以将不同的估计器和控制器耦合在一起，稳定性和收敛性是没有保证的，通常要求系统的信号足够丰富，才能使得参数的估计值收敛到真实值；如果系统信号不足，参数的估计值可能不会接近其真实值，系统的稳定性和收敛性便得不到保证。而对于模型参考自适应控制，不管信号充足与否，稳定性和收敛性通常是可以保证的。

8.2　线性系统的自适应控制

当线性系统存在不确定参数时，可以采用模型参考自适应控制提高系统的鲁棒性，因为系统参数适应律的非线性本质，线性系统的自适应控制仍属于非线性控制范畴。经过 20 世纪 60 ~80 年代的发展，形成了一些成熟的自适应控制器设计方法，下面将对主要方法进行介绍。

8.2.1　输出反馈自适应控制

1. 一阶系统的自适应控制

模型参考自适应控制中，保证控制系统稳定收敛的参数自适应律的设计要参考引理 8-1，即系统的传递函数必须是严正实的，一阶系统满足这一条件，因此可以直接应用引理 8-1 设计一阶系统的自适应控制器。另外，一阶系统也是普遍存在的，如温控系统、容器水位控制系统、汽车制动系统等都可以等效为一阶惯性系统，因此，一阶系统的自适应控制具有重要的实用价值。

考虑一阶线性系统：

$$\dot{y} = -a_p y + b_p u \tag{8-21}$$

假设系统参数 a_p、b_p 是未知的，期望的系统性能由参考模型描述：

$$\dot{y}_m = -a_m y_m + b_m r(t) \tag{8-22}$$

式中，a_m、b_m 为常数；$r(t)$ 为外部输入参考信号，其传递函数是严正实的：

$$y_m = Mr, \quad M = \frac{b_m}{p + a_m} \tag{8-23}$$

控制目标是使模型的跟踪误差 $y - y_m$ 渐近收敛到零。

1) 控制律的选择

采用输入前馈加输出反馈的控制律实现极点配置：

$$u = \hat{a}_r(t)r + \hat{a}_y(t)y \tag{8-24}$$

式中，$\hat{a}_r(t)$、$\hat{a}_y(t)$ 为时变增益，则闭环系统为

$$\dot{y} = -(a_p - \hat{a}_y b_p)y + \hat{a}_r b_p r(t) \tag{8-25}$$

当系统参数 a_p、b_p 已知时，时变增益可由固定增益替代：

$$a_r^* = \frac{b_m}{b_p}, \quad a_y^* = \frac{a_p - a_m}{b_p} \tag{8-26}$$

将式(8-25)中的 $\hat{a}_y$、$\hat{a}_r$ 分别用 a_y^*、a_r^* 代替，可实现模型精确跟踪：

$$\dot{y} = -a_m y + b_m r(t) \tag{8-27}$$

2) 自适应律的选择

当系统参数 a_p、b_p 未知时，定义参数误差：

$$\tilde{\boldsymbol{a}}(t) = \begin{bmatrix} \tilde{a}_r \\ \tilde{a}_y \end{bmatrix} = \begin{bmatrix} \hat{a}_r - a_r^* \\ \hat{a}_y - a_y^* \end{bmatrix} \tag{8-28}$$

则跟踪误差方程为

$$\begin{aligned} \dot{e} = \dot{y} - \dot{y}_m &= -a_m(y - y_m) + (a_m - a_p + b_p\hat{a}_y)y + (b_p\hat{a}_r - b_m)r \\ &= -a_m e + b_p(\tilde{a}_r r + \tilde{a}_y y) \end{aligned} \tag{8-29}$$

其传递函数形式为

$$e = \frac{b_p}{p + a_m}(\tilde{a}_r r + \tilde{a}_y y) = \frac{1}{a_r^*}M(\tilde{a}_r r + \tilde{a}_y y) \tag{8-30}$$

式(8-30)满足引理 8-1 的条件，因此可选择自适应律为

$$\begin{aligned} \dot{\hat{a}}_r &= -\mathrm{sgn}(b_p)\gamma e r \\ \dot{\hat{a}}_y &= -\mathrm{sgn}(b_p)\gamma e y \end{aligned} \tag{8-31}$$

由控制律和自适应律构成了自适应控制系统，其结构如图 8-5 所示。

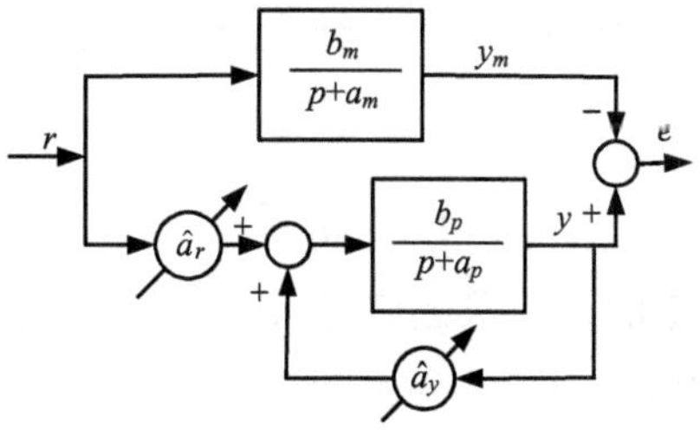

图 8-5　一阶系统模型参考自适应控制

例 8-3　考虑不稳定的一阶系统 $\dot{y}=y+3u$ ，其中 $a_p=-1$、$b_p=3$ ，在自适应控制器设计过程中，假设该参数是未知的，参考模型选为 $\dot{y}_m=-a_m y_m+b_m r$ ，其中 $a_m=4$、$b_m=4$ 。按式(8-24)和式(8-31)设计控制律和自适应律，控制器参数的预期值为 $a_r^*=b_m/b_p=4/3$, $a_y^*=(a_p-a_m)/b_p=-5/3$ ，其初值选为零，取自适应增益 $\gamma=2$ 。图 8-6 所示分别为参考输入 $r(t)=4$ 和 $r(t)=4\sin 3t$ 的仿真结果。

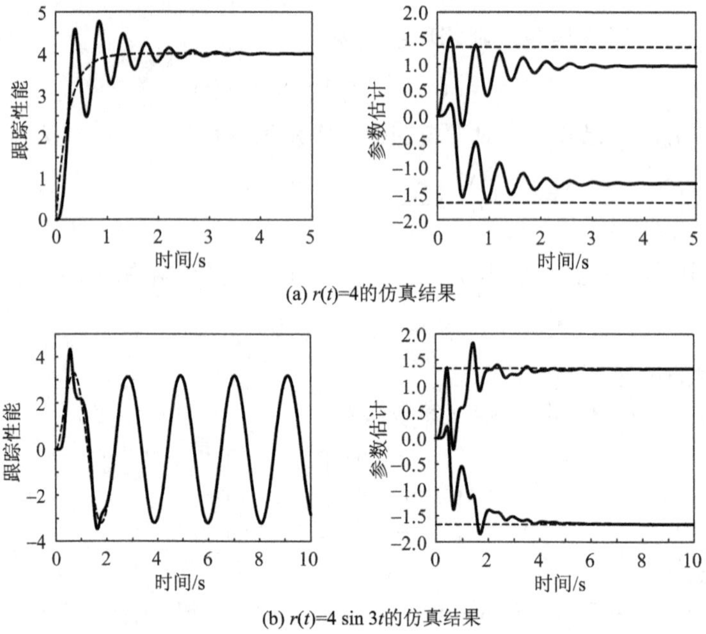

图 8-6　一阶系统自适应控制仿真结果

跟踪性能图中的实线和虚线,分别为自适应控制下的一阶系统和参考模型的仿真结果。参数估计图中的实线和虚线,分别为参数估计值和实际参数值。从仿真结果可见,当 $r(t)=4$ 时，跟踪误差收敛到零，但参数误差未收敛到真值；当 $r(t)=4\sin 3t$ 时，跟踪误差和参数误差均收敛到零。另外，曲线中的振荡与自适应增益的选择有关，增益过大会导致振荡，如果增益过小，则收敛速度会变慢。

3) 收敛性分析

首先分析跟踪误差的收敛性。选候选李雅普诺夫函数为

$$V(e,\boldsymbol{\varphi})=\frac{1}{2}e^2+\frac{1}{2\gamma}\left|b_p\right|(\tilde{a}_r^2+\tilde{a}_y^2) \tag{8-32}$$

对其求导，得

$$\dot{V}=-a_m e^2 \tag{8-33}$$

即自适应控制系统是全局稳定的，即保证信号 e、$\tilde{a}_r$、$\tilde{a}_y$ 均有界，蕴含了 $\dot{V}$ 一致连续，由 Barbalat 引理知 e 能够收敛到零，实现准确跟踪。

其次分析参数误差的收敛性。由仿真结果可知参数误差的收敛性随参考输入信号的不同而不同，即参考输入信号的性质与参数误差的收敛性之间存在某种关系，当参考输入信

号满足一定条件时，估计参数才会收敛到理想控制器参数，但参数误差收敛与否并不影响跟踪误差的收敛。

下面分析参数误差不收敛的原因。由式(8-30)可知，当 $\tilde{a}_r r + \tilde{a}_y y = 0$ 时，跟踪误差将收敛到零，这一条件可以写成如式(8-34)所示形式：

$$\boldsymbol{v}^{\mathrm{T}}(t)\tilde{\boldsymbol{a}} = 0, \quad \boldsymbol{v} = [r \ y]^{\mathrm{T}} \tag{8-34}$$

则参数误差收敛的问题转化为 $\tilde{\boldsymbol{a}}$ 具有唯一零解时向量 $\boldsymbol{v}$ 需满足的条件。当 $r(t)$ 为常值 r_0 时，$y(t)$ 有稳态解 $y(t) = y_m = \alpha r_0$，其中 α 为系统的直流增益，因此有

$$\tilde{a}_r + \alpha\tilde{a}_y = 0 \tag{8-35}$$

式(8-35)意味着参数误差将收敛于参数空间中的一条直线，而不是收敛到零，而且 $\tilde{a}_r$、$\tilde{a}_y$ 大小相等，但符号相反。

对于式(8-33)，如果向量 $\boldsymbol{v}$ 满足如式(8-36)所示条件：

$$\int_t^{t+T} \boldsymbol{v}\boldsymbol{v}^{\mathrm{T}}\mathrm{d}r \geqslant \alpha_1 \boldsymbol{I}, \quad t > 0 \tag{8-36}$$

将式(8-33)乘以 $\boldsymbol{v}$ 并在时间间隔 T 内积分，得

$$\int_t^{t+T} \boldsymbol{v}\boldsymbol{v}^{\mathrm{T}}\mathrm{d}r\tilde{\boldsymbol{a}} = 0 \tag{8-37}$$

如果信号 $\boldsymbol{v}$ 满足式(8-36)的条件，则有唯一解 $\tilde{\boldsymbol{a}} = 0$，条件(8-36)称为信号的持续激励(persistent excitation)条件。对于一阶系统，如果 $r(t)$ 至少包含一个正弦信号，就可以保证 $\boldsymbol{v}$ 是持续激励的，因此，例 8-3 中，当 $r(t) = 4\sin 3t$ 时，满足持续激励条件，参数误差会收敛到零；但当 $r(t) = 4$ 时，不满足持续激励条件，参数误差就无法收敛到零。

2. 高阶系统的自适应控制

高阶系统的传递函数可表示为

$$W_p(p) = k_p \frac{Z_p(p)}{R_p(p)} \tag{8-38}$$

式中，分子、分母多项式分别为

$$\begin{aligned} Z_p(p) &= b_0 + b_1 p + \cdots + b_{m-1}p^{m-1} + p^m \\ R_p(p) &= a_0 + a_1 p + \cdots + a_{n-1}p^{n-1} + p^n \end{aligned} \tag{8-39}$$

k_p 称为系统的高频增益，因为在高频段有 $|W(\mathrm{j}\omega)| \approx k_p / \omega^{n-m}$，该系统的相对阶为 $n-m$，即线性系统的相对阶定义为极点数和零点数的差。假设系统参数 a_i、b_i 和 k_p 都是未知的，但 k_p 的符号是已知的，这是为了提供自适应的方向。

设参考模型为

$$W_m(p) = k_m \frac{Z_m(p)}{R_m(p)} \tag{8-40}$$

其相对阶为 $n_m - m_m$，多项式 $Z_m(p)$、$R_m(p)$ 是首 1 互质 Hurwitz 多项式，即参考模型是最小相位的。为了能够实现完全跟踪，参考模型的相对阶必须大于或等于被控系统的相对阶，即 $n_m - m_m \geqslant n - m$，因为系统的相对阶越大，系统的时间滞后越大，这样能够保证被控系统比参考模型有更快的响应，从而实现完全跟踪。

1) 相对阶为 1 的高阶系统

考虑相对阶为 1 的高阶系统是为了保证引理 8-1 的条件能够满足，因为相对阶为 1 的高阶系统的传递函数是严正实的，这样可以直接参考该引理设计自适应律。

首先分析二阶系统，设被控系统和参考模型分别为

$$
\begin{aligned}
y &= \frac{k_p(p+b_p)}{p^2+a_{p1}p+a_{p2}}u \\
y_m &= \frac{k_m(p+b_m)}{p^2+a_{m1}p+a_{m2}}r
\end{aligned} \tag{8-41}
$$

为了实现零极点配置，采用如式(8-42)所示的控制律：

$$
u=-\alpha_1 z-\frac{\beta_1 p+\beta_2}{p+b_m}y+kr \tag{8-42}
$$

式中，$z=u/(p+b_m)$，即对输入 u 的滤波器输出。控制律中对输出 y 同样引入了动态，因为系统的输出只提供了系统状态的部分信息，所以为了能够实现零极点配置，控制器中必须引入动态，相当于状态观测器，而且系统必须是最小相位的，否则引入的动态是不稳定的。闭环系统的结构如图 8-7 所示。

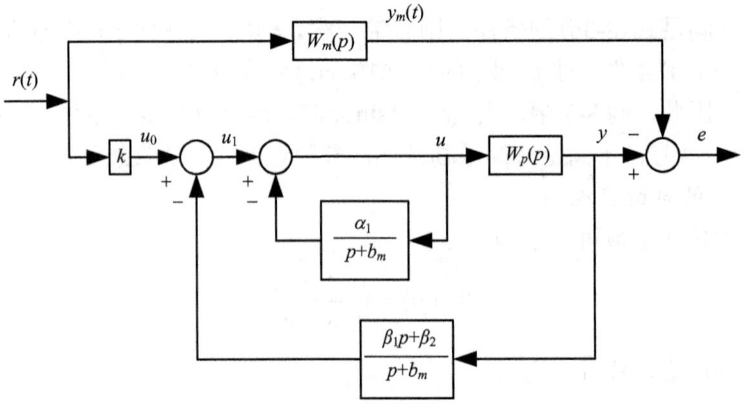

图 8-7　相对阶为 1 的二阶系统自适应控制

控制律中，α_1、β_1、β_2、k 为控制器参数，当模型参数已知时，可选取控制器参数如式(8-43)所示：

$$
\begin{aligned}
\alpha_1 &= b_p-b_m \\
\beta_1 &= \frac{a_{m1}-a_{p1}}{k_p} \\
\beta_2 &= \frac{a_{m2}-a_{p2}}{k_p} \\
k &= k_m/k_p
\end{aligned} \tag{8-43}
$$

则从参考信号 $r(t)$ 到系统输出 y 的闭环传递函数实现了零极点配置，具有与参考模型一致的零极点：

$$W_{ry}=\frac{k_m(p+b_m)}{p^2+a_{m1}p+a_{m2}}=W_m(p) \tag{8-44}$$

这是通过控制律中三个部分共同实现的。

(1) 第一部分 $\alpha_1 z$ 使系统的零点被参考模型的零点代替，即

$$W_{u_1,y}=\frac{p+b_m}{p+b_p}\frac{k_p(p+b_p)}{p^2+a_{p1}p+a_{p2}}=\frac{k_p(p+b_m)}{p^2+a_{p1}p+a_{p2}} \tag{8-45}$$

(2) 第二部分 $\frac{\beta_1 p+\beta_2}{p+b_m}y$ 把闭环系统的极点配置到参考模型极点的位置：

$$W_{u_0,y}=\frac{W_{u_1,y}}{1+W_f W_{u_1,y}}=\frac{k_p(p+b_m)}{p^2+(a_{p1}+\beta_1 k_p)p+(a_{p2}+\beta_2 k_p)} \tag{8-46}$$

(3) 第三部分 kr 将高频增益 k_p 用 k_m 代替。

上述控制律的设计思想可以推广到相对阶为 1 的任意阶系统，系统结构如图 8-8 所示。

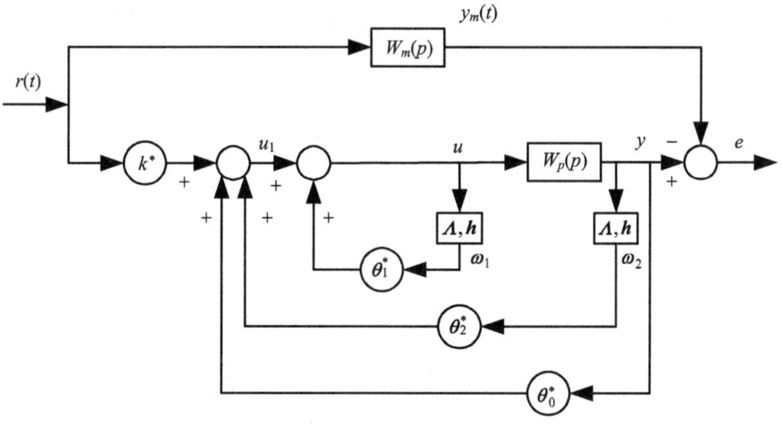

图 8-8　相对阶为 1 的高阶系统自适应控制

设系统的阶数为 n，则需要引入 $n-1$ 阶动态，记为 $(\boldsymbol{\Lambda},\boldsymbol{h})$，其中 $\boldsymbol{\Lambda}$ 是一个 $(n-1)\times(n-1)$ 矩阵，选择该矩阵的极点和多项式 $Z_m(p)$ 的根相同，即

$$\det[p\boldsymbol{I}-\boldsymbol{\Lambda}]=Z_m(p) \tag{8-47}$$

参考模型的最小相位特性保证动态 $\boldsymbol{\Lambda}$ 是稳定的，$\boldsymbol{h}$ 是使 $(\boldsymbol{\Lambda},\boldsymbol{h})$ 能控的常向量。例如，图 8-8 中的信号 $\boldsymbol{\omega}_1$、$\boldsymbol{\omega}_2$ 分别由以下滤波器产生：

$$\begin{aligned}\dot{\boldsymbol{\omega}}_1&=\boldsymbol{\Lambda}\boldsymbol{\omega}_1+\boldsymbol{h}u\\ \dot{\boldsymbol{\omega}}_2&=\boldsymbol{\Lambda}\boldsymbol{\omega}_2+\boldsymbol{h}y\end{aligned} \tag{8-48}$$

系统的控制输出为

$$u^*(t)=k^*r+\boldsymbol{\theta}_1^*\boldsymbol{\omega}_1+\boldsymbol{\theta}_2^*\boldsymbol{\omega}_2+\theta_0^*y \tag{8-49}$$

式中，k^*、$\boldsymbol{\theta}_1^*$、$\boldsymbol{\theta}_2^*$、θ_0^* 为系统参数已知时的理想控制器参数，其中 $\boldsymbol{\theta}_1^*$、$\boldsymbol{\theta}_2^*$ 为 $n-1$ 维，k^*、θ_0^* 为 1 维，共有 $2n$ 个参数，可实现完全跟踪，闭环系统输出为 $y=W_m r(t)$。

当系统参数未知时，控制器的参数也是未知的，可以通过自适应律提供时变的控制器

参数，此时控制律为

$$
\begin{aligned}
u(t)&=k(t)r+\boldsymbol{\theta}_1(t)\boldsymbol{\omega}_1+\boldsymbol{\theta}_2(t)\boldsymbol{\omega}_2+\theta_0 y=\boldsymbol{\theta}^{\mathrm{T}}(t)\boldsymbol{\omega}(t)\\
\boldsymbol{\theta}(t)&=[k(t)\ \boldsymbol{\theta}_1(t)\ \boldsymbol{\theta}_2(t)\ \theta_0(t)]^{\mathrm{T}}\\
\boldsymbol{\omega}(t)&=[r(t)\ \boldsymbol{\omega}_1(t)\ \boldsymbol{\omega}_2(t)\ y(t)]^{\mathrm{T}}
\end{aligned}
\tag{8-50}
$$

记$\boldsymbol{\theta}$的理想值为$\boldsymbol{\theta}^*$，参数误差为$\boldsymbol{\varphi}(t)=\boldsymbol{\theta}-\boldsymbol{\theta}^*$，则控制律(8-50)也可以写成：

$$
u(t)=\boldsymbol{\theta}^{\mathrm{T}}(t)\boldsymbol{\omega}(t)=(\boldsymbol{\theta}^*+\boldsymbol{\varphi}(t))^{\mathrm{T}}\boldsymbol{\omega}(t)=\boldsymbol{\theta}^{*\mathrm{T}}\boldsymbol{\omega}+\boldsymbol{\varphi}^{\mathrm{T}}(t)\boldsymbol{\omega} \tag{8-51}
$$

式中，第一项与已知参数条件下的控制律相同，能够实现完全跟踪，即$y_m=W_m(p)r$；第二项可以视为外部信号。闭环系统结构如图8-9所示。此时系统输出为

$$
y(t)=W_m(p)r+W_m(p)(\boldsymbol{\varphi}^{\mathrm{T}}(t)\boldsymbol{\omega}/k^*) \tag{8-52}
$$

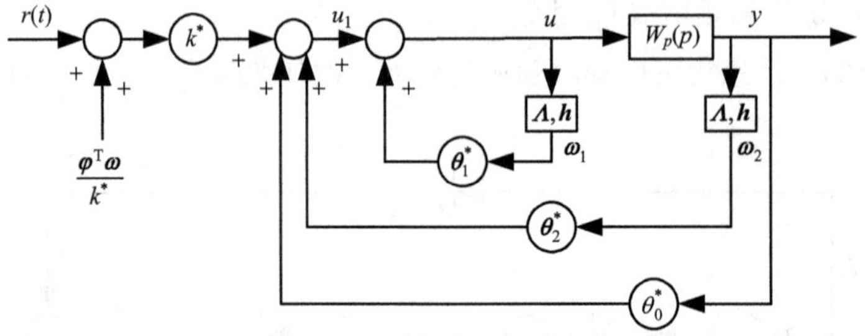

图 8-9 时变增益控制系统

因此得到跟踪误差与参数误差的关系：

$$
e(t)=W_m(p)\left(\boldsymbol{\varphi}^{\mathrm{T}}(t)\boldsymbol{\omega}/k^*\right) \tag{8-53}
$$

式(8-53)满足引理8-1的条件，可根据该引理设计自适应律：

$$
\dot{\boldsymbol{\theta}}=-\mathrm{sgn}(k_p)\gamma e(t)\boldsymbol{\omega}(t) \tag{8-54}
$$

利用引理8-1可以证明上述自适应控制系统的跟踪误差渐近地收敛到零。

2)相对阶大于1的高阶系统

如果直接利用式(8-49)所示的控制律作用于相对阶大于1的高阶系统，则如图8-9所示的闭环系统等效于一个相对阶为1的高阶系统，将与相对阶大于1的高阶参考模型存在差异，即闭环系统与参考模型相比增加了零点的数量，需要通过控制器参数的设计消除多余的零点。

以相对阶为2的二阶系统为例，被控对象和参考模型分别为

$$
\begin{aligned}
y&=\frac{k_p u}{p^2+a_{p1}p+a_{p2}}\\
y_m&=\frac{k_m r}{p^2+a_{m1}p+a_{m2}}
\end{aligned}
\tag{8-55}
$$

采用与前面介绍的相同的控制结构，只需将图8-7中的动态滤波器参数b_m用正数λ_0代替，控制器结构如图8-10所示，因为参考模型中没有该零点，λ_0是控制器配置的多余的零点。

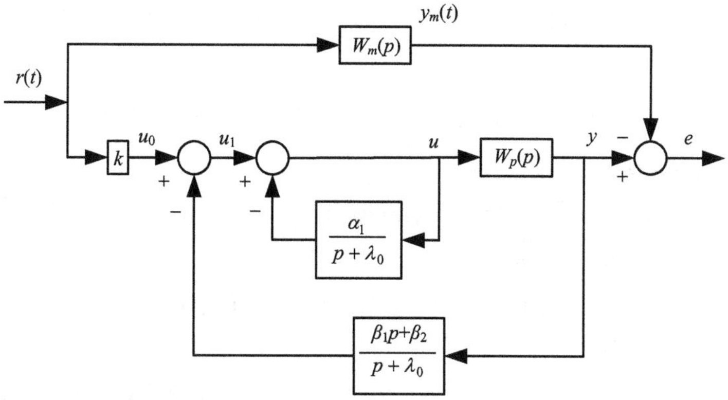

图 8-10　相对阶为 2 的二阶系统自适应控制

闭环系统的传递函数为

$$
\begin{aligned}
W_{ry} &= k\frac{\dfrac{p+\lambda_0}{p+\lambda_0+\alpha_1}\dfrac{k_p}{p^2+a_{p1}p+a_{p2}}}{1+\dfrac{p+\lambda_0}{p+\lambda_0+\alpha_1}\dfrac{\beta_1 p+\beta_2}{p+\lambda_0}\dfrac{k_p}{p^2+a_{p1}p+a_{p2}}} \\
&= \frac{kk_p(p+\lambda_0)}{(p+\lambda_0+\alpha_1)(p^2+a_{p1}p+a_{p2})+k_p(\beta_1 p+\beta_2)}
\end{aligned}
\tag{8-56}
$$

通过控制器参数的选择，分母多项式具有如式(8-57)所示形式：

$$
(p+\lambda_0+\alpha_1)(p^2+a_{p1}p+a_{p2})+k_p(\beta_1 p+\beta_2)=(p+\lambda_0)(p^2+a_{m1}p+a_{m2}) \tag{8-57}
$$

并取 $k=k_m/k_p$，则可消除多余的零点，实现理想跟踪。

通过等式(8-57)两边关于 p 的同幂次项系数相等条件，可得唯一的控制器参数为

$$
\begin{aligned}
\alpha_1 &= a_{m1}-a_{p1} \\
\beta_1 &= \frac{\lambda_0 a_{m1}+am_2-\lambda_0 a_{p1}-a_{m1}a_{p1}+a_{p1}^2-a_{p2}}{k_p} \\
\beta_2 &= \frac{\lambda_0 a_{m2}-(\lambda_0-a_{m1}-a_{p1})a_{p2}}{k_p}
\end{aligned}
\tag{8-58}
$$

将上述方法应用于一般的相对阶大于 1 的高阶系统时，仍采用 $n-1$ 维的动态滤波器，由于多项式 $Z_m(p)$ 的阶数小于 $n-1$，同样会产生多余的零点，此时可以设计动态滤波器的分母多项式具有如式(8-59)所示的形式：

$$
\lambda(p)=\det[p\boldsymbol{I}-\boldsymbol{\Lambda}]=Z_m(p)\lambda_1(p) \tag{8-59}
$$

式中，$\lambda_1(p)$ 是 $n-1-m$ 阶多项式，代表控制器配置的多余零点。

记控制器前馈部分 u/u_1 的传递函数为 $\lambda(p)/(\lambda(p)+C(p))$，反馈部分的传递函数为 $D(p)/\lambda(p)$，其中多项式 $C(p)$ 中包含参数 $\boldsymbol{\theta}_1$，多项式 $D(p)$ 中包含参数 θ_0 和 $\boldsymbol{\theta}_2$，则闭环系统的传递函数为

$$
W_{ry}=\frac{kk_pZ_p\lambda_1(p)Z_m(p)}{R_p(p)(\lambda(p)+C(p))+k_pZ_pD(p)} \tag{8-60}
$$

现在的问题是如何选择控制器参数 k、θ_0、$\boldsymbol{\theta}_1$、$\boldsymbol{\theta}_2$，使得上面的传递函数恰好等于 $W_m(p)$，即等价于：

$$R_p(p)(\lambda(p)+C(p))+k_p Z_p D(p)=\lambda_1 Z_p R_m(p) \tag{8-61}$$

下面的引理能够保证问题的解决。

引理 8-2 设 $A(p)$ 和 $B(p)$ 分别是 n_1 和 n_2 多项式，如果 $A(p)$ 和 $B(p)$ 是互质的，那么存在多项式 $M(p)$ 和 $N(p)$，使得

$$A(p)M(p)+B(p)N(p)=A^*(p) \tag{8-62}$$

式中，$A^*(p)$ 是任意多项式。

应用该引理，将 $R_p(p)$ 看作引理中的 $A(p)$，$k_p Z_p$ 看作 $B(p)$，$\lambda_1 Z_p R_m(p)$ 看作 $A^*(p)$，则存在多项式 $\lambda(p)+C(p)$ 和 $D(p)$，使得式(8-61)成立，即意味着存在适当的控制器参数 $k=k^*$、$\theta_0=\theta_0^*$、$\boldsymbol{\theta}_1=\boldsymbol{\theta}_1^*$、$\boldsymbol{\theta}_2=\boldsymbol{\theta}_2^*$，实现理想跟踪。

接下来的问题是当系统参数未知时，控制器参数的自适应律如何设计，由于 $W_m(p)$ 的相对阶不是 1，不满足 $W_m(p)$ 严正实的条件，不能用引理 8-1 设计参数自适应律。

以相对阶为 2 的二阶系统为例，可以先使参考输入 $r(t)$ 进入稳定滤波器 $1/(p+\sigma)$，则参考模型变为

$$W_{m1}(p)=(p+\sigma)W_m(p)=k_m\frac{(p+\sigma)Z_m(p)}{R_m(p)} \tag{8-63}$$

系统结构如图 8-11 所示，新参考模型的相对阶是 1，满足引理 8-1，则可以按引理 8-1 设计参数自适应律，即采用式(8-54)所示的自适应律，此时信号 $\boldsymbol{\omega}(t)$ 变为 $\boldsymbol{\omega}(t)=[r(t)/(p+\sigma)\ \boldsymbol{\omega}_1(t)\cdot\boldsymbol{\omega}_2(t)\ y(t)]^{\mathrm{T}}$。

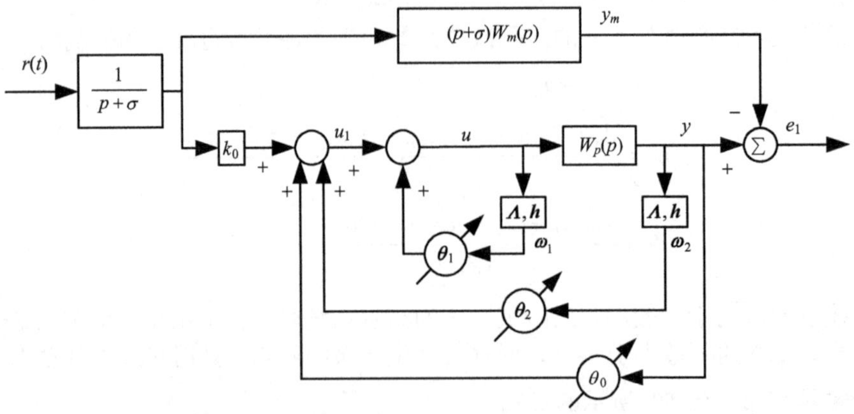

图 8-11　相对阶为 2 的二阶系统自适应控制

具有高相对阶的高阶系统也可以按此方法进行自适应控制器设计，此时参考输入 $r(t)$ 的稳定滤波器的阶次需要提高。该方法也称为增广误差方法，首先定义辅助误差 $\eta(t)$：

$$\eta(t)=\boldsymbol{\theta}^{\mathrm{T}}(t)W_m(p)[\boldsymbol{\omega}(t)]-W_m(p)(\boldsymbol{\theta}^{\mathrm{T}}(t)\boldsymbol{\omega}(t)) \tag{8-64}$$

辅助误差的存在是由于参数估计的时变性，当参数收敛时，有

$$\boldsymbol{\theta}^{*\mathrm{T}}(t)W_m(p)[\boldsymbol{\omega}(t)]-W_m(p)(\boldsymbol{\theta}^{*\mathrm{T}}(t)\boldsymbol{\omega}(t))=0 \tag{8-65}$$

这也意味着式(8-64)可以改写成式(8-66)：

$$\eta(t)=\boldsymbol{\varphi}^{\mathrm{T}}(t)W_m(\boldsymbol{\omega})-W_m(\boldsymbol{\varphi}^{\mathrm{T}}\boldsymbol{\omega}) \tag{8-66}$$

可将参考模型分为两个部分 $W_{m1}(\boldsymbol{\varphi})$、$W_{m2}(\boldsymbol{\omega})$，其中 $W_{m1}(\boldsymbol{\varphi})$ 的相对阶为 1，则式(8-66)可改写为

$$\begin{aligned}\eta(t)&=W_{m1}(\boldsymbol{\varphi})W_{m2}(\boldsymbol{\omega})-W_m(\boldsymbol{\varphi}^{\mathrm{T}}\boldsymbol{\omega})\\&=W_{m1}(\boldsymbol{\theta})W_{m2}(\boldsymbol{\omega})-W_{m1}(\boldsymbol{\theta}^*)W_{m2}(\boldsymbol{\omega})-W_m(\boldsymbol{\theta}^{\mathrm{T}}\boldsymbol{\omega})+W_m(\boldsymbol{\theta}^{*\mathrm{T}}\boldsymbol{\omega})\\&=W_{m1}(\boldsymbol{\theta})W_{m2}(\boldsymbol{\omega})-W_m(\boldsymbol{\theta}^{\mathrm{T}}\boldsymbol{\omega})\end{aligned} \tag{8-67}$$

其次定义增广误差 $\varepsilon(t)$ 为跟踪误差和辅助误差的组合：

$$\begin{aligned}\varepsilon(t)&=e(t)+\eta(t)=W_m(\boldsymbol{\varphi}^{\mathrm{T}}\boldsymbol{\omega})+W_{m1}(\boldsymbol{\theta})W_{m2}(\boldsymbol{\omega})-W_m(\boldsymbol{\theta}^{\mathrm{T}}\boldsymbol{\omega})\\&=W_m(\boldsymbol{\theta}^{\mathrm{T}}\boldsymbol{\omega})-W_m(\boldsymbol{\theta}^{*\mathrm{T}}\boldsymbol{\omega})+W_{m1}(\boldsymbol{\theta})W_{m2}(\boldsymbol{\omega})-W_m(\boldsymbol{\theta}^{\mathrm{T}}\boldsymbol{\omega})\\&=-W_{m1}(\boldsymbol{\theta}^*)W_{m2}(\boldsymbol{\omega})+W_{m1}(\boldsymbol{\theta})W_{m2}(\boldsymbol{\omega})\\&=W_{m1}(\boldsymbol{\varphi})W_{m2}(\boldsymbol{\omega})=W_{m1}(\boldsymbol{\varphi}^{\mathrm{T}}\overline{\boldsymbol{\omega}})\end{aligned} \tag{8-68}$$

式中，$\overline{\boldsymbol{\omega}}=W_{m2}(\boldsymbol{\omega})$，即为需要的高阶滤波器。$W_{m1}(p)$ 的相对阶为 1，可用引理 8-1 设计自适应律：

$$\dot{\boldsymbol{\theta}}=-\operatorname{sgn}(k_p)\gamma\varepsilon(t)\overline{\boldsymbol{\omega}}(t) \tag{8-69}$$

此外，也可以利用系统辨识的方法设计自适应律，此时可定义增广误差为

$$\varepsilon(t)=e(t)+\alpha(t)\eta(t) \tag{8-70}$$

式中，$\alpha(t)$ 是由自适应律确定的时变参数。注意，$\alpha(t)$ 不是控制器参数，只是用来形成增广误差。$\alpha(t)$ 可以写成如式(8-71)所示的形式：

$$\alpha(t)=\frac{1}{k^*}+\alpha(t)-\frac{1}{k^*}=\frac{1}{k^*}+\varphi_a(t) \tag{8-71}$$

将式(8-53)、式(8-71)代入式(8-70)，可得

$$\varepsilon(t)=\frac{1}{k^*}\boldsymbol{\varphi}^{\mathrm{T}}(t)\underline{\boldsymbol{\omega}}+\varphi_\alpha\eta(t),\quad \underline{\boldsymbol{\omega}}=W_m(p)\boldsymbol{\omega} \tag{8-72}$$

式(8-72)意味着增广误差可由参数误差 $\boldsymbol{\varphi}(t)$ 和 φ_α 线性参数化，是系统辨识中的标准形式，可以通过系统辨识方法实现参数的辨识。例如，用梯度法实现参数的自适应律：

$$\begin{aligned}\dot{\boldsymbol{\theta}}&=-\frac{\operatorname{sgn}(k_p)\gamma\varepsilon\underline{\boldsymbol{\omega}}}{1+\underline{\boldsymbol{\omega}}^{\mathrm{T}}\underline{\boldsymbol{\omega}}}\\\dot{\alpha}&=-\frac{\gamma\varepsilon\eta}{1+\underline{\boldsymbol{\omega}}^{\mathrm{T}}\underline{\boldsymbol{\omega}}}\end{aligned} \tag{8-73}$$

该方法将在 8.4 节详细介绍。

8.2.2　状态反馈自适应控制

考虑 n 阶相伴型线性系统：

$$a_ny^{(n)}+a_{n-1}y^{(n-1)}+\cdots+a_0y=u \tag{8-74}$$

假设状态分量 $y,\dot{y},\cdots,y^{(n-1)}$ 都是可测量的，系数 $\boldsymbol{a}=[a_n\ \cdots\ a_1\ a_0]^{\mathrm{T}}$ 是未知的，但 a_n 的符

号是已知的。

控制的目标是使得系统输出 y 跟踪下面稳定的参考模型的响应：

$$\alpha_n y_m^{(n)} + \alpha_{n-1} y_m^{(n-1)} + \cdots + \alpha_0 y_m = r(t) \tag{8-75}$$

式中，$r(t)$ 为有界的参考输入信号。

1. 控制律的设计

首先定义一个信号 $z(t)$：

$$z(t) = y_m^{(n)} - \beta_{n-1} e^{(n-1)} - \cdots - \beta_0 e \tag{8-76}$$

式中，$e = y - y_m$ 为跟踪误差；$\beta_0, \cdots, \beta_{n-1}$ 为使得 $p^n + \beta_{n-1} p^{n-1} + \cdots + \beta_0$ 是稳定的 Hurwitz 多项式。

在被控对象(8-75)的两边加上 $-a_n z(t)$ 并整理，将被控对象方程改写为

$$a_n[y^{(n)} - z] = u - a_n z - a_{n-1} y^{(n-1)} - \cdots - a_0 y \tag{8-77}$$

选择控制律为

$$a_n[y^{(n)} - z] = u - a_n z - a_{n-1} y^{(n-1)} - \cdots - a_0 y \tag{8-78}$$

式中，$\hat{\boldsymbol{a}}(t) = [\hat{a}_n \cdots \hat{a}_0]^{\mathrm{T}}$ 为估计参数向量；$\boldsymbol{v} = [z\ y^{(n-1)} \cdots y]^{\mathrm{T}}$ 为可测量的。式(8-78)为标准的极点配置控制器，使跟踪误差满足收敛的动态方程：

$$a_n[e^{(n)} + \beta_{n-1} e^{(n-1)} + \cdots + \beta_0 e] = \boldsymbol{v}^{\mathrm{T}}(t) \tilde{\boldsymbol{a}}(t) \tag{8-79}$$

式中，$\tilde{\boldsymbol{a}} = \hat{\boldsymbol{a}} - \boldsymbol{a}$ 为控制器参数误差。当参数误差为零时，跟踪误差将收敛到零。

2. 自适应律的设计

将闭环系统动态方程(8-78)改写为状态方程的形式，有

$$\begin{aligned} \dot{\boldsymbol{x}} &= \boldsymbol{A}\boldsymbol{x} + \boldsymbol{b}((1/a_n)\boldsymbol{v}^{\mathrm{T}}\hat{\boldsymbol{a}}) \\ e &= \boldsymbol{c}\boldsymbol{x} \end{aligned} \tag{8-80}$$

式中

$$\boldsymbol{A} = \begin{bmatrix} 0 & 1 & 0 & \cdots & 0 \\ 0 & 0 & 1 & \cdots & 0 \\ \vdots & \vdots & \vdots & & \vdots \\ 0 & 0 & 0 & \cdots & 1 \\ -\beta_0 & -\beta_1 & -\beta_2 & \cdots & -\beta_{n-1} \end{bmatrix}, \quad \boldsymbol{b} = \begin{bmatrix} 0 \\ 0 \\ \vdots \\ 0 \\ 1 \end{bmatrix}, \quad \boldsymbol{c} = [1 \quad 0 \cdots 0] \tag{8-81}$$

考察候选李雅普诺夫函数：

$$V(\boldsymbol{x}, \tilde{\boldsymbol{a}}) = \boldsymbol{x}^{\mathrm{T}} \boldsymbol{P} \boldsymbol{x} + \tilde{\boldsymbol{a}}^{\mathrm{T}} \boldsymbol{\Gamma}^{-1} \tilde{\boldsymbol{a}} \tag{8-82}$$

式中，$\boldsymbol{P}$、$\boldsymbol{\Gamma}$ 为对称正定常数矩阵，且对于给定 $\boldsymbol{Q}$、$\boldsymbol{P}$，满足：

$$\boldsymbol{P}\boldsymbol{A} + \boldsymbol{A}^{\mathrm{T}}\boldsymbol{P} = -\boldsymbol{Q}, \quad \boldsymbol{Q} = \boldsymbol{Q}^{\mathrm{T}} > 0 \tag{8-83}$$

计算导数 $\dot{V}$，得

$$\dot{V} = -\boldsymbol{x}^{\mathrm{T}}\boldsymbol{Q}\boldsymbol{x} + 2\tilde{\boldsymbol{a}}^{\mathrm{T}}\boldsymbol{v}\boldsymbol{b}^{\mathrm{T}}\boldsymbol{P}\boldsymbol{x} + 2\tilde{\boldsymbol{a}}^{\mathrm{T}}\boldsymbol{\Gamma}^{-1}\dot{\tilde{\boldsymbol{a}}} \tag{8-84}$$

因此，可取参数的自适应律为

$$\dot{\hat{\boldsymbol{a}}} = -\boldsymbol{\Gamma}\boldsymbol{v}\boldsymbol{b}^{\mathrm{T}}\boldsymbol{P}\boldsymbol{x} \tag{8-85}$$

该自适应律可以保证系统稳定，即有

$$\dot{V} = -\boldsymbol{x}^{\mathrm{T}} \boldsymbol{Q} \boldsymbol{x} \tag{8-86}$$

用 Barbalat 引理容易证明 $\boldsymbol{x}$ 的收敛性，即 e 和其各阶导数都趋于零，也可以证明参数收敛的条件是向量 $\boldsymbol{v} = [z\ y^{(n-1)}\ \cdots\ y]^{\mathrm{T}}$ 的持续激励条件。

上述自适应控制器设计过程也说明李雅普诺夫稳定性理论成为自适应控制器设计的有力工具，推动了自适应控制理论的发展。

8.2.3 自适应控制的鲁棒性分析

前面的自适应控制器设计过程均是在假定除了参数不确定外没有其他不确定性因素的条件下实现的，但在实际中，还存在其他类型的非参数不确定性，如未建模高频动态和未建模低频动态等。高频动态主要包括执行器动态和结构振动等，低频动态主要包括干摩擦阻尼和静摩擦等。另外，非参数不确定性还有量测噪声和计算误差等。

一般情况下，系统的非参数不确定性是不可避免的，这些因素通常会降低自适应控制系统的性能，因此必须采取必要的手段降低其影响。

例 8-4　假设实际系统的传递函数为

$$y = \frac{2}{p+1} \frac{229}{p^2 + 30p + 229} u \tag{8-87}$$

自适应控制器设计过程只考虑标称模型：

$$H_0(p) = \frac{k_p}{p + a_p} \tag{8-88}$$

设参考模型为

$$M(p) = \frac{k_m}{p + a_m} = \frac{3}{p+3} \tag{8-89}$$

即自适应控制器设计过程中忽略了二阶高频动态，此外系统中还包含量测误差 $n(t)$，假设量测误差为 $n(t) = 0.5\sin(16.1t)$。自适应控制系统结构如图 8-12 所示。

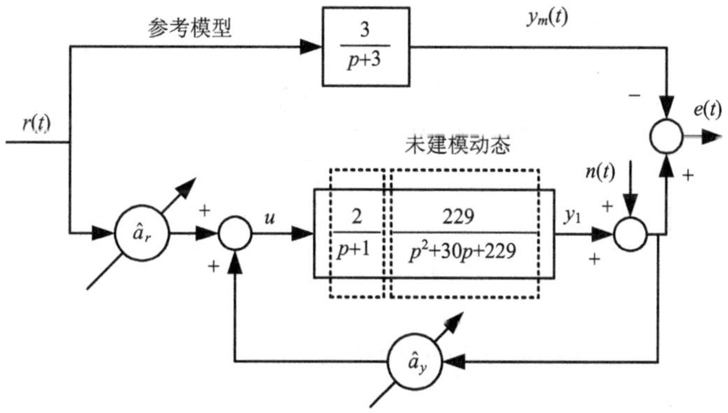

图 8-12　带有未建模动态和量测误差的自适应控制

对于参考输入 $r(t) = 2$，图 8-13 给出了自适应控制的结果。可以看到，当 $y(t)$ 刚开始收敛到 $y = 2$ 时，由于非参数不确定性的存在，输出出现小的振荡，最后发散到无穷。参数也是先发生缓慢漂移，然后突然剧烈发散。

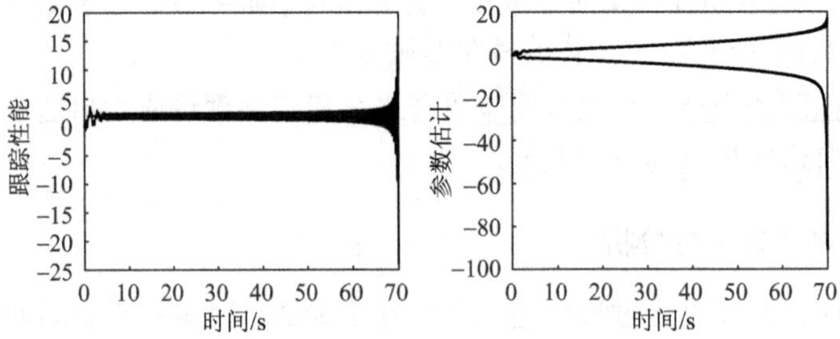

图 8-13　失稳和参数漂移

上述失稳现象的发生可以从以下两点加以解释。

(1) 对于常值参考输入，其包含的参数信息是不充分的，也就是不满足持续激励条件，因此参数自适应机制很难从噪声中区分参数信息，结果是参数沿着能够使跟踪误差保持很小的方向漂移，同时也造成闭环系统极点的移动。当极点进入复平面的右半部分后，整个系统变成不稳定的。

(2) 当自适应增益或参考输入非常大时，自适应变得非常快，造成估计参数剧烈振荡。当振荡进入未建模动态的频率范围内时，会激活未建模动态，从而可能导致系统不稳定。

为提高控制系统的鲁棒性，可以对自适应控制策略采取一些必要的改进措施，其中最简单的方法是采用死区的方法，即当跟踪误差较小时，关闭自适应机制：

$$\dot{\hat{\boldsymbol{a}}} = \begin{cases} -\gamma \boldsymbol{v} e, & |e| > \varDelta \\ 0, & |e| < \varDelta \end{cases} \tag{8-90}$$

图 8-14 所示为死区 $\varDelta = 0.7$ 时的仿真结果，跟踪性能图中的实线和虚线，分别为自适应控制下的系统和参考模型的仿真结果。参数估计图中的实线和虚线，分别为参数估计值和实际参数值。可见参数估计和跟踪误差都能够稳定，很大程度上降低了干扰的影响。

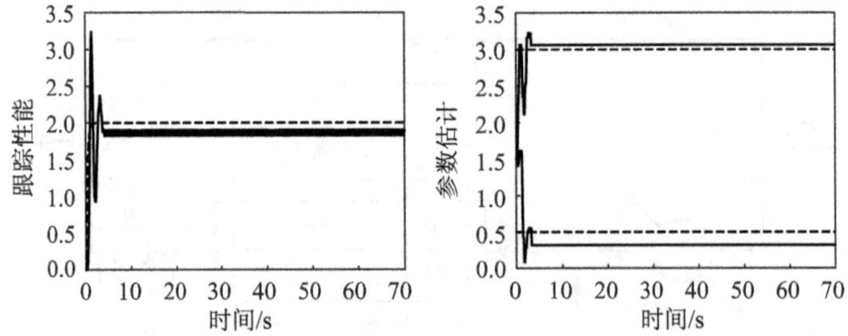

图 8-14　具有死区的自适应控制仿真结果

另外，回归器替代方法也能够降低非参数不确定性的影响。例如，在存在量测噪声的情况下，测量的输出和误差分别变为 $y = y_1 + n$ 和 $e = y_1 + n - y_m$，则参数 $\hat{a}_y$ 的自适应律变为

$$
\begin{aligned}
\dot{\hat{a}}_y &= -\operatorname{sgn}(h)\gamma e y = -\operatorname{sgn}(h)\gamma(y_1+n-y_m)(y_1+n) \\
&= -\operatorname{sgn}(h)\gamma[(y_1-y_m)y_1+n(2y_1-y_m)+n^2]
\end{aligned} \tag{8-91}
$$

式中，第一项真正包含参数的信息；第二项有被平均掉的趋势；第三项正是使参数发生漂移的原因。注意到了这一点，回归器替代方法中回归的含义是指在自适应律中用不受量测噪声影响的参考模型的输出 y_m 替代实际系统的输出 y，因此自适应律就不会受到量测噪声的影响。

8.3　非线性系统的自适应控制

非线性系统自适应控制没有相对成熟的理论，但是对于几类可参数化的非线性系统，自适应控制发展的比较成功。非线性系统的参数化问题可分为线性参数化和非线性参数化两种，线性参数化意味着可反馈线性化的非线性系统，或者系统对状态和输入是非线性的，而对未知参数是线性的非线性系统。非线性参数化的非线性系统的自适应控制研究存在一定的难度，但非线性参数化问题存在于许多实际控制问题中。

8.3.1　线性参数化非线性系统自适应控制

考虑 n 阶相伴型非线性系统：

$$
y^{(n)}+\sum_{i=1}^{n}\alpha_i f_i(\boldsymbol{x},t)=bu \tag{8-92}
$$

式中，$\boldsymbol{x}=\left[y\ \dot{y}\cdots y^{(n-1)}\right]^{\mathrm{T}}$ 为系统状态向量，假设是可以测量的；$f_i(\boldsymbol{x},t)$ 为已知的非线性函数；参数 α_i、b 为不确定常数，b 的符号是已知的。这类系统是普遍存在的，如具有非线性摩擦和非线性阻尼的质量-弹簧系统模型：

$$
m\ddot{x}+cf_1(\dot{x})+kf_2(x)=u \tag{8-93}
$$

对于这类可反馈线性化的系统，前面介绍的线性系统自适应控制器设计方法也可以推广到该类非线性系统。

例 8-5　一阶非线性系统的自适应控制。设系统模型为

$$
\dot{y}=-a_p y-c_p f(y)+b_p u \tag{8-94}
$$

式中，$f(y)$ 为任意的已知非线性函数；a_p、c_p、b_p 为未知参数。参考模型采用如式(8-22)所示的一阶线性模型。

采用如式(8-95)所示的控制律：

$$
u=\hat{a}_y y+\hat{a}_f f(y)+\hat{a}_r r \tag{8-95}
$$

控制律中的第二项用来自适应抵消系统中的非线性项，实现反馈线性化。

将控制律代入系统模型，得到闭环系统的跟踪误差方程为

$$
\dot{e}=\frac{1}{k_r^*}M(\tilde{a}_y y+\tilde{a}_f f(y)+\tilde{a}_r r) \tag{8-96}
$$

式中，$\tilde{a}_f$ 定义为 $\tilde{a}_f=\hat{a}_f-c_p/b_p$。

由于$M(p)$是严正实的，因此可设计自适应律为

$$\begin{aligned}\dot{\hat{a}}_y &= -\text{sgn}(b_p)\gamma ey \\ \dot{\hat{a}}_f &= -\text{sgn}(b_p)\gamma ef \\ \dot{\hat{a}}_r &= -\text{sgn}(b_p)\gamma er\end{aligned} \tag{8-97}$$

可以证明闭环系统跟踪误差趋于零，且参数误差有界，收敛于三维参数空间中的一条直线：

$$r_0\tilde{a}_r + \tilde{a}_y(\alpha r_0) + \tilde{a}_f f(\alpha r_0) = 0 \tag{8-98}$$

只有当信号$\boldsymbol{v} = [r(t)\ y(t)\ f(y)]^{\mathrm{T}}$满足持续激励条件时，参数才能收敛到真实值。一般来说，对于线性系统，m个参数的收敛估计需要在参考输入中至少有$m/2$个正弦函数；但对于非线性系统，没有这种简单的关系，因为系统的非线性项通常会产生更多的频率信号，如平方非线性函数或产生倍频信号等，所以不知道参考输入中需要多少正弦信号才能够保证$\boldsymbol{v} = [r(t)\ y(t)\ f(y)]^{\mathrm{T}}$是持续激励的。

例如，对于一阶非线性系统$\dot{y} = y + y^2 + bu$，参考模型为$\dot{y}_m = -4y_m + 4r$，当$r(t) = 4$时，仿真结果如图 8-15(a)所示。其中跟踪性能图中的实线和虚线，分别为自适应控制下的一阶系统和参考模型的仿真结果。参数估计图中的实线和虚线，分别为参数估计值和实际参数值。此时$\boldsymbol{v}$不满足持续激励条件，因此不能实现参数误差收敛到零。当$r(t) = 4\sin 3t$时，在实现准确跟踪的前提下，有

$$f_{\text{ss}}(t) = y_{\text{ss}}^2(t) = r^2 = 16A^2\sin^2(3t+\phi) = 8A^2(1-\cos(6t+2\phi)) \tag{8-99}$$

非线性项产生的倍频信号保证了$\boldsymbol{v} = [r(t)\ y(t)\ f(y)]^{\mathrm{T}}$是持续激励的，因此使得参数误差收敛到零，同时非线性项也使得跟踪性能和参数估计的振荡加剧。

下面介绍可线性参数化非线性系统的自适应控制器设计方法。首先将式(8-92)两边同除以未知常数b，得到

$$f_{\text{ss}}(t) = y_{\text{ss}}^2(t) = r^2 = 16A^2\sin^2(3t+\phi) = 8A^2(1-\cos(6t+2\phi)) \tag{8-100}$$

式中，$h = 1/b$；$a_i = \alpha_i / b$。

采用与滑模控制相似的方法定义组合误差：

$$\begin{aligned}s &= e^{(n-1)} + \lambda_{n-2}e^{(n-2)} + \cdots + \lambda_0 e = \Delta(p)e \\ \Delta(p) &= p^{(n-1)} + \lambda_{n-2}p^{(n-2)} + \cdots + \lambda_0\end{aligned} \tag{8-101}$$

式中，$\Delta(p)$是 Hurwitz 多项式。注意到组合误差s可以改写为

$$s = y^{(n-1)} - y_r^{(n-1)},\quad y_r^{(n-1)} = y_d^{(n-1)} - \lambda_{n-2}e^{(n-2)} - \cdots - \lambda_0 e \tag{8-102}$$

在此基础上，可选择控制律为

$$\begin{aligned}u &= hy_r^{(n)} - ks + \sum_{i=1}^{n} a_i f_i(\boldsymbol{x}, t) \\ y_r^{(n)} &= y_d^{(n)} - \lambda_{n-2}e^{(n-1)} - \cdots - \lambda_0\dot{e}\end{aligned} \tag{8-103}$$

将控制律代入系统，如果系统参数均已知，则闭环系统跟踪误差方程为

$$h\dot{s} + ks = 0 \tag{8-104}$$

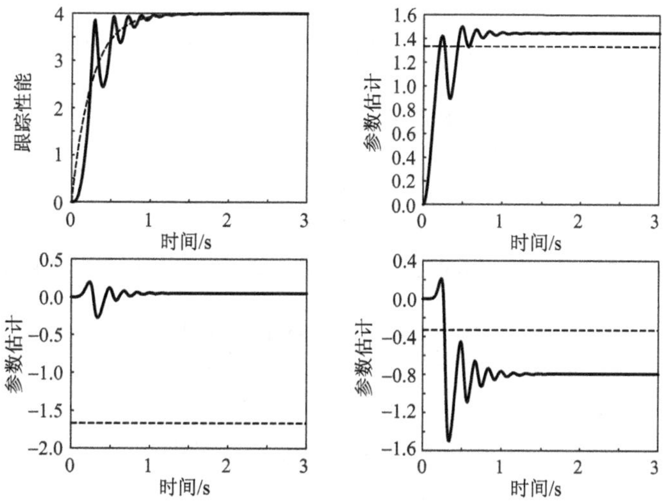

(a) $r(t)$=4时的跟踪误差和参数误差

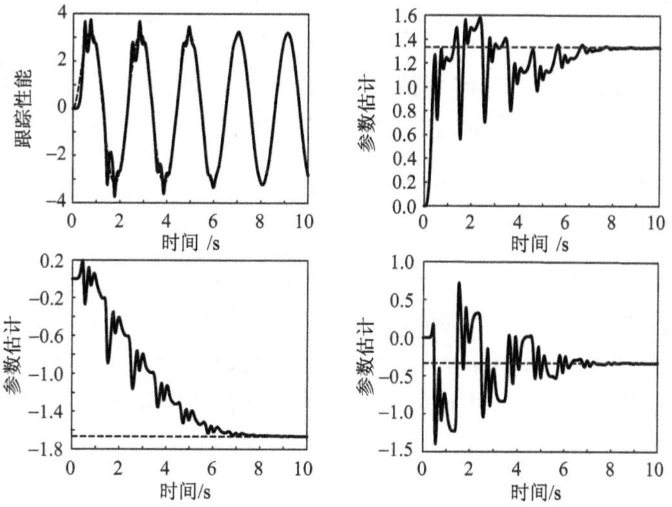

(b) $r(t)$=4 sin 3t时的跟踪误差和参数误差

图 8-15　阶非线性系统自适应控制仿真结果

因此，s是指数收敛的，从而保证了e的收敛性。

当系统参数未知时，控制器参数需用其估计值替代：

$$u = \hat{h} y_r^{(n)} - ks + \sum_{i=1}^{n} \hat{a}_i f_i(\boldsymbol{x}, t) \tag{8-105}$$

此时，闭环系统的跟踪误差方程变为

$$h\dot{s} + ks = \tilde{h} y_r^{(n)} + \sum_{i=1}^{n} \tilde{a}_i f_i(\boldsymbol{x}, t) \tag{8-106}$$

式(8-106)为关于s的一阶惯性环节，其输入可看成参数不匹配带来的扰动。可将方程(8-106)改写为传递函数的形式：

$$s = \frac{1/h}{p+(k/h)}\left(\tilde{h}y_r^{(n)} + \sum_{i=1}^{n}\tilde{a}_i f_i(\boldsymbol{x},t)\right) \tag{8-107}$$

式中，传递函数是严正实的，因此参数自适应律可设计为

$$\begin{aligned} \dot{\hat{h}} &= -\gamma\,\mathrm{sgn}(h)sy_r^{(n)} \\ \dot{\hat{a}}_i &= -\gamma\,\mathrm{sgn}(h)sf_i \end{aligned} \tag{8-108}$$

利用李雅普诺夫稳定性理论证明自适应控制的稳定性，选候选李雅普诺夫函数为

$$V = |h|s^2 + \gamma^{-1}\left(\tilde{h}^2 + \sum_{i=1}^{n}\tilde{a}_i^2\right) \tag{8-109}$$

计算其导数，可得

$$\dot{V} = -2|k|s^2 \tag{8-110}$$

8.3.2　非线性参数化非线性系统自适应控制

可非线性参数化的非线性系统可用方程(8-111)描述：

$$\dot{\boldsymbol{x}} = \boldsymbol{f}(\boldsymbol{x},u,\boldsymbol{\theta}) \tag{8-111}$$

式中，$\boldsymbol{x}$、u 分别表示系统的状态向量和控制输入；$\boldsymbol{\theta}$ 表示系统未知的参数向量。对这类系统自适应控制的目标是寻找一个光滑的自适应控制器：

$$\begin{aligned} \dot{\hat{\boldsymbol{\theta}}} &= \boldsymbol{\varphi}(\boldsymbol{x},\hat{\boldsymbol{\theta}}), \quad \boldsymbol{\varphi}(0,0)=0 \\ u &= u(\boldsymbol{x},\hat{\boldsymbol{\theta}}), \quad u(0,0)=0 \end{aligned} \tag{8-112}$$

该控制器使闭环系统在李雅普诺夫意义下稳定，而且可以使所有信号全局一致有界。

由于这类问题适用于更广泛的非线性系统，解决这类问题在理论和应用方面都非常有意义，也具有挑战性，因此自 2000 年前后，对这一问题的研究引起了很多学者的重视，形成了一些有价值的研究成果，其中比较有代表性的是自适应反步控制器设计方法，研究对象为具有不确定性的严反馈系统：

$$\begin{aligned} \dot{x}_1 &= x_2 + \varphi_1(x_1,\boldsymbol{\theta}) \\ \dot{x}_2 &= x_3 + \varphi_2(x_1,x_2,\boldsymbol{\theta}) \\ &\vdots \\ \dot{x}_{n-1} &= x_n + \varphi_{n-1}(x_1,\cdots,x_{n-1},\boldsymbol{\theta}) \\ \dot{x}_n &= u + \varphi_n(x_1,\cdots,x_n,\boldsymbol{\theta}) \end{aligned} \tag{8-113}$$

除了存在不确定参数 $\boldsymbol{\theta}$ 外，还可以进一步考虑系统的未建模动态和扰动：

$$\begin{aligned} \dot{\omega} &= q(\omega,x_1) \\ \dot{x}_1 &= x_2 + \varphi_1(x_1,\boldsymbol{\theta}) + \varDelta_1(\omega,x_1,d_1(t)) \\ \dot{x}_2 &= x_3 + \varphi_2(x_1,x_2,\boldsymbol{\theta}) + \varDelta_2(\omega,x_{1\sim 2},d_2(t)) \\ &\vdots \\ \dot{x}_{n-1} &= x_n + \varphi_{n-1}(x_1,\cdots,x_{n-1},\boldsymbol{\theta}) + \varDelta_{n-1}(\omega,x_{1\sim n-1},d_{n-1}(t)) \\ \dot{x}_n &= u + \varphi_n(x_1,\cdots,x_n,\boldsymbol{\theta}) + \varDelta_n(\omega,x_{1-n},d_n(t)) \end{aligned} \tag{8-114}$$

式中，$\omega \in \mathbf{R}$ 表示具有稳定性质的未建模动态；$d_i(t)$ 表示未知的有界扰动；$\varDelta_i(\omega,x_{1\sim i},d_i(t))$

表示与不确定参数和未建模动态有关的系统有界不确定性。

自适应反步控制器的设计是基于如式(8-115)所示假设的：

$$\varphi_i(x_1,\cdots,x_i,\boldsymbol{\theta}) \leqslant (|x_1|+\cdots+|x_i|)a_i(x_1,\cdots,x_i,\boldsymbol{\theta}) \tag{8-115}$$

式中，$a_i(x_1,\cdots,x_i,\boldsymbol{\theta})$ 表示一个非负函数，而且存在两个光滑函数 $b_i(\boldsymbol{\theta}) \geqslant 1$ 和 $\gamma_i(x_1,\cdots,x_i) \geqslant 1$，使得

$$a_i(x_1,\cdots,x_i,\boldsymbol{\theta}) \leqslant \gamma_i(x_1,\cdots,x_i)b_i(\boldsymbol{\theta}) \tag{8-116}$$

由于 $\boldsymbol{\theta}$ 是一个常数向量，因此 $b_i(\boldsymbol{\theta})$ 也同样是一个常数，令 $\Theta = \sum_{i=1}^{n} b_i(\boldsymbol{\theta})$ 为一个新的未知常数，则有

$$\varphi_i(x_1,\cdots,x_i,\boldsymbol{\theta}) \leqslant (|x_1|+\cdots+|x_i|)\gamma_i(x_1,\cdots,x_i)\Theta \tag{8-117}$$

以上假设为非线性参数化非线性系统的自适应控制提供了一种新的途径，即不需要估计系统的未知参数向量 $\boldsymbol{\theta}$，转而去估计未知标量常数 Θ，而且也不需要知道 $\varphi_i(x_1,\cdots,x_i,\boldsymbol{\theta})$ 的信息，而是用约束函数 $\gamma_i(x_1,\cdots,x_i)$ 代替。接下来控制器设计的主要思想是在控制器中引入非线性阻尼项，来抑制非线性不确定性和未知有界扰动的影响，采用自适应反步控制器设计方法降低控制器设计的复杂性。

限于篇幅，关于非线性参数化的非线性系统自适应控制器的设计过程就不再详细介绍，感兴趣的读者可查阅相关文献。

8.4 在线参数估计

在线参数估计(on-line parameter estimation)是设计自校正控制器的必要手段，即根据系统输入和输出的测量值估计系统的参数值，估计过程既可以在线进行也可以离线完成，但当系统中存在慢变的参数时，则必须进行参数的在线估计。

8.4.1 线性参数化模型

参数估计的本质是从与系统有关的数据中提取系统参数的信息，因此需要建立一个模型将得到的系统测量数据与未知参数联系起来，该模型称为估计模型。常用的估计模型具有线性参数化的形式：

$$\boldsymbol{y}(t) = \boldsymbol{W}(t)\boldsymbol{a} \tag{8-118}$$

式中，n 维向量 $\boldsymbol{y}(t)$ 包含系统的输出；m 维向量 $\boldsymbol{a}$ 包含待估计的未知参数；$n\times m$ 矩阵 $\boldsymbol{W}(t)$ 表示信号矩阵。$\boldsymbol{y}(t)$ 和 $\boldsymbol{W}(t)$ 都可以从系统信号的测量中得到，只有 $\boldsymbol{a}$ 是未知量。对于每一时刻都可以得到一个关于 $\boldsymbol{a}$ 的线性方程。如果给出 k 个采样时刻 $\boldsymbol{y}(t)$ 和 $\boldsymbol{W}(t)$ 的值，就可以得到 k 个这样的方程，参数估计的目的就是从这些冗余方程中解出未知参数。为了能够估计 m 个参数，至少需要 m 个这样的方程，由于存在量测噪声和模型误差，因此需要更多的方程。

例 8-6　线性系统的线性参数化模型。

首先考虑一阶动力学系统：

$$\dot{y} = -a_1 y + b_1 u \tag{8-119}$$

式中，a_1、b_1 是未知的；y、u 是可以得到的。但该方程不能直接用来估计 a_1、b_1。由于方程中出现了 y 的导数，可以考虑直接利用数值微分进行求解，但对噪声比较敏感，也可以对该方程两边用滤波器 $1/(p+\lambda_f)$ 进行滤波，得到

$$\frac{\dot{y}}{p+\lambda_f} = \frac{-a_1 y + b_1 u}{p+\lambda_f} \tag{8-120}$$

通过整理，可以得到线性参数化模型：

$$\begin{aligned} & y(t) = y_f(\lambda_f - a_1) + u_f b_1 = \boldsymbol{W}\boldsymbol{a} \\ & \boldsymbol{W} = [y_f, u_f], \quad \boldsymbol{a} = [\lambda_f - a_1, b_1]^{\mathrm{T}}, \quad y_f = \frac{y}{p+\lambda_f}, \quad u_f = \frac{u}{p+\lambda_f} \end{aligned} \tag{8-121}$$

注意，滤波器会引入直流增益 $1/\lambda_f$，可以将式(8-121)两边同时乘以一个常数加以解决，另外，滤波器会使估计速度变慢。

一般情况下，可以将单输入-单输出线性系统描述为

$$\begin{aligned} & A(p)y = B(p)u \\ & A(p) = a_0 + a_1 p + \cdots + a_{n-1}p^{n-1} + p^n \\ & B(p) = b_0 + b_1 p + \cdots + b_{n-1}p^{n-1} \end{aligned} \tag{8-122}$$

同样可以将式(8-122)两边同除以系数已知的 n 阶多项式 $A_0(p)$，得到

$$\begin{aligned} & y = \frac{A_0(p) - A(p)}{A_0(p)} y + \frac{B(p)}{A_0(p)} u \\ & A_0(p) = \alpha_0 + \alpha_1 p + \cdots + \alpha_{n-1}p^{n-1} + p^n \end{aligned} \tag{8-123}$$

则可以得到一个采样时刻的线性参数化模型：

$$\begin{aligned} & y = \boldsymbol{W}(t)\boldsymbol{a} \\ & \boldsymbol{W} = \left[\frac{y}{A_0} \; \frac{py}{A_0} \cdots \frac{p^{n-1}y}{A_0} \; \frac{u}{A_0} \cdots \frac{p^{n-1}u}{A_0} \right] \\ & \boldsymbol{a} = [(\alpha_0 - a_0)\,(\alpha_1 - a_1) \cdots (\alpha_{n-1} - a_{n-1})\, b_0 \cdots b_{n-1}]^{\mathrm{T}} \end{aligned} \tag{8-124}$$

例 8-7 非线性系统的线性参数化模型。

许多非线性系统也可以得到线性参数化模型，但需要恰当的参数变换和滤波器设计。例如，双连杆机械臂系统的模型为

$$\begin{aligned} & \begin{bmatrix} \tau_1 \\ \tau_2 \end{bmatrix} = \begin{bmatrix} H_{11} & H_{12} \\ H_{21} & H_{22} \end{bmatrix} \begin{bmatrix} \ddot{q}_1 \\ \ddot{q}_2 \end{bmatrix} + \begin{bmatrix} -h\dot{q}_2 & -h\dot{q}_1 - h\dot{q}_2 \\ h\dot{q}_1 & 0 \end{bmatrix} \begin{bmatrix} \dot{q}_1 \\ \dot{q}_2 \end{bmatrix} + \begin{bmatrix} g_1 \\ g_2 \end{bmatrix} \\ & H_{11} = m_1 l_{C_1}^2 + I_1 + m_2(l_1^2 + l_{C_2}^2 + 2l_1 l_{C_2}\cos q_2) + I_2 \\ & H_{22} = m_2 l_{C_2}^2 + I_2 \\ & H_{12} = H_{21} = m_2 l_1 l_{C_2}\cos q_2 + m_2 l_{C_2}^2 + I_2 \\ & h = m_2 l_1 l_{C_2}\sin q_2 \\ & g_1 = m_1 l_{C_1} g\cos q_1 + m_2 g(l_{C_2}\cos(q_1 + q_2) + l_1\cos q_1) \\ & g_2 = m_2 l_{C_2} g\cos(q_1 + q_2) \end{aligned} \tag{8-125}$$

目标是对惯性参数实现估计，惯性参数定义为

$$\boldsymbol{a}=[a_1 \quad a_2 \quad a_3 \quad a_4]^{\mathrm{T}}$$
$$a_1=m_2, \quad a_2=m_2 l_{C_2}, \quad a_3=I_1+m_1 l_{C_1}^2, \quad a_4=I_2+m_2 l_{C_2}^2 \tag{8-126}$$

双连杆机械臂模型中，惯性矩对惯性参数是线性的，即有

$$\begin{aligned} H_{11}&=a_3+a_4+a_1 l_1^2+2a_2 l_1\cos q_2 \\ H_{22}&=a_4 \\ H_{12}&=H_{21}=a_2 l_1\cos q_2+a_4 \end{aligned} \tag{8-127}$$

同时非线性力矩和重力矩对惯性参数也是线性的，因此可以得到线性参数化模型：

$$\boldsymbol{\tau}=\boldsymbol{Y}_1(\boldsymbol{q},\dot{\boldsymbol{q}},\ddot{\boldsymbol{q}})\boldsymbol{a} \tag{8-128}$$

式(8-128)中存在不可测量的关节加速度 $\ddot{\boldsymbol{q}}$，可以采用滤波的方法加以处理，设 $w(t)$ 为滤波器的脉冲响应，对式(8-128)两边求卷积，得到

$$\int_0^t w(t-r)\boldsymbol{\tau}(r)\mathrm{d}r=\int_0^t w(t-r)(\boldsymbol{H}\ddot{\boldsymbol{q}}+\boldsymbol{C}\dot{\boldsymbol{q}}+\boldsymbol{G})\mathrm{d}r \tag{8-129}$$

利用分部积分，式(8-129)右边第一项可改写为

$$\int_0^t w(t-r)(\boldsymbol{H}\ddot{\boldsymbol{q}})\mathrm{d}r=w(t-r)\boldsymbol{H}\dot{\boldsymbol{q}}\,|_0^t-\int_0^t \frac{\mathrm{d}}{\mathrm{d}r}(w\boldsymbol{H})\dot{\boldsymbol{q}}\mathrm{d}r \tag{8-130}$$

这意味着式(8-128)可改写为

$$\boldsymbol{y}=\boldsymbol{W}(\boldsymbol{q},\dot{\boldsymbol{q}})\boldsymbol{a} \tag{8-131}$$

式中，$\boldsymbol{y}$ 是滤波后的力矩；$\boldsymbol{W}(\boldsymbol{q},\dot{\boldsymbol{q}})$ 是对 $\boldsymbol{Y}_1(\boldsymbol{q},\dot{\boldsymbol{q}},\ddot{\boldsymbol{q}})$ 滤波得到的。

利用线性参数化模型，定义预测误差 $\boldsymbol{e}_1$ 为预测输出和量测输出之差：

$$\boldsymbol{e}_1=\hat{\boldsymbol{y}}(t)-\boldsymbol{y}(t)=\boldsymbol{W}\hat{\boldsymbol{a}}-\boldsymbol{W}\boldsymbol{a}=\boldsymbol{W}\tilde{\boldsymbol{a}} \tag{8-132}$$

后面讨论的参数估计方法都基于这个误差，因为式(8-132)建立了预测误差和参数估计误差之间的关系。下面介绍两种常用的参数估计方法。

8.4.2 梯度估计方法

梯度估计器是参数估计最简单的方法，基本思想是参数的更新应该使得预测误差减小，可以通过使得参数更新的方向与预测误差平方的梯度方向相反来实现：

$$\dot{\hat{\boldsymbol{a}}}=-p_0\frac{\partial(\boldsymbol{e}_1^{\mathrm{T}}\boldsymbol{e}_1)}{\partial\hat{\boldsymbol{a}}} \tag{8-133}$$

式中，正数 p_0 为估计器增益。将式(8-132)代入式(8-133)，可得

$$\begin{aligned} \dot{\hat{\boldsymbol{a}}}&=-p_0\boldsymbol{W}^{\mathrm{T}}\boldsymbol{e}_1 \\ \dot{\tilde{\boldsymbol{a}}}&=-p_0\boldsymbol{W}^{\mathrm{T}}\boldsymbol{W}\tilde{\boldsymbol{a}} \end{aligned} \tag{8-134}$$

利用李雅普诺夫稳定性理论可证明梯度估计的稳定性。设候选李雅普诺夫函数为

$$V=\tilde{\boldsymbol{a}}^{\mathrm{T}}\tilde{\boldsymbol{a}} \tag{8-135}$$

其导数为

$$\dot{V}=-2p_0\tilde{\boldsymbol{a}}^{\mathrm{T}}\boldsymbol{W}^{\mathrm{T}}\boldsymbol{W}\tilde{\boldsymbol{a}}\leqslant 0 \tag{8-136}$$

式(8-136)意味着参数误差的大小总是减小的。

例 8-8　单参数梯度估计。设估计模型为 $y = wa$，与例 8-2 中的模型 $u = m\ddot{x}$ 相同。梯度估计为

$$\dot{\hat{a}} = -p_0 w e_1$$
$$\dot{\tilde{a}} = -p_0 w^2 \tilde{a} \tag{8-137}$$

可以求得其解为

$$\tilde{a}(t) = \tilde{a}(0)\exp\left(-\int_0^t p_0 w^2(r)\mathrm{d}r\right) \tag{8-138}$$

如果信号 w 满足：

$$\lim_{t\to\infty}\int_0^t w^2(r)\mathrm{d}r = \infty \tag{8-139}$$

那么参数误差将收敛到零；如果 w 是持续激励的，即 $\int_t^{t+T} w^2\mathrm{d}r \geqslant \alpha_1$，则参数误差将指数收敛到零。

设信号 $w(t) = \sin t$，参数为常值 $a = 2$，其估计结果如图 8-16(a)所示，采用了大、小两个估计增益 p_0：$p_0 = 2$（虚线曲线）和 $p_0 = 10$（点画线曲线）。从图 8-16(a)中可以看到，p_0 越大，参数收敛越快。实际上，收敛速度线性地依赖于估计增益，但当估计增益大到一定程度时，将导致振荡并使收敛速度变慢。进一步考虑具有干扰的情况，即 $y = wa + d(t)$，取干扰 $d(t) = 0.5\sin(20t)$，参数估计结果如图 8-16(b)所示，干扰使参数估计产生振荡，估计增益越大，振荡越强烈。

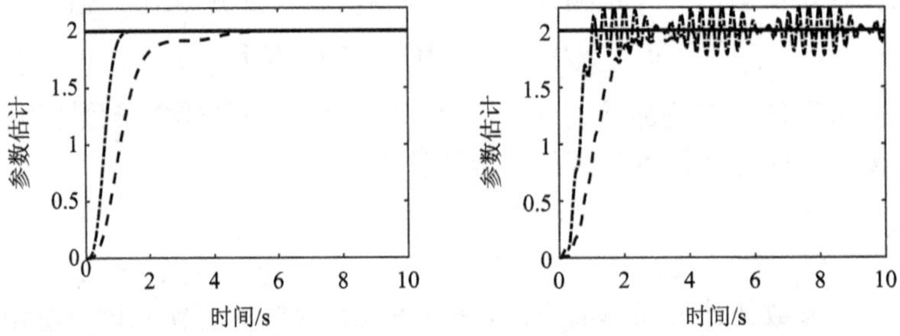

(a) 无干扰情况　　(b) 有干扰情况

图 8-16　常值参数梯度估计

当参数为时变参数时，设 $a = 1 + 0.5\sin(0.5t)$，$p_0 = 10$，参数估计结果如图 8-17 所示，无论是无干扰还是有干扰情况，都能够实现准确估计。

梯度估计必须具有一定的鲁棒性，即当存在参数变化、量测噪声和干扰时，仍能保持相当好的参数估计，主要依赖以下几个因素。

(1) 信号 W 的持续激励水平。持续激励本质上就是为了估计器的鲁棒性，信号的持续激励水平取决于控制任务或实验设计。如果在初始设计中信号不是持续激励的，则需在控制输入中人为主动加入扰动信号来获得良好的参数估计。

(2) 参数变化的速率和非参数不确定性的水平。当参数变化和存在干扰时，容易得到参数误差满足式(8-140)：

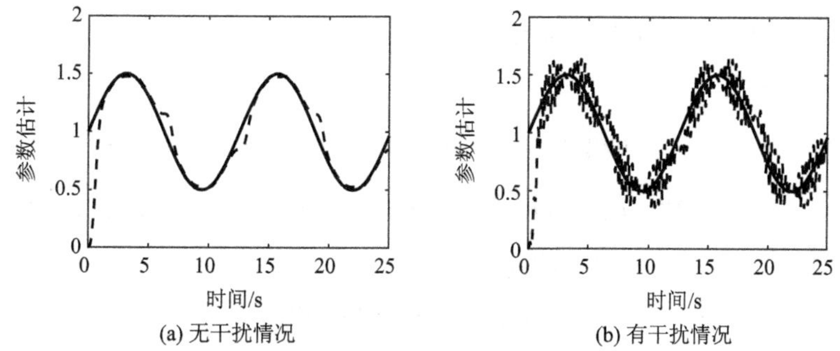

图 8-17　时变参数梯度估计

$$\dot{\tilde{a}} = -p_0 w^2 \tilde{a} - \dot{a} + p_0 w d \tag{8-140}$$

式中，$-\dot{a} + p_0 w d$ 为滤波器的输入。显然，参数变化越快、干扰越大，则参数误差就会越大。

(3) 估计增益的大小。从前面分析结果可知，估计增益的增大会使参数误差减小，但从式(8-140)中也可以看出，估计增益影响参数估计滤波器的带宽，同时也放大了干扰，估计增益越大，带宽越宽，无法抑制高频噪声，也增强了干扰的影响。因此在估计器设计中，二者需要折中。

8.4.3　最小二乘估计方法

1. 标准最小二乘估计

最小二乘估计是通过总的预测误差达到最小来实现的，总的误差定义为

$$J = \int_0^t \left\| \boldsymbol{y}(r) - \boldsymbol{W}(r)\hat{\boldsymbol{a}}(t) \right\|^2 \mathrm{d}r \tag{8-141}$$

这也意味着 $\hat{\boldsymbol{a}}(t)$ 能够拟合所有过去的数据，其优点是可以平均掉量测噪声的影响。令 $\partial J / \partial \hat{\boldsymbol{a}} = 0$，则 $\hat{\boldsymbol{a}}$ 满足：

$$\left(\int_0^t \boldsymbol{W}^{\mathrm{T}} \boldsymbol{W} \mathrm{d}r \right) \hat{\boldsymbol{a}}(t) = \int_0^t \boldsymbol{W}^{\mathrm{T}} \boldsymbol{y} \mathrm{d}r \tag{8-142}$$

定义估计器增益矩阵 $\boldsymbol{P}(t)$ 如式(8-143)所示：

$$\boldsymbol{P}(t) = \left(\int_0^t \boldsymbol{W}^{\mathrm{T}}(r) \boldsymbol{W}(r) \mathrm{d}r \right)^{-1} \tag{8-143}$$

对式(8-142)进行微分，可得到参数更新律：

$$\dot{\hat{\boldsymbol{a}}}(t) = -\boldsymbol{P}(t) \boldsymbol{W}^{\mathrm{T}} \boldsymbol{e}_1 \tag{8-144}$$

为了提高计算效率，最好能够递推计算 $\boldsymbol{P}(t)$，为此将积分运算变为微分运算：

$$\frac{\mathrm{d}}{\mathrm{d}t}(\boldsymbol{P}^{-1}(t)) = \boldsymbol{W}^{\mathrm{T}}(t) \boldsymbol{W}(t) \tag{8-145}$$

进一步利用 $\mathrm{d}(\boldsymbol{P}\boldsymbol{P}^{-1}) / \mathrm{d}t = 0$，可以得到 $\boldsymbol{P}(t)$ 的更新律：

$$\frac{\mathrm{d}}{\mathrm{d}t}(\boldsymbol{P}\boldsymbol{P}^{-1}) = \dot{\boldsymbol{P}}\boldsymbol{P}^{-1} + \boldsymbol{P}\frac{\mathrm{d}}{\mathrm{d}t}(\boldsymbol{P}^{-1}) = 0 \quad \Rightarrow \quad \dot{\boldsymbol{P}} = -\boldsymbol{P}\boldsymbol{W}^{\mathrm{T}}\boldsymbol{W}\boldsymbol{P} \tag{8-146}$$

式(8-144)、式(8-146)构成了标准最小二乘估计。

当参数为常值时：

$$\begin{aligned}\frac{\mathrm{d}}{\mathrm{d}t}(\boldsymbol{P}^{-1}(t)\tilde{\boldsymbol{a}}(t)) &= \dot{\boldsymbol{P}}^{-1}(t)\tilde{\boldsymbol{a}}(t)+\boldsymbol{P}^{-1}(t)\dot{\tilde{\boldsymbol{a}}}(t)=\dot{\boldsymbol{P}}^{-1}(t)\tilde{\boldsymbol{a}}(t)+\boldsymbol{P}^{-1}(t)\dot{\hat{\boldsymbol{a}}}(t)\\ &=\boldsymbol{W}^{\mathrm{T}}(t)\boldsymbol{W}(t)\tilde{\boldsymbol{a}}(t)-\boldsymbol{P}^{-1}(t)\boldsymbol{P}(t)\boldsymbol{W}^{\mathrm{T}}\boldsymbol{e}_1=\boldsymbol{W}(t)\tilde{\boldsymbol{a}}(t)-\boldsymbol{W}(t)\tilde{\boldsymbol{a}}(t)=0\end{aligned} \tag{8-147}$$

对式(8-147)积分可以得到参数误差函数：

$$\tilde{\boldsymbol{a}}(t)=\boldsymbol{P}(t)\boldsymbol{P}^{-1}(0)\tilde{\boldsymbol{a}}(0) \tag{8-148}$$

如果$\boldsymbol{W}$满足无穷积分条件，即

$$\lambda_{\min}\left\{\int_0^t \boldsymbol{W}^{\mathrm{T}}(r)\boldsymbol{W}(r)\mathrm{d}r\right\}\to\infty,\quad t\to\infty \tag{8-149}$$

式中，$\lambda_{\min}\{\bullet\}$表示最小特征值，则从式(8-143)可以看出，增益矩阵$\boldsymbol{P}(t)$会收敛到零，参数误差将收敛到零，即保证了最小二乘估计的收敛性。无穷积分条件弱于持续激励条件，即如果$\boldsymbol{W}$是持续激励的，则必是无穷积分的，这一点从式(8-150)可以看出：

$$\int_0^{k\delta+\delta}\boldsymbol{W}^{\mathrm{T}}\boldsymbol{W}\mathrm{d}r=\sum_{i=0}^{k}\int_{i\delta}^{i\delta+\delta}\boldsymbol{W}^{\mathrm{T}}\boldsymbol{W}\mathrm{d}r\geqslant k\alpha_1\boldsymbol{I} \tag{8-150}$$

另外，从式(8-148)还可以看出，较大的初始增益$\boldsymbol{P}(0)$也会导致较小的参数误差，因此初始增益一般取较大的正数；较小的初始参数误差也能使其一直保持很小，因此应该用最好的猜测值来初始化参数。

例 8-9　与例 8-8 同样的问题，改用最小二乘估计方法实现参数估计。当参数为常值时，估计结果如图 8-18 所示，可以看到初始增益较大时参数收敛较快。最小二乘估计的另一个特点是一开始收敛快，但后来收敛慢。当存在干扰时，估计结果比梯度估计方法要光滑得多，原因是噪声被平滑掉，这表明最小二乘估计具有良好的抑制干扰能力，鲁棒性较强。

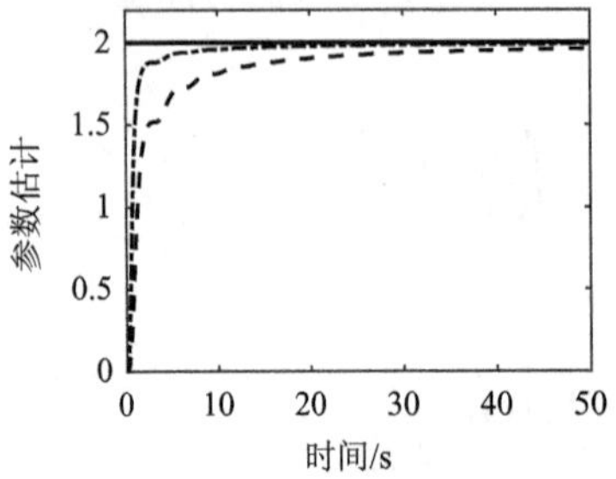

(a) 无干扰情况

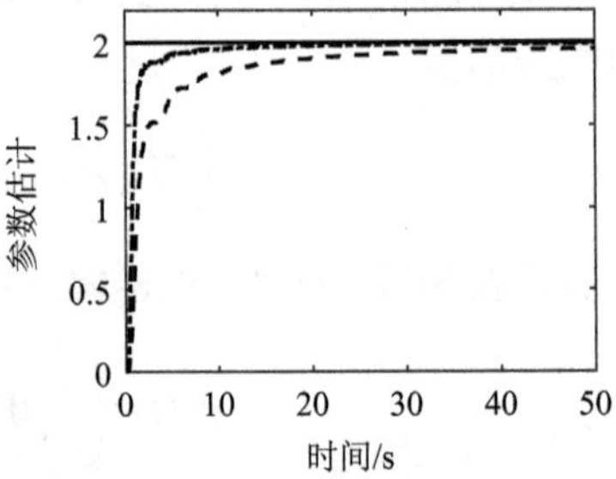

(b) 有干扰情况

图 8-18　常值参数最小二乘估计

当参数为时变参数时，估计结果如图 8-19 所示，无论有无干扰，都无法实现准确跟踪。这一点可以从下面两个角度得到解释。

(1) 从数学角度看，如果$\boldsymbol{W}$满足持续激励条件，$\boldsymbol{P}(t)$将收敛到零，即某个时刻以后，参数将停止更新，时变参数也就不能估计出来。

(2) 从信息角度看，最小二乘估计试图与过去所有数据拟合，但实际上，旧的参数是由旧的参数产生的，因此会产生较大的误差累积。

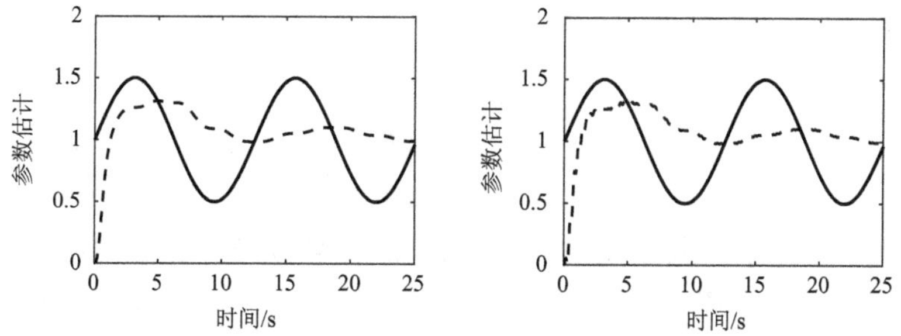

(a) 无干扰情况　(b) 有干扰情况

图 8-19　时变参数最小二乘估计

2. 具有指数遗忘的最小二乘估计

指数遗忘方法是处理时变参数时非常有用的方法，其直观的想法是：过去的数据由过去的参数产生，当用来估计现在的参数时应当打折扣。当指数遗忘用于最小二乘估计时，总的预测误差改为

$$J=\int_0^t \exp\left(-\int_s^t \lambda(r)\mathrm{d}r\right)\left\|\boldsymbol{y}(s)-\boldsymbol{W}(s)\hat{\boldsymbol{a}}(t)\right\|^2 \mathrm{d}s \tag{8-151}$$

式中，积分中的指数项表示对数据的加权，其中 $\lambda(t)\geqslant 0$ 是时变遗忘因子。此时参数更新律与标准最小二乘估计相同，但增益更新律变为

$$\frac{\mathrm{d}}{\mathrm{d}t}(\boldsymbol{P}^{-1}(t))=-\lambda(t)\boldsymbol{P}^{-1}+\boldsymbol{W}^{\mathrm{T}}(t)\boldsymbol{W}(t) \tag{8-152}$$

根据式(8-152)可解出估计增益为

$$\boldsymbol{P}^{-1}(t)=\boldsymbol{P}^{-1}(0)\exp\left(-\int_0^t \lambda(r)\mathrm{d}r\right)+\int_0^t \exp\left(-\int_r^t \lambda(v)\mathrm{d}v\right)\boldsymbol{W}^{\mathrm{T}}(r)\boldsymbol{W}(r)\mathrm{d}r \tag{8-153}$$

时变参数 $\mathrm{d}(\boldsymbol{P}^{-1}(t)\tilde{\boldsymbol{a}}(t))/\mathrm{d}t$ 不再为零，而是

$$\frac{\mathrm{d}}{\mathrm{d}t}(\boldsymbol{P}^{-1}(t)\tilde{\boldsymbol{a}}(t))=-\lambda\boldsymbol{P}^{-1}\tilde{\boldsymbol{a}} \tag{8-154}$$

对式(8-154)积分，可求得参数误差函数：

$$\begin{aligned}\tilde{\boldsymbol{a}}(t)&=\exp\left(-\int_0^t \lambda(r)\mathrm{d}r\right)\boldsymbol{P}(t)\boldsymbol{P}^{-1}(0)\tilde{\boldsymbol{a}}(0)\\&=\left(\boldsymbol{P}^{-1}(0)+\int_0^t \exp\left(\int_0^r \lambda(v)\mathrm{d}v\right)\boldsymbol{W}^{\mathrm{T}}(r)\boldsymbol{W}(r)\mathrm{d}r\right)^{-1}\boldsymbol{P}^{-1}(0)\tilde{\boldsymbol{a}}(0)\end{aligned} \tag{8-155}$$

如果 $\boldsymbol{W}$ 是持续激励的，由于 $\exp\left(\int_0^r \lambda(v)\mathrm{d}v\right)\geqslant 1$，因此与标准最小二乘估计相比，时变遗忘因子能够进一步改善参数的收敛性能。

如果 $\boldsymbol{W}$ 不是持续激励的，从式(8-153)可以看出，过大的时变遗忘因子会使 $\boldsymbol{P}(t)$ 猛增，导致干扰和噪声引起参数估计的剧烈振动。

为了避免增益无界，应能够动态调整时变遗忘因子，有效的方法是当 $\boldsymbol{W}$ 是持续激励时，激活数据遗忘，改善参数收敛性能；当 $\boldsymbol{W}$ 不是持续激励时，放弃数据遗忘，避免 $\boldsymbol{P}(t)$ 无界。

此外，由于 $\boldsymbol{P}(t)$ 的大小预示着 $\boldsymbol{W}$ 的激励水平，自然地可以将时变遗忘因子的变化与 $\|\boldsymbol{P}(t)\|$ 联系起来：

$$\lambda=\lambda_0\left(1-\frac{\|\boldsymbol{P}\|}{k_0}\right) \tag{8-156}$$

式中，λ_0、k_0 是正常数，分别表示最大遗忘率和增益矩阵预先给定的上界。式(8-156)表示，当 $\boldsymbol{W}$ 是强持续激励时，$\|\boldsymbol{P}(t)\|$ 很小，采用最大遗忘率；当 $\|\boldsymbol{P}(t)\|$ 增加时，表明信号的激励能力越来越弱，遗忘率也会随之逐渐变小，直至停止遗忘。该方法称为有界增益遗忘。

例 8-10 与例 8-8 同样的问题，改用具有指数遗忘的最小二乘估计方法实现参数估计，并采用有界增益遗忘方法自适应调整时变遗忘因子，参数估计结果如图 8-20 所示，实现了时变参数的有效跟踪。

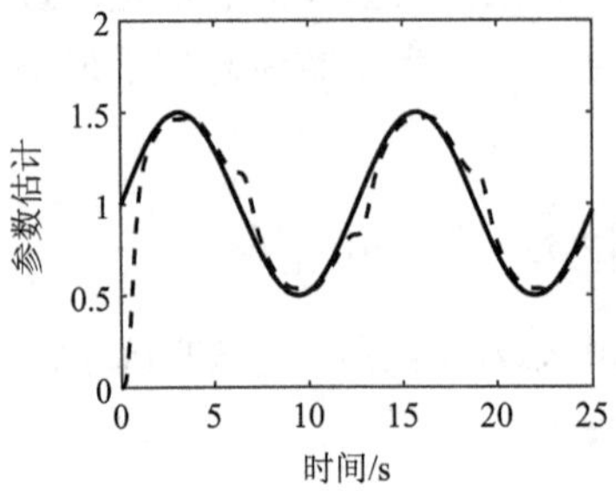

(a) 无干扰情况

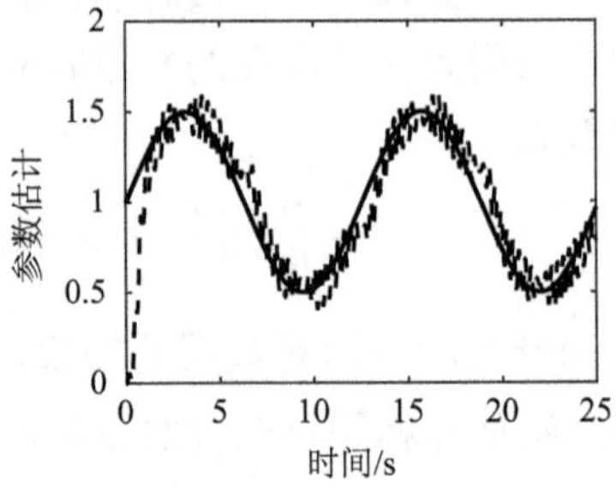

(b) 有干扰情况

图 8-20 时变参数遗忘最小二乘估计

8.5 自适应控制动态性能的提升

自适应控制的发展过程中一个值得探讨的问题是自适应控制器的动态性能，不难判断，其动态性能的好坏很大程度决定于参数的收敛速度。显然，自适应增益越大，则控制器具有越好的跟踪性能，但过大的自适应增益会造成系统的高频振荡并损害系统的鲁棒性，这是需要解决的主要问题。

8.5.1 复合自适应控制

针对上述问题，Slotine 于 1989 年提出复合自适应(composite adaptation)的思想，即采用跟踪误差与预测误差共同驱动的自适应律。在模型参考自适应控制中，自适应律从跟踪误差 $\boldsymbol{e}$ 中获取参数的信息，然而，并非只有跟踪误差中含有参数信息，在在线参数估计中，预测误差 $\boldsymbol{e}_1$ 中也同样包含参数信息。将二者同时用于自适应律，不仅能够保持自适应控制系统的全局稳定性，而且在参数快速收敛的同时产生较小的跟踪误差。

沿用前面的例子，考察系统 $m\ddot{x}=u$，采用模型参考自适应控制，自适应律为

$$\dot{\hat{m}}=-\gamma vs \tag{8-157}$$

如果用基于预测误差的估计器估计参数，参数更新律为

$$\dot{\hat{m}} = -\gamma w e_1 \tag{8-158}$$

将二者结合，形成复合自适应律：

$$\dot{\hat{m}} = -P(vs + we_1) \tag{8-159}$$

取候选李雅普诺夫函数为

$$V = \frac{1}{2}\left(ms^2 + P^{-1}\tilde{m}^2\right) \tag{8-160}$$

如果 $P(t)$ 取为常阵，容易得到

$$\dot{V} = -\lambda ms^2 - w^2\tilde{m}^2 \tag{8-161}$$

可以证明，当 $t \to \infty$ 时，$s \to 0$ 且 $e_1 \to 0$。

如果 $P(t)$ 是时变的，有

$$\dot{V} = -\lambda ms^2 - w^2\tilde{m}^2 - \frac{1}{2}\lambda(t)P^{-1}\tilde{m}^2 \tag{8-162}$$

同样可以证明当 $t \to \infty$ 时，$s \to 0$ 且 $e_1 \to 0$。不仅如此，如果 w 是持续激励的，s 和 $\tilde{m}$ 都指数收敛到零，即自适应控制器指数收敛。

例 8-11　一阶系统 $\dot{y} = -a_p y + b_p u$ 的复合自适应控制，取参考模型为 $\dot{y}_m = -a_m y_m + b_m r(t)$，各参数选取与例 8-3 相同。

(1) 基于跟踪误差的自适应控制。

利用模型参考自适应控制器，控制律具有下面的形式：

$$u = \boldsymbol{v}^{\mathrm{T}}\boldsymbol{a} \tag{8-163}$$

参数自适应律为

$$\begin{aligned} &\dot{\hat{\boldsymbol{a}}} = -\mathrm{sgn}(b_p)\gamma \boldsymbol{v} e \\ &\boldsymbol{a} = \begin{bmatrix} a_r & a_y \end{bmatrix}^{\mathrm{T}},\quad \boldsymbol{v} = \begin{bmatrix} r & y \end{bmatrix}^{\mathrm{T}} \end{aligned} \tag{8-164}$$

(2) 基于预测误差的估计。

首先建立线性参数化模型，在系统模型两边同时加上 $a_m y$，得到

$$\dot{y} + a_m y = -(a_p - a_m)y + b_p u \tag{8-165}$$

因此有

$$u = \frac{1}{b_p}(p + a_m)y + \frac{a_p - a_m}{b_p}y \tag{8-166}$$

由于理想参数和系统参数之间具有关系式 (8-26)，可以得到

$$u = a_r \frac{(p + a_m)y}{b_m} + a_y y \tag{8-167}$$

式 (8-167) 两边同时乘以 $1/(p + a_m)$，得到

$$\frac{u}{p + a_m} = a_r \frac{y}{b_m} + a_y \frac{y}{p + a_m} \tag{8-168}$$

于是得到参数线性化模型：

$$u_1 = \boldsymbol{wa}$$

$$u_1 = \frac{u}{p + a_m}, \quad \boldsymbol{a} = [a_r \quad a_y]^{\mathrm{T}}, \quad \boldsymbol{w} = \begin{bmatrix} \dfrac{y}{b_m} & \dfrac{y}{p + a_m} \end{bmatrix} \tag{8-169}$$

则可以得到参数的在线估计律：

$$\dot{\hat{\boldsymbol{a}}} = -\boldsymbol{Pw}e_1 \tag{8-170}$$

(3) 复合误差自适应控制。

由式(8-164)和式(8-170)，构成复合自适应律：

$$\dot{\hat{\boldsymbol{a}}} = -\boldsymbol{P}(\mathrm{sgn}(b_p)\boldsymbol{v}e + \alpha(t)\boldsymbol{w}e_1) \tag{8-171}$$

控制器采用与式(8-163)相同的形式，选李雅普诺夫函数为

$$V(e,\boldsymbol{\varphi}) = \frac{1}{2}e^2 + \frac{1}{2\gamma}\left|b_p\right|(\tilde{a}_r^2 + \tilde{a}_y^2) \tag{8-172}$$

当 $\boldsymbol{P}(t)$ 为常阵时，有

$$\dot{V} = -a_m e^2 - e_1^2 \tag{8-173}$$

当 $t \to \infty$ 时，$e \to 0$ 且 $e_1 \to 0$。

如果用最小二乘估计方法更新 $\boldsymbol{P}(t)$，此时可选李雅普诺夫函数为

$$V = \frac{1}{2}(e^2 + \tilde{\boldsymbol{a}}^{\mathrm{T}}\boldsymbol{P}^{-1}\tilde{\boldsymbol{a}}) \tag{8-174}$$

其导数为

$$\dot{V} = -a_m e^2 - \frac{1}{2}\lambda(t)\tilde{\boldsymbol{a}}^{\mathrm{T}}\boldsymbol{P}^{-1}\tilde{\boldsymbol{a}} \tag{8-175}$$

同样可以得出渐近收敛和指数收敛的结果。

系统的仿真结果如图 8-21 所示，可以看到参数和跟踪结果都是光滑的，还可以通过增大自适应增益来减小跟踪误差而不会引起参数太大的振动，这一点对自适应控制器的性能具有重要的意义。

下面给出复合自适应的直观解释。例如，简单取 $\boldsymbol{P}(t) = \gamma\boldsymbol{I}$，复合自适应律可表示为

$$\dot{\tilde{\boldsymbol{a}}} + \gamma\boldsymbol{w}^{\mathrm{T}}\boldsymbol{w}\tilde{\boldsymbol{a}} = -\gamma\boldsymbol{v}^{\mathrm{T}}e \tag{8-176}$$

如果没有预测项，则退化为模型参考自适应律：

$$\dot{\tilde{\boldsymbol{a}}} = -\gamma\boldsymbol{v}^{\mathrm{T}}e \tag{8-177}$$

比较式(8-176)和式(8-177)，式(8-177)表示一个积分器，而式(8-176)是一个低通滤波器，二者都对 e 中的高频部分有抑制作用，因此参数比跟踪误差光滑；但是低通滤波器对低频部分的抑制比积分器对低频部分的抑制要小得多，因此，复合自适应根据滤波后的误差搜寻参数，其光滑性自然得到改善。

8.5.2　L_1 自适应控制

解决自适应控制器动态性能的方法还有 2006 年在模型参考自适应控制基础上提出的 L_1 自适应控制，其原理如图 8-22 所示，由被控对象、状态预测器、自适应律和控制律四个部分组成。近年来，L_1 自适应控制在航空、航海等领域的应用研究发展较快。

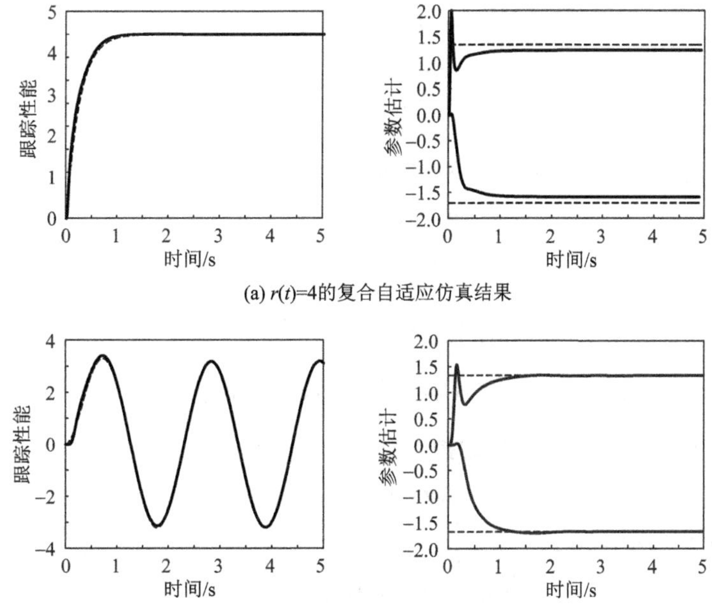

(a) $r(t)$=4的复合自适应仿真结果

(b) $r(t)$=4 sin 3t的复合自适应仿真结果

图 8-21　复合自适应控制仿真结果

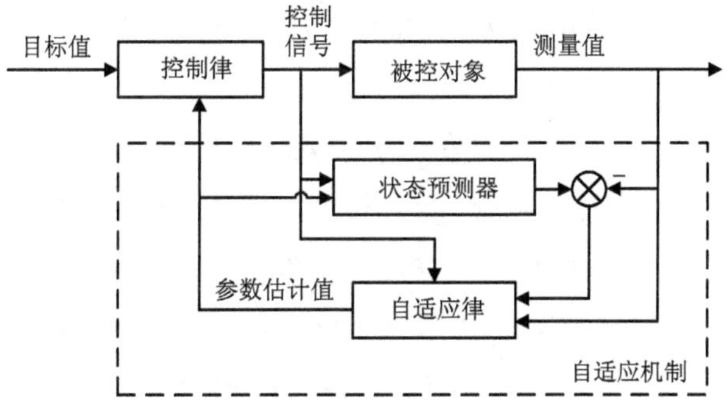

图 8-22　L_1 自适应控制原理图

其中，控制律的设计中包含了一个低通滤波器，低通滤波器的引入使参数估计环与控制环实现解耦，从而可以采用较大的自适应增益来获得较快的参数估计收敛速率以及更好的控制性能，其核心手段是 L_1 范数意义下的小增益定理，因此得名 L_1 自适应控制，其成为保证控制系统稳定的关键准则和设计依据。L_1 自适应控制能够解决传统自适应控制中快速自适应和控制鲁棒性之间的矛盾，同时由于低通滤波器的引入，可以调整低通滤波器的带宽使控制信号限制在执行机构可承受的范围内。

考虑单输入-单输出系统：

$$\begin{aligned}\dot{\boldsymbol{x}} &= \boldsymbol{A}\boldsymbol{x} + \boldsymbol{b}u \\ y &= \boldsymbol{c}^{\mathrm{T}}\boldsymbol{x}\end{aligned} \tag{8-178}$$

式中，$\boldsymbol{A}$ 是未知矩阵。假设存在已知的 Hurwitz 矩阵 $\boldsymbol{A}_m$，系统的不确定性满足 $\boldsymbol{A}_m - \boldsymbol{A} = \boldsymbol{b}\boldsymbol{\theta}^{\mathrm{T}}$，则模型(8-178)可改写为

$$\begin{aligned}\dot{\boldsymbol{x}} &= \boldsymbol{A}_m\boldsymbol{x} + \boldsymbol{b}(u - \boldsymbol{\theta}^{\mathrm{T}}\boldsymbol{x}) \\ y &= \boldsymbol{c}^{\mathrm{T}}\boldsymbol{x}\end{aligned} \tag{8-179}$$

考虑参考模型为

$$\begin{aligned}\dot{\boldsymbol{x}}_m &= \boldsymbol{A}_m\boldsymbol{x}_m + \boldsymbol{b}k_g r \\ y_m &= \boldsymbol{c}^{\mathrm{T}}\boldsymbol{x}_m\end{aligned} \tag{8-180}$$

式中

$$k_g = \frac{1}{\boldsymbol{c}^{\mathrm{T}}H_0(0)}, \quad H_0(s) = (s\boldsymbol{I} - \boldsymbol{A}_m)^{-1}\boldsymbol{b} \tag{8-181}$$

k_g 能够保证系统在定常输入时有零稳态误差，即 $\lim\limits_{t\to\infty} y_m = r$ 。

假设参数 $\boldsymbol{\theta}$ 已知，可以设计理想控制器为

$$u = \boldsymbol{\theta}^{\mathrm{T}}\boldsymbol{x} + k_g r \tag{8-182}$$

则闭环系统可实现理想跟踪。

当 $\boldsymbol{\theta}$ 未知时，控制器中的 $\boldsymbol{\theta}$ 用其估计值 $\hat{\boldsymbol{\theta}}$ 代替，此时取李雅普诺夫函数为

$$V(\boldsymbol{x},\boldsymbol{\theta}) = \boldsymbol{x}^{\mathrm{T}}\boldsymbol{P}\boldsymbol{x} + \Gamma^{-1}\boldsymbol{\theta}^{\mathrm{T}}\boldsymbol{\theta} \tag{8-183}$$

式中，$\boldsymbol{P}$ 为满足李雅普诺夫方程 $\boldsymbol{A}^{\mathrm{T}}\boldsymbol{P} + \boldsymbol{P}\boldsymbol{A} = -\boldsymbol{Q}$ 的正定矩阵。对式(8-183)求导，得

$$\dot{V} = -\boldsymbol{x}^{\mathrm{T}}\boldsymbol{Q}\boldsymbol{x} + 2\boldsymbol{\theta}^{\mathrm{T}}\boldsymbol{x}\boldsymbol{b}^{\mathrm{T}}\boldsymbol{P}\boldsymbol{x} + 2\Gamma^{-1}\boldsymbol{\theta}^{\mathrm{T}}\dot{\boldsymbol{\theta}} \tag{8-184}$$

显然，若取参数自适应律为

$$\dot{\hat{\boldsymbol{\theta}}} = -\Gamma\boldsymbol{x}^{\mathrm{T}}\boldsymbol{P}\boldsymbol{b}\boldsymbol{x} \tag{8-185}$$

式中，Γ 为自适应增益，则有 $\dot{V} = -\boldsymbol{x}^{\mathrm{T}}\boldsymbol{Q}\boldsymbol{x}$，即能够保证跟踪误差和参数估计误差收敛。

进一步假设 $\boldsymbol{\theta}$ 属于一个紧集 Θ，即存在上限 $\boldsymbol{\theta}_{\max}$，为使参数估计值 $\hat{\boldsymbol{\theta}}$ 不超出上限，有必要进行投影变换，将参数搜索的范围限制在 Θ 内，因此参数自适应律变为

$$\dot{\hat{\boldsymbol{\theta}}} = \Gamma\mathrm{Proj}(\hat{\boldsymbol{\theta}}, -\boldsymbol{x}^{\mathrm{T}}\boldsymbol{P}\boldsymbol{b}\boldsymbol{x}) \tag{8-186}$$

式中，投影算子 Proj 的定义为：设一标量函数 $f(\boldsymbol{\theta}) = (\boldsymbol{\theta}^{\mathrm{T}}\boldsymbol{\theta} - \boldsymbol{\theta}_{\max}^2)/(\varepsilon_\theta\boldsymbol{\theta}_{\max}^2)$，则投影算子为

$$\mathrm{Proj}(\boldsymbol{\theta}, y) = \begin{cases} y, & f(\boldsymbol{\theta}) < 0 \\ y, & f(\boldsymbol{\theta}) \geqslant 0 \text{ 且 } \nabla f^{\mathrm{T}} y \leqslant 0 \\ y - \dfrac{\nabla f}{\|\nabla f\|}\left\langle \dfrac{\nabla f}{\|\nabla f\|}, y \right\rangle f(\boldsymbol{\theta}), & f(\boldsymbol{\theta}) \geqslant 0 \text{ 且 } \nabla f^{\mathrm{T}} y > 0 \end{cases} \tag{8-187}$$

考虑系统状态不可测量，还需要设计状态预测器：

$$\begin{aligned}\dot{\hat{\boldsymbol{x}}} &= \boldsymbol{A}_m\hat{\boldsymbol{x}} + \boldsymbol{b}(u - \hat{\boldsymbol{\theta}}^{\mathrm{T}}\boldsymbol{x}) \\ \hat{y} &= \boldsymbol{c}^{\mathrm{T}}\hat{\boldsymbol{x}}\end{aligned} \tag{8-188}$$

引入状态预测器的系统与模型参考自适应控制是等价的，但有一个重要的不同是在基于状态预测器的模型中，参数误差信号与控制器的设计是独立的；而在模型参考自适应控制中，控制器的改变会影响参数误差信号，从而使系统的鲁棒性降低。由此可看出基于状态预测器算法的优势，即在设计 L_1 自适应控制器时，可以引入一个低通滤波器对控制信号

进行滤波：

$$u(s)=C(s)(\bar{r}(s)+k_g r(s)) \tag{8-189}$$

式中，$C(s)$ 是具有单位增益的低通滤波器；$\bar{r}(s)$ 是 $\bar{r}(t)=\boldsymbol{\theta}^{\mathrm{T}}(t)\boldsymbol{x}(t)$ 的拉氏变换；$r(s)$ 是 $r(t)$ 的拉氏变换。

下面的问题是低通滤波器 $C(s)$ 满足什么条件能够保证状态预测器有界，以及如何确定 L_1 自适应控制的参考模型。

L_1 范数意义下的小增益定理可以给出状态预测器有界的充分条件，把状态预测器改写成如下形式：

$$\hat{\boldsymbol{x}}(s)=\bar{G}(s)\bar{r}(s)+G(s)r(s) \tag{8-190}$$

式中，$\bar{G}(s)=H_0(s)(C(s)-1)$；$G(s)=k_g H_0(s)C(s)$。当下面条件满足时，跟踪误差渐近为零：

$$\left\|\bar{G}(s)\right\|_{L_1}\theta_{\max}<1 \tag{8-191}$$

式中，$\theta_{\max}=\max\limits_{\theta\in\Theta}\sum\limits_{i=1}^{n}|\theta_i|$。

当 $C(s)=1$ 时，得到的系统是模型参考自适应控制的参考模型；当 $C(s)\neq 1$ 时，得到的系统可以作为 L_1 自适应控制的参考模型，记为

$$\begin{aligned}&\boldsymbol{x}_{\mathrm{ref}}(s)=H_0(s)(k_g C(s)r(s)+(C(s)-1)\boldsymbol{\theta}^{\mathrm{T}}\boldsymbol{x}_{\mathrm{ref}}(s))\\&y_{\mathrm{ref}}(s)=\boldsymbol{c}^{\mathrm{T}}\boldsymbol{x}_{\mathrm{ref}}(s)\end{aligned} \tag{8-192}$$

可以看出，L_1 自适应控制的参考模型依赖于未知参数 $\boldsymbol{\theta}$，可以计算出该模型的性能界限，并可以通过增大自适应增益来减小其性能界限范围，可以证明以下结论。

系统稳态时，有

$$\begin{aligned}&\lim_{t\to\infty}\left\|\boldsymbol{x}-\boldsymbol{x}_{\mathrm{ref}}\right\|=0\\&\lim_{t\to\infty}\left\|y-y_{\mathrm{ref}}\right\|=0\\&\lim_{t\to\infty}\left\|u-u_{\mathrm{ref}}\right\|=0\end{aligned} \tag{8-193}$$

系统暂态时，有

$$\begin{aligned}&\left\|\boldsymbol{x}-\boldsymbol{x}_{\mathrm{ref}}\right\|_{L_\infty}\leqslant\gamma_1/\sqrt{\Gamma}\\&\left\|y-y_{\mathrm{ref}}\right\|_{L_\infty}\leqslant\gamma_1\left\|\boldsymbol{c}^{\mathrm{T}}\right\|_{L_1}/\sqrt{\Gamma}\\&\left\|u-u_{\mathrm{ref}}\right\|_{L_1}\leqslant\gamma_2/\sqrt{\Gamma}\end{aligned} \tag{8-194}$$

式中

$$\begin{aligned}&\gamma_1=\left\|H_1(s)\right\|_{L_1}\sqrt{\frac{\bar{\theta}_{\max}}{\lambda_{\max}(\boldsymbol{P})}}\\&\gamma_2=\left\|G(s)\frac{1}{\boldsymbol{c}_0^{\mathrm{T}}H_0(s)}\boldsymbol{c}_0^{\mathrm{T}}\right\|_{L_1}\sqrt{\frac{\bar{\theta}_{\max}}{\lambda_{\max}(\boldsymbol{P})}}+\left\|C(s)\boldsymbol{\theta}^{\mathrm{T}}\right\|_{L_1}\gamma_1\\&H_1(s)=\boldsymbol{I}+(\boldsymbol{I}-\bar{G}(s)\boldsymbol{\theta}^{\mathrm{T}})^{-1}(\bar{G}(s)\boldsymbol{\theta}^{\mathrm{T}}+(C(s)-1)\boldsymbol{I})\end{aligned} \tag{8-195}$$

而且有

$$
\begin{aligned}
&\lim_{\Gamma\to\infty}\left\|\boldsymbol{x}-\boldsymbol{x}_{\mathrm{ref}}\right\|=0\\
&\lim_{\Gamma\to\infty}\left\|y-y_{\mathrm{ref}}\right\|=0\\
&\lim_{\Gamma\to\infty}\left\|u-u_{\mathrm{ref}}\right\|=0
\end{aligned}
\tag{8-196}
$$

以上表明，$\boldsymbol{x}$、y、u 不仅能够在系统稳态时分别跟踪 $\boldsymbol{x}_{\mathrm{ref}}$、$y_{\mathrm{ref}}$、$u_{\mathrm{ref}}$，而且当自适应增益足够大时，能够在系统暂态时跟踪参考信号。其核心是 $C(s)$ 的设计，感兴趣的读者可查阅相关文献。

第 9 章　非线性系统与非线性控制应用案例

飞机和船舶都是典型的非线性系统，而且随着飞机和船舶应用领域的发展，对控制性能的要求越来越高，如舰载机在航母上低速飞行着舰、自主船舶的航迹跟踪控制和自主靠离泊等。本章以飞机和船舶为控制对象，并结合前面几章的内容，介绍几种典型的控制器设计方法。

9.1　基于局部线性化的舰载飞机自动着舰控制

为使线性模型能较好地描述进场飞机对不同状态的响应，本节采用传统的扰动线性化方案，建立平静大气对应飞机着舰阶段基准飞行状态的纵向模型。

9.1.1　飞机纵向非线性运动模型

在纵向基准飞行条件下，若不考虑大气扰动，则航迹系与气流系重合，此时飞机的空速与地速相等。飞机进场阶段纵向 3 自由度运动模型为

$$\begin{cases} m\dot{v} = P\cos\alpha - D - mg\sin\gamma \\ mv\dot{\gamma} = P\sin\alpha + L - mg\cos\gamma \\ \dot{q} = \dfrac{M}{I_y} \\ q = \dot{\theta} \\ \theta = \alpha + \gamma \\ \dot{h} = v\sin\gamma \end{cases} \tag{9-1}$$

式中，m 表示飞机的质量；v 表示飞机的飞行速度；P、D、L 和 M 分别表示发动机推力、阻力、升力和俯仰力矩；α、θ、γ 和 q 分别表示迎角、俯仰角、航迹角和俯仰角速率；g 表示重力加速度；I_y 表示飞机绕 y 轴的转动惯量；h 表示飞机高度。

气动力与气动力矩的值分别由式(9-2)给出：

$$\begin{cases} P = f_P\left(v, h, \delta_{pl}\right) \\ D = f_D(\alpha, \delta_e)\overline{q}s \\ L = f_L(\alpha, \delta_e)\overline{q}s \\ M = f_M(\alpha, q, \delta_e)\overline{q}s\overline{c} \end{cases} \tag{9-2}$$

式中，$\overline{q} = \rho v^2/2$，$\overline{q}$、$\rho$、$s$ 和 $\overline{c}$ 分别表示动压、空气密度、机翼参考面积和平均气动弦长；f_P、f_D、f_L 和 f_M 分别表示推力函数、阻力系数函数、升力系数函数和俯仰力矩系数函数；δ_{pl}、δ_e 分别表示油门功率和升降舵偏转角度。

在飞机标称着舰状态下（$\alpha_* = 8.1°$，$\dot{\alpha}_* = 0°/\text{s}$，$\gamma_* = -3.5°$，$v_* = 70\text{m/s}$，$q_* = 0°/\text{s}$，

$h_* = 400\text{m}$），对飞机模型进行配平得到平衡状态下对应的推力 P_*、升力 L_*、阻力 D_*、俯仰力矩 M_*，以及对应的油门功率 δ_{pl*} 和升降舵偏转角度 δ_{e*}。使用一阶泰勒展开在平衡状态对式(9-2)进行线性化，可得

$$\begin{cases} \dfrac{\mathrm{d}\Delta v}{\mathrm{d}t} = \dfrac{\cos\alpha_*\Delta P - P_*\sin\alpha_*\Delta\alpha - \Delta D}{m} - g\cos\gamma_*\Delta\gamma \\ \dfrac{\mathrm{d}\Delta\gamma}{\mathrm{d}t} = \dfrac{\sin\alpha_*\Delta P + P_*\cos\alpha_*\Delta\alpha + \Delta L}{mv_*} + \dfrac{g\sin\gamma_*\Delta\gamma}{v_*} \\ \dfrac{\mathrm{d}\Delta q}{\mathrm{d}t} = \dfrac{\Delta M}{I_y} \\ \dfrac{\mathrm{d}\Delta\theta}{\mathrm{d}t} = \Delta q \\ \Delta\theta = \Delta\alpha + \Delta\gamma \\ \dfrac{\mathrm{d}\Delta h}{\mathrm{d}t} = \sin\gamma_*\Delta v + v_*\cos\gamma_*\Delta\gamma \end{cases} \tag{9-3}$$

9.1.2　飞机纵向力和力矩线性化模型

飞机发动机模型表达式如下：

$$P=2gK_p\delta_{pl}f_{P\max}(Ma,h) \tag{9-4}$$

式中，2 表示有两个发动机；g 表示重力加速度；K_p 是一个定值，表示油门大小到发动力开合程度的比例映射关系。推力的大小主要受油门大小、马赫数、高度的影响，其中马赫数和高度影响推力的最大值，该关系用 $f_{P\max}(Ma,h)$ 表示。考虑在着舰过程中，飞机的高度变化不大，一直处于 1000m 以下，可以认为是定值；飞机的速度在理想速度 70m/s 附近波动，因此飞机的马赫数记为定值，根据此将 $f_{P\max}(Ma,h)$ 记为 $f_{P\max}^*$。基于此分析，飞机的推力主要受油门大小的影响。

在飞机处于理想配平状态的着舰过程中，推力值等于配平值 P_*。在实际中，推力值会受到油门大小的影响，在配平的定值处小幅度波动。将推力在配平位置进行一阶泰勒展开，可得

$$P_* + \Delta P=2gK_p f_{P\max}^*\delta_{pl*} + 2gK_p f_{P\max}^*\Delta\delta_{pl} \tag{9-5}$$

进而得到油门到推力的传递关系：

$$\Delta P=P_{pl*}\Delta\delta_{pl} \tag{9-6}$$

式中，$P_{pl*}=2gK_p f_{P\max}^*$。

飞机升力模型表达式如下：

$$L = \frac{1}{2}\rho v^2 s\left(f_{CL_1}(\alpha) + f_{CL_2}(\alpha,\delta_e)\right) \tag{9-7}$$

式中，$f_{CL_1}(\alpha)$ 表示机身与机翼的升力系数函数，自变量为迎角；$f_{CL_2}(\alpha,\delta_e)$ 表示平尾的升力系数函数，自变量为迎角与平尾舵角。

在飞机飞行过程中，空气密度 ρ 与飞机高度的关系如下：

$$\frac{\partial \rho}{\partial h}=-\frac{4.2559}{44331-h_*}\rho_0,\quad h\leqslant 11000\text{ m} \tag{9-8}$$

综上所述，飞机的升力主要受空速、高度、迎角、升降舵的舵角的影响，将升力在配平位置 L_* 处进行一阶泰勒展开可得

$$L_*+\Delta L=\frac{1}{2}\rho v_*^{\ 2}s\left(f_{CL_1}^*+f_{CL_2}^*\right)+L_{v_*}\Delta v+L_{\alpha_*}\Delta\alpha+L_{\delta_{e^*}}\Delta\delta_e+L_{h_*}\Delta h \tag{9-9}$$

式中，$f_{CL_1}^*$ 与 $f_{CL_2}^*$ 表示在配平状态下的升力系数。进而可得空速、高度、迎角、升降舵的舵角到升力的传递关系：

$$\begin{aligned}
&\Delta L=L_{v_*}\Delta v+L_{\alpha_*}\Delta\alpha+L_{\delta_{e^*}}\Delta\delta_e+L_{h_*}\Delta h\\
&L_{v_*}=\rho v_* s\left(f_{CL_1}^*+f_{CL_2}^*\right)\\
&L_{\alpha_*}=\frac{1}{2}\rho v_*^2 s\left(\frac{\partial f_{CL_1}}{\partial \alpha_*}+\frac{\partial f_{CL_2}}{\partial \alpha_*}\right)\\
&L_{\delta_{e^*}}=\frac{1}{2}\rho v_*^2 s\frac{\partial f_{CL_2}}{\partial \delta_{e^*}}\\
&L_{h_*}=\frac{1}{2}v_*^2 s\left(f_{CL_1}^*+f_{CL_2}^*\right)\left(-\frac{4.2559}{44331-h_*}\rho_0\right)
\end{aligned} \tag{9-10}$$

飞机阻力模型如式(9-11)所示：

$$D=\frac{1}{2}\rho v^2 s\left(f_{CD_1}(\alpha)+f_{CD_2}(\alpha,\delta_e)\right) \tag{9-11}$$

式中，$f_{CD_1}(\alpha)$ 表示机身与机翼的阻力系数函数，自变量为迎角；$f_{CD_2}(\alpha,\delta_e)$ 表示平尾的阻力系数函数，自变量为迎角与平尾舵角。同时，根据式(9-8)可得空气密度与高度的关系。

综上所述，飞机的阻力主要受空速、高度、迎角、升降舵的舵角的影响，将阻力在配平位置 D_* 处进行一阶泰勒展开可得

$$D_*+\Delta D=\frac{1}{2}\rho v_*^2 s\left(f_{CD_1}^*+f_{CD_2}^*\right)+D_{v_*}\Delta v+D_{\alpha_*}\Delta\alpha+D_{\delta_{e^*}}\Delta\delta_e+D_{h_*}\Delta h \tag{9-12}$$

式中，$f_{CD_1}^*$ 与 $f_{CD_2}^*$ 表示在配平状态下的阻力系数。进而可得空速、高度、迎角、升降舵的舵角到阻力的传递关系：

$$\begin{aligned}
&\Delta D=D_{v_*}\Delta v+D_{\alpha_*}\Delta\alpha+D_{\delta_{e^*}}\Delta\delta_e+D_{h_*}\Delta h\\
&D_{v_*}=\rho v_* s\left(f_{CD_1}^*+f_{CD_2}^*\right)\\
&D_{\alpha_*}=\frac{1}{2}\rho v_*^2 s\left(\frac{\partial f_{CD_1}}{\partial \alpha_*}+\frac{\partial f_{CD_2}}{\partial \alpha_*}\right)\\
&D_{\delta_{e^*}}=\frac{1}{2}\rho v_*^2 s\frac{\partial f_{CD_2}}{\partial \delta_{e^*}}\\
&D_{h_*}=\frac{1}{2}v_*^2 s\left(f_{CD_1}^*+f_{CD_2}^*\right)\left(-\frac{4.2559}{44331-h_*}\rho_0\right)
\end{aligned} \tag{9-13}$$

飞机俯仰力矩模型如式(9-14)所示：

$$M=\frac{1}{2}\rho v^2 s\overline{c}\left(f_{CM_1}(\alpha)+f_{CM_2}(\alpha,\delta_e)+f_{CM_3}(\alpha,q,v)+f_{CM_4}(\alpha,\dot{\alpha},v)\right) \tag{9-14}$$

式中，$f_{CM_1}(\alpha)$表示机身与机翼的俯仰力矩系数函数，自变量为迎角；$f_{CM_2}(\alpha,\delta_e)$表示平尾的俯仰力矩系数函数，自变量为迎角与平尾舵角；$f_{CM_3}(\alpha,q,v)$表示与俯仰角速率耦合的俯仰力矩系数函数，自变量为迎角、俯仰角速率与空速；$f_{CM_4}(\alpha,\dot{\alpha},v)$表示与迎角速率耦合的俯仰力矩系数函数，自变量为迎角、迎角速率与空速。同时，根据式(9-8)可得空气密度与高度的关系。

综上所述，飞机的俯仰力矩主要受空速、高度、迎角、升降舵的舵角、俯仰角速率、迎角速率的影响，将俯仰力矩在配平位置M_*处进行一阶泰勒展开可得

$$\begin{aligned}M_*+\Delta M=&\frac{1}{2}\rho v_*^2 s\overline{c}\left(f_{CM_1}^*+f_{CM_2}^*+f_{CM_3}^*+f_{CM_4}^*\right)\\&+M_{v*}\Delta v+M_{\alpha*}\Delta\alpha+M_{q*}\Delta q+M_{\dot{\alpha}*}\Delta\dot{\alpha}+M_{\delta_e*}\Delta\delta_e+M_{h*}\Delta h\end{aligned} \tag{9-15}$$

式中，$f_{CM_1}^*$、$f_{CM_2}^*$、$f_{CM_3}^*$与$f_{CM_4}^*$表示在配平状态下的各个俯仰力矩系数。进而可得空速、高度、迎角、升降舵的舵角、俯仰角速率、迎角速率到俯仰力矩的传递关系：

$$\begin{aligned}&\Delta M=M_{v*}\Delta v+M_{\alpha*}\Delta\alpha+M_{q*}\Delta q+M_{\dot{\alpha}*}\Delta\dot{\alpha}+M_{\delta_e*}\Delta\delta_e+M_{h*}\Delta h\\&M_{v*}=\rho v_* s\overline{c}\left(f_{CM_1}^*+f_{CM_2}^*+f_{CM_3}^*+f_{CM_4}^*\right)\\&M_{\alpha*}=\frac{1}{2}\rho v_*^2 s\overline{c}\left(\frac{\partial f_{CM_1}}{\partial\alpha_*}+\frac{\partial f_{CM_2}}{\partial\alpha_*}+\frac{\partial f_{CM_3}}{\partial\alpha_*}+\frac{\partial f_{CM_4}}{\partial\alpha_*}\right)\\&M_{q*}=\frac{1}{2}\rho v_*^2 s\overline{c}\frac{\partial f_{CM_3}}{\partial q_*}\\&M_{\dot{\alpha}*}=\frac{1}{2}\rho v_*^2 s\overline{c}\frac{\partial f_{CM_4}}{\partial\dot{\alpha}_*}\\&M_{\delta_e*}=\frac{1}{2}\rho v_*^2 s\overline{c}\frac{\partial f_{CM_2}}{\partial\delta_{e*}}\\&M_{h*}=\frac{1}{2}v_*^2 s\overline{c}\left(f_{CM_1}^*+f_{CM_2}^*+f_{CM_3}^*+f_{CM_4}^*\right)\left(-\frac{4.2559}{44331-h_*}\rho_0\right)\end{aligned} \tag{9-16}$$

因此，飞机纵向受力运动的小扰动线性化模型如下：

$$\begin{aligned}&\Delta P=P_{pl*}\Delta\delta_{pl}\\&\Delta L=L_{v*}\Delta v+L_{\alpha*}\Delta\alpha+L_{\delta_e*}\Delta\delta_e+L_{h*}\Delta h\\&\Delta D=D_{v*}\Delta v+D_{\alpha*}\Delta\alpha+D_{\delta_e*}\Delta\delta_e+D_{h*}\Delta h\\&\Delta M=M_{v*}\Delta v+M_{\alpha*}\Delta\alpha+M_{q*}\Delta q+M_{\dot{\alpha}*}\Delta\dot{\alpha}+M_{\delta_e*}\Delta\delta_e+M_{h*}\Delta h\end{aligned} \tag{9-17}$$

9.1.3　飞机小扰动线性化模型

将式(9-3)中的$\Delta\gamma$和Δq替换，同时引入微分算子符号K，式(9-3)转换为

$$\begin{aligned}
\mathrm{K}\Delta v = & -\frac{D_{v*}}{m}\Delta v + \left(g\cos\gamma_* - \frac{P_*\sin\alpha_* + D_{\alpha*}}{m}\right)\Delta\alpha - g\cos\gamma_*\Delta\theta \\
& -\frac{D_{h*}}{m}\Delta h - \frac{D_{\delta_e*}}{m}\Delta\delta_e + \frac{\cos\alpha_* P_{pl*}}{m}\Delta\delta_{pl}
\end{aligned}$$

$$\begin{aligned}
\mathrm{K}\Delta\alpha = & -\frac{L_{v*}}{mv_*}\Delta v + \left(\frac{g\sin\gamma_*}{v_*} - \frac{P_*\cos\alpha_* + L_{\alpha*}}{mv_*}\right)\Delta\alpha + \Delta q - \frac{g\sin\gamma_*}{v_*}\Delta\theta \\
& -\frac{L_{h*}}{mv_*}\Delta h - \frac{L_{\delta_e*}}{mv_*}\Delta\delta_e - \frac{\sin\alpha_* P_{pl*}}{mv_*}\Delta\delta_{pl} \\
& -\frac{M_{\dot{\alpha}*}}{I_y}\mathrm{K}\Delta\alpha + \mathrm{K}\Delta q = \frac{M_{v*}}{I_y}\Delta v + \frac{M_{\alpha*}}{I_y}\Delta\alpha + \frac{M_{q*}}{I_y}\Delta q + \frac{M_{\delta_e*}}{I_y}\Delta\delta_e
\end{aligned} \tag{9-18}$$

合并可得

$$\begin{aligned}
\mathrm{K}\Delta q = & \left(\frac{M_{\alpha*}}{I_y} + \frac{M_{\dot{\alpha}*}}{I_y}\left(\frac{g\sin\gamma_*}{v_*} - \frac{P_*\cos\alpha_* + L_{\alpha*}}{mv_*}\right)\right)\Delta\alpha \\
& + \left(\frac{M_{q*}}{I_y} + \frac{M_{\dot{\alpha}*}}{I_y}\right)\Delta q - \frac{M_{\dot{\alpha}*}}{I_y}\frac{g\sin\gamma_*}{v_*}\Delta\theta - \frac{M_{\dot{\alpha}*}}{I_y}\frac{L_{h*}}{mv_*}\Delta h \\
& + \left(\frac{M_{\delta_e*}}{I_y} - \frac{M_{\dot{\alpha}*}}{I_y}\frac{L_{\delta_e*}}{mv_*}\right)\Delta\delta_e - \frac{M_{\dot{\alpha}*}}{I_y}\frac{\sin\alpha_* P_{pl*}}{mv_*}\Delta\delta_p \\
& + \left(\frac{M_{v*}}{I_y} - \frac{M_{\dot{\alpha}*}}{I_y}\frac{L_{v*}}{mv_*}\right)\Delta v
\end{aligned} \tag{9-19}$$

根据表 9-1 对式(9-19)进行简化。

表 9-1　飞机纵向稳定性和操纵导数

$x^v = -\frac{D_{v*}}{m}$	$x^\alpha = -\frac{P_*\sin\alpha_* + D_{\alpha*}}{m}$	$x^h = -\frac{D_{h*}}{m}$	$x^e = -\frac{D_{\delta_e*}}{m}$	$x^p = \cos\alpha_*\frac{P_{pl*}}{m}$	$y^{\alpha 1} = \frac{L_{\alpha*}}{mv_*}$
$y^v = \frac{L_{v*}}{mv_*}$	$y^\alpha = \frac{P_*\cos\alpha_* + L_{\alpha*}}{mv_*}$	$y^h = \frac{L_{h*}}{mv_*}$	$y^e = \frac{L_{\delta_e*}}{mv_*}$	$y^{pl} = \sin\alpha_*\frac{P_{pl*}}{mv_*}$	
$\mu^v = \frac{M_{v*}}{I_y}$	$\mu^\alpha = \frac{M_{\alpha*}}{I_y}$	$\mu^q = \frac{M_{q*}}{I_y}$	$\mu^{\dot{\alpha}} = \frac{M_{\dot{\alpha}*}}{I_y}$	$\mu^e = \frac{M_{\delta_e*}}{I_y}$	

取速度、迎角、俯仰角速度、俯仰角、高度偏差作为状态，将式(9-3)和式(9-19)合并写为状态空间表达形式：

$$\begin{cases} \dot{\boldsymbol{x}} = \boldsymbol{A}\boldsymbol{x} + \boldsymbol{B}\boldsymbol{u} \\ \boldsymbol{y} = \boldsymbol{C}\boldsymbol{x} + \boldsymbol{D}\boldsymbol{u} \end{cases} \tag{9-20}$$

式中

$$\boldsymbol{x} = \begin{bmatrix} \Delta v & \Delta\alpha & \Delta q & \Delta\theta & \Delta h \end{bmatrix}^{\mathrm{T}}$$

$$\boldsymbol{u} = \begin{bmatrix} \Delta\delta_e & \Delta\delta_{pl} \end{bmatrix}^{\mathrm{T}}$$

$$\boldsymbol{A}=\begin{bmatrix} x^v & x^\alpha+g\cos\gamma_* & 0 & -g\cos\gamma_* & x^h \\ -y^v & -y^\alpha+\dfrac{g\sin\gamma_*}{v_*} & 1 & -\dfrac{g\sin\gamma_*}{v_*} & -y^h \\ \mu^v-\mu^{\dot\alpha}y^v & \mu^\alpha-\mu^{\dot\alpha}\left(y^\alpha-\dfrac{g\sin\gamma_*}{v_*}\right) & \mu^q+\mu^{\dot\alpha} & -\mu^{\dot\alpha}\dfrac{g\sin\gamma_*}{v_*} & 0 \\ 0 & 0 & 1 & 0 & 0 \\ \sin\gamma_* & -v_*\cos\gamma_* & 0 & v_*\cos\gamma_* & 0 \end{bmatrix}$$

$$\boldsymbol{B}=\begin{bmatrix} x^e & x^p \\ -y^e & -y^p \\ \mu^e-\mu^{\dot\alpha}y^e & -\mu^{\dot\alpha}y^p \\ 0 & 0 \\ 0 & 0 \end{bmatrix}$$

$$\boldsymbol{C}=\boldsymbol{I}_{5\times5}$$

$$\boldsymbol{D}=\boldsymbol{0}_{5\times2}$$

最终通过计算可得到 $\boldsymbol{A}$、$\boldsymbol{B}$ 矩阵的数值分别为

$$\boldsymbol{A}=\begin{bmatrix} -0.055 & 3.37 & 0 & -9.79 & 1.84\times10^{-4} \\ -0.004 & -0.451 & 1 & 0.0086 & 1.3\times10^{-5} \\ 2.05\times10^{-4} & 0.743 & -0.153 & 4.48\times10^{-4} & 0 \\ 0 & 0 & 1 & 0 & 0 \\ -0.061 & -69.87 & 0 & 69.87 & 0 \end{bmatrix}$$

$$\boldsymbol{B}=\begin{bmatrix} -0.0156 & 0.1074 \\ -0.0016 & -2.18\times10^{-4} \\ -0.0198 & 1.14\times10^{-5} \\ 0 & 0 \\ 0 & 0 \end{bmatrix}$$

对基于泰勒展开的局部线性化线性模型进行开环测试，分别加入升降舵和油门阶跃偏差指令，比较飞机非线性模型和线性模型的输出响应。考虑小扰动线性化模型精度仅在平衡点附近有保证以及机体的不稳定性，限制了仿真时间以突出对比效果。图 9-1 和图 9-2 分别给出了在 1.5s 时刻施加 0.5°和 1°后两模型的阶跃响应对比图。尽管这些响应均发散，但各对应输出状态的变化趋势与幅度在仿真时间内都很好地吻合，从而可知线性模型在标称状态附近多大范围内具有令人满意的准确度。

图 9-1 表明，对于升降舵引起的飞行相对基准运动状态的偏差，当非线性对象的速度偏离达 1.3m/s、迎角偏离达 8.5°、俯仰速率偏离达 10°/s、姿态角偏离达 12°、下沉率偏离达 5m/s 时，线性模型近似非线性响应过程的误差界限如下：速度约为 0.2m/s、俯仰速率为 2°/s、迎角和姿态角约为 1°、下沉率约为 0.5m/s。图 9-2 表明，对于油门引起的飞行相对基准运动状态的偏离，当非线性对象的俯仰速率偏离达 1.1°/s、迎角偏离达 1.1°、姿态角偏离达 1.3°、高度偏离达 0.18m 时，线性模型近似非线性过程的误差界限如下：俯仰速率为 0.3°/s、

迎角和姿态角为 0.2°，高度为 0.02m。

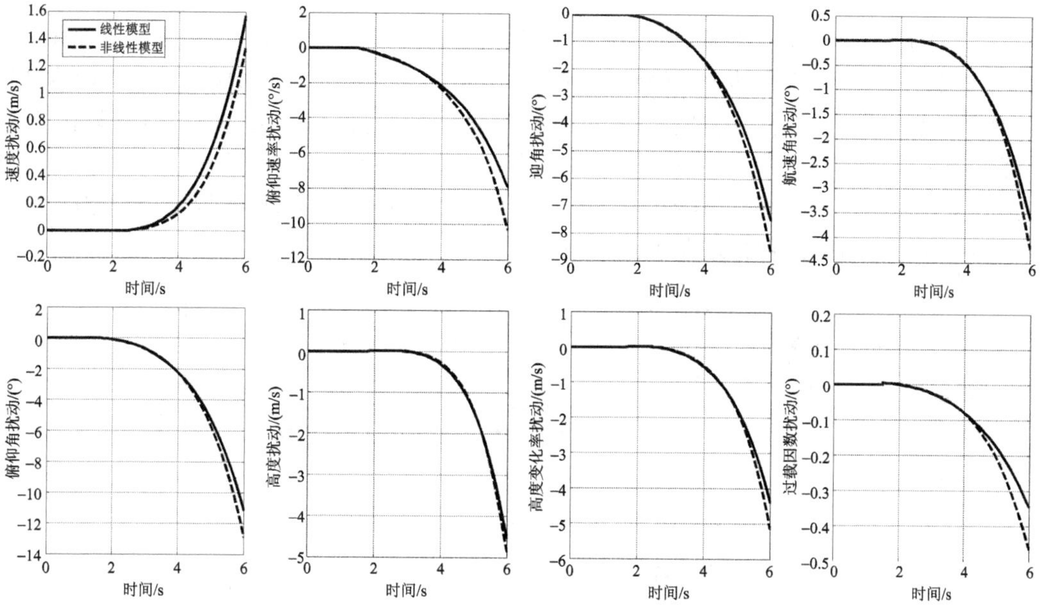

图 9-1　线性和非线性模型对升降舵阶跃指令的时域响应对比

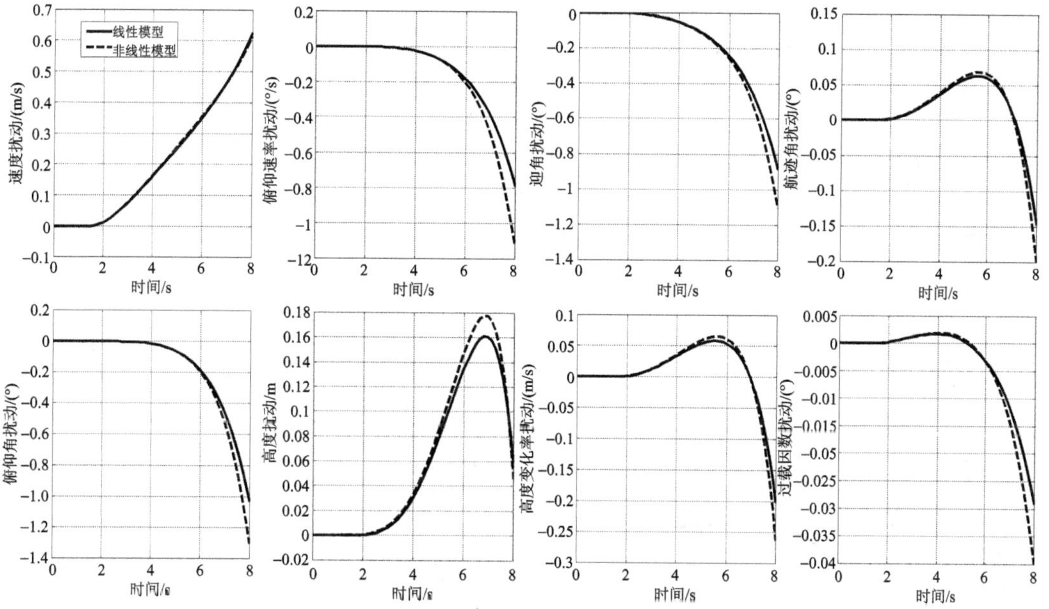

图 9-2　线性和非线性模型对油门阶跃指令的时域响应对比

通过以上两组仿真实验可知，所建立的小扰动线性化模型能较准确地描述进场飞机在无风干扰情况下对主要操作的响应。

9.1.4　基于线性化模型的自动着舰控制器设计

接下来设计基于线性化模型的飞机自动着舰控制器，其主要由外环的纵向引导律以及内环的升降舵控制通道和动力补偿系统组成。该模式下，纵向自动着舰系统结构原理如图 9-3 所示。纵向引导律的作用是实现高度偏差与垂直速率之间的转化并发出引导着舰指令。升降舵控制通道主要包括外环自动驾驶仪和内环飞控增稳系统，其作用是接收纵向引导律发出的指令并转化为水平尾翼指令对飞机飞行姿态进行控制，从而实现对理想下滑道的跟踪。动力补偿系统采用保持迎角恒定策略。

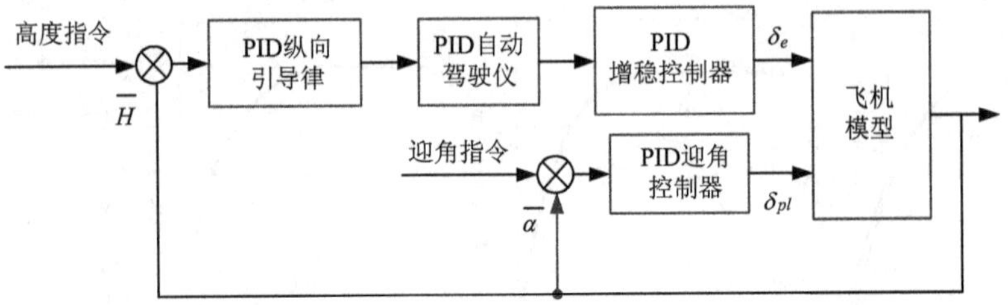

图 9-3　纵向自动着舰系统结构原理图

通过对 PID 控制器参数整定，该系统对高度阶跃信号的响应如图 9-4 所示。

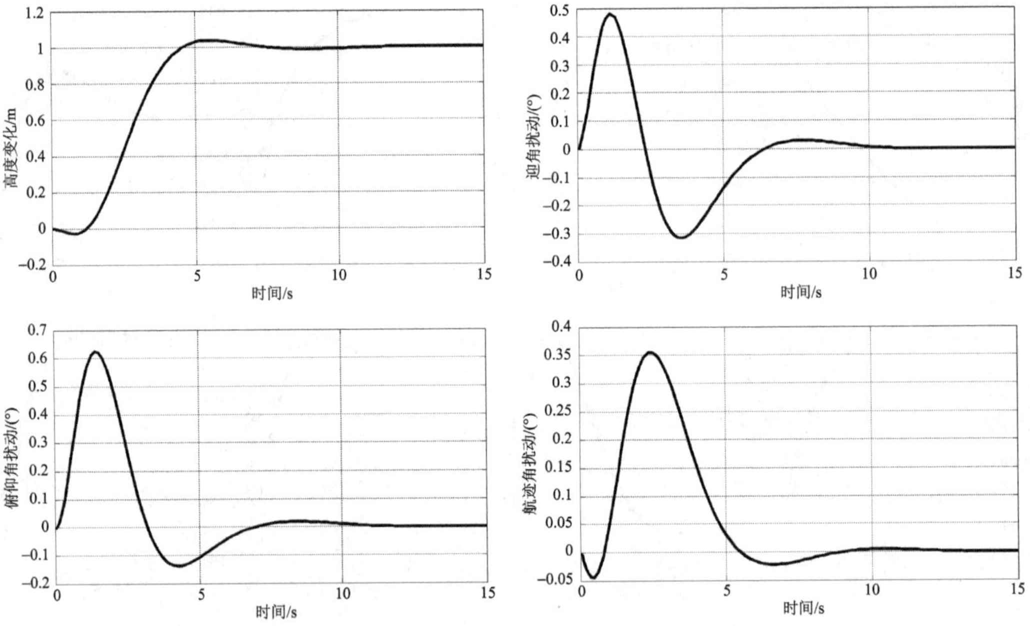

图 9-4　整定控制参数后纵向自动着舰系统的单位阶跃响应

9.2　基于非线性动态逆的飞机姿态控制

非线性动态逆方法是非线性系统反馈线性化方法中的一种，能够直接针对非线性、强耦合的控制对象进行控制系统的设计，使各控制通道解耦，并且提高对非线性对象的控制性能。

飞机是一个多输入-多输出的非线性系统，且各输入、输出通道间耦合严重。传统的飞行控制系统主要基于非线性运动模型的小扰动线性化模型进行设计，通过在飞行包线内选取多组基准状态，用线性方法在小扰动的条件下设计控制系统，涉及增益调度控制，设计过程繁复，并且当飞行状态迅速变化、非线性程度加深时，控制效果也会恶化。而采用非线性动态逆方法设计飞机姿态控制器，能够在全局范围内实现系统精确线性化，无需传统方法中复杂的增益调度，设计非线性反馈控制器，对已知非线性动力学特性的飞机模型进行直接控制。

9.2.1　飞机 6 自由度非线性模型

飞机在三维空间中的运动是不受限的。为了描述飞机运动过程，需要分别建立沿 3 个轴向平动、绕 3 个轴向转动，即 6 个自由度的动力学方程组以及运动学方程组，二者合计 12 个方程，可以完全地表述飞机的飞行运动。

为方便推导后面的运动学方程组，在此处定义常用的状态变量：飞机的姿态角 $\boldsymbol{\Phi}=\begin{bmatrix}\phi & \theta & \psi\end{bmatrix}^{\mathrm{T}}$；飞机当前位置在地面系中的投影 $\boldsymbol{P}=\begin{bmatrix}x & y & z\end{bmatrix}^{\mathrm{T}}$；飞机在体轴系下的速度矢量 $(\boldsymbol{V})_b=\begin{bmatrix}u & v & w\end{bmatrix}^{\mathrm{T}}$；角速度矢量 $(\boldsymbol{\omega})_b=\begin{bmatrix}p & q & r\end{bmatrix}^{\mathrm{T}}$。

1. *动力学方程组*

1) 平动动力学

在体轴系下列写平动动力学方程：

$$m\left(\frac{\delta(\boldsymbol{V})_b}{\delta t}+(\boldsymbol{\omega})_b(\boldsymbol{V})_b\right)=\boldsymbol{F} \tag{9-21}$$

$$\begin{bmatrix}\dot{u}\\ \dot{v}\\ \dot{w}\end{bmatrix}=\begin{bmatrix}rv-qw\\ pw-ru\\ qu-pv\end{bmatrix}+\frac{1}{m}\left(\begin{bmatrix}T\\0\\0\end{bmatrix}+\boldsymbol{L}_{ab}^{\mathrm{T}}\begin{bmatrix}-D\\C\\-L\end{bmatrix}\right)+\boldsymbol{L}_{bg}^{\mathrm{T}}\begin{bmatrix}0\\0\\g\end{bmatrix} \tag{9-22}$$

式中

$$\boldsymbol{L}_{ab}=\begin{bmatrix}\cos\beta\cos\alpha & \sin\beta & \cos\beta\sin\alpha\\ -\sin\beta\cos\alpha & \cos\beta & -\sin\beta\sin\alpha\\ -\sin\alpha & 0 & \cos\alpha\end{bmatrix} \tag{9-23}$$

$$\boldsymbol{L}_{bg}=\begin{bmatrix}\cos\theta\cos\psi & \cos\theta\sin\psi & -\sin\theta\\ \sin\phi\sin\theta\cos\psi-\cos\phi\sin\psi & \sin\phi\sin\theta\sin\psi+\cos\phi\cos\psi & \sin\phi\cos\theta\\ \cos\phi\sin\theta\cos\psi+\sin\phi\sin\psi & \cos\phi\sin\theta\sin\psi-\sin\phi\cos\psi & \cos\phi\cos\theta\end{bmatrix} \tag{9-24}$$

2) 转动动力学

在体轴系下列写转动动力学方程：

$$\frac{\delta\boldsymbol{H}}{\delta t}+(\boldsymbol{\omega})_b\boldsymbol{H}=\boldsymbol{M} \tag{9-25}$$

式中，$\boldsymbol{H}$ 为飞机角动量，由式(9-26)给出。

$$H = I(\omega)_b \tag{9-26}$$

$$I = \begin{bmatrix} I_x & -I_{xy} & -I_{xz} \\ -I_{yx} & I_y & -I_{yz} \\ -I_{zx} & -I_{zy} & I_z \end{bmatrix} \tag{9-27}$$

式(9-27)给出了飞机转动惯量矩阵 $\boldsymbol{I}$ 的计算方法。又由于飞机是以 $O_b x_b z_b$ 平面对称的刚体，因此在式(9-27)中，$I_{xz} = I_{zx}$ 并且有 $I_{xy} = I_{yx} = I_{yz} = I_{zy} = 0$。最终，转动惯量矩阵 $\boldsymbol{I}$ 表示为

$$I = \begin{bmatrix} I_x & 0 & -I_{xz} \\ 0 & I_y & 0 \\ -I_{xz} & 0 & I_z \end{bmatrix} \tag{9-28}$$

将式(9-26)和式(9-28)代入式(9-25)，可得

$$\begin{bmatrix} \dot{p} \\ \dot{q} \\ \dot{r} \end{bmatrix} = \begin{bmatrix} \dfrac{I_z}{I_x I_z - I_{xz}^2} & 0 & \dfrac{I_{xz}}{I_x I_z - I_{xz}^2} \\ 0 & \dfrac{1}{I_y} & 0 \\ \dfrac{I_{xz}}{I_x I_z - I_{xz}^2} & 0 & \dfrac{I_x}{I_x I_z - I_{xz}^2} \end{bmatrix} \left(-\begin{bmatrix} (-I_{xz}p + I_z r)q - I_y qr \\ -(-I_{xz}p + I_z r)p + (I_x p - I_{xz} r)r \\ I_y pq - (I_x p - I_{xz} r)q \end{bmatrix} + \begin{bmatrix} L_r \\ M \\ N \end{bmatrix} \right) \tag{9-29}$$

将式(9-29)整理为以下形式：

$$\begin{bmatrix} \dot{p} \\ \dot{q} \\ \dot{r} \end{bmatrix} = \begin{bmatrix} (C_1 r + C_2 p)q + C_3 L_r + C_4 N \\ C_5 pr - C_6(p^2 - r^2) + C_7 M \\ (C_8 p - C_2 r)q + C_4 L + C_9 N \end{bmatrix} \tag{9-30}$$

式中，$C_1 \sim C_9$ 为与转动惯量相关的系数，分别为

$$\begin{aligned} &C_1 = \frac{I_y I_z - I_z^2 - I_{xz}^2}{I_x I_z - I_{xz}^2}, \quad C_2 = \frac{(I_x - I_y + I_z)I_{xz}}{I_x I_z - I_{xz}^2}, \quad C_3 = \frac{I_z}{I_x I_z - I_{xz}^2} \\ &C_4 = \frac{I_{xz}}{I_x I_z - I_{xz}^2}, \quad C_5 = \frac{I_z - I_x}{I_y}, \quad C_6 = \frac{I_{xz}}{I_y} \\ &C_7 = \frac{1}{I_y}, \quad C_8 = \frac{I_x(I_x - I_y) + I_{xz}^2}{I_x I_z - I_{xz}^2}, \quad C_9 = \frac{I_x}{I_x I_z - I_{xz}^2} \end{aligned} \tag{9-31}$$

2. 运动学方程组

1) 平动运动学

飞机的平动运动学建立了飞行速度与飞机位置的关系。值得注意的是，在地面系中，$O_g z_g$ 轴的方向与人们习惯描述高度的方向相反。若用 h 描述飞机飞行高度，则状态变量 $\boldsymbol{P} = [x \quad y \quad z]^{\mathrm{T}}$ 中的 z 应满足：

$$z = -h \tag{9-32}$$

根据平动运动学方程：

$$\frac{\mathrm{d}\boldsymbol{P}}{\mathrm{d}t} = \boldsymbol{L}_{bg}^{\mathrm{T}}(\boldsymbol{V})_b \tag{9-33}$$

即可得到

$$\begin{bmatrix} \dot{x} \\ \dot{y} \\ -\dot{h} \end{bmatrix} = \boldsymbol{L}_{bg}^{\mathrm{T}} \begin{bmatrix} u \\ v \\ w \end{bmatrix} \tag{9-34}$$

2) 转动运动学

飞机的转动运动学建立了飞机姿态角与体轴系下角速度的关系。转动运动学方程如式(9-35)所示：

$$\frac{\mathrm{d}\boldsymbol{\Phi}}{\mathrm{d}t} = \boldsymbol{f}(\boldsymbol{\Phi})(\boldsymbol{\omega})_b \tag{9-35}$$

式中

$$\boldsymbol{f}(\boldsymbol{\Phi}) = \begin{bmatrix} 1 & \tan\theta\sin\phi & \cos\theta\sin\phi \\ 0 & \cos\phi & -\sin\theta \\ 0 & \dfrac{\sin\phi}{\cos\theta} & \dfrac{\cos\phi}{\cos\theta} \end{bmatrix} \tag{9-36}$$

将式(9-36)代入式(9-35)中，得到

$$\begin{bmatrix} \dot{\phi} \\ \dot{\theta} \\ \dot{\psi} \end{bmatrix} = \begin{bmatrix} 1 & \tan\theta\sin\phi & \cos\theta\sin\phi \\ 0 & \cos\phi & -\sin\theta \\ 0 & \dfrac{\sin\phi}{\cos\theta} & \dfrac{\cos\phi}{\cos\theta} \end{bmatrix} \begin{bmatrix} p \\ q \\ r \end{bmatrix} \tag{9-37}$$

至此，在体轴系下建立了飞机 6 自由度的非线性运动方程。根据上述推导，此时飞机模型的状态变量为

$$\boldsymbol{x} = \begin{bmatrix} x & y & z & u & v & w & \phi & \theta & \psi & p & q & r \end{bmatrix}^{\mathrm{T}} \tag{9-38}$$

利用奇异摄动理论、时标分离思想，根据飞行状态变量在时间尺度上存在差异的事实，按照状态变量对控制舵面的响应速度进行分组，各组别之间的响应速度依次减慢：

$$\begin{aligned} \boldsymbol{x}_1 &= \begin{bmatrix} p & q & r \end{bmatrix}^{\mathrm{T}} \\ \boldsymbol{x}_2 &= \begin{bmatrix} \phi & \theta & \psi \end{bmatrix}^{\mathrm{T}} \\ \boldsymbol{x}_3 &= \begin{bmatrix} u & v & w \end{bmatrix}^{\mathrm{T}} \\ \boldsymbol{x}_4 &= \begin{bmatrix} x & y & z \end{bmatrix}^{\mathrm{T}} \end{aligned} \tag{9-39}$$

9.2.2　角速度回路的动态逆控制

非线性动态逆的飞机姿态控制包括角速度回路控制以及姿态角回路控制，其中，角速度回路控制同样作为姿态角回路控制的内环。控制结构如图 9-5 所示，两个回路的状态变量分别对应式(9-39)中的 $\boldsymbol{x}_1$ 和 $\boldsymbol{x}_2$ 。

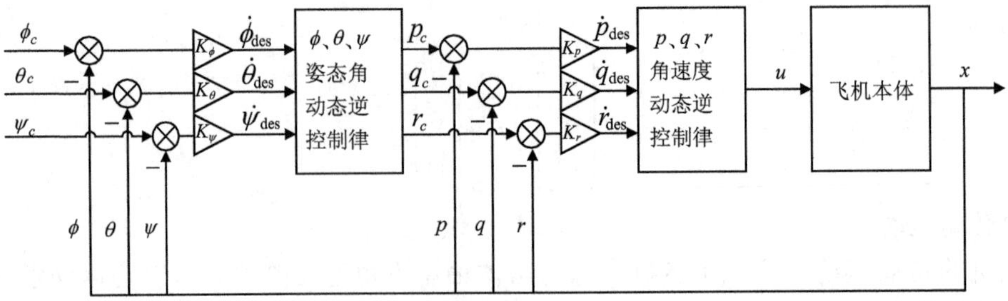

图 9-5　基于非线性动态逆的飞机姿态控制结构图

先对状态变量 $\boldsymbol{x}_1$ 设计角速度回路的非线性动态逆控制律，使飞机模型能够完成角速度控制。

对于状态变量 $\boldsymbol{x}_1$，根据式(9-30)，状态方程可以表达为仿射非线性的形式：

$$\dot{\boldsymbol{x}}_1=\boldsymbol{f}_1(\boldsymbol{x}_1)+\boldsymbol{g}_1(\boldsymbol{x}_1)\boldsymbol{u} \tag{9-40}$$

式中

$$\boldsymbol{f}_1(\boldsymbol{x}_1)=\begin{bmatrix}(C_1r+C_2p)q+C_3L_0+C_4N_0\\ C_5pr-C_6(p^2-r^2)+C_7M_0\\ (C_8p-C_2r)q+C_4L_0+C_9N_0\end{bmatrix} \tag{9-41}$$

$$\boldsymbol{g}_1(\boldsymbol{x}_1)=\begin{bmatrix}g_p^{\delta_a}(\boldsymbol{x}_1) & g_p^{\delta_e}(\boldsymbol{x}_1) & g_p^{\delta_r}(\boldsymbol{x}_1)\\ g_q^{\delta_a}(\boldsymbol{x}_1) & g_q^{\delta_e}(\boldsymbol{x}_1) & g_q^{\delta_r}(\boldsymbol{x}_1)\\ g_r^{\delta_a}(\boldsymbol{x}_1) & g_r^{\delta e}(\boldsymbol{x}_1) & g_r^{\delta_r}(\boldsymbol{x}_1)\end{bmatrix} \tag{9-42}$$

$$\boldsymbol{u}=\begin{bmatrix}\delta_a & \delta_e & \delta_r\end{bmatrix}^{\mathrm{T}} \tag{9-43}$$

$\boldsymbol{f}_1(\boldsymbol{x}_1)$ 包含了状态方程中除控制变量 $\boldsymbol{u}$ 以外的所有非线性因素。其中，力矩项的角标 0 表示只考虑控制舵面在配平值下造成的影响，即不考虑因控制舵面变动而产生的作用效果。$\boldsymbol{g}_1(\boldsymbol{x}_1)$ 表示微分方程中与控制变量 $\boldsymbol{u}$ 相关的非线性因素，在物理意义上代表舵面偏转对角速度的控制效果，计算方法在式(9-44)中给出。

$$\begin{aligned}
g_p^{\delta_a}(\boldsymbol{x}_1)&=\bar{q}sb\left(C_3\Delta C_l^{\delta_a}+C_4\Delta C_n^{\delta_a}\right)\\
g_p^{\delta_e}(\boldsymbol{x}_1)&=\bar{q}sb\left(C_3\Delta C_l^{\delta_e}+C_4\Delta C_n^{\delta_e}\right)\\
g_p^{\delta_r}(\boldsymbol{x}_1)&=\bar{q}sb\left(C_3\Delta C_l^{\delta_r}+C_4\Delta C_n^{\delta_r}\right)\\
g_q^{\delta_a}(\boldsymbol{x}_1)&=\bar{q}s\bar{c}C_7\Delta C_m^{\delta_a}\\
g_q^{\delta_e}(\boldsymbol{x}_1)&=\bar{q}s\bar{c}C_7\Delta C_m^{\delta_e}\\
g_q^{\delta_r}(\boldsymbol{x}_1)&=\bar{q}s\bar{c}C_7\Delta C_m^{\delta_r}\\
g_r^{\delta_a}(\boldsymbol{x}_1)&=\bar{q}sb\left(C_4\Delta C_l^{\delta_a}+C_9\Delta C_n^{\delta_a}\right)\\
g_r^{\delta_e}(\boldsymbol{x}_1)&=\bar{q}sb\left(C_4\Delta C_l^{\delta_e}+C_9\Delta C_n^{\delta_e}\right)\\
g_r^{\delta_r}(\boldsymbol{x}_1)&=\bar{q}sb\left(C_4\Delta C_l^{\delta_r}+C_9\Delta C_n^{\delta_r}\right)
\end{aligned} \tag{9-44}$$

式中，$\bar{q}$、s和$\bar{c}$分别表示动压、机翼参考面积和平均气动弦长；ΔC_{*}^{δ}表示某舵面在当前舵面偏角时的整体效率。计算方法以$\Delta C_{m}^{\delta_e}$为例：

$$\Delta C_{m}^{\delta_e}=\frac{C_{m_{\delta_e}}(\alpha,\delta_e)-C_{m_{\delta_e}}(\alpha,\delta_e=0)}{\delta_e} \tag{9-45}$$

根据角速度和控制舵面的状态方程，应用非线性动态逆方法，由式(9-40)反解设计出非线性动态逆控制律：

$$\boldsymbol{u}=\boldsymbol{g}_1^{-1}(\boldsymbol{x}_1)\left(-\boldsymbol{f}_1(\boldsymbol{x}_1)+\dot{\boldsymbol{x}}_{1\text{des}}\right) \tag{9-46}$$

式中，$\dot{\boldsymbol{x}}_{1\text{des}}$表示被控状态变量$\boldsymbol{x}_1$的期望动态响应。

定义$\dot{\boldsymbol{x}}_1$的指令信号为$\boldsymbol{x}_{1c}=\begin{bmatrix}p_c & q_c & r_c\end{bmatrix}^{\mathrm{T}}$，一种简单的期望动态响应配置方法如式(9-47)所示。

$$\dot{\boldsymbol{x}}_{1\text{des}}=\begin{bmatrix}\dot{p}_{\text{des}}\\ \dot{q}_{\text{des}}\\ \dot{r}_{\text{des}}\end{bmatrix}=\begin{bmatrix}K_p & & \\ & K_q & \\ & & K_r\end{bmatrix}\begin{bmatrix}p_c-p\\ q_c-q\\ r_c-r\end{bmatrix} \tag{9-47}$$

按照式(9-41)~式(9-47)设计角速度回路非线性动态逆控制律，控制器参数选择$K_p=K_q=K_r=5$。

图 9-6 和图 9-7 分别是指令信号为阶跃信号时，状态变量跟踪效果和控制舵面偏转量的仿真结果。

图 9-8 和图 9-9 分别是以周期为 10s 的方波信号为指令信号时，状态变量跟踪效果和控制舵面偏转量的仿真结果。

9.2.3　姿态角回路的动态逆控制

接下来，对$\boldsymbol{x}_2$设计姿态角回路的非线性动态逆控制律，使飞机模型能够完成姿态角控制。

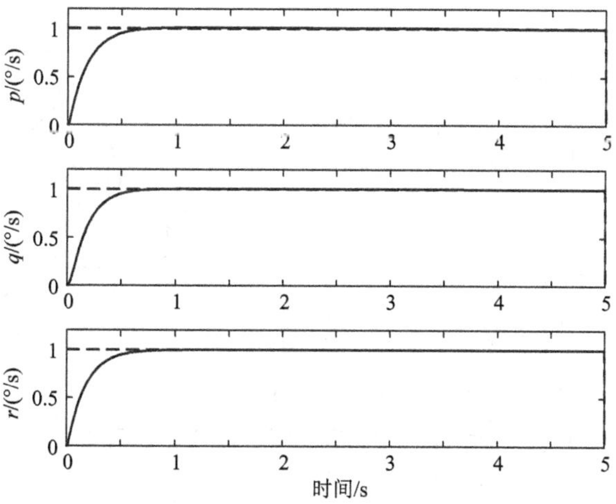

图 9-6　飞机角速度响应

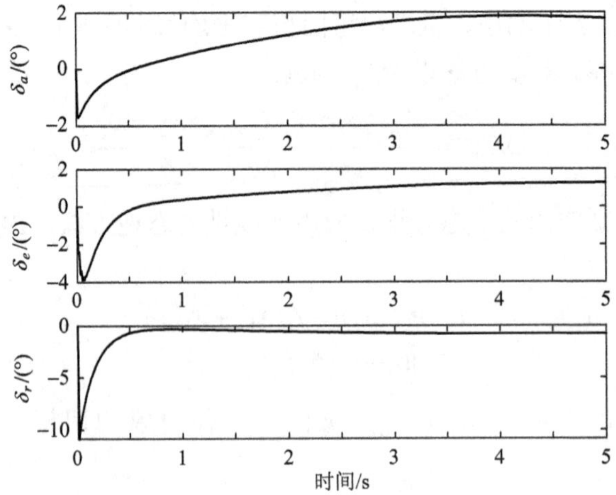

图 9-7 飞机控制舵面响应

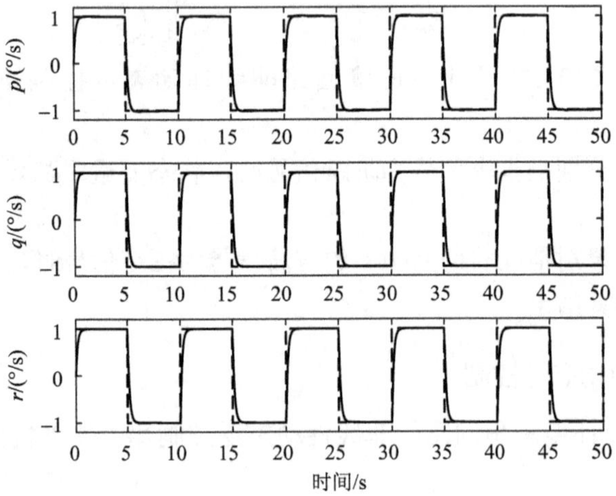

图 9-8 飞机角速度响应

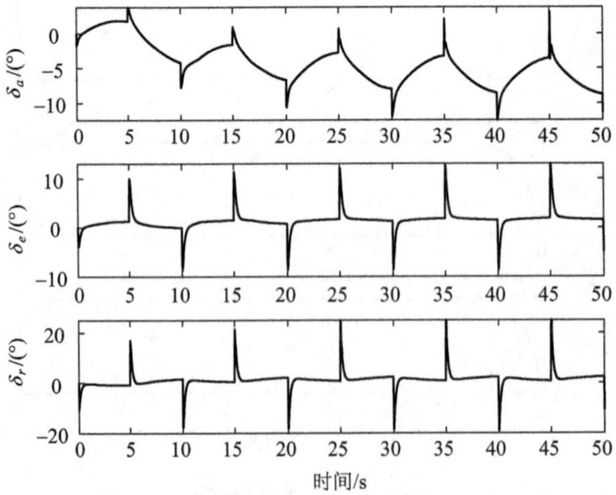

图 9-9 飞机控制舵面响应

根据式(9-37)，将状态变量 $\boldsymbol{x}_2$ 的状态方程表达为仿射非线性的形式：

$$\dot{\boldsymbol{x}}_2 = \boldsymbol{f}_2(\boldsymbol{x}_2) + \boldsymbol{g}_2(\boldsymbol{x}_2)\boldsymbol{x}_1 \tag{9-48}$$

式中，$\boldsymbol{f}_2(\boldsymbol{x}_2)$ 是零矩阵；

$$\boldsymbol{g}_2(\boldsymbol{x}_2) = \begin{bmatrix} 1 & \tan\theta\sin\phi & \cos\theta\sin\phi \\ 0 & \cos\phi & -\sin\theta \\ 0 & \dfrac{\sin\phi}{\cos\theta} & \dfrac{\cos\phi}{\cos\theta} \end{bmatrix} \tag{9-49}$$

根据姿态角和角速度的状态方程，应用非线性动态逆方法，由式(9-48)反解设计出非线性动态逆控制律：

$$\boldsymbol{x}_{1c} = \boldsymbol{g}_2^{-1}(\boldsymbol{x}_2)\left(-\boldsymbol{f}_2(\boldsymbol{x}_2) + \dot{\boldsymbol{x}}_{2\mathrm{des}}\right) \tag{9-50}$$

式中，$\dot{\boldsymbol{x}}_{2\mathrm{des}}$ 是被控状态变量 $\boldsymbol{x}_2$ 的期望动态响应。

定义 $\dot{\boldsymbol{x}}_2$ 的指令信号为 $\boldsymbol{x}_{2c} = [\phi_c \quad \theta_c \quad \psi_c]^{\mathrm{T}}$，则

$$\dot{\boldsymbol{x}}_{2\mathrm{des}} = \begin{bmatrix} \dot{\phi}_{\mathrm{des}} \\ \dot{\theta}_{\mathrm{des}} \\ \dot{\psi}_{\mathrm{des}} \end{bmatrix} = \begin{bmatrix} K_\phi & & \\ & K_\theta & \\ & & K_\psi \end{bmatrix} \begin{bmatrix} \phi_{\mathrm{c}} - \phi \\ \theta_{\mathrm{c}} - \theta \\ \psi_{\mathrm{c}} - \psi \end{bmatrix} \tag{9-51}$$

按照式(9-48)~式(9-51)设计姿态角回路非线性动态逆控制律，控制器参数选择 $K_\phi = K_\theta = K_\psi = 1$。

图 9-10、图 9-11 和图 9-12 分别是指令信号为阶跃信号时，状态变量 $\boldsymbol{x}_2$ 跟踪效果以及状态变量 $\boldsymbol{x}_1$ 的响应和控制舵面偏转量的仿真结果。

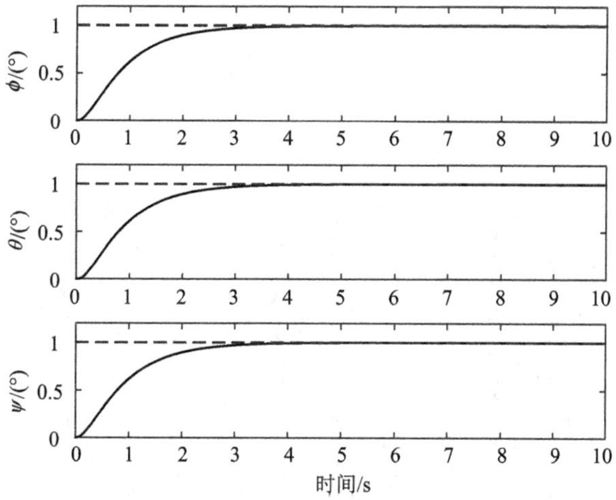

图 9-10　飞机姿态角响应

图 9-13、图 9-14 和图 9-15 分别是以周期为 20s 的方波信号为指令信号时，状态变量 $\boldsymbol{x}_2$ 跟踪效果以及状态变量 $\boldsymbol{x}_1$ 的响应和控制舵面偏转量的仿真结果。

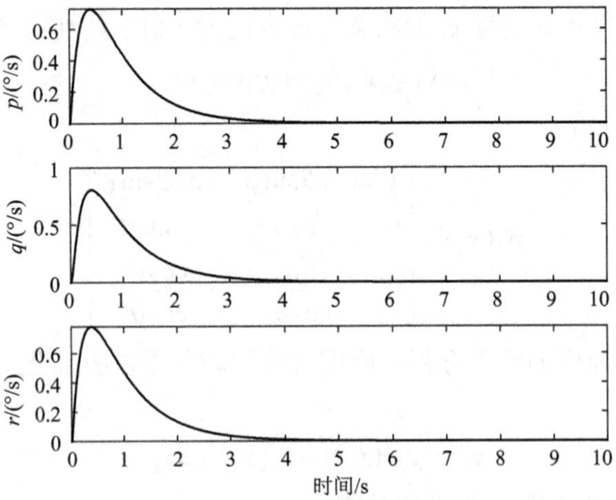

图 9-11　飞机角速度响应

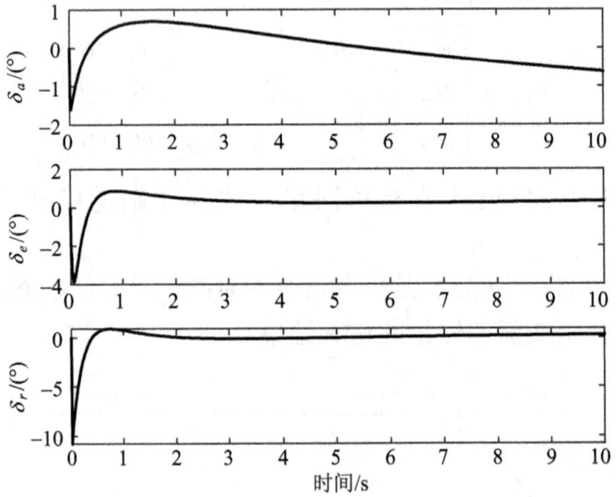

图 9-12　飞机控制舵面响应

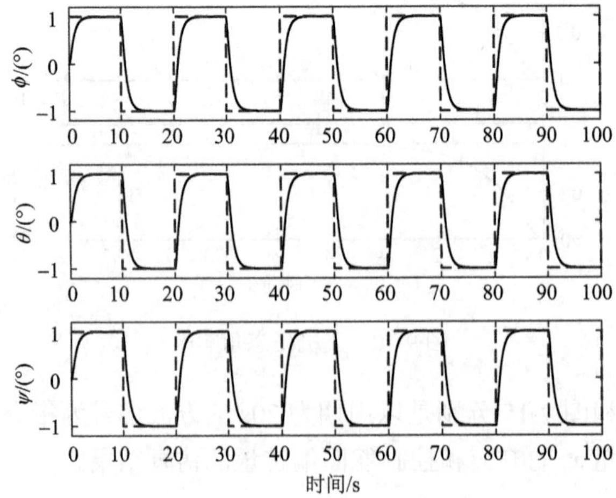

图 9-13　飞机姿态角响应

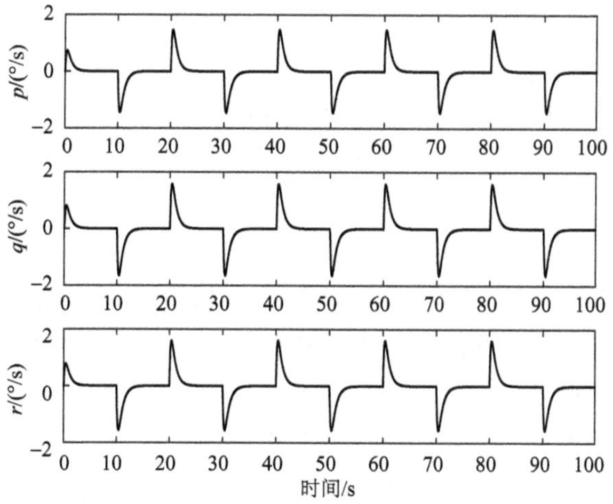

图 9-14　飞机角速度响应

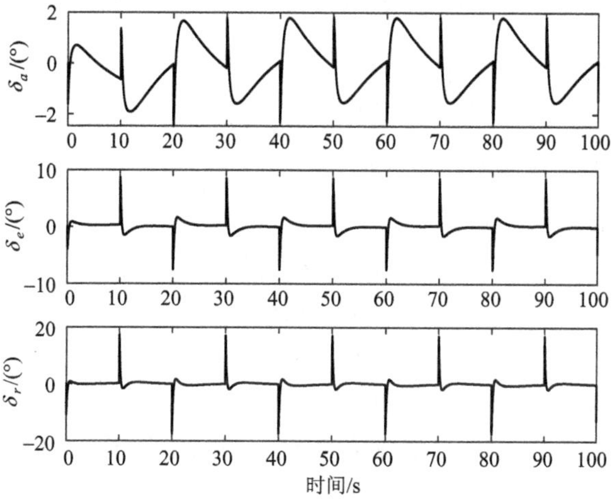

图 9-15　飞机控制舵面响应

9.3　基于最小二乘的船舶航向模型辨识

随着数字化和智能化技术的发展，智能船舶发展呈现出日益加快的趋势。自动靠离泊、远程遥控、自主航行等智能船舶典型应用场景需要精确的船舶航向自适应控制算法。在船舶航向控制中，船舶的航向模型参数在线辨识的实时性、收敛性和辨识精度难以同时保证，在线估计时变参数和扰动的能力不够。本节针对数据欠激励受扰系统，设计了一种快速、准确、稳定的线性模型在线辨识方法，并将该算法应用于船舶航向模型参数在线辨识过程中，将动态降维的思想引入遗忘因子最小二乘法，提出了一种基于满秩分解的最小二乘法，使得欠激励数据对降维后的辨识模型重新满足激励条件。所提供的算法能够根据死区阈值动态调整满秩分解矩阵，使最小二乘法(least square method, LS)选择性更新模型参数，这限制了扰动导致的参数辨识误差累计。

9.3.1　船舶航向模型

船舶操纵运动模型可以采用一阶线性 Nomoto 模型：

$$\begin{aligned} T\dot{r}+r &= K\delta \\ \dot{\phi} &= r \end{aligned} \tag{9-52}$$

式中，r 为船体艏摇角速度；$\dot{r}$ 为艏摇角加速度；ϕ 为船舶艏向角；δ 为舵角；K、T 分别为船舶回转能力和回转惯性参数，受到船舶载荷条件和航行速度的影响。最小二乘改进模型辨识算法非常依赖于经典状态空间模型参数，实际工程中考虑外界扰动和模型摄动对参数辨识的不利影响，此处引入扰动项对 Nomoto 模型进行改进：

$$\begin{aligned} T\dot{r}+r &= K(\delta+\delta_d) \\ \dot{\phi} &= r \end{aligned} \tag{9-53}$$

式中，δ_d 为干扰力矩等效舵角，包含了舵的零位误差、船舶航向模型非线性、量测噪声中的非零均值部分、海洋环境扰动力矩等。为辨识做准备，将改进 Nomoto 模型整理为标准最小二乘形式：

$$\dot{r}=\frac{1}{T}r+\frac{K}{T}\delta+\frac{K}{T}\delta_d \tag{9-54}$$

为了加快参数辨识收敛速度，引入归一化因子 $\alpha_{\dot{r}}$ 和 α_r，辨识前通常使用归一化因子使数据向量各维度具有相同的幅值范围，令

$$\begin{cases} \dot{r}'=\alpha_{\dot{r}}\alpha_r\dot{r} \\ r'=\alpha_r r \\ K'=\alpha_r K \\ T'=T/\alpha_{\dot{r}} \end{cases} \tag{9-55}$$

选取输出量 z_k、参数向量 $\boldsymbol{\theta}_k$、数据向量 $\boldsymbol{h}_k$，下标 k 代表第 k 时刻，即

$$\begin{cases} z_k=\dot{r}' \\ \boldsymbol{\theta}_k=\begin{bmatrix} \dfrac{1}{T'} & \dfrac{K'}{T'} & \dfrac{K'}{T'}\delta_d \end{bmatrix}^{\mathrm{T}} \\ \boldsymbol{h}_k=[-r' \quad \delta \quad 1]^{\mathrm{T}} \end{cases} \tag{9-56}$$

整理可得最小二乘测量方程为

$$z_k=\boldsymbol{h}_k\boldsymbol{\theta}_k+w_k \tag{9-57}$$

9.3.2　遗忘因子最小二乘法

递推最小二乘算法因其简单、实时性强的优点，广泛应用于模型参数在线辨识。设给定数据集 $\{\boldsymbol{h}_k,z_k\}_{k=1}^{N}$，其中，$\boldsymbol{h}_k=[h_{k1} \quad h_{k2} \quad \cdots \quad h_{kn}]^{\mathrm{T}}$ 为一次测量数据向量。令数据矩阵为 $\boldsymbol{H}=[\boldsymbol{h}_1 \quad \boldsymbol{h}_2 \quad \cdots \quad \boldsymbol{h}_N]^{\mathrm{T}}\in\boldsymbol{R}^{N\times n}$，输出矩阵为 $\boldsymbol{Z}=[z_1 \quad z_2 \quad \cdots \quad z_N]^{\mathrm{T}}$，则线性回归方程可以通过式(9-58)表示：

$$\boldsymbol{Z}=\boldsymbol{H}\boldsymbol{\theta}+\boldsymbol{w} \tag{9-58}$$

式中，$\boldsymbol{\theta}=[\theta_1 \quad \theta_2 \quad \cdots \quad \theta_n]^{\mathrm{T}}$ 为待估计系数向量；$\boldsymbol{w}=[w_1 \quad w_2 \quad \cdots \quad w_N]^{\mathrm{T}}$ 为 N 次测量的模型拟合误差向量。最小二乘法采用误差向量 2 范数为损失函数：

$$J(\hat{\boldsymbol{\theta}})=\frac{1}{2}\boldsymbol{w}^{\mathrm{T}}\boldsymbol{w}=\frac{1}{2}(\boldsymbol{Z}-\boldsymbol{H}\hat{\boldsymbol{\theta}})^{\mathrm{T}}(\boldsymbol{Z}-\boldsymbol{H}\hat{\boldsymbol{\theta}}) \tag{9-59}$$

令式(9-59)对 $\hat{\boldsymbol{\theta}}$ 的偏导数等于零得

$$\boldsymbol{H}^{\mathrm{T}}\boldsymbol{Z}=\boldsymbol{H}^{\mathrm{T}}\boldsymbol{H}\hat{\boldsymbol{\theta}} \tag{9-60}$$

矩阵 $\boldsymbol{H}$ 的秩 $\mathrm{rank}(\boldsymbol{H})=n$ 时，$\boldsymbol{H}^{\mathrm{T}}\boldsymbol{H}$ 可逆。由式(9-60)可得 $\boldsymbol{\theta}$ 最小二乘估计：

$$\hat{\boldsymbol{\theta}}=(\boldsymbol{H}^{\mathrm{T}}\boldsymbol{H})^{-1}\boldsymbol{H}^{\mathrm{T}}\boldsymbol{Z} \tag{9-61}$$

为了将最小二乘法转化为递推形式，可令 k 时刻数据矩阵、测量矩阵、方差矩阵和辨识结果矩阵分别为

$$\begin{cases}\boldsymbol{H}_k=[\boldsymbol{h}_1 \quad \boldsymbol{h}_2 \quad \cdots \quad \boldsymbol{h}_k]^{\mathrm{T}}\\ \boldsymbol{Z}_k=[z_1 \quad z_2 \quad \cdots \quad z_k]^{\mathrm{T}}\\ \boldsymbol{P}_k=(\boldsymbol{H}_k^{\mathrm{T}}\boldsymbol{H}_k)^{-1}\\ \hat{\boldsymbol{\theta}}_k=(\boldsymbol{H}_k^{\mathrm{T}}\boldsymbol{H}_k)^{-1}\boldsymbol{H}_k^{\mathrm{T}}\boldsymbol{Z}_k\end{cases} \tag{9-62}$$

将 $\boldsymbol{H}_{k+1}=[\boldsymbol{H}_k^{\mathrm{T}} \quad \boldsymbol{h}_{k+1}]^{\mathrm{T}}$、$\boldsymbol{Z}_{k+1}=[\boldsymbol{Z}_k^{\mathrm{T}} \quad z_{k+1}]^{\mathrm{T}}$ 代入 $\boldsymbol{P}_{k+1}$ 和 $\hat{\boldsymbol{\theta}}_{k+1}$ 中，令 $\boldsymbol{K}_{k+1}=\boldsymbol{P}_{k+1}\boldsymbol{h}_{k+1}$，根据矩阵分块运算可得递推最小二乘法：

$$\begin{cases}\boldsymbol{P}_{k+1}=\boldsymbol{P}_k-\boldsymbol{P}_k\boldsymbol{h}_{k+1}(\boldsymbol{h}_{k+1}^{\mathrm{T}}\boldsymbol{P}_k\boldsymbol{h}_{k+1}+\boldsymbol{I})^{-1}\boldsymbol{h}_{k+1}^{\mathrm{T}}\boldsymbol{P}_k\\ \boldsymbol{K}_{k+1}=\boldsymbol{P}_{k+1}\boldsymbol{h}_{k+1}\\ \hat{\boldsymbol{\theta}}_{k+1}=\hat{\boldsymbol{\theta}}_k+\boldsymbol{K}_{k+1}(z_{k+1}-\boldsymbol{h}_{k+1}^{\mathrm{T}}\hat{\boldsymbol{\theta}}_k)\end{cases} \tag{9-63}$$

为避免随着数据增多，新数据作用逐渐消失，引入遗忘因子 $\beta_1(0.9<\beta_1<1)$ 得

$$\begin{cases}\boldsymbol{P}_{k+1}=(\boldsymbol{P}_k-\boldsymbol{P}_k\boldsymbol{h}_{k+1}(\boldsymbol{h}_{k+1}^{\mathrm{T}}\boldsymbol{P}_k\boldsymbol{h}_{k+1}+\boldsymbol{I})^{-1}\boldsymbol{h}_{k+1}^{\mathrm{T}}\boldsymbol{P}_k)/\beta_1\\ \boldsymbol{K}_{k+1}=\boldsymbol{P}_{k+1}\boldsymbol{h}_{k+1}\\ \hat{\boldsymbol{\theta}}_{k+1}=\hat{\boldsymbol{\theta}}_k+\boldsymbol{K}_{k+1}(z_{k+1}-\boldsymbol{h}_{k+1}^{\mathrm{T}}\hat{\boldsymbol{\theta}}_k)\end{cases} \tag{9-64}$$

9.3.3　基于满秩分解的最小二乘算法设计

当式(9-59)中矩阵 $\boldsymbol{H}$ 的秩 $r=\mathrm{rank}(\boldsymbol{H})<n$ 时，$\boldsymbol{H}^{\mathrm{T}}\boldsymbol{H}$ 奇异且不可逆，此时存在正交矩阵 $\boldsymbol{V}$，使得

$$\begin{cases}\boldsymbol{H}=[\boldsymbol{H}^* \ \ 0]\boldsymbol{V}=[\boldsymbol{H}^* \ \ 0]\begin{bmatrix}\boldsymbol{V}_1\\ \boldsymbol{V}_2\end{bmatrix}=\boldsymbol{H}^*\boldsymbol{V}_1\\ \boldsymbol{H}^*=\boldsymbol{H}\boldsymbol{V}_1^{\mathrm{T}}\end{cases} \tag{9-65}$$

式中，上标 T 表示矩阵转置。令 $\hat{\boldsymbol{\theta}}^*=\boldsymbol{V}_1\hat{\boldsymbol{\theta}}\in\boldsymbol{R}^r$，整理得

$$\hat{\boldsymbol{\theta}}^*=(\boldsymbol{H}^{*\mathrm{T}}\boldsymbol{H}^*)^{-1}\boldsymbol{H}^{*\mathrm{T}}\boldsymbol{Z} \tag{9-66}$$

令 $\hat{\boldsymbol{\theta}}'=\boldsymbol{V}_2\hat{\boldsymbol{\theta}}\in\boldsymbol{R}^{n-r}$，则有

$$
\begin{cases}
\begin{bmatrix} \hat{\boldsymbol{\theta}}^* \\ \hat{\boldsymbol{\theta}}' \end{bmatrix} = \begin{bmatrix} \boldsymbol{V}_1 \\ \boldsymbol{V}_2 \end{bmatrix} \hat{\boldsymbol{\theta}} = \boldsymbol{V}\hat{\boldsymbol{\theta}} \\
\hat{\boldsymbol{\theta}} = \boldsymbol{V}^{\mathrm{H}} \begin{bmatrix} \hat{\boldsymbol{\theta}}^* \\ \hat{\boldsymbol{\theta}}' \end{bmatrix}
\end{cases} \tag{9-67}
$$

任取 $\hat{\boldsymbol{\theta}}' \in \boldsymbol{R}^{n-r}$ 和 $\hat{\boldsymbol{\theta}}^*$ 满足式(9-66)，可根据式(9-67)构造满足式(9-60)的 $\hat{\boldsymbol{\theta}}$，其为 $\boldsymbol{\theta}$ 的最小二乘估计，显然 $\boldsymbol{\theta}$ 的最小二乘估计 $\hat{\boldsymbol{\theta}}$ 不唯一，且构成 $n-r$ 维线性空间。为了使估计结果唯一，可选取 $\hat{\boldsymbol{\theta}}' = \boldsymbol{V}_2\boldsymbol{\theta}_0$，$\boldsymbol{\theta}_0$ 为 $\boldsymbol{\theta}$ 的先验初值或上一时刻递推值。主成分 $\hat{\boldsymbol{\theta}}^*$ 最小二乘解唯一，可以写成递推形式为

$$
\begin{cases}
\boldsymbol{P}_{k+1}^* = (\boldsymbol{P}_k^* - \boldsymbol{P}_k^* \boldsymbol{h}_{k+1}^* (\boldsymbol{h}_{k+1}^{*\mathrm{T}} \boldsymbol{P}_k^* \boldsymbol{h}_{k+1}^* + \boldsymbol{I})^{-1} \boldsymbol{h}_{k+1}^{*\mathrm{T}} \boldsymbol{P}_k^*) / \beta_2 \\
\boldsymbol{K}_{k+1}^* = \boldsymbol{P}_{k+1}^* \boldsymbol{h}_{k+1}^* \\
\hat{\boldsymbol{\theta}}_{k+1}^* = \hat{\boldsymbol{\theta}}_k^* + \boldsymbol{K}_{k+1}^* (z_{k+1} - \boldsymbol{h}_{k+1}^{*\mathrm{T}} \hat{\boldsymbol{\theta}}_k^*)
\end{cases} \tag{9-68}
$$

式中

$$
\begin{cases}
\boldsymbol{P}_k^* = \boldsymbol{V}_1 \boldsymbol{P}_k \boldsymbol{V}_1^{\mathrm{T}} \\
\hat{\boldsymbol{\theta}}_k^* = \boldsymbol{V}_1 \hat{\boldsymbol{\theta}}_k
\end{cases} \tag{9-69}
$$

正交投影变换矩阵 $\boldsymbol{V}$ 的选取不唯一，下面结合递推最小二乘法给出 $\boldsymbol{V}$ 的一种求解方法。设第 k 次测量数据 $\{\boldsymbol{h}_k, z_k\}$ 对应的变换矩阵为 $\boldsymbol{V}_k = [\boldsymbol{V}_{k1}\ \boldsymbol{V}_{k2}]$：

$$
\begin{cases}
\boldsymbol{V}_{k1}^p = [\boldsymbol{V}_{k1}^{p-1}\ \boldsymbol{e}_i], & \boldsymbol{h}_{ki} > \boldsymbol{h}_s \\
\boldsymbol{V}_{k2}^q = [\boldsymbol{V}_{k2}^{q-1}\ \boldsymbol{e}_i], & \boldsymbol{h}_{ki} \leqslant \boldsymbol{h}_s
\end{cases} \tag{9-70}
$$

式中，$\boldsymbol{e}_i$ 为第 i 行为 1、其余行为 0 的 n 维列向量；$\boldsymbol{h}_s$ 为死区阈值，用于削弱干扰的影响；$\boldsymbol{h}_{ki}$ 为第 k 次测量数据向量的第 i 行数据，当 $i=1,2,\cdots,n$ 时，有 $p=1,2,\cdots,r$ 或 $q=1,2,\cdots,n-r$，最终可得

$$
\begin{cases}
\boldsymbol{V}_{k1} = \boldsymbol{V}_{k1}^r \\
\boldsymbol{V}_{k2} = \boldsymbol{V}_{k2}^{n-r}
\end{cases} \tag{9-71}
$$

满秩分解最小二乘法算法实现步骤如下。

步骤 1：初始化式(9-64)中方差矩阵 $\boldsymbol{P}_k$、参数向量 $\boldsymbol{\theta}_k$；初始化上一时刻正交变换矩阵 $\boldsymbol{V}_{k-1}$ 为 n 阶单位阵；初始化满秩分解后方差矩阵 $\boldsymbol{P}_k^*$ 等于 $\boldsymbol{P}_k$，满秩分解后参数向量 $\boldsymbol{\theta}_k^*$ 等于 $\boldsymbol{\theta}_k$。

步骤 2：通过测量值向量 $\boldsymbol{h}_k$ 根据式(9-70)和式(9-71)求取正交变换矩阵 $\boldsymbol{V}_k$。

步骤 3：若 $\boldsymbol{V}_k$ 不等于 $\boldsymbol{V}_{k-1}$，根据式(9-69)求 $\boldsymbol{P}_k^*$ 和 $\boldsymbol{\theta}_k^*$，否则跳到下一步。

步骤 4：根据式(9-64)求 $\boldsymbol{P}_{k+1}$；根据式(9-68)求 $\boldsymbol{P}_{k+1}^*$ 和 $\boldsymbol{\theta}_{k+1}^*$；根据式(9-67)求 $\hat{\boldsymbol{\theta}}_k$ 求 $\hat{\boldsymbol{\theta}}_k'$，令 $\hat{\boldsymbol{\theta}}_{k+1}'$ 等于 $\hat{\boldsymbol{\theta}}_k'$。

步骤 5：由 $\boldsymbol{\theta}_{k+1}^*$、$\hat{\boldsymbol{\theta}}_{k+1}'$ 和 $\boldsymbol{V}_k$ 根据式(9-67)第二式求 $\hat{\boldsymbol{\theta}}_{k+1}$。

步骤 6：循环步骤 2~步骤 5 可实现参数在线辨识。

9.3.4　仿真验证

用于验证辨识算法的实验数据由三级海况下一艘货船的自动舵数据记录仪从大连到新加坡航行过程中记录获得，系统采样频率为 50Hz。艏摇角速度 r 、舵角 δ 和航向 ψ 数据如图 9-16 所示，测量获得角速度信号后，经过无限冲激响应(infinite impulse response, IIR)低通滤波器滤除高频量测噪声后用于模型辨识。

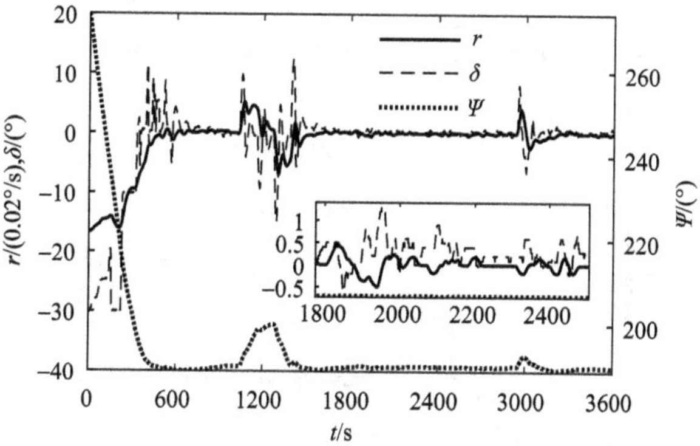

图 9-16　实验数据曲线

分别采用标准最小二乘法 LS、遗忘因子最小二乘法 FFLS、多新息最小二乘法 MILS、最小二乘支持向量基 LSSVM 和基于满秩分解的最小二乘法 FRDLS 算法，基于图 9-16 中的实验数据对式(9-56)中的模型参数进行辨识，对比辨识结果，分析在辨识数据充分激励和欠激励工况下，辨识算法的辨识精度、收敛性和实时性。

MILS 算法新息数选为 10，FRDLS 算法与 FFLS 算法遗忘因子均为 $\beta = 0.99994$，FRDLS 算法阈值参数 $h_s = 1$，LSSVM 算法选择惩罚因子 C 为 20，数据滑动窗口长度为 500s，K、T 的初值分别选为 0.2 和 250，扰动 δ_d 初值为 0，式(9-55)中归一化系数分别为 $\alpha_{\dot{r}} = 25$ 和 $\alpha_r = 50$。对比 5 种辨识算法的参数辨识结果曲线如图 9-17～图 9-19 所示。

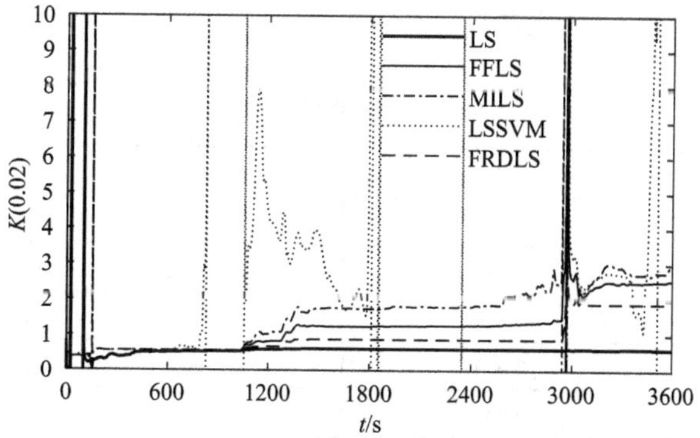

图 9-17　K 辨识结果曲线

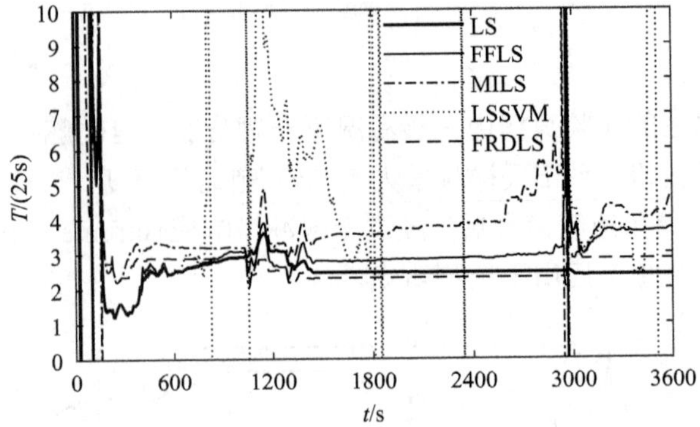

图 9-18　T 辨识结果曲线

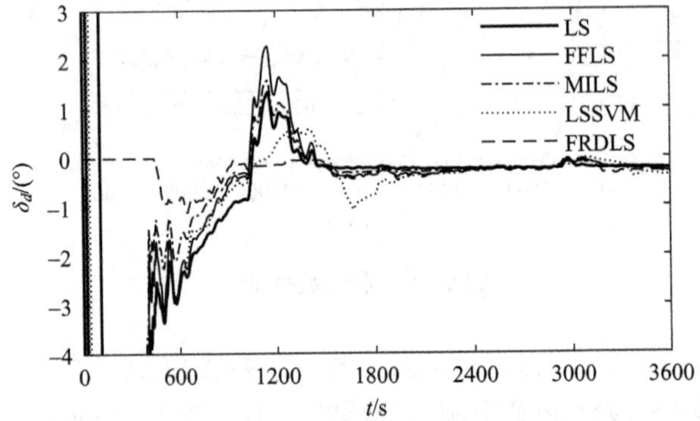

图 9-19　扰动辨识结果时间曲线

从图 9-17 和图 9-18 中可以看出，FFLS、MILS 算法辨识 K、T 参数过程中在 200s 和 3000s 附近均出现参数发散；LSSVM 算法数据滑动窗口进入 1200s 前后的船舶两次转向数据段时，K、T 参数辨识收敛，滑动窗口进入 1800s 之后的航向保持数据段时，参数辨识开始发散；FRDLS 算法辨识 K、T 参数和扰动过程相对平稳，在船舶转向数据段和长时间航向保持数据段均未出现参数发散。辨识算法引入满秩分解后提高了遗忘因子最小二乘法参数辨识过程的鲁棒性。参数辨识结果见表 9-2。

表 9-2　参数辨识结果

算法	K	T/s	δ_d/(°)
LS	0.012	59.5	−0.23
FFLS	0.051	93.2	−0.31
MILS	0.059	116.8	−0.20
LSSVM	0.055	94.3	−0.33
FRDLS	0.038	70.9	−0.36

为了对比上述算法辨识船舶航向模型参数的精度，可以将图 9-17、图 9-18、图 9-19 中的参数辨识结果代入式(9-54)中，以舵角数据为输入，对式(9-54)进行微分求解，从而预报船舶艏摇角速度。将预报结果与实验数据作差，可得到预报误差：

$$e_i = r_i - r_{ip} \tag{9-72}$$

式中，r_i 和 r_{ip} 分别为第 i 时刻航向角速度的测量值和预报值。预报误差越小，辨识精度越高。为了保证航向角速度预报精度，此处采用四阶龙格-库塔法求解航向模型微分方程。

$$\begin{cases} \dot{\boldsymbol{x}} = \boldsymbol{f}(\boldsymbol{x},t) \\ K_1 = \boldsymbol{f}(\boldsymbol{x},t) \\ K_2 = \boldsymbol{f}(\boldsymbol{x}+0.5T_sK_1, t+0.5T_s) \\ K_3 = \boldsymbol{f}(\boldsymbol{x}+0.5T_sK_2, t+0.5T_s) \\ K_4 = \boldsymbol{f}(\boldsymbol{x}+T_sK_3, t+T_s) \\ \boldsymbol{x}(t+T_s) = \boldsymbol{x}(t)+T_s(K_1+2K_2+2K_3+K_4)/6 \end{cases} \tag{9-73}$$

式中，$\boldsymbol{x}=[r \quad \psi]^{\mathrm{T}}$；$\boldsymbol{f}(\boldsymbol{x},t)=[-r/T+K\delta \quad r]^{\mathrm{T}}$；$T_s$ 为系统采样周期，此处取 $T_s = 0.02\mathrm{s}$。角速度预报曲线和预报误差曲线如图 9-20 和图 9-21 所示。

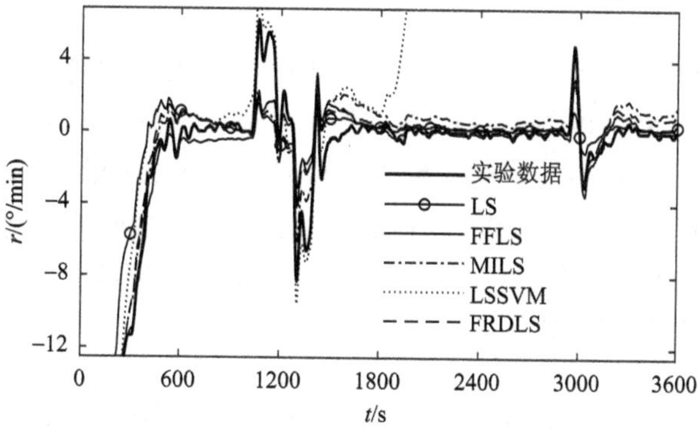

图 9-20　角速度预报曲线

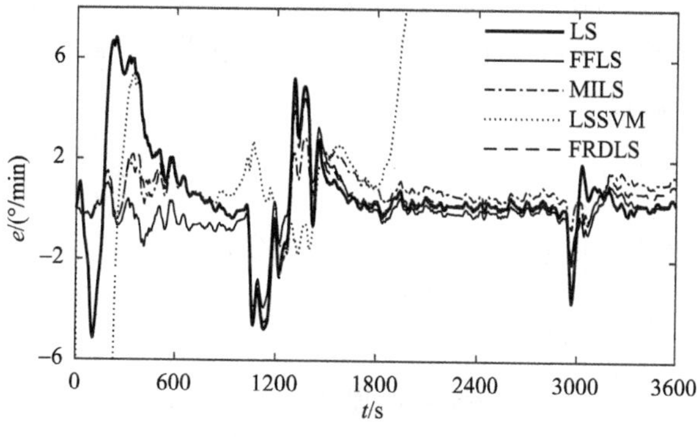

图 9-21　角速度预报误差曲线

图 9-20 为航向模型参数辨识结果预报航向角速度曲线和实验测量角速度曲线。图 9-21 给出了参数辨识结果角速度预报误差。从 0~600s 预报误差曲线对比可知，FRDLS、MILS、FFLS 算法相比于 LS、LSSVM 算法预报误差下降更快，有更快的辨识收敛速度。为了定量描述参数辨识精度，采用状态预报均方根误差(root mean square error，RMSE)作为航向模型辨识结果的精度指标，可根据式(9-74)求取航向角速度预报均方根误差。

$$\mathrm{RMSE}=\sqrt{\frac{1}{N}\sum_{i=1}^{N}e_i^2} \tag{9-74}$$

式中，e_i 为式(9-72)中第 i 组数据航向角速度预报误差。角速度预报误差结果和算法收敛性见表 9-3。

表 9-3　角速度预报误差和算法收敛性

算法	RMSE/(°/s)	算法收敛性
LS	0.0439	收敛
FFLS	0.0374	发散
MILS	0.0221	发散
LSSVM	94943	发散
FRDLS	0.0215	收敛

根据表 9-3，FFLS 算法相比于 LS 算法，引入遗忘因子后参数辨识精度有所提高，同时导致辨识过程产生了发散现象；FRDLS 算法引入满秩分解后，提升了 FFLS 算法辨识精度的同时，消除了辨识过程中的发散，说明遗忘因子和满秩分解两种新息处理方式相结合具有合理性；LSSVM 算法在 1800s 后发散部分较多，对应的预报均方根误差结果为 94943 °/s；FRDLS 算法在 1800s 后未出现参数发散现象，说明 FRDLS 算法在数据欠激励、环境扰动工况下具有更好的收敛性。

9.4　基于模型参考自适应的船舶航向控制

船舶航向自适应控制是船舶运动控制领域中非常基础的研究问题。本节设计了微分跟踪模型参考自适应控制算法和自校正线性二次型高斯最优控制器算法，实现船舶恒定角速度转向，保证航向保持精度。

9.4.1　船舶航向模型

船舶操纵运动模型可以采用一阶线性 Nomoto 模型：

$$\begin{aligned} T\dot{r}+r&=K\delta \\ \dot{\psi}&=r \end{aligned} \tag{9-75}$$

式中，r 为船体艏摇角速度；$\dot{r}$ 为艏摇角加速度；ψ 为船舶艏向角；δ 为舵角；K、T 分别为船舶回转能力和回转惯性参数，受到船舶载荷条件和航行速度的影响。船舶在快速转向过程中，航向模型具有非线性特性，考虑在 ISO11674 测试标准中，自适应舵测试预设转向角速度最高为 40°/min，是慢速转向过程，且自适应舵大部分时间工作在航向保持阶段，其非线性特性可以忽略，因此本节中使用线性模型。

9.4.2　微分跟踪器

微分跟踪器(tracking differentiator，TD)可以将阶跃输入信号转化为二阶导数限幅下的连续最快跟踪信号，同时输出跟踪信号的一阶导数。当输入信号的二阶导数在 TD 限幅值以内时，TD 可以快速跟踪输入信号，并估计出跟踪信号的一阶导数值。经典微分跟踪器具有以下形式：

$$\begin{cases} m_1(k+1) = m_1(k) + Tm_2(k) \\ m_2(k+1) = m_2(k) + T\text{fst}[m_1(k), m_2(k), u(k), r, h] \end{cases} \tag{9-76}$$

式中，$u(k)$ 为输入信号；$m_1(k)$ 为跟踪信号输出；$m_2(k)$ 为跟踪信号的微分输出；h 为滤波因子；r 为速度因子；T 为跟踪步长；fst 函数计算跟踪信号二阶导数，计算过程为

$$\begin{aligned} &\delta = rh \\ &\delta_0 = \delta h \\ &y = x_0 - u + hm_2 \\ &a_0 = \sqrt{\delta^2 + 8r|y|} \\ &a = \begin{cases} m_2 + y/h, & |y| \leqslant \delta_0 \\ m_2 + 0.5(a_0 - \delta)\text{sgn}(y), & |y| > \delta_0, |a| \leqslant \delta \end{cases} \\ &\text{fst} = \begin{cases} -ra/\delta, & |a| > \delta \\ -r\,\text{sgn}(a), & |a| > \delta \end{cases} \end{aligned} \tag{9-77}$$

根据船舶恒定角速度转向的需求，对式(9-76)中的微分信号 $m_2(k)$ 添加饱和限幅，可得饱和微分跟踪器(saturation tracking differentiator, STD)：

$$\begin{cases} m_1(k+1) = m_1(k) + Tm_2(k) \\ s = m_2(k) + T\text{fst}[m_1(k), m_2(k), u(k), r, h] \\ m_2(k+1) = \text{sat}(s, v_m) \end{cases} \tag{9-78}$$

式中，sat 为饱和限幅函数；v_m 为微分信号 $m_2(k)$ 的限幅值。将 STD 应用到船舶航向控制中，如图 9-22 所示。

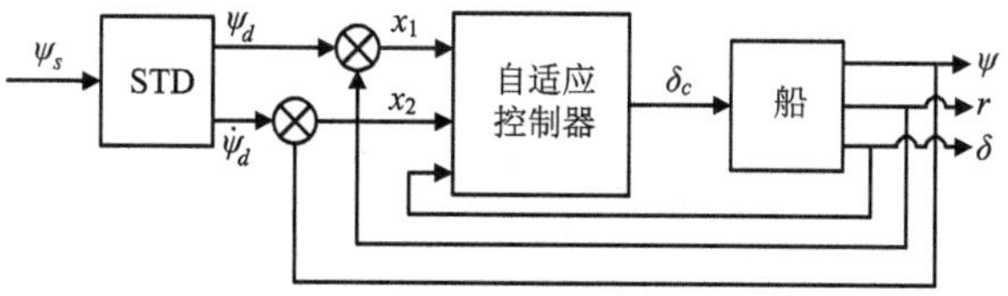

图 9-22　船舶航向微分跟踪控制系统框图

图中，ψ_s 为航向设定值；ψ_d 和 $\dot{\psi}_d$ 分别为期望航向和期望角速度。选取系统状态为 $x_1 = \psi - \psi_d$，$x_2 = r - \dot{\psi}_d$，$\boldsymbol{x} = [x_1\ x_2]^{\mathrm{T}}$，考虑航向保持和恒定角速度转向的需求，设 $\ddot{\psi}_d = 0$，则原系统状态空间方程式可写为

$$\begin{cases} T\dot{x}_2 + x_2 = K\delta + \dot{\psi}_d \\ \dot{x}_1 = x_2 \end{cases} \tag{9-79}$$

9.4.3　船舶航向自适应控制器设计

船舶航行过程中，由于航速、装载的变化以及外界海况的影响，其航向模型存在不确

定性。大部分船舶都装备了 GPS，能够测量船舶速度信息，航速引起的参数变化可以采取经验公式的形式进行补偿，但是装载和海况等因素引起的船舶模型参数变化不容易补偿，因此需要在航向控制器设计过程中引入自适应机制克服船舶模型参数变化产生的不利影响。

船舶航向自适应控制可分为预设角速度转向控制和航向保持控制两部分。船舶航向保持过程中，检测到航向设定值发生改变后，控制器自动切换为预设角速度转向控制，直到航向和角速度进入误差带以内，再自动切换回航向保持控制。

船舶为了实现船舶转向过程中的恒定角速度控制，将微分跟踪器引入了模型参考自适应控制，提出了微分跟踪模型参考自适应船舶转向控制器。对于式(9-79)状态空间模型，需要将跟踪误差 $\boldsymbol{x}=[x_1\ x_2]^{\mathrm{T}}$ 镇定到零，设计微分跟踪模型参考自适应控制律为

$$\begin{aligned}\delta &= K_i + K_d(\dot{\psi}_d - r) + K_p(\psi_d - \psi) \\ &= K_i - K_d x_2 - K_p x_1\end{aligned} \tag{9-80}$$

将式(9-80)代入式(9-79)中，整理得

$$T\dot{x}_2 + (1+KK_d)x_2 + KK_p x_1 = KK_i + \dot{\psi}_d \tag{9-81}$$

取

$$\begin{aligned}\boldsymbol{A} &= \begin{bmatrix} 0 & 1 \\ -\dfrac{KK_p}{T} & -\dfrac{1+KK_d}{T}\end{bmatrix} \\ \boldsymbol{B} &= \begin{bmatrix} 0 \\ \dfrac{KK_i + \dot{\psi}_d}{T}\end{bmatrix}\end{aligned} \tag{9-82}$$

选取参考模型：

$$\dot{\boldsymbol{x}}_m = \boldsymbol{A}_m \boldsymbol{x}_m + \boldsymbol{B}_m \boldsymbol{u} \tag{9-83}$$

式中

$$\begin{aligned}\boldsymbol{A}_m &= \begin{bmatrix} 0 & 1 \\ -2\xi\omega_n & -\omega_n^2\end{bmatrix} \\ \boldsymbol{B}_m &= \begin{bmatrix} 0 \\ 0\end{bmatrix}\end{aligned} \tag{9-84}$$

令 $\boldsymbol{e}=\boldsymbol{x}_m-\boldsymbol{x}$，$\Delta\boldsymbol{A}=\boldsymbol{A}_m-\boldsymbol{A}$，$\Delta\boldsymbol{B}=\boldsymbol{B}_m-\boldsymbol{B}$，得

$$\dot{\boldsymbol{e}} = \boldsymbol{A}_m\boldsymbol{e} + \Delta\boldsymbol{A}\boldsymbol{x} + \Delta\boldsymbol{B}\boldsymbol{u} \tag{9-85}$$

选取李雅普诺夫函数：

$$V = \boldsymbol{e}^{\mathrm{T}}\boldsymbol{P}\boldsymbol{e} + \mathrm{tr}(\Delta\boldsymbol{A}^{\mathrm{T}}\boldsymbol{\Gamma}_A^{-1}\Delta\boldsymbol{A} + \Delta\boldsymbol{B}^{\mathrm{T}}\boldsymbol{\Gamma}_B^{-1}\Delta\boldsymbol{B}) \tag{9-86}$$

式中，$\boldsymbol{P}$ 为方程 $-\boldsymbol{Q}=\boldsymbol{P}\boldsymbol{A}_m+\boldsymbol{A}_m^{\mathrm{T}}\boldsymbol{P}$ 的正定解，$\boldsymbol{Q}$ 为正定矩阵；$\boldsymbol{\Gamma}_A=\mathrm{diag}\{\gamma_{A1},\gamma_{A2}\}$；$\boldsymbol{\Gamma}_B=\mathrm{diag}\{\gamma_{B1},\gamma_{B2}\}$。李雅普诺夫函数对时间求导可得

$$\begin{aligned}\dot{V} &= \boldsymbol{e}^{\mathrm{T}}(\boldsymbol{P}\boldsymbol{A}_m + \boldsymbol{A}_m^{\mathrm{T}}\boldsymbol{P})\boldsymbol{e} + 2\boldsymbol{e}^{\mathrm{T}}\boldsymbol{P}\Delta\boldsymbol{A}\boldsymbol{x} + 2\boldsymbol{e}^{\mathrm{T}}\boldsymbol{P}\Delta\boldsymbol{B}\boldsymbol{u} \\ &\quad + 2\mathrm{tr}(\Delta\boldsymbol{A}^{\mathrm{T}}\boldsymbol{\Gamma}_A^{-1}\Delta\dot{\boldsymbol{A}} + \Delta\boldsymbol{B}^{\mathrm{T}}\boldsymbol{\Gamma}_B^{-1}\Delta\dot{\boldsymbol{B}}) \\ &= \boldsymbol{e}^{\mathrm{T}}(\boldsymbol{P}\boldsymbol{A}_m + \boldsymbol{A}_m^{\mathrm{T}}\boldsymbol{P})\boldsymbol{e} \\ &\quad + 2\mathrm{tr}((\Delta\dot{\boldsymbol{A}}\boldsymbol{\Gamma}_A^{-1} + \boldsymbol{x}\boldsymbol{e}^{\mathrm{T}}\boldsymbol{P})\Delta\boldsymbol{A} + (\Delta\dot{\boldsymbol{B}}^{\mathrm{T}}\boldsymbol{\Gamma}_B^{-1} + \boldsymbol{u}\boldsymbol{e}^{\mathrm{T}}\boldsymbol{P})\Delta\boldsymbol{B})\end{aligned} \tag{9-87}$$

选取如下自适应律：

$$\begin{aligned}\Delta\dot{\boldsymbol{A}} &= -\boldsymbol{\Gamma}_A\boldsymbol{P}\boldsymbol{e}\boldsymbol{x}^{\mathrm{T}} \\ \Delta\dot{\boldsymbol{B}} &= -\boldsymbol{\Gamma}_B\boldsymbol{P}\boldsymbol{e}\boldsymbol{u}^{\mathrm{T}}\end{aligned} \tag{9-88}$$

展开得

$$\begin{cases} 0 = -\gamma_{A1}(p_{11}e_1 + p_{12}e_2)x_1 \\ 0 = -\gamma_{A1}(p_{11}e_1 + p_{12}e_2)x_2 \\ K\dot{K}_p / T = -\gamma_{A2}(p_{12}e_1 + p_{22}e_2)x_1 \\ K\dot{K}_d / T = -\gamma_{A2}(p_{12}e_1 + p_{22}e_2)x_2 \\ 0 = -\gamma_{B1}(p_{11}e_1 + p_{12}e_2) \\ K\dot{K}_i / T + \ddot{\psi}_d / T = -\gamma_{B2}(p_{12}e_1 + p_{22}e_2) \end{cases} \tag{9-89}$$

令 $\gamma_{A1} = \gamma_{B1} = 0$， $\gamma_p = \gamma_d = \gamma_{A2}T / K$， $\gamma_i = \gamma_{B2}T / K$， $\ddot{\psi}_d = 0$，整理得自适应律：

$$\begin{cases} \dot{K}_p = -\gamma_p(p_{12}e_1 + p_{22}e_2)(\psi - \psi_d) \\ \dot{K}_d = -\gamma_d(p_{12}e_1 + p_{22}e_2)(r - \dot{\psi}_d) \\ \dot{K}_i = -\gamma_i(p_{12}e_1 + p_{22}e_2) \end{cases} \tag{9-90}$$

证明控制律(9-80)与自适应律(9-90)的控制系统稳定性，将式(9-88)代入式(9-87)中有

$$\dot{V} = -\boldsymbol{e}^{\mathrm{T}}\boldsymbol{Q}\boldsymbol{e} \tag{9-91}$$

根据式(9-91)，$\dot{V} \leqslant 0$ 可知，李雅普诺夫函数 V 随时间单调不增，$V(t=0)$ 为有限值，设为 V_0，则有 $0 \leqslant V \leqslant V_0$。$V$ 随时间单调不增且有上下确界，右极限 $\lim\limits_{t\to\infty} V$ 一定存在且有界。式(9-91)对时间求导得

$$\ddot{V} = -2\boldsymbol{e}^{\mathrm{T}}\boldsymbol{Q}(\boldsymbol{A}_m\boldsymbol{e} + \Delta\boldsymbol{A}\boldsymbol{x} + \Delta\boldsymbol{B}\boldsymbol{u}) \tag{9-92}$$

由于 V 有界，$\boldsymbol{e}$、$\Delta\boldsymbol{A}$、$\Delta\boldsymbol{B}$ 均有界，又因为 $\boldsymbol{e}$、$\boldsymbol{x}_m$ 有界，$\boldsymbol{x}$ 有界，$\boldsymbol{u}$、$\boldsymbol{A}_m$ 分别为有界输入和有界参考模型参数，所以 $\ddot{V}$ 有界，从而 $\dot{V}$ 一致连续。根据 Barbalat 引理，$\dot{V}|_{t\to\infty} = -\boldsymbol{e}^{\mathrm{T}}\boldsymbol{Q}\boldsymbol{e}|_{t\to\infty} = 0$，$\boldsymbol{Q}$ 正定，则 $\boldsymbol{e}(t\to\infty) = 0$。

船舶航向保持控制状态下，船舶艏摇角速度几乎为零，且罗经角速度测量值中有较多噪声。线性二次型高斯(linear quadratic Gaussian, LQG)最优控制器使用卡尔曼滤波器估计船舶艏摇角速度信号，结合最优控制律实现高精度航向控制。引入参数自适应机制可应对海洋环境干扰引起的参数不确定性。船舶航向模型(9-75)中的 K、T 参数采用满秩分解最小二乘法进行估计。模型参数化形式为

$$z_k = \boldsymbol{h}_k\boldsymbol{\theta}_k + w_k \tag{9-93}$$

$\hat{K}$、$\hat{T}$、δ_d 分别表示参数估计值和扰动等效舵角，则式(9-93)中 z_k、$\boldsymbol{h}_k$、$\boldsymbol{\theta}_k$ 可写成：

$$\begin{cases} z_k = \dot{r} \\ \boldsymbol{\theta}_k = \begin{bmatrix} \dfrac{1}{\hat{T}} & \dfrac{\hat{K}}{\hat{T}} & \dfrac{\hat{K}}{\hat{T}}\delta_d \end{bmatrix}^{\mathrm{T}} \\ \boldsymbol{h}_k = \begin{bmatrix} -r & \delta & 1 \end{bmatrix}^{\mathrm{T}} \end{cases} \tag{9-94}$$

满秩分解最小二乘法参数估计包括总迭代和主成分迭代两个组成部分，总迭代式为

$$\begin{cases} \boldsymbol{P}_{k+1} = \boldsymbol{P}_k - \boldsymbol{P}_k \boldsymbol{h}_{k+1}(\boldsymbol{h}_{k+1}^{\mathrm{T}} \boldsymbol{P}_k \boldsymbol{h}_{k+1} + \boldsymbol{I})^{-1} \boldsymbol{h}_{k+1}^{\mathrm{T}} \boldsymbol{P}_k / \beta_1 \\ \boldsymbol{K}_{k+1} = \boldsymbol{P}_{k+1} \boldsymbol{h}_{k+1} \\ \hat{\boldsymbol{\theta}}_{k+1} = \hat{\boldsymbol{\theta}}_k + \boldsymbol{K}_{k+1}(z_{k+1} - \boldsymbol{h}_{k+1}^{\mathrm{T}} \hat{\boldsymbol{\theta}}_k) \end{cases} \tag{9-95}$$

主成分迭代式为

$$\begin{cases} \boldsymbol{P}_{k+1}^* = (\boldsymbol{P}_k^* - \boldsymbol{P}_k^* \boldsymbol{h}_{k+1}^*(\boldsymbol{h}_{k+1}^{*\mathrm{T}} \boldsymbol{P}_k^* \boldsymbol{h}_{k+1}^* + \boldsymbol{I})^{-1} \boldsymbol{h}_{k+1}^{*\mathrm{T}} \boldsymbol{P}_k^*) / \beta_2 \\ \boldsymbol{K}_{k+1}^* = \boldsymbol{P}_{k+1}^* \boldsymbol{h}_{k+1}^* \\ \hat{\boldsymbol{\theta}}_{k+1}^* = \hat{\boldsymbol{\theta}}_k^* + \boldsymbol{K}_{k+1}^*(z_{k+1} - \boldsymbol{h}_{k+1}^{*\mathrm{T}} \hat{\boldsymbol{\theta}}_k^*) \end{cases} \tag{9-96}$$

两部分关系为

$$\begin{cases} \boldsymbol{P}_k^* = \boldsymbol{V}_{k1} \boldsymbol{P}_k \boldsymbol{V}_{k1}^{\mathrm{T}} \\ \hat{\boldsymbol{\theta}}_k^* = \boldsymbol{V}_{k1} \hat{\boldsymbol{\theta}}_k \end{cases} \tag{9-97}$$

式中，$\boldsymbol{V}_{k1}$ 为满秩分解矩阵，可通过以下方式求取。设第 k 次测量数据 $\{\boldsymbol{h}_k, z_k\}$ 对应的变换矩阵为 $\boldsymbol{V}_k = [\boldsymbol{V}_{k1} \quad \boldsymbol{V}_{k2}]$，则有

$$\begin{cases} \boldsymbol{V}_{k1}^p = [\boldsymbol{V}_{k1}^{p-1} \quad \boldsymbol{e}_i], & \boldsymbol{h}_{ki} > \boldsymbol{h}_s \\ \boldsymbol{V}_{k2}^q = [\boldsymbol{V}_{k2}^{q-1} \quad \boldsymbol{e}_i], & \boldsymbol{h}_{ki} \leqslant \boldsymbol{h}_s \end{cases} \tag{9-98}$$

式中，$\boldsymbol{h}_{ki}$ 为数据向量 $\boldsymbol{h}_k$ 的第 i 个分量；$\boldsymbol{h}_s$ 为死区阈值。

将式(9-80)整理为状态空间模型形式可得卡尔曼滤波器状态预测方程：

$$\begin{aligned} &\begin{bmatrix} \psi_{k+1|k} \\ r_{k+1|k} \end{bmatrix} = \begin{bmatrix} 1 & h \\ 0 & 1-h/\hat{T} \end{bmatrix} \begin{bmatrix} \psi_{k|k} \\ r_{k|k} \end{bmatrix} + \begin{bmatrix} 0 \\ \hat{K}h/\hat{T} \end{bmatrix} \delta_k + \begin{bmatrix} 0 \\ w_{rk} \end{bmatrix} \\ &z_{k+1} = \begin{bmatrix} \psi_{k+1|k+1} \\ r_{k+1|k+1} \end{bmatrix} + \begin{bmatrix} 0 \\ v_{rk+1} \end{bmatrix} \end{aligned} \tag{9-99}$$

式中，h 为采样周期；w_r 和 v_r 分别为干扰和测量噪声。令

$$\begin{aligned} &\boldsymbol{x} = \begin{bmatrix} \psi \\ r \end{bmatrix}, \quad \boldsymbol{\phi}_k = \begin{bmatrix} 1 & h \\ 0 & 1-h/\hat{T} \end{bmatrix}, \quad \boldsymbol{B}_k = \begin{bmatrix} 0 \\ \hat{K}h/\hat{T} \end{bmatrix} \\ &\boldsymbol{u} = [\delta], \quad \boldsymbol{w} = \begin{bmatrix} 0 \\ w_r \end{bmatrix}, \quad \boldsymbol{z} = \begin{bmatrix} \psi \\ r \end{bmatrix} + \begin{bmatrix} v_\psi \\ v_r \end{bmatrix} \end{aligned} \tag{9-100}$$

则状态预测方程可简写为

$$\boldsymbol{x}_{k+1|k} = \boldsymbol{\phi}_k \boldsymbol{x}_{k|k} + \boldsymbol{B}_k \boldsymbol{u}_k + \boldsymbol{w}_k \tag{9-101}$$

状态扩张卡尔曼滤波器的计算步骤为式(9-102)：状态预测、方差矩阵预测、计算增益

矩阵、计算新息、状态更新、扩张状态更新、方差矩阵更新。

$$\begin{cases}\boldsymbol{x}_{k+1|k}=\boldsymbol{\phi}_k\boldsymbol{x}_{k|k}+\boldsymbol{B}_k\boldsymbol{u}_k+\boldsymbol{w}_k\\ \boldsymbol{P}_{k+1|k}=\boldsymbol{\phi}_k\boldsymbol{P}_{k|k}\boldsymbol{\phi}_k^{\mathrm{T}}+\boldsymbol{Q}_{k|k}\\ \boldsymbol{K}_k=\boldsymbol{P}_{k|k-1}(\boldsymbol{P}_{k|k-1}+\boldsymbol{R})^{-1}\\ \tilde{\boldsymbol{z}}_{k+1|k}=\boldsymbol{z}_{k+1}-\boldsymbol{x}_{k+1|k}\\ \boldsymbol{x}_{k+1|k+1}=\boldsymbol{x}_{k+1|k}+\boldsymbol{K}_{k+1}\tilde{\boldsymbol{z}}_{k+1|k}\\ \boldsymbol{w}_{k+1}=\boldsymbol{w}_k+k\tilde{\boldsymbol{z}}_{k+1|k}\\ \boldsymbol{P}_{k+1|k+1}=(\boldsymbol{I}-\boldsymbol{K}_{k+1})\boldsymbol{P}_{k+1|k}\end{cases} \tag{9-102}$$

式中，$\boldsymbol{P}$ 为状态估计误差方差矩阵；$\boldsymbol{Q}$ 为模型误差方差矩阵；$\boldsymbol{R}$ 为测量噪声方差矩阵。

最优控制律的目的是保持航向控制精度和节省能耗，选用二次型指标：

$$\int_0^t[(\psi-\psi_d)^2+\lambda_1(r-\dot{\psi}_d)^2+\lambda_2\delta^2]\mathrm{d}t \tag{9-103}$$

对应黎卡提方程为

$$\bar{\boldsymbol{P}}\begin{bmatrix}0 & 1\\ 0 & -1/T\end{bmatrix}+\begin{bmatrix}0 & 1\\ 0 & -1/T\end{bmatrix}^{\mathrm{T}}\bar{\boldsymbol{P}}-\bar{\boldsymbol{P}}\begin{bmatrix}0\\ K/T\end{bmatrix}\frac{1}{\lambda_2}\begin{bmatrix}0\\ K/T\end{bmatrix}^{\mathrm{T}}\bar{\boldsymbol{P}}+\begin{bmatrix}1 & 0\\ 0 & \lambda_1\end{bmatrix}=0 \tag{9-104}$$

解得最优控制律为

$$\begin{aligned}\delta&=-\boldsymbol{R}^{-1}\boldsymbol{B}^{\mathrm{T}}\boldsymbol{P}\boldsymbol{x}\\ &=-\left[\frac{1}{\sqrt{\lambda_2}}\quad\frac{1}{K}\left(\sqrt{1+\frac{K^2}{\lambda_2}\left(\lambda_1+\frac{2T\sqrt{\lambda_2}}{K}\right)}-1\right)\right]\begin{bmatrix}\psi-\psi_d\\ r-\dot{\psi}_d\end{bmatrix}\end{aligned} \tag{9-105}$$

9.4.4 仿真验证

仿真中采用了三种船型，参数分别如表 9-4 所示。

表 9-4　仿真船舶参数

参数	A 船	B 船	C 船
L /m	60	250	350
T_P /s	20	30	30
T_δ /s	12	30	30
Δ /%	0	0	0
u_{max} /kn	30	25	10
Kr' /((°) · s^{-1}/%)	0.025	0.01	0.005
τ_u /s	150	600	800
τ_v /s	2	4	36
τ_r /s	4	23	46
γ	−0.05	0	0

A 船航向保持测试，航速 20kn，5 级海况；B 船航向保持测试，航速 20kn，5 级海况；C 船航向保持测试，航速 10kn，5 级海况。仿真平台运行时间为 540s，A、B、C 船航向保持测试过程中航向变化、角速度变化、舵角变化曲线如图 9-23~图 9-25 所示。

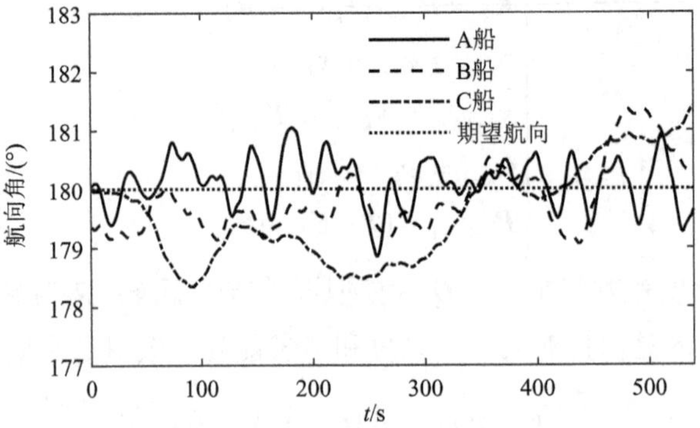

图 9-23　航向保持测试航向变化曲线

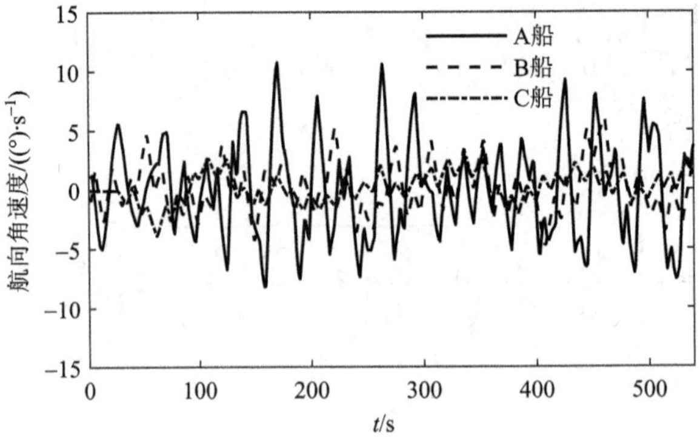

图 9-24　航向保持测试角速度变化曲线

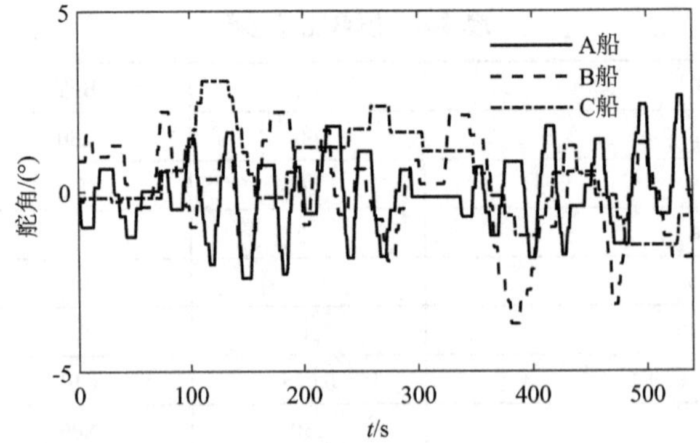

图 9-25　航向保持测试舵角变化曲线

对上述实验进行性能统计可得表 9-5。

表 9-5　航向保持实验性能统计

船型	打舵频率/(次/min)	最大舵幅/(°)	控制精度/(°)
A 船	13	3.21	0.31
B 船	10	3.68	0.54
C 船	4	4.15	0.88

表 9-5 中性能指标说明：①打舵频率：每分钟的打舵次数，舵角指令每变化 0.1° 则记为打舵一次；②最大舵幅：航向保持过程中最大的舵角幅度；③控制精度：航向保持过程中绝对航向误差均值。实验结果表明设计的航向保持算法具有打舵次数少、控制精度高等优点，针对不同船型同样有优越的航向保持控制效果。

A 船转向测试，航速 20kn，5 级海况；B 船转向测试，航速 20kn，5 级海况；C 船转向测试，航速 10kn，5 级海况。

A、B、C 船由 180° 到 210° 的正 30° 转向测试过程中航向变化、角速度变化、舵角变化曲线如图 9-26~图 9-28 所示，仿真平台运行时间为 380s。

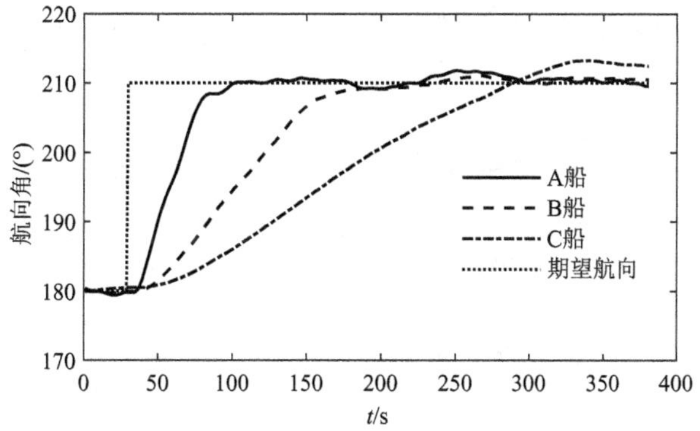

图 9-26　正 30° 转向测试航向变化曲线

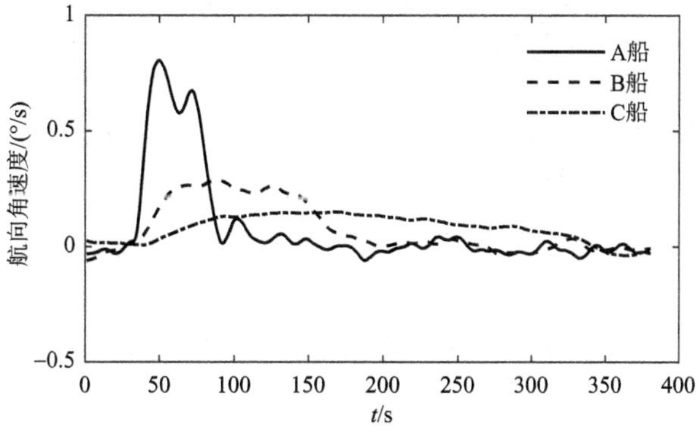

图 9-27　正 30° 转向测试角速度变化曲线

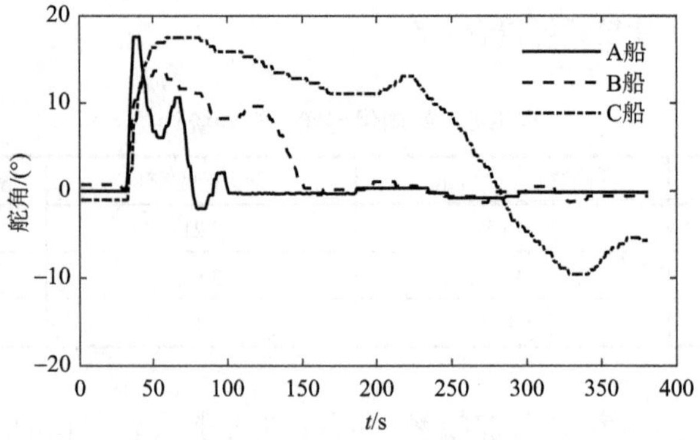

图 9-28　正 30° 转向测试舵角变化曲线

A、B、C 船由 210° 到 180° 的–30° 转向测试过程中航向变化、角速度变化、舵角变化曲线如图 9-29~图 9-31 所示，仿真平台运行时间为 420s。

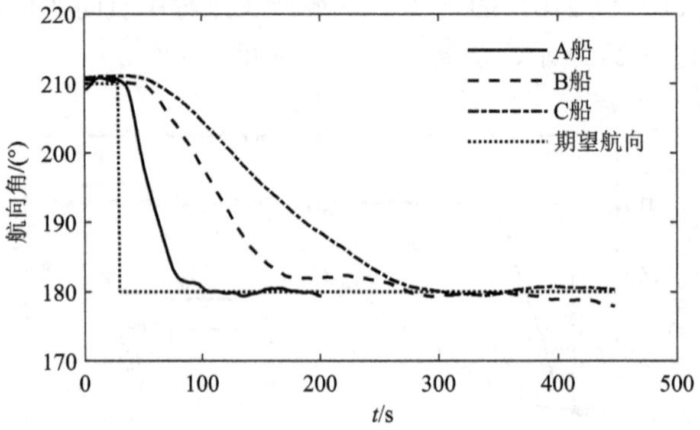

图 9-29　–30° 转向测试航向变化曲线

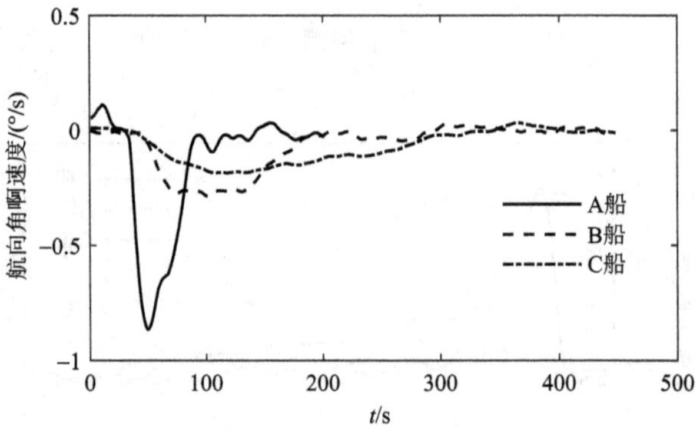

图 9-30　–30° 转向测试角速度变化曲线

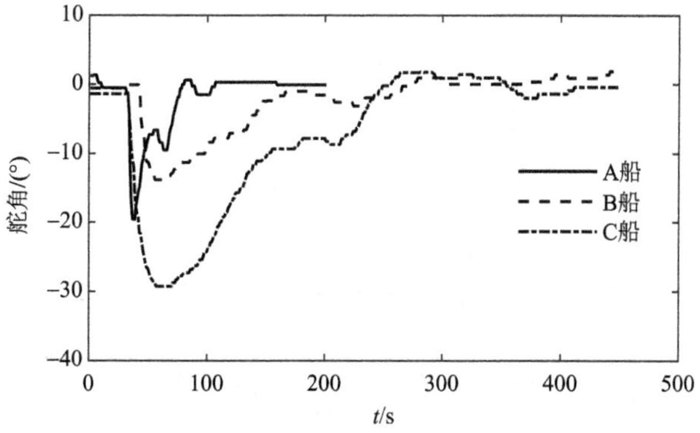

图 9-31　–30° 转向测试舵角变化曲线

在 210° 到 180° 转向中，A 船转向较快，在 200s 数据采集停止。

A 船转向测试，航速 20kn，5 级海况，自适应 LQG 控制算法与线性二次型最优控制算法应用于航向转向测试中。由 180° 到 210° 的正 30° 转向测试，转向测试过程中航向变化、角速度变化、舵角变化曲线如图 9-32~图 9-34 所示。

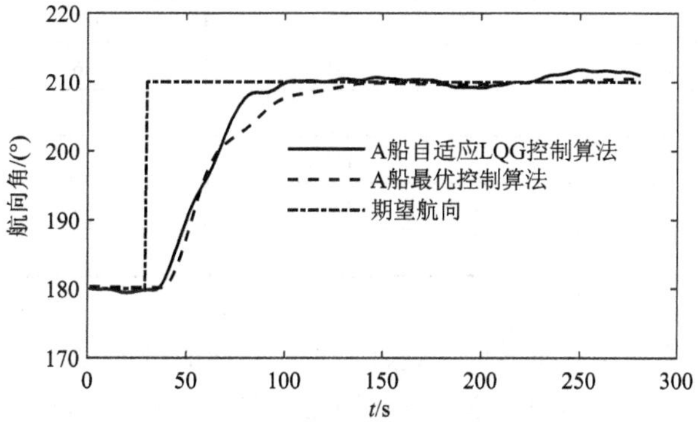

图 9-32　正 30° 转向对比测试航向变化曲线

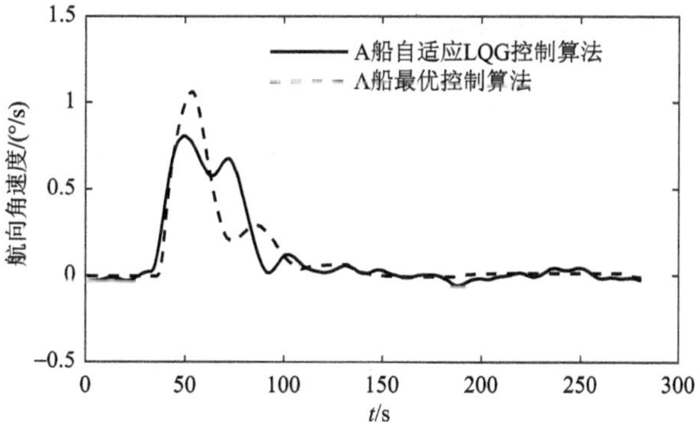

图 9-33　正 30° 转向对比测试角速度变化曲线

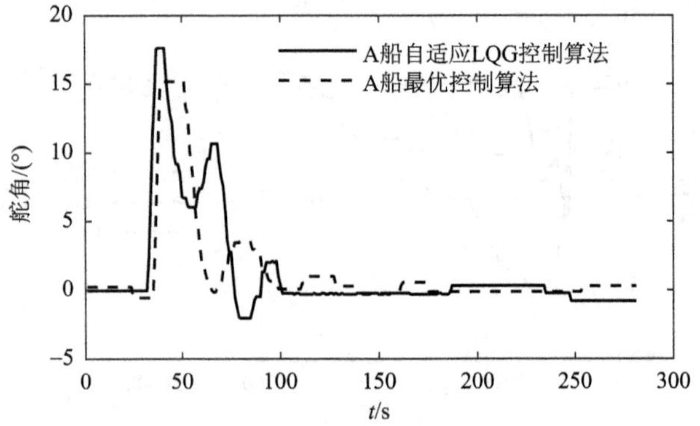

图 9-34　正 30° 转向对比测试舵角变化曲线

对上述转向实验与转向对比实验进行性能统计可得表 9-6。

表 9-6　转向实验性能统计

船型(转角)	转向快速性/s	转向超、欠调/(°)	转向稳定性
A 船(30°)	97	0.27	稳定
A 船(–30°)	99	0.23	稳定
B 船(30°)	181	–0.67	稳定
B 船(–30°)	223	0.65	稳定
C 船(30°)	362	3.2	稳定
C 船(–30°)	274	1.9	稳定
A 船(30°)	113	–0.18	稳定

转向实验性能指标说明：①转向快速性，每次转向的调节时间；②转向稳定性，转向过程中是否会出现停滞、回退等现象；③转向超、欠调，每次转向实验时超、欠调度数。

从性能指标统计结果可知，采用自适应 LQG 控制算法的船舶转向时间短、超调量小、转向稳定性高，针对不同船型、不同转向角度，在 5 级海风干扰下均能达到良好的控制精度，具有优越的自适应能力和鲁棒性。

参 考 文 献

包政凯, 朱齐丹, 刘永超, 2022. 满秩分解最小二乘法船舶航向模型辨识. 智能系统学报, 17(1): 137-143.

包政凯, 朱齐丹, 杨司浩, 等, 2022. 船舶航向模型参考自适应和最优控制研究. 应用科技, 49(1): 8-14.

陈维桓, 2006. 微分几何. 北京: 北京大学出版社.

程代展, 1988. 非线性系统的几何理论. 北京: 科学出版社.

高为炳, 1996. 变结构控制的理论及设计方法. 北京: 科学出版社.

郭懋正, 2005. 实变函数与泛函分析. 北京: 北京大学出版社.

KHALIL H K, 2017. 非线性系统. 3 版. 朱义胜, 董辉, 李作洲, 等译. 北京: 电子工业出版社.

李殿璞, 2006. 非线性控制系统理论基础. 哈尔滨: 哈尔滨工程大学出版社.

刘小河, 2008. 非线性系统分析与控制引论. 北京: 清华大学出版社.

夏桂华, 董然, 许江涛, 等, 2016. 考虑扰流的舰载机终端进场线性模型. 航空学报, 37(3): 970-983.

ASTROM K J, WITTENMARK B, 1995. Adaptive control. 2nd ed. Boston: Addison-Wesley.

ATASSI A N, KHALIL H K, 1999. A separation principle for the stabilization of a class of nonlinear systems. IEEE transactions on automatic control, 44: 1672-1687.

BARMISH B R, CORLESS M, LEITMANN G, 1983. A new class of stabilizing controllers for uncertain dynamical systems. Siam journal on control and optimization, 21: 246-255.

BYRNES C I, ISIDORI A, 1991. Asymptotic stabilization of minimum phase non-linear systems. IEEE transactions on automatic control, 36: 1122-1137.

CARR J, 1981. Applications of centre manifold theory. New York: Springer-Verlag.

CHEN L J, NARENDRA K S, 2004. Identification and control of a nonlinear discrete-time system based on its linearization: a unified framework. IEEE transactions on neural networks, 15(3): 663-673.

CHEN Z, HUANG J, 2005. Global robust output regulation for output feedback systems. IEEE transactions on automatic control, 50(1): 117-121.

CHUA L O, DESOER C A, KUH E S, 1987. Linear and nonlinear circuits. New York: McGraw Hill .

CORLESS M, LEITMANN G, 1981. Continuous state feedback guaranteeing uniform ultimate boundedness for uncertain dynamic systems. IEEE transactions on automatic control, AC-26: 1139-1144.

CORON J M, PRALY L, TEEL A, 1995. Feedback stabilization of nonlinear systems: sufficient conditions and Lyapunov and input-output techniques//Isidori A. Trends in control. New York: Springer-Verlag.

DECARLO R A, ZAK S H, MATTHEWS G P, 1988. Variable structure control of nonlinear multivariable systems: a tutorial. Proceedings of the IEEE, 76: 212-232.

DONG H R, GAO S G, NING B, et al., 2020. Error-driven nonlinear feedback design for fuzzy adaptive dynamic surface control of nonlinear systems with prescribed tracking performance. IEEE transactions on systems, man, and cybernetics, 50(3): 1013-1023.

DUMONT G A, ZERVOS C C, PAGEAU G L, 1990. Laguerre-based adaptive control of pH in an industrial plant extraction stage. Automatica, 26(4): 781-787.

ESFANDIARI F, KHALIL H K, 1991. Stability analysis of a continuous implementation of variable structure control. IEEE transactions on automatic control, 36: 616-620.

ESFANDIARI F, KHALIL H K, 1992. Output feedback stabilization of fully linearizable systems. International journal of control, 56: 1007-1037.

FAN X F, WANG Z S, 2020. Event-triggered integral sliding mode control for linear systems with disturbance. Systems & control letters, 138: 104669.

FENG Y, YU X H, HAN F L, 2013. On nonsingular terminal sliding-mode control of nonlinear systems. Automatica, 49(6): 1715-1722.

FREEMAN R, KOKOTOVIC P V, 2008. Robust nonlinear control design: state-space and Lyapunov techniques. Berlin: Springer Science & Business Media.

GASULL A, LI C Z, TORREGROSA J, 2012. Limit cycles appearing from the perturbation of a system with a multiple line of critical points. Nonlinear analysis: theory, methods & applications, 75(1): 278-285.

GUCKENHEIMER J, HOLMES P, 1983. Nonlinear oscillations, dynamical systems, and bifurcations of vector fields. New York: Springer-Verlag .

GUO J G, XIONG Y, ZHOU J, 2018. A new sliding mode control design for integrated missile guidance and control system. Aerospace science and technology, 78: 54-61.

HAHN W, 1967. Stability of motion. New York: Springer-Verlag.

HALE J K, 1969. Ordinary differential equations. New York: Wiley Interscience.

HIRSCH M W, SMALE S, 1974. Differential equations, dynamical systems, and linear algebra. New York: Academic Press.

HUANG J, RUGH W J, 1990. On a nonlinear multivariable servomechanism problem. Automatica, 26: 963-972.

HUNG J Y, GAO W, HUNG J C, 1993. Variable structure control: a survey. IEEE transactions on industrial electronics, 40(1): 2-22.

ISIDORI A, 1995. Nonlinear control systems. 3rd ed. Berlin: Springer-Verlag.

ISIDORI A, BYRNES C I, 1990. Output regulation of nonlinear systems. IEEE transactions on automatic control, 35: 131-140.

JANARDHANAN S, BANDYOPADHYAY B, 2006. On discretization of continuous-time terminal sliding mode. IEEE transactions on automatic control, 51(9): 1532-1536.

JI W, QIU J, WU L, et al., 2019. Fuzzy-affine-model-based output feedback dynamic sliding mode controller design of nonlinear systems. IEEE transactions on systems, man, and cybernetics: systems, 51(3): 1652-1661.

KALMAN R E, 1960. On the general theory of control systems. Proceedings first international conference on automatic control, Moscow: 481-492.

KAMINER I, PASCOAL A M, KHARGONEKAR P P, et al., 1995. A velocity algorithm for the implementation of gain scheduled controllers. Automatica, 31: 1185-1191.

KLINE R, 1993. Harold black and the negative-feedback amplifier. IEEE control systems magazine, 13(4): 82-85.

KOKOTOVIC P V, 1992. The joy of feedback: nonlinear and adaptive. IEEE control systems magazine, 12(3): 7-17.

KOKOTOVIĆ P, ARCAK M, 2001. Constructive nonlinear control: a historical perspective. Automatica, 37(5): 637-662.

KRASOVSKII N N, 1963. Stability of motion. Stanford: Stanford University Press.

KRSTIC M, KANELLAKOPOULOS I, KOKOTOVIC P, 1995. Nonlinear and adaptive control design. New York: Wiley Interscience.

KWNAGHEE N, 1989. Linearization of discrete-time nonlinear systems and a canonical structure. IEEE transactions on automatic control, 34(1): 119-122.

LASALLE J P, 1960. Some extensions of Lyapunov's second method. IRE transactions on circuit theory, 7(4): 520-527.

LAWRENCE D A, RUGH W J, 1995. Gain scheduling dynamic linear controllers for a nonlinear plant. Automatica, 31: 381-390.

LEVANT A, 1993. Sliding order and sliding accuracy in sliding mode control. International journal of control, 58(6): 1247-1263.

LI J, YANG G H, 2019. Fuzzy descriptor sliding mode observer design: a canonical form-based method. IEEE transactions on fuzzy systems, 28(9): 2048-2062.

LI Z, WANG F, KE D, et al., 2021. Robust continuous model predictive speed and current control for PMSM with adaptive integral sliding-mode approach. IEEE transactions on power electronics, 36(12): 14398-14408.

LIN Z, SABERI A, 1995. Robust semi-global stabilization of minimum-phase input-output linearizable systems via partial state and output feedback. IEEE transactions on automatic control, 40: 1029-1041.

LIU Y C, ZHU Q D, WEN G X, 2022. Adaptive tracking control for perturbed strict-feedback nonlinear systems based on optimized backstepping technique. IEEE transactions on neural networks and learning systems, 33(2): 853-865.

LIU Z, XUE L, SUN W, et al., 2019. Robust output feedback tracking control for a class of high-order time-delay nonlinear systems with input dead-zone and disturbances. Nonlinear dynamics, 97: 921-935.

LYAPUNOV A M, 1992. The general problem of the stability of motion. International journal of control, 55(3): 531-534.

MICKENS R E, 1981. An introduction to nonlinear oscillations. Cambridge: Cambridge University Press.

MILLER R K, MICHEL A N, 1982. Ordinary differential equations. New York: Academic Press.

NARENDRA K S, SHORTEN R, 2010. Hurwitz stability of Metzler matrices. IEEE transactions on automatic control, 55(6): 1484-1487.

NGUYEN N T, NGUYEN N T, 2018. Model-reference adaptive control. Berlin: Springer International Publishing.

NYQUIST H, 1932. Regeneration theory. Bell system technical journal, 11(1): 126-147.

PONTRYAGIN L S, 2018. Mathematical theory of optimal processes. London: Routledge.

QU Z, 1998. Robust control of nonlinear uncertain systems. New York: Wiley Interscience.

RABIEE H, ATAEI M, EKRAMIAN M, 2019. Continuous nonsingular terminal sliding mode control based on adaptive sliding mode disturbance observer for uncertain nonlinear systems. Automatica, 109: 108515.

ROUCHE N, HABETS P, LALOY M, 1977. Stability theory by Lyapunov's direct method. New York: Springer-Verlag.

ROUCHE N, MAWHIN J, 1973. Ordinary differential equations. Boston: Pitman.

RUGH W J, SHAMMA J S, 2000. Research on gain scheduling. Automatica, 36: 1401-1425.

SABERI A, KOKOTOVIC P V, SUSSMANN H J, 1990. Global stabilization of partially linear composite systems. Siam journal on control and optimization, 28: 1491-1503.

SHAO S K, ZONG Q, TIAN B L, et al., 2017. Finite-time sliding mode attitude control for rigid spacecraft without angular velocity measurement. Journal of the franklin institute, 354(12): 4656-4674.

SHTESSEL Y, TALEB M, PLESTAN F, 2012. A novel adaptive-gain supertwisting sliding mode controller: methodology and application. Automatica, 48(5): 759-769.

SLOTINE J J, SASTRY S S, 1983. Tracking control of nonlinear systems using sliding mode with application to robot manipulation. International journal of control, 6(38): 465-492.

SLOTINE J J E, HEDRICK J K, 1993. Robust input-output feedback linearization. International journal of control, 57: 1133-1139.

SLOTINE J J E, LI W, 1991. Applied nonlinear control. Englewood Cliffs: Prentice Hall.

SPONG M W, VIDYASAGAR M, 1989. Robot dynamics and control. New York: Wiley Interscience.

SUAREZ O J, VEGA C J, SANCHEZ E N, et al., 2020. Neural sliding-mode pinning control for output synchronization for uncertain general complex networks. Automatica, 112: 108694.

SUN L, ZHENG Z, 2017. Disturbance-observer-based robust backstepping attitude stabilization of spacecraft under input saturation and measurement uncertainty. IEEE transactions on industrial electronics, 64(10): 7994-8002.

SUSSMANN H J, KOKOTOVIC P V, 1991. The peaking phenomenon and the global stabilization of nonlinear systems. IEEE transactions on automatic control, 36: 424-440.

TSINIAS J, 1995. Partial-state global stabilization for general triangular systems. Systems & control letters, 24: 139-145.

TU W W, DONG J X, 2023. Robust sliding mode control for a class of nonlinear systems through dual-layer sliding mode scheme. Journal of the franklin institute, 360(13): 10227-10250.

UTKIN V, 1977. Variable structure systems with sliding modes. IEEE transactions on automatic control, 22(2): 212-222.

VIDYASAGAR M, 1993. Nonlinear systems analysis. 2nd ed. Upper Saddle River: Prentice Hall.

WANG J, ZHAO L, YU L, 2020. Adaptive terminal sliding mode control for magnetic levitation systems with enhanced disturbance compensation. IEEE transactions on industrial electronics, 68(1): 756-766.

WANG Z, WU Z, DU Y J, 2016. Robust adaptive backstepping control for reentry reusable launch vehicles. Acta astronautica, 126: 258-264.

YOU H, CHANG X L, ZHAO J F, et al., 2023. Second-order sliding mode guidance law of a nonsingular fast terminal with a terminal angular constraint. International journal of aeronautical and space sciences, 24(1): 237-247.

YOUNG K D, UTKIN V I, OZGUNER U, 1999. A control engineer's guide to sliding mode control. IEEE transactions on control systems technology, 7: 328-342.

ZHANG X, LIN Y, 2016. Robust adaptive tracking of uncertain nonlinear systems by output feedback. International journal of robust and nonlinear control, 26: 2187-2200.

ZHU Q D, YANG Z B, 2020. Design of air-wake rejection control for longitudinal automatic carrier landing cyber-physical system. Computers & electrical engineering, 84: 106637.